渤海水体环境生物生态调查与研究

杨建强　冷　宇　主编

海洋出版社

2013 年 · 北京

图书在版编目（CIP）数据

渤海水体环境生物生态调查与研究/杨建强，冷宇主编. —北京：海洋出版社，2013. 11

ISBN 978 - 7 - 5027 - 8702 - 8

Ⅰ．①渤… Ⅱ．①杨… ②冷… Ⅲ．①渤海 - 水环境 - 调查研究②渤海 - 生态环境 - 调查研究 Ⅳ．①X145②X321. 182. 4

中国版本图书馆 CIP 数据核字（2013）第 249892 号

责任编辑：白 燕 张 荣
责任印制：赵麟苏

海洋出版社 **出版发行**

http://www.oceanpress.com.cn

北京市海淀区大慧寺路 8 号 邮编：100081

北京旺都印务有限公司印刷 新华书店经销

2013 年 11 月第 1 版 2013 年 11 月第 1 次印刷

开本：787mm×1092mm 1/16 印张：27. 25

字数：630 千字 定价：120. 00 元

发行部：62132549 邮购部：68038593 总编室：62114335

海洋版图书印、装错误可随时退换

前　言

　　渤海上承海河、黄河、辽河三大流域，下接黄海、东海海域。一面临海，三面环陆，分别与辽宁、河北、天津和山东三省一市毗邻，以辽东半岛的老铁山角和山东半岛的蓬莱角连线为界与黄海相通，具有重要的经济、社会和军事以及外交上的战略地位。随着辽宁沿海经济带、河北曹妃甸循环经济示范区、天津滨海新区、沧州渤海新区、黄河三角洲高效生态经济区、山东半岛蓝色经济区等国家战略的相续批准与实施，辽宁省、河北省、山东省和天津市已成为我国经济社会快速发展的地区。

　　渤海做为我国唯一半封闭型内海，其生态系统十分脆弱，且极易遭到污染、破坏和损害；近年来，由于陆域水资源、水环境质量状况下降，渤海部分生态和经济服务功能丧失，海陆统筹一体的环境保护工作面临着严峻的形势。如何保护好、利用好渤海，发挥其最大的效益，已成为国家的一项重要战略任务。从 20 世纪 50 年代开始，国家就很重视对渤海环境背景的掌握，陆续开展了大规模的海洋调查工作。1958 年 9 月—1960 年 12 月，新中国开展了一次大规模的中国近海海域综合调查，这是中国第一次大规模的全国性海洋综合调查。20 世纪 70 年代的大陆架调查、1980 年—1986 年的中国海岸带和海涂资源综合调查、1988 年 1 月—1995 年 12 月的中国首次海岛资源综合调查以及国家海洋局持续开展的渤海断面调查、污染监测等，对渤海环境及资源状况有了一定的认识。但受当时调查手段、调查精度等各方面限制，在渤海环境要素、生态要素的全面性上认识度比较低。尤其是人类活动频繁影响的近十年，渤海生态系统受到较大的影响，对渤海海洋环境、海洋生态的基础数据的掌握上显得尤为急迫。为此，国家海洋局及时启动了"我国近海海洋综合调查与评价"专项，渤海是本次专项调查的重要区块之一。

　　根据国家海洋局的统一布署，国家海洋局北海分局做为渤海水体调查区块的承担单位，其中渤海水体生物生态调查由北海监测中心实施。整个渤海划分渤海基础调查区、辽东湾重点调查区、北戴河重点调查区、天津重点调查区、黄河口重点调查区和莱州湾重点调查区 6 个区域进行调查研究。分别于2006年7月至8月进行了夏季航次调查，2006年12月至2007年1月进行了冬季航次调查，2007年4月至5月进行了春季航次调查，2007年10月至11月进行了秋季航次调查。通过系统全面的调查与研究，对渤海的海洋生物与生态有了全面的认识，全面更新基础资料和图件，进一步深化对渤海环境与生态要素的时空分布、变化规律的把握，为环渤海经济社会健康快速发展、海洋环境保护、海洋资源开发利用、海洋防灾减灾、海洋管理等提供了基本依据。

在本次调查任务实施以及成果整理总结中，得到国家海洋局科技司、国家海洋局北海分局各位领导的支持与帮助，在此表示衷心感谢。此外，感谢中国科学院海洋研究所孙军研究团队协助完成部分浮游植物样品的分析；中国水产科学院黄海研究所赵俊研究团队协助完成游泳动物和鱼卵仔稚鱼样品的的分析；南开大学朱琳研究团队协协助完淡水浮游植物样品的分析。

本书依托山东省海洋生态环境与防灾减灾重点实验室、国家海洋局海洋溢油鉴别与损害评估重点实验室完成，在写作过程中，得到实验室各级领导的大力支持与帮助，在此一并表示感谢。也感谢海洋出版社的各位领导和同志们对本书出版给予的大力协助。

本书主要将渤海水体环境中生物生态部分的调查成果进行了总结，结合历史上调查情况进行了对比分析，同时也提出部分较为新颖的观点。书中可能存在一些不足和错误之处，敬请各界人士批评指正！同时期待更多的研究人员、管理人员关注渤海的生态，保护渤海的环境。

作　者

2011年12月

目　录

1 概　　述

1.1　自然概况与海洋环境特征

1.1.1　自然概况

渤海是中国唯一的内海，为辽东半岛、华北平原和山东半岛所环抱。渤海平均水深 18 m，海域面积约 7.7×10^4 km²，渤海大陆岸线长约 3 170 km（包括烟台市的黄海部分）。

渤海主要入海河流约 45 条，分为海河、黄河、辽河三大流域，七个水系，年径流量 720×10^8 m³，年入海泥沙 13×10^8 t。渤海处于北温带，冬季平均水温 $-1 \sim 2$℃，夏季平均水温 $24 \sim 26$℃。年降水约 390×10^8 m³。受寒流影响，冬季渤海有冰冻现象。

1.1.2　社会和海洋经济概况

渤海区域的海洋资源丰富多样，其中油气资源、渔业资源、港口资源、海盐资源、滨海芦苇资源、滨海旅游资源优势突出。

随着社会和经济的不断发展，环渤海地区已经具备了雄厚的经济实力，并且海洋产业发达，加之城市化进程的加快，丰富的人力资源和较高的土地利用率，决定了环渤海地区已经成为新近崛起的社会经济发展区。环渤海三省一市以占全国 5.9% 的陆域面积和 2.6% 的海域面积，承载了占全国 16.25% 的人口，创造了占全国 23% 的国内生产总值。

渤海作为环渤海经济圈的基础支撑之一，其服务功能对环渤海地区经济发展起着决定性作用。

1.1.3　渤海生态环境现状

1.1.3.1　近岸海域总体污染程度依然较高

20 世纪 90 年代以来，渤海的环境质量持续下降，2008 年春季、秋季符合国家海水水质标准中二类以上海水水质的海域约占总海域面积的 70%。渤海中部海域海水质量状况良好，近岸海域污染较重。海水中的主要污染物是无机氮、活性磷酸盐和石油类。渤海三大湾夏季海水环境质量明显劣于渤海中部海域。莱州湾污染程度最为严重；其次为渤海湾；辽东湾污染程度相对较轻。莱州湾主要污染物为无机氮、石油类和活性磷酸盐。渤海湾主要污染物为无机氮和活性磷酸盐。辽东湾海水污染相对较轻，主要污染物为活性磷酸盐和无机氮。环渤海三省一市近岸海域污染海域面积较大。2008 年天津近岸海域海水污染最重；其次为山东和辽宁近岸海域；河北近岸海域海水质量相对较好。

近岸部分区域沉积物受到石油类和镉的污染，主要为辽东湾。锦州湾沉积物普遍受到石油类、镉和砷的污染。此外，秦皇岛近岸海域沉积物受到硫化物、石油类、有机质、总汞、铜等污染。

2008 年，渤海近岸海域部分贝类体内污染物残留量出现不同程度的超标现象，主要污染物有镉、总汞、粪大肠菌群、砷等，个别海域贝类体内污染物残留量超过二类海洋生物质量标准。重金属污染对渤海贝类质量影响相对较大。

1.1.3.2　典型海洋功能区质量达标率低、生态监控区处于亚健康状况

受水质环境污染等因素影响，2008 年渤海不同海洋功能区环境质量达标率相差较大。以滨海旅游度假区海水环境质量达标率最高，平均为 78%；捕捞区次之，海水环境质量达标率平均为 69%；自然保护区海水环境质量达标率最低，仅为 14%。

2008 年，双台子、滦河口—北戴河、渤海湾和黄河口生态监控区生态系统处于亚健康状态，锦州湾和莱州湾生态系统处于不健康状态。

1.1.3.3　主要生态问题日益突出

近年来，渤海生态问题日益突出，主要表现为：近岸海域污染严重，滨海湿地面积减少，海水盐度升高，渔业资源衰退，物种多样性下降，富营养化加剧，赤潮频发，外来物种入侵等。

近年来，渤海沿岸河流入海径流量显著减少，成为导致渤海盐度升高、河口生态环境改变、海洋生物产卵场退化的重要原因之一。目前，渤海海域呈现平均盐度升高，低盐区面积减少的趋势。2008 年 8 月，渤海低盐区（<27）面积为 1 900 km^2，与 1959 年 8 月相比减少了 80%；与 2004 年同期相比，减少了 70%。在 20 世纪 80 年代以前，渤海三大湾底部均有较大面积的低盐区分布，2008 年 8 月，仅莱州湾底部分布有较大面积的低盐区，渤海湾、辽东湾底部低盐区面积严重萎缩。盐度增加促使适宜低盐度环境发育和生长的海洋生物的生境范围逐渐减小，鱼卵种类显著减少，密度降低。入海径流量的减少同时导致河口区域营养盐入海量的下降，海洋初级生产力水平降低，2002 年黄河口海域浮游植物生物量仅为 1982 年的 50%。底栖动物的栖息密度和生物量降低，河口区生态结构发生较大改变。

海洋生态损害严重具体表现在渔业资源衰退、河口生境受损、湿地面积缩小等方面。经济鱼类向短周期、低质化和低龄化演化，虽然渔获量历年变化不大，但渔获品种却有较大的差异。20 世纪 50 年代以经济鱼虾为主；60 年代则以大型杂鱼为主；70 年代黄鲫鱼、青鳞鱼等小型鱼类替代了大型杂鱼；80 年代则以虾、蟹类和小杂鱼为主；进入90 年代，渤海海域捕捞渔业已失去了优势。1998 年的调查表明，渤海渔业资源生物量仅为 1992 年的 11%。季节生物量仅为 1992—1993 年同期的 3.5% ~22.3%。

渤海生态系统改变的另一个重要特征是物种多样性下降，以种类数较稳定的夏季为例，1959 年鱼类多于 71 种，1992 年为 53 种，1998 年仅为 32 种。

2008 年渤海近岸海域海水富营养化问题依然严重。春季，渤海富营养化海区面积约为 19 000 km²，占渤海总面积的 25%，其中，天津和大连近岸海域富营养化严重。夏季，渤海富营养化海区面积为 14 700 km²，占渤海总面积的 20%，三大湾底部及黄河口邻近海域海水富营养化程度较重。

渤海近岸海域富营养化严重，营养盐结构失衡。2008 年渤海海水氮磷比值为 67。渤海湾底部、莱州湾底部、辽宁近岸氮磷比值高达 200 以上，渤海中部氮磷比值为 40。

1.1.3.4　渤海海洋灾害频繁发生

2005—2008 年间，渤海海域共发生赤潮 27 次，赤潮累计面积 8 463 km²，分别占全国赤潮发生次数和面积的 8.3% 和 11.7%。自新中国成立以来，渤海发生 50 多次强风暴潮，平均约每年一次。渤海每年出现灾害性大浪、巨浪的平均天数为 35 d，占全年的6.7%。20 世纪，渤海有 23 个冬季出现严重的海冰灾害。1969 年冬季发生了新中国成立以来最为严重的海冰灾害，渤海几乎全部冰封，最大冰厚度达 80 cm。2001 年 2 月，渤海出现近 20 年来最为严重的海冰，辽东湾北部港口基本处于封港状态。上述灾害造成了巨大经济损失；此外，海平面上升、海岸侵蚀、海水入侵等海洋灾害也造成巨大危害及损失。

综上所述，渤海的环境状况日趋严峻，近岸海域生境恶化，生态系统结构失衡，典型生态系统受损，生物多样性和珍稀濒危物种减少，赤潮、风暴潮等海洋生态灾害频发。同时，人为破坏海洋生态的违法行为仍未得到有效遏制。上述问题已经成为制约环渤海地区社会经济发展的重要因素。

1.2　调查与研究方法

1.2.1　调查海区及站位布设

"908 专项" ST01 区块水体环境调查与研究项目区域为下列两点连线以西的渤海海域。

序号	东经（°）	北纬（°）	序号	东经（°）	北纬（°）
1	121. 163 0	38. 737 0	2	120. 869 0	37. 824 0

本专项调查将渤海分为 1 个基础调查区域和 5 个重点调查区域，共设海洋生物大面观测 121 站，1 个连续观测站，共计 30 条断面。其中，基础调查区域 28 站，8 条断面；重点调查区域中辽东湾邻近海域 12 站，3 条断面；北戴河邻近海域 23 站，6 条断面；天津邻近海域 13 站，3 条断面；黄河口邻近海域 24 站，5 条断面；莱州湾海域 21 站，5条断面。潮间带生物调查区域位于黄河口附近和莱州湾地区，自西至东共设 16 条断面。站位布设及分区情况详见附表 1.2 – 1、附表 1.2 – 2 和附图 1.1 ～ 附图 1.4。

各航次的游泳生物调查中，根据渤海的地形、地貌和海底障碍物分布特征，结合调查期间的潮汐、水深、天气、海况和渔业生产情况，对预设站点位置进行了适当调整，实际的拖网调查位置见附表1.2-3和附图1.5。

1.2.2　调查取样方法

生物生态调查主要有以下项目：

生物Ⅰ：叶绿素 a、微微型和微型浮游生物、小型和大中型浮游生物、大型底栖生物调查站各为 121 个；

生物Ⅱ：鱼类浮游生物调查站 61 个；

生物Ⅲ：初级生产力^{14}C、微生物、小型底栖生物、底栖生物拖网、游泳动物调查站各 20 个；

生物Ⅳ：潮间带生物调查断面 16 条；

生物Ⅴ：连续观测站 1 个（在咸淡水交汇区设置昼日连续观测站每 3 h 观测一次）；

生物Ⅵ：在整个调查区域，选定有代表性的站 6 个，采取水样（不同水层同比例混合样）和沉积物表层样，进行微生物种类鉴定。

生物项目的采集和分析严格按照《我国近海海洋综合调查与评价专项——海洋生物生态调查技术规程》执行。根据调查内容和所需调查设备等情况，生物项目的样品采集分三个相对独立的部分分别实施调查：

①大面生物调查。

②潮间带生物调查。

③游泳生物调查。

其中，大面生物调查与水文、化学项目同步进行，深水区由中国海监 17 号船完成调查，浅水区由山东省海监船只或租用渔船完成。潮间带生物调查由 2 个调查组完成调查采样。游泳生物调查单独租用渔船进行。

1.2.2.1　大面生物调查方法

大面生物调查的主要调查项目包括：

①叶绿素、初级生产力。

②微生物。

③微微型、微型和小型浮游生物。

④大、中型浮游生物。

⑤鱼类浮游生物。

⑥大型底栖生物。

⑦小型底栖生物。

根据《我国近海海洋综合调查与评价专项——海洋生物生态调查技术规程》的技术要求，叶绿素、初级生产力、微生物、微微型和微型浮游生物等调查项目，使用采水器（瓶）采集水样和生物样。采集水样层次见附表1.2-4。初级生产力项目用^{14}C法在现场设置放射性实验室进行培养和过滤，^{14}C测定在陆地实验室进行。微生物项目在现场微生物实验室中进行，各分析测定过程严格执行无菌操作。

大、中、小型浮游生物样品采用浮游生物网自底至表垂直拖取。-30 m 以浅的海域分别采用浅水Ⅰ、Ⅱ、Ⅲ型浮游生物网，-30 m 以深的海域采用大型、中型和小型浮游生物网。网底管所用的筛绢网目与网衣筛绢网目相同。

鱼类浮游生物样品采集采用双鼓网（Bongo 网）在海水表层进行水平拖网 10 ~ 15 min，船速 1 ~ 2 kn。

大型底栖生物调查深水区定量样品选用 0.1 m² 曙光型采泥器，每个测站采泥 2 次；浅水区定量样品选用 0.05 m² 曙光型采泥器，每个测站采泥 4 ~ 5 次；所获泥样经孔径为 0.5 mm 的套筛冲洗，挑选出全部底栖生物作为一个样品，固定保存于 70% 的酒精溶液中。底栖生物生物量系根据酒精标本重量计算，称重在感量为 0.001 g 的电子天平上进行。底栖生物定性采样选用 1.5 m 阿氏底拖网，每站拖取 15 min，作为海域底栖生物优势种及经济性种类分析依据。

小型底栖生物调查使用 0.05 m² 箱式采泥器（箱体长 21.5 cm，宽 21.5 cm，高 44.5 cm）采集泥样，在未受扰动的泥样中用取样器随机取芯样。芯样按 5 ~ 10 cm、2 ~ 5 cm、0 ~ 2 cm 将样品分别推置于样品瓶内。样品加入与样品等体积的麻醉剂，摇动静置 10 min 后，加入与样品等体积的固定剂。

1.2.2.2　潮间带生物调查方法

软相（泥滩、泥沙滩、沙滩）潮间带生物调查选用 25 cm × 25 cm × 30 cm 定量框，每站采集 4 次，所获泥样经孔径为 1.0 mm 的套筛淘洗后，挑选全部生物个体并为 1 个潮间带生物样品。基岩海岸选用 25 cm × 25 cm 或 10 cm × 10 cm 定量框，每站采集 2 次，所获全部生物作为一个潮间带生物样品。另外，在各定量站周围，广泛采集定性样品。采集的生物标本先用 5% 中性甲醛溶液固定，移至实验室后，用丙三醇乙醇溶液固定保存。

潮间带生物生物量系根据酒精标本重量计算，称重在感量为 0.001 g 的电子天平上进行。

1.2.2.3　污损生物调查方法

污损生物调查采用挂板试验法（方法参照《我国近海海洋综合调查与评价专项——海洋生物生态调查技术规程》），试板选用环氧酚醛玻璃布层压板，分年板、半年板、季板和月板四种规格，在该污损生物调查点设 3 组挂板，每组设表层和中层 2 个水层，其中表层挂板的上缘正好浸于水面，中层挂板离水面 2.0 m。在每月 22 日（2008 年 3 月选在 21 日除外）定期取放试板。取挂板样品时，将样品连同挂板一起放入加有 5% 甲醛海水样品瓶中固定，运回试验室进行样品分析。样品分析项目包括种类、数量、附着期和季节变化等要素，其中数量包括厚度、覆盖面积率、附着面积率、湿重、生物密度、生物量 6 个指标。

试验过程中部分挂板丢失，但各期、各层次均有代表性试验板（试验板的回收情况见表 1.2 - 1），生物学统计指标为各期、各层次试验板的累计平均值。

表 1.2 – 1　污损生物试验挂板回收情况

类　　别		回收表层板	回收中层板
月板	1 月	2	2
	2 月	2	2
	3 月	2	2
	4 月	2	3
	5 月	2	2
	6 月	3	3
	7 月	3	2
	8 月	2	2
	9 月	3	2
	10 月	3	2
	11 月	3	2
	12 月	3	2
季板	春季	3	3
	夏季	3	2
	秋季	3	2
	冬季	2	3
半年板	上半年	2	2
	下半年	3	2
年板	全年	2	2

1.2.2.4　游泳生物调查方法

调查取样网具为渔业资源调查专用底拖网，网口高度 6 m，宽度 22.6 m，周长 1 740 目，网目 63 mm，囊网网目 20 mm。

渔业资源调查每站拖网 1 h，时间从网放至海底开始计算，到开始起网为止。拖速为 3 kn。在距离站位 2 n mile 处放网。

在调查船上现场分析和记录每站渔获物的种类与数量（尾数和重量）。渔获物分析根据渔获多少，或全部用作样品（≤20 kg），或进行随机抽样（≥20 kg），根据抽样情况综合计算网次总渔获的组成和渔获量。稀有种类和现场不能鉴定的种类进行保存标本，每种一般留 100 尾，不足 100 尾全部留作样品。

游泳生物的生物学测定包括体长、体重，年龄、性腺和胃含物等级、胃含物分析。

1.2.3　样品分析方法

各项目的调查采样和分析方法见附表 1.2 – 5。

1.2.4　样品分析与数据处理

1.2.4.1　样品储存

生物样品储存严格按照《我国近海海洋综合调查与评价专项——海洋生物生态调查技术规程》有关的技术要求进行。大型底栖生物，大、中、小型浮游生物，潮间带生物和游泳生物等样品用5%的中性福尔马林溶液固定保存；微微型浮游生物、微型浮游生物、小型底栖生物等样品采用鲁哥氏液、缓冲甲醛溶液等规程指定的相应固定剂固定；对要求避光、低温液氮等储存条件的叶绿素 a、微微型浮游生物等样品，添置相应的器材，满足其技术要求。

1.2.4.2　数据处理

生物量按主要类别分类统计，大型底栖生物、游泳生物等个体较大的生物分别统计优势种的生物量。

生物密度按主要类别分类统计，大、中、小型浮游生物、大型底栖生物、小型底栖生物、游泳生物等生态类群的生物分别统计优势种的生物密度。

对各监测项目按《我国近海海洋综合调查与评价专项——海洋生物生态调查技术规程》所规定的公式和格式进行计算、统计。

在大面生物调查中，所有大、中、小型浮游生物及鱼类浮游生物采样网具上均系网口流量计。但由于调查区域海流复杂，导致流量计转数不规律，所以网采浮游生物数据根据采样绳长计算。

1.2.4.3　生物群落划分及描述

在生物群落聚类分析中根据调查海域各测站出现的浮游植物、浮游动物及底栖生物种类借助 SPSS（11.5）分析软件进行运算。使用 Hierarchical 命令，采用 Ward 离差平方和法得到聚类分析树状图，分别划分生物群落。

依据各站的微型、小型、大型浮游生物及大型底栖生物种类组成及密度分布，计算样品的多样性指数（H'）、均匀度（J）、丰度（d）、优势度等，其方法按《海洋监测规范》GB 17378.7—2007 的要求进行。其公式如下：

1）丰度

表示群落（或样品）中种类丰富程度的指数，其计算公式有多种，采用马卡列夫（Margalef，1958）的计算式：

$$d = (S - 1)/\log_2 N$$

式中：d——表示丰度；

　　　S——样品中的种类总数；

　　　N——样品中的生物个体数。

2）多样性指数

反映群落种类多样性的数学模式，采用种类和数量信息函数表示的香农 - 韦弗（Shannon - Weaver，1963）多样性指数。

$$H' = -\sum_{i=1}^{s} P_i \log_2 P_i$$

式中：H' —— 种类多样性指数；

　　　S —— 样品中的种类总数；

　　　P_i —— 第 I 种的个体数（n_i）或生物量（w_i）与总个体数（N）或总生物量（W）的比值 $\left(\dfrac{n_i}{N} 或 \dfrac{w_i}{W}\right)$。

3）均匀度

皮诺（Pielou, 1966）指数，其式：

$$J = H'/H_{max}$$

式中：J——表示均匀度；

　　　H'——前式计算的种类多样性指数值；

　　　H_{max}——为 $\log_2 S$，表示多样性指数的最大值，S 为样品中总种类数。

4）优势度

优势度与均匀度是相对应的指数，其式：

$$D_2 = (N_1 + N_2)/NT$$

式中：D_2——优势度；

　　　N_1——样品中第一优势种的个体数；

　　　N_2——样品中第二优势种的个体数；

　　　NT——样品中的总个体数。

1.2.4.4　微生物

1）处理方法

每个季节微生物总数结果中距均值 3 个标准差的范围设定为该季节细菌总数的纠偏限度，超过该纠偏限度的数据用数据所占调查区该水层的平均值代替参与数据分析与计算。若所占调查区数据都超过纠偏限度，用最近站位的各层数据分别替代后进行数据分析与计算。

2）被修订的数据

①培养法细菌总数（水样）：春季 JC – BH026 表层；夏季 JC – BH020 表层，ZD – LZW129 表层；冬季 ZD – LDW039 表、中、底层，ZD – LDW032 表、中、底层。

②培养法细菌总数（泥样）：夏季 JC – BH002；冬季 ZD – LDW039。

③水体病毒：春季 ZD – BDH063 表层、ZD – LDW039 表层；夏季 ZD – HHK113 中层和底层。

④水体细菌总数：夏季 JC – BH041 表层。

1.2.4.5　其他

因 ZD – HHK121、ZD – HHK122 及 ZD – HHK123 站浮游生物呈现明显的淡水特征，且未获底栖生物样品，所以在统计大面站的资料时未将其列入，同时在生物群落聚类分析中也未将其列入。

　　因 ZD – HHK124 站底质类型比较特殊，只在 3 个航次调查中获得少量底栖生物样品，所以在底栖生物群落聚类分析中未将其列入。

　　作业过程中严格按工作计划、调查规范和技术规程实施。浮游生物网自底至表垂直拖取大、中、小型浮游生物样品时，钢缆倾角大于 45°或网具剐蹭调查船底，样品作废；经调整后重新采集。使用采泥器采集大型底栖生物样品时，钢缆倾角过大导致采泥样表面不平或采泥器闭口不严，样品作废；经调整后重新采集。

2 渤海营养物质分布概况

海水营养物质直接或间接影响海洋生物的生长发育、生活状态、繁殖和分布状况。渤海是我国半封闭内海，南北水温温差较大。受入海河流等陆源因素的影响，局部近岸海域盐度、营养盐浓度与渤海中部明显不同，复杂的环境条件促成了多变的海洋生物群落结构。

本章简要描述渤海水体四个季度月的营养盐浓度分布，引用2003—2008年黄河口和莱州湾春、夏季水环境调查资料进行比较。

2.1 无机氮平面分布及区域比较

2.1.1 平面分布

浮游植物生长和繁殖所需的主要无机养分是氮和磷。其他无机和有机的养分的影响较小或甚小。在大多数情况下，它们在海水中存在的量较小，是浮游植物生产力的限制因素。受沿岸陆域影响，渤海水体中氮、磷含量较高，尤其是河口区和人类居住密集区周边海域。无机营养盐在渤海的不均匀分布影响了浮游植物的群落结构。

春季渤海无机氮浓度范围为17~799 μg/L，平均为289 μg/L。受黄河等入海河流的影响，渤海南部近岸无机氮浓度明显高于其他海域，低值区位于秦皇岛临近海域（见附图2.1）。

夏季渤海无机氮浓度范围为40~1 101 μg/L，平均为179 μg/L。近岸区无机氮浓度明显高于远岸海域，高值区位于莱州湾南部近岸海域（见附图2.2）。

秋季渤海无机氮浓度范围为38~663 μg/L，平均为247 μg/L。以渤海南部及辽东湾北部无机氮浓度较高，渤海中部较低（见附图2.3）。

冬季渤海无机氮浓度范围为110~618 μg/L，平均为259 μg/L。渤海南部近岸无机氮浓度明显高于其他海域，低值区位于渤海中部（见附图2.4）。

2.1.2 区域分布

各调查区无机氮浓度平均值统计结果见图2.1－1。

春季调查各区域海水平均无机氮浓度自低至高依次为渤海基础调查区、辽东湾重点调查区、北戴河重点调查区、天津重点调查区、黄河口重点调查区、莱州湾重点调查区。

夏季调查各区域海水平均无机氮浓度自低至高依次为渤海基础调查区、北戴河重点调查区、辽东湾重点调查区、天津重点调查区、黄河口重点调查区、莱州湾重点调查区。

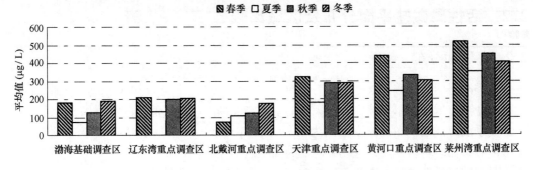

图2.1-1 各调查区海水无机氮平均值统计结果

秋季调查各区域海水平均无机氮浓度自低至高依次为北戴河重点调查区、渤海基础调查区、辽东湾重点调查区、天津重点调查区、黄河口重点调查区、莱州湾重点调查区。

冬季调查各区域海水平均无机氮浓度自低至高依次为北戴河重点调查区、渤海基础调查区、辽东湾重点调查区、天津重点调查区、黄河口重点调查区、莱州湾重点调查区。

2.1.3 历史资料比较

2003—2008年黄河口和莱州湾春、夏季调查无机氮变化见图2.1-2和图2.1-3。

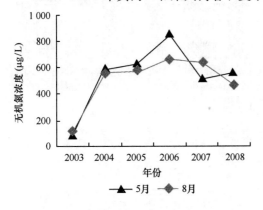

图2.1-2 黄河口历年调查无机氮
平均浓度统计

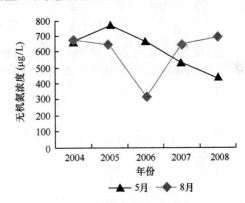

图2.1-3 莱州湾历年调查无机氮
平均浓度统计

由比较可知，2003年调查时黄河口海域春、夏季无机氮浓度较低，而且两季的无机氮浓度基本相同。此后调查区氮浓度在较高水平波动，而且出现5月份无机氮浓度高于丰水期8月份的现象。2006年8月份无机氮浓度处于较高水平，但低于5月份。2007年5月份无机氮浓度则处于较低水平。

多数年份莱州湾无机氮浓度较高，但2006年8月的平均浓度较低，2007年5月无机氮浓度也处于较低水平。

2.2 活性磷酸盐平面分布及区域比较

2.2.1 平面分布

春季渤海活性磷酸盐浓度范围为 1.66 ~ 30.95 μg/L，平均为 14.63 μg/L。近岸区活性磷酸盐浓度低于远岸海域，临近天津的渤海湾北部海域为高值区（见附图 2.5）。

夏季渤海活性磷酸盐浓度范围为 1.80 ~ 30.10 μg/L，平均为 8.12 μg/L。活性磷酸盐浓度分布比较均匀，渤海湾北部海域为高值区（见附图 2.6）。

秋季渤海活性磷酸盐浓度范围为 2.28 ~ 46.55 μg/L，平均为 11.37 μg/L。活性磷酸盐浓度分布比较均匀，黄河口邻近海域为高值区（见附图 2.7）。

冬季渤海活性磷酸盐浓度范围为 13.30 ~ 35.77 μg/L，平均为 23.15 μg/L。活性磷酸盐浓度分布比较均匀，以黄河口和莱州湾邻近海域较低（见附图 2.8）。

2.2.2 区域分布

各调查区活性磷酸盐浓度平均值统计结果见图 2.2 – 1。

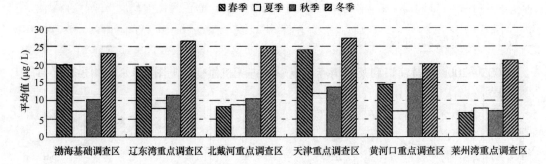

图 2.2 – 1　各调查区海水活性磷酸盐平均值统计结果

春季调查各区域海水平均活性磷酸盐浓度自低至高依次为莱州湾重点调查区、北戴河重点调查区、黄河口重点调查区、辽东湾重点调查区、渤海基础调查区、天津重点调查区。

夏季调查各区域海水平均活性磷酸盐浓度自低至高依次为渤海基础调查区、黄河口重点调查区、莱州湾重点调查区、辽东湾重点调查区、北戴河重点调查区、天津重点调查区。

秋季调查各区域海水平均活性磷酸盐浓度自低至高依次为莱州湾重点调查区、渤海基础调查区、北戴河重点调查区、辽东湾重点调查区、天津重点调查区、黄河口重点调查区。

冬季调查各区域海水平均活性磷酸盐浓度自低至高依次为黄河口重点调查区、莱州湾重点调查区、渤海基础调查区、北戴河重点调查区、辽东湾重点调查区、天津重点调查区。

2.2.3　历史资料比较

2003—2008年黄河口和莱州湾春、夏季调查活性磷酸盐变化见图2.2-2和图2.2-3。

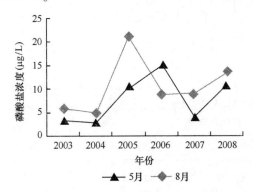

图2.2-2　黄河口历年调查磷酸盐
平均浓度统计

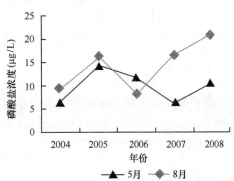

图2.2-3　莱州湾历年调查磷酸盐
平均浓度统计

由比较可知，2003—2008年，黄河口和莱州湾春、夏季活性磷酸盐浓度较低，但总体上均呈上升趋势。夏季磷酸盐浓度一般高于春季。

2.2.4　氮、磷比

氮和磷是藻类生长所必需的营养元素，一般来说，藻类健康生长及生理平衡所需的氮磷比率（原子比）为16:1，但不同种类藻细胞的元素组成存在着差异，对各类营养物质的需求也不尽相同，而环境则会优先选择与之相适应的特征藻种，形成适者生存的群落，所以水体氮磷营养供应及其比率对浮游藻类的种群结构有重要的决定作用。

渤海大多数海域海水中氮磷比较稳定，但黄河口邻近海域以及其周边的莱州湾和渤海湾南部海域氮、磷比值异常高，其中以春、秋季的差值最明显。该区域受黄河水的影响，无机氮浓度极高，而磷酸盐浓度长期处于较低水平。此区域的异常环境条件有可能限制了一些藻类的营养吸收，从而导致区域内浮游植物优势种的优势度较高，并频繁发生赤潮。渤海各季节海水中氮元素与磷元素的比值分布见附图2.9～图2.12。

2.3　硅酸盐平面分布及区域比较

2.3.1　平面分布

渤海浮游植物中硅藻占很大部分，此现象与海水中硅酸盐浓度较高相关。硅酸盐是硅藻必不可少的营养盐，大部分用来合成浮游植物的硅质壳，少量用来调节浮游植物的生物合成，因此，硅酸盐与硅藻的结构和新陈代谢有着密切的关系，而且控制着硅藻的生产过程。

春季渤海硅酸盐浓度范围为17～3 800 μg/L，平均为492 μg/L。硅酸盐浓度分布比较均匀，以秦皇岛邻近海域较低（见附图2.13）。

夏季渤海硅酸盐浓度范围为 140～5 020 μg/L，平均为 906 μg/L。硅酸盐浓度明显高于春季，高值区位于莱州湾、渤海湾和辽东湾近岸海域（见附图 2.14）。

秋季渤海硅酸盐浓度范围为 80～1 240 μg/L，平均为 545 μg/L。硅酸盐浓度分布比较均匀，以黄河口邻近海域较高（见附图 2.15）。

冬季渤海硅酸盐浓度范围为 384～1 135 μg/L，平均为 670 μg/L。硅酸盐浓度分布比较均匀，以莱州湾近岸海域较高（见附图 2.16）。

2.3.2　区域分布

各调查区活性硅酸盐浓度平均值统计结果见图 2.3-1。

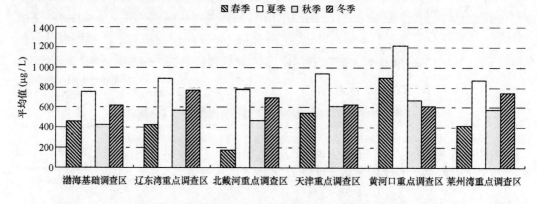

图 2.3-1　各调查区海水活性硅酸盐平均值统计结果

春季调查各区域海水平均活性硅酸盐浓度自低至高依次为北戴河重点调查区、莱州湾重点调查区、辽东湾重点调查区、渤海基础调查区、天津重点调查区、黄河口重点调查区。

夏季调查各区域海水平均活性硅酸盐浓度自低至高依次为渤海基础调查区、北戴河重点调查区、莱州湾重点调查区、辽东湾重点调查区、天津重点调查区、黄河口重点调查区。

秋季调查各区域海水平均活性硅酸盐浓度自低至高依次为渤海基础调查区、北戴河重点调查区、辽东湾重点调查区、莱州湾重点调查区、天津重点调查区、黄河口重点调查区。

冬季调查各区域海水平均活性硅酸盐浓度自低至高依次为黄河口重点调查区、渤海基础调查区、天津重点调查区、北戴河重点调查区、莱州湾重点调查区、辽东湾重点调查区。

2.3.3　历史资料比较

2003—2008 年黄河口和莱州湾春、夏季调查活性硅酸盐变化见图 2.3-2 和图 2.3-3。

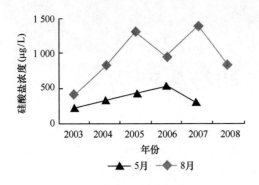

图 2.3 – 2 黄河口历年调查硅酸盐
平均浓度统计

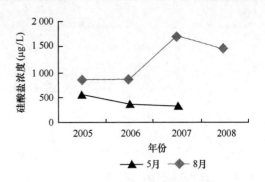

图 2.3 – 3 莱州湾历年调查硅酸盐
平均浓度统计

由比较可知，2003—2008 年，黄河口活性硅酸盐浓度呈上升趋势，夏季的浓度明显高于春季。春季莱州湾硅酸盐浓度也处于较低水平，夏季硅酸盐浓度明显高于春季。

3 叶绿素 a 与初级生产力

3.1 叶绿素 a

3.1.1 叶绿素 a 平面分布

渤海四季各站叶绿素 a 平均含量平面分布见附图 3.1~3.4。

3.1.1.1 春季

表层海水叶绿素 a 的变化范围在 0.22~8.30 mg/m³ 之间，最高值是最低值的 37.73 倍，最高值出现在 ZD-HHK124 站，最低值出现在 ZD-HHK110 站。辽东湾中部、渤海基础调查区南部海域相对较高，莱州湾近岸由于淡水的注入其叶绿素 a 含量也很高，渤海其他海域叶绿素 a 含量均处于较低水平。

次表层叶绿素 a 的变化范围在 0.33~10.49 mg/m³ 之间，最高值是最低值的 31.79 倍，最高值出现在渤海基础调查区的 JC-BH040 站，最低值出现在黄河口重点调查区的 ZD-HHK109 站。与表层叶绿素 a 分布相似，次表层叶绿素 a 分布也较为均匀，高值区主要分布在辽东湾中部、北戴河重点调查区中部及渤海基础调查区南部海域，此外莱州湾近岸海域由于淡水的注入叶绿素 a 的含量也很高；低值区主要分布在黄河口重点调查区及辽东湾南部海域（≤1 mg/m³）。

中层叶绿素 a 的变化范围在 0.33~8.62 mg/m³ 之间，最高值是最低值的 26.12 倍，最高值出现在 ZD-BDH068 站，最低值出现在 ZD-HHK109 站。中层叶绿素 a 含量总体偏低，整个海区分布较为均匀；除辽东湾中部、北戴河重点调查区中部及渤海基础调查区南部海域的叶绿素 a 含量相对较高外，其他海域的叶绿素 a 含量都较低(≤1 mg/m³)。

底层叶绿素 a 的变化范围在 0.25~9.03 mg/m³ 之间，最高值是最低值的 36.12 倍，各站的叶绿素 a 含量变化较大，最高值出现在 ZD-BDH058 站，最低值出现在 ZD-HHK101 站。平面分布与次表层叶绿素 a 分布相似，高值区主要分布在辽东湾中部、北戴河重点调查区中部及渤海基础区南部海域，此外莱州湾近岸海域叶绿素 a 的含量也很高；其他海域均较低，其中黄河口重点调查区由于海水的透明度较低，其叶绿素 a 含量最低。

3.1.1.2 夏季

调查海域表层海水叶绿素 a 的变化范围在 0.81~9.72 mg/m³ 之间，最高值是最低值的 12 倍，最高值出现在 ZD-HHK104 站，最低值出现在 ZD-BDH073 站，平面分布高值区（>5 mg/m³）主要分布在黄河口附近海域、莱州湾中部及渤海湾南部，另外渤海中部、辽东湾海域部分站点（ZD-BDH069、ZD-BDH070、JC-BH018、ZD-

LDW005）也高于 5 mg/m³；低值区主要分布在渤海北部和渤海东部。

次表层叶绿素 a 的变化范围在 1.02～9.85 mg/m³ 之间，最高值是最低值的 9.66 倍，最高值出现在 ZD－HHK116 站，最低值出现在 ZD－HHK101 站，与表层叶绿素 a 分布相似。次表层叶绿素 a 高值区（>5 mg/m³）主要分布在黄河口附近海域；低值区分布于渤海东部。

中层叶绿素 a 的变化范围在 0.35～6.07 mg/m³ 之间，最高值是最低值的 17.34 倍，各站的叶绿素 a 含量变化比较均匀。大部分站点的叶绿素 a 含量介于 1～3 mg/m³ 之间，高值区位于渤海湾南部和黄河口以北，低值区位于北戴河沿岸海域。

底层叶绿素 a 的变化范围在 0.30～10.27 mg/m³ 之间，最高值是最低值的 34.23 倍，各站的叶绿素 a 含量变化较大，最高值出现在 ZD－LZW134，最低值出现在 ZD－BDH055；平面分布表现为近岸高于远海，高值区位于黄河口及莱州湾西部海域，低值区位于渤海中北部。

3.1.1.3 秋季

调查海域表层海水叶绿素 a 的变化范围在 0.14～24.05 mg/m³ 之间，最高值是最低值的 171.79 倍，最高值出现在 ZD－LZW143 站，最低值出现在 JC－BH021 站。表层叶绿素 a 的平面分布较为均匀，以秦皇岛沿岸海域和莱州湾东北部海域相对较高，而大连附近海域相对较低，除此以外，渤海其他海域叶绿素 a 含量均处于低水平且含量相差不大。

次表层叶绿素 a 的变化范围在 0.43～25.83 mg/m³ 之间，最高值是最低值的 60.07 倍，最高值出现在 ZD－LZW143 站，最低值出现在 JC－BH020 站。次表层叶绿素 a 的含量整体偏低，除莱州湾东部海域及秦皇岛沿岸海域的叶绿素 a 含量相对较高外，渤海其他海域的叶绿素含量均处于较低水平，其中大连附近海域的叶绿素 a 含量最低。

中层叶绿素 a 的变化范围在 0.17～12.74 mg/m³ 之间，最高值是最低值的 74.94 倍，最高值出现在 ZD－LZW131 站，最低值出现在 JC－BH021 站。各站的叶绿素 a 含量变化比较均匀，高值区主要位于莱州湾北部及秦皇岛近岸海域，其他海域的叶绿素 a 含量均较低。

底层叶绿素 a 的变化范围在 0.01～23.79 mg/m³ 之间，最高值是最低值的 2 379.00 倍，各站的叶绿素 a 含量变化较大。最高值出现在 ZD－LZW143 站；最低值出现在 ZD－LZW035 站。底层叶绿素 a 平面分布表现为高值区主要分布在秦皇岛沿岸海域、渤海中部及莱州湾东北部海域；低值区主要分布在辽东湾东南部及大连附近海域。

3.1.1.4 冬季

调查海域表层海水叶绿素 a 的变化范围在 0.08～4.33 mg/m³ 之间，最高值是最低值的 54.06 倍，最高值出现在 ZD－LZW138 站；最低值出现在 ZD－LZW124 站。平面分布高值区主要分布在莱州湾东部，秦皇岛沿岸海域也相对较高，渤海其他海域叶绿素 a 含量均处于低水平，平面分布均匀。

次表层叶绿素 a 的变化范围在 0.14～3.66 mg/m³ 之间，最高值是最低值的 26.12 倍，最高值出现在 ZD－LZW138 站，最低值出现在 JC－BH030 站，与表层叶绿素 a 分布相似。次表层叶绿素 a 高值区主要分布在莱州湾东部及秦皇岛沿岸海域，其他海域均较低（ <1 mg/m³）。

中层叶绿素 a 的变化范围在 0.16 ~ 2.62 mg/m³ 之间，最高值是最低值的 16.35 倍，最高值出现在 ZD - LZW132 站，最低值出现在 JC - BH034 站。各站的叶绿素 a 含量变化比较均匀，大部分站点的中层叶绿素 a 含量小于 1 mg/m³，高值区主要位于渤海湾南部、莱州湾东南部及秦皇岛近岸；低值区位于渤海中部。

底层叶绿素 a 的变化范围在 0.06 ~ 3.56 mg/m³ 之间，最高值是最低值的 59.38 倍，各站的叶绿素 a 含量变化较大，最高值出现在 ZD - LZW138，最低值出现在 ZD - LZW140；平面分布表现为高值区主要分布在莱州湾东部及秦皇岛沿岸海域，其他海域均较低。

3.1.2　叶绿素 a 垂直分布

3.1.2.1　春季

所有调查站位各层叶绿素 a 平均值见图 3.1 - 1，各层平均值从大到小依次为：次表层、底层、中层、表层。由于渤海总体水深较浅，春季海水混合程度高，各层次叶绿素 a 平均值比较接近。

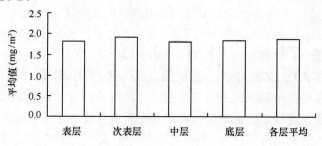

图 3.1 - 1　春季各层次叶绿素 a 平均值柱形图

3.1.2.2　夏季

所有调查站位各层叶绿素 a 平均值见图 3.1 - 2，各层平均值从大到小依次为：表层、次表层、中层、底层，其中表层与次表层非常接近，均明显高于其他层次。分析表明夏季渤海浮游植物的垂直分布比较明显。

3.1.2.3　秋季

所有调查站位各层叶绿素 a 平均值见图 3.1 - 3，各层平均值从大到小依次为：次表层、表层、底层、中层。

3.1.2.4　冬季

所有调查站位各层叶绿素 a 平均值见图 3.1 - 4，各层平均值从大到小依次为：表层、次表层、底层、中层，各层叶绿素 a 均处于较低的水平。

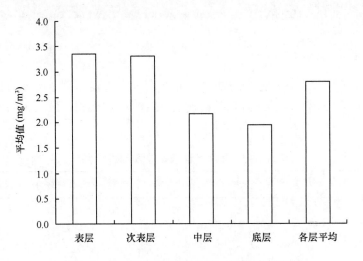

图 3.1-2 夏季各层次叶绿素 a 平均值柱形图

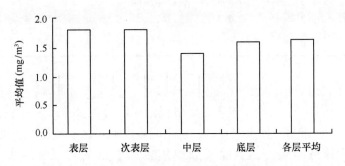

图 3.1-3 秋季各层次叶绿素 a 平均值柱形图

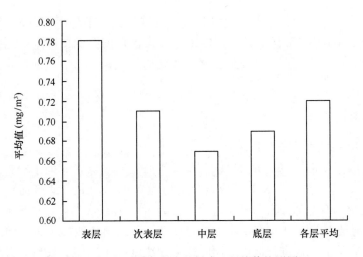

图 3.1-4 冬季各层次叶绿素 a 平均值柱形图

3.1.3 叶绿素 a 区域分布

3.1.3.1 春季

将渤海分为 6 个调查区域进行分析，自北向南依次为辽东湾重点调查区、北戴河重点调查区、天津重点调查区、渤海基础调查区、黄河口重点调查区及莱州湾重点调查区（表 3.1 −1）。

表 3.1 −1   春季叶绿素 a 各层区域平均值   单位：mg/m³

区域	表层	次表	中层	底层	各层平均	含量分布
渤海基础调查区	1.68	1.93	1.57	1.50	1.64	37.64
北戴河重点调查区	2.20	2.69	3.04	2.36	2.74	62.45
黄河口重点调查区	1.61	1.40	1.13	1.50	1.59	17.60
辽东湾重点调查区	1.92	2.24	1.90	1.77	1.96	36.53
莱州湾重点调查区	2.26	2.08	1.72	2.15	2.36	20.64
天津重点调查区	0.98	0.87	0.69	0.87	0.90	15.56

由表 3.1 −1 可以看出各海域叶绿素 a 平均值，北戴河重点调查区叶绿素 a 含量较高，平均为 2.74 mg/m³；天津重点调查区最低，平均为 0.90 mg/m³。自高向低依次为：北戴河重点调查区、莱州湾重点调查区、辽东湾重点调查区、渤海基础调查区、黄河口重点调查区、天津重点调查区。除了天津重点调查区的各层叶绿素 a 平均值较低（ <1 mg/m³）外，其余 5 个监测区各层叶绿素 a 平均值比较接近，均没有出现明显的变化。

各海域叶绿素 a 含量分布平均值以北戴河海域最高，平均为 62.45 mg/m²；天津重点调查区最低，平均为 15.56 mg/m²。叶绿素 a 含量自高向低依次为：北戴河重点调查区、渤海基础调查区、辽东湾重点调查区、莱州湾重点调查区、黄河口重点调查区、天津重点调查区。

3.1.3.2 夏季

各区域各层平均值见表 3.1 −2。

各海域叶绿素 a 平均值，黄河口以北及莱州湾海域叶绿素 a 处于较高的水平，平均为 3.65 mg/m³；辽东湾重点调查区次之，平均为 2.93 mg/m³；北戴河重点调查区、天津重点调查区及渤海中部最低，平均为 2.28 mg/m³，各层次的分布也基本符合这样的规律。6 个监测海域中黄河口以北海域各层叶绿素 a 平均值比较接近，其他海域各层次间差别较明显，除渤海基础调查区次表层叶绿素 a 浓度高于表层，莱州湾海域底层高于中层外，各海域浓度基本呈现出由高到低为表层、次表层、中层、底层的规律。

表 3.1-2 夏季叶绿素 a 各层区域平均值   单位：mg/m³

区域	表层	次表	中层	底层	各层平均	含量分布（mg/m²）
渤海基础调查区	2.87	3.16	2.14	1.21	2.26	59.48
北戴河重点调查区	3.18	3.47	1.73	0.99	2.36	54.61
黄河口重点调查区	4.03	3.88	3.04	3.34	3.65	52.25
辽东湾重点调查区	3.95	3.64	2.60	1.54	2.93	62.43
莱州湾重点调查区	3.79	3.35	1.71	3.29	3.66	30.48
天津重点调查区	2.75	2.57	1.66	1.64	2.23	40.66

各海域叶绿素 a 含量平均值以辽东湾重点调查区最高，平均为 62.43 mg/m²；莱州湾重点调查区最低，平均为 30.48 mg/m²；自高向低依次为：辽东湾重点调查区、渤海基础调查区、北戴河重点调查区、黄河口重点调查区、天津重点调查区、莱州湾重点调查区，这样的分布规律与水深和海水透明度有直接的关系。莱州湾重点调查区透明度低，水深浅，因而叶绿素 a 含量较低。

3.1.3.3 秋季

各区域各层平均值见表 3.1-3。

各海域叶绿素 a 平均值，北戴河重点调查区叶绿素 a 含量较高，平均为 3.49 mg/m³；渤海基础调查区和辽东湾重点调查区最低，平均为 0.98 mg/m³。自高向低依次为：莱州湾重点调查区、北戴河重点调查区、黄河口重点调查区、天津重点调查区、辽东湾重点调查区、渤海基础调查区。其中渤海基础调查区和辽东湾重点调查区的各层叶绿素 a 平均值较低（<1 mg/m³），其余 4 个监测区各层叶绿素 a 平均值均大于 1 mg/m³，且变化明显。

表 3.1-3 秋季叶绿素 a 各层区域平均值   单位：mg/m³

区域	表层	次表层	中层	底层	各层平均	含量分布（mg/m²）
渤海基础调查区	0.97	1.04	1.00	0.98	0.98	24.31
北戴河重点调查区	2.01	2.21	2.14	2.35	2.19	46.04
黄河口重点调查区	1.55	1.03	0.85	1.12	1.28	15.54
辽东湾重点调查区	1.04	1.02	0.97	0.89	0.98	19.27
莱州湾重点调查区	3.70	4.60	3.66	3.31	3.49	39.26
天津重点调查区	1.10	1.10	0.90	1.08	1.06	17.62

各海域叶绿素 a 含量平均值以北戴河重点调查区最高，平均为 46.04 mg/m²；黄河口重点调查区最低，平均为 15.54 mg/m²；自高向低依次为：北戴河重点调查区、莱州湾重点调查区、渤海基础调查区、辽东湾重点调查区、天津重点调查区、黄河口重点调查区。

3.1.3.4 冬季

各区域各层平均值见表 3.1-4。

各海域叶绿素 a 平均值，莱州湾重点调查区叶绿素 a 含量较高，平均为 0.99 mg/m³；北戴河重点调查区次之，平均为 0.83 mg/m³；黄河口重点调查区最低，平均为 0.46 mg/m³。

表 3.1-4　冬季叶绿素 a 各层区域平均值　　　　　　　单位：mg/m³

区域	表层	次表层	中层	底层	各层平均	含量分布
渤海基础调查区	0.60	0.56	0.49	0.52	0.53	13.68
北戴河重点调查区	0.89	0.85	0.75	0.81	0.83	17.78
黄河口重点调查区	0.45	0.46	0.43	0.47	0.46	5.89
辽东湾重点调查区	0.70	0.64	0.65	0.67	0.67	14.30
莱州湾重点调查区	1.18	1.13	1.09	0.90	0.99	11.50
天津重点调查区	0.69	0.62	0.58	0.64	0.65	11.65

6 个监测区各层叶绿素 a 平均值比较接近，均没有出现明显的变化。各海域叶绿素 a 含量平均值以北戴河重点调查区最高，平均为 17.78 mg/m²；黄河口重点调查区最低，平均为 5.89 mg/m²。自高向低依次为：北戴河重点调查区、辽东湾重点调查区、渤海基础调查区、天津重点调查区、莱州湾重点调查区、黄河口重点调查区。

3.2　初级生产力

3.2.1　春季

调查海域初级生产力的变化范围在 0.60 ~ 25.66 mg/（m²·h），平均为 6.38 mg/（m²·h），最高值是最低值的 42.77 倍。最高值出现在 JC-BH041 站，最低值出现在 ZD-LDW032 站。平面分布的高值区主要位于渤海基础调查区，此外秦皇岛沿岸海域及大连附近海域的初级生产力也较高，低值区位于莱州湾重点调查区中部、黄河口重点调查区及辽东湾重点调查区东部海域（见附图 3.5）。

各海域初级生产力平均值自高向低依次为：北戴河重点调查区、渤海基础调查区、辽东湾重点调查区、黄河口重点调查区、莱州湾重点调查区、天津重点调查区。各海域初级生产力平均值见表 3.2-1。

表 3.2-1　各海域初级生产力平均值　　　　　　　单位：mg/（m²·h）

季节	渤海基础调查区	北戴河重点调查区	黄河口重点调查区	辽东湾重点调查区	莱州湾重点调查区	天津重点调查区
春季	9.03	11.60	2.67	6.69	2.66	1.97
夏季	8.28	4.47	17.39	5.76	11.71	7.84
秋季	2.57	5.37	1.62	2.75	5.17	4.00
冬季	1.09	0.94	0.46	0.63	1.50	0.57

3.2.2 夏季

调查海域初级生产力的变化范围为 2.01 ~ 24.35 mg/ （$m^2 \cdot h$），平均为 9.56 mg/ （$m^2 \cdot h$），最高值是最低值的 12.11 倍。最高值出现在 ZD – HHK109 站，最低值出现在 ZD – BDH073 站。平面分布呈现明显的自南向北逐渐降低的趋势（见附图 3.6）。

各海域自高向低依次为：黄河口重点调查区、莱州湾重点调查区、渤海基础调查区、天津重点调查区、辽东湾重点调查区、北戴河重点调查区。

3.2.3 秋季

调查海域初级生产力的变化范围为 0.72 ~ 11.92 mg/ （$m^2 \cdot h$），平均为 3.49 mg/ （$m^2 \cdot h$），最高值是最低值的 16.56 倍。最高值出现在 ZD – BDH063 站，最低值出现在 ZD – HHK103 站。平面分布不均匀，北戴河重点调查区沿岸海域的初级生产力最高，此外天津重点调查区北部及莱州湾重点调查区中部和东部海域的初级生产力也很高；低值区主要位于黄河口重点调查区海域（见附图 3.7）。

各海域自高向低依次为：北戴河重点调查区、莱州湾重点调查区、天津重点调查区、辽东湾重点调查区、渤海基础调查区、黄河口重点调查区。

3.2.4 冬季

调查海域初级生产力的变化范围为 0.22 ~ 3.32 mg/ （$m^2 \cdot h$），平均为 0.90 mg/ （$m^2 \cdot h$），最高值是最低值的 15.09 倍。最高值出现在 ZD – LZW129 站，最低值出现在 ZD – HHK118 站。以莱州湾重点调查区、渤海基础调查区及北戴河重点调查区较高，平面分布呈现明显的中部高，南北低的分布趋势（见附图 3.8）。

各海域自高向低依次为：莱州湾重点调查区、渤海基础调查区、北戴河重点调查区、天津重点调查区、辽东湾重点调查区、黄河口重点调查区。

4　微生物

4.1　水体细菌总数含量分布特征（培养法）

4.1.1　平面分布

4.1.1.1　春季

渤海海域水体细菌的含量变化范围在 1~1 000 CFU/L 之间；各站含量平均值的变化范围在 10~740 CFU/L 之间。海水细菌总数（各层平均）最高值在天津重点区西北部海域，次高值在莱州湾重点调查区南部；最低值在北戴河重点调查区南部；次低值在北戴河重点调查区中部海域。

各层的细菌总数含量分布特征见附图 4.1。

1）表层

最高值出现在 ZD – LZW139 站，次高值为 ZD – TJ088 站；最低值为 ZD – BDH058 和 ZD – HHK109 站，次低值为 ZD – LZW129 站。平面分布特征渤海中部海域为低值区，莱州湾东部和黄河口东部为高值区。

2）中层

最高值出现在 JC – BH014 站，次高值为 ZD – LDW032 站；最低值为 ZD – BDH073 站，次低值为 JC – BH041 站。平面分布特征为渤海中部海域为低值区，黄河口东部和辽东湾重点调查区南部为高值区。

3）底层

最高值出现在 ZD – LZW139 站，次高值为 ZD – HHK103 站；最低值为 ZD – BDH058 站。次低值为 ZD – BDH063 站。平面分布特征和表层基本一致，渤海中部海域为低值区，莱州湾东部和黄河口东部为高值区。

4.1.1.2　夏季

渤海海域水体细菌的含量变化范围在 3~5 000 CFU/L 之间；各站含量平均值的变化范围在 12~2 680 CFU/L 之间。海水细菌总数（各层平均）最高值出现在北戴河重点调查区中部近岸海域，次高值为莱州湾重点调查区海域；最低值为北戴河重点调查区中部远海；次低值为天津重点调查区近岸海域。

各层的细菌总数含量分布特征见附图 4.2。

1）表层

最高值出现在 JC – BH002 站，次高值为 ZD – BDH049 站；最低值为 ZD – BDH058

站，次低值为 ZD – HHK109 站。平面分布特征渤海中部海域为低值区，莱州湾东部和辽东湾南部为高值区。

2）中层

最高值出现在 ZD – BDH049 站，次高值为 ZD – LZW129 站；最低值为 ZD – BDH058 站，次低值为 JC – BH026 站。平面分布特征渤海中部海域为低值区，北戴河重点调查区和辽东湾重点调查区南部为高值区。

3）底层

最高值出现在 ZD – BDH063 站，次高值为 ZD – LZW129 站；最低值为 JC – BH041 站，次低值为 ZD – BDH058 站。平面分布特征和 10 m 层基本一致，渤海中部海域为低值区，莱州湾东部和辽东湾南部为高值区。

4.1.1.3　秋季

渤海海域水体细菌的含量变化范围在 4 ~ 450 CFU/L 之间；各站含量平均值的变化范围在 16 ~ 395 CFU/L 之间。海水细菌总数（各层平均）最高值在渤海重点区北部海域，次高值在莱州湾重点调查区和天津重点调查区；最低值在北戴河重点调查区；次低值在黄河口重点调查区和辽东湾重点调查区。

各层的细菌总数含量分布特征见附图 4.3。

1）表层

最高值出现在 ZD – LZW133 站，次高值为 ZD – HHK109 站；最低值为 JC – BH026 站，次低值为 ZD – HHK113 站。平面分布特征渤海中部海域为低值区，莱州湾南部和黄河口北部为高值区。

2）中层

最高值出现在 ZD – BDH049 站，次高值为 ZD – LDW039 站；最低值为 ZD – BDH073 站，次低值为 JC – BH002 站。平面分布特征渤海中部海域为低值区，北戴河重点调查区北部和辽东湾重点调查区南部为高值区。

3）底层

最高值出现在 ZD – LZW133 站，次高值为 ZD – LDW039 站；最低值为 ZD – HHK113 站，次低值为 JC – BH041 站。平面分布特征渤海中部海域为低值区，天津重点调查区北部和辽东湾重点调查区南部为高值区。

4.1.1.4　冬季

渤海海域水体细菌的含量变化范围在 1 ~ 1 800 CFU/L 之间；各站含量平均值的变化范围在 9.3 ~ 1 500 CFU/L 之间。海水细菌总数（各层平均）最高值在黄河口重点调查区，次高值在莱州湾重点调查区；最低值在天津重点调查区，次低值在北戴河重点调查区和渤海基础调查区。

各层的细菌总数含量分布特征见附图 4.4。

1）表层

最高值出现在 ZD – BDH073 站，次高值为 ZD – HHK103 站；最低值为 ZD – TJ080 站，次低值为 JC – BH026 站；平面分布特征渤海中部海域为低值区，莱州湾东部和辽东湾南部为高值区。

2）中层

最高值出现在 ZD – BDH049 站，次高值为 ZD – LDW032 站；最低值为 ZD – BDH073 站，次低值为 ZD – TJ080 站。平面分布特征为北戴河重点调查区和渤海基础调查区海域为低值区；北戴河重点调查区北部近岸海域和辽东湾重点调查区南部为高值区。

3）底层

最高值出现在 ZD – HHK103 站，次高值为 JC – BH014 站（靠近大连的近岸海域）；最低值为 ZD – TJ080 站，次低值为 ZD – BDH058 站；平面分布特征为渤海中部海域为低值区；莱州湾重点调查区和黄河口重点调查区中部海域为高值区。

4.1.2　垂直分布

4.1.2.1　春季

根据图 4.1 – 1 可知，渤海海域春季水体细菌总数的垂直变化由高到低基本呈现出中层、表层、底层的趋势，6 个调查区又各不相同，其中，最高值在莱州湾重点调查区出现在表层，其他 5 个调查区出现在中层，最低值在 6 个调查区全部出现在底层。

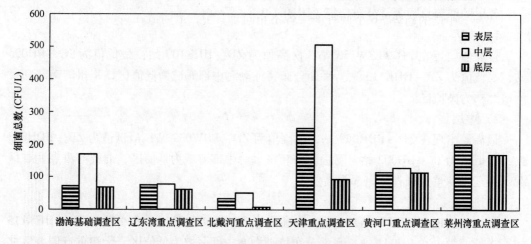

图 4.1 – 1　春季航次水体细菌总数垂直分布

4.1.2.2　夏季

根据图 4.1 – 2 可知，渤海海域夏季水体细菌总数的垂直变化由高到低基本呈现出表层、中层、底层的趋势，6 个调查区又各不相同，其中，最高值在北戴河重点调查区出现在底层，莱州湾重点调查区出现在中层，其他 4 个调查区出现在表层；最低值在渤海基础调查区出现在中层，北戴河重点调查区和莱州湾重点调查区出现在表层，其余 3 个调查区全部出现在底层。

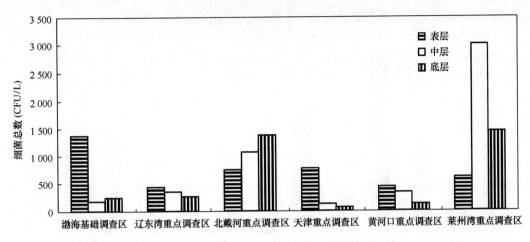

图 4.1-2　夏季航次水体细菌总数垂直分布

4.1.2.3　秋季

根据图 4.1-3 可知，渤海海域秋季水体细菌总数的垂直变化由高到低基本呈现出表层、底层、中层的趋势，6 个调查区又各不相同，其中，最高值在黄河口重点调查区及北戴河重点调查区出现在表层，天津重点调查区和莱州湾重点调查区出现在中层，其他 2 个调查区出现在底层；最低值在黄河口调查区和天津重点调查区出现在底层，北戴河重点调查区出现在中层，其余 3 个调查区全部出现在表层。

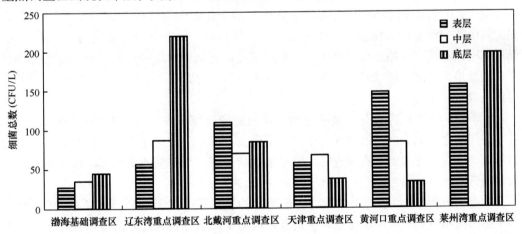

图 4.1-3　秋季航次水体细菌总数垂直分布

4.1.2.4　冬季

根据图 4.1-4 可知，渤海海域冬季水体细菌总数的垂直变化由高到低基本呈现出表层、底层、中层的趋势，6 个调查区又各不相同，其中，最高值在天津重点调查区、北戴河重点调查区及辽东湾重点调查区出现在表层，其他 3 个调查区出现在底层；最低值在北戴河重点调查区出现在底层，其余 5 个调查区全部出现在中层。

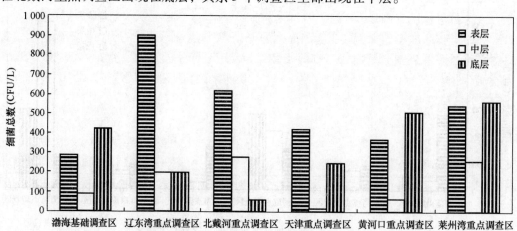

图 4.1 – 4　冬季航次水体细菌总数垂直分布

4.1.3　区域比较

　　春季，6 个调查区域海水细菌含量平均值的变化范围在 34.6 ~ 320.8 CFU/L 之间，其中天津重点调查区的水体细菌平均含量最高，以下分别为莱州湾重点调查区、黄河口重点调查区、渤海基础调查区、辽东湾重点调查区，而北戴河重点调查区的水体细菌平均含量最低。

　　夏季，6 个调查区域海水细菌含量平均值的变化范围在 290.5 ~ 1 302.1 CFU/L 之间，其中莱州湾重点调查区的水体细菌平均含量最高，以下分别为北戴河重点调查区、渤海基础调查区、天津重点调查区、辽东湾重点调查区，黄河口重点调查区的水体细菌平均含量最低。渤海基础调查区的细菌含量相对较高的原因可能与 JC – BH020 站位的表层细菌含量较高有关。

　　秋季，6 个调查区域海水细菌含量平均值的变化范围在 37.4 ~ 176.8 CFU/L 之间，其中莱州湾重点调查区的水体细菌平均含量最高，以下分别为辽东湾重点调查区、黄河口重点调查区、北戴河重点调查区、天津重点调查区，渤海基础调查区的水体细菌平均含量最低。

　　冬季，6 个调查区域海水细菌含量平均值的变化范围在 270.1 ~ 511.4 CFU/L 之间，其中莱州湾重点调查区的水体细菌平均含量最高，以下分别为辽东湾重点调查区、黄河口重点调查区、北戴河重点调查区、天津重点调查区，渤海基础调查区的水体细菌平均含量最低。

　　从 4 个季节的区域调查结果（图 4.1 – 5）可以看出，莱州湾重点调查区和北戴河重点调查区的水体细菌总数含量相对较高，而渤海基础调查区和黄河口重点调查区的含量相对较低。

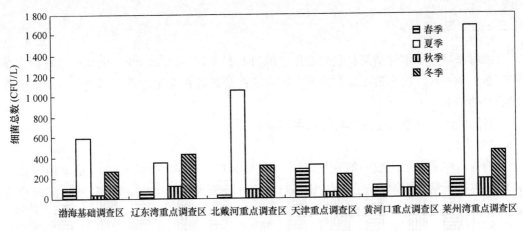

图 4.1 - 5　水体细菌总数区域比较

4.2　水体细菌分布特征（荧光染色直接计数法）

4.2.1　平面分布

4.2.1.1　春季

渤海海域春季水体细菌总数的变化范围在 $1.24 \times 10^8 \sim 4.62 \times 10^8$ 个/L 之间，最高值在 ZD - HHK103 站，次高值在 ZD - HHK109 站；最低值在 ZD - LZW139 站；次低值在 JC - BH014 站。

各层的细菌总数含量分布特征见附图 4.5。

1）表层

调查海域表层水体细菌的变化范围在 $1.53 \times 10^8 \sim 3.78 \times 10^8$ 个/L 之间，最高值出现在 ZD - LZW139 站，次高值为 ZD - HHK118 站；最低值为 ZD - LZW133 站，次低值为 ZD - BDH073 站。平面分布特征为表层水体细菌数量平面分布变化不大，莱州湾重点调查区与黄河口重点调查区东部较高，北戴河南部较低。

2）中层

调查海域中层水体细菌的变化范围在 $1.26 \times 10^8 \sim 3.43 \times 10^8$ 个/L 之间，最高值出现在 ZD - HHK109 站，次高值为 ZD - HHK118 站；最低值为 JC - BH014 站，次低值为 ZD - HHK113 站；平面分布特征为表层水体细菌数量平面分布变化不大，渤海基础调查区南部为低值区，黄河口东部海域较高。

3）底层

调查海域底层水体细菌的变化范围在 $1.24 \times 10^8 \sim 4.62 \times 10^8$ 个/L 之间，最高值出现在 ZD - HHK103 站，次高值为 ZD - HHK109 站；最低值为 ZD - LZW139 站，次低值为 ZD - BDH073 站。平面分布特征为除了天津重点调查区及黄河口重点调查区西部较高以外，其余区域分布比较均匀。

4.2.1.2 夏季

渤海海域夏季水体细菌总数的变化范围为 $1.13 \times 10^8 \sim 4.27 \times 10^8$ 个/L，最高值在黄河口重点调查区，次高值在辽东湾重点调查区；最低值在莱州湾重点调查区，次低值在渤海基础调查区。

各层的细菌总数含量分布特征见附图 4.6。

1）表层

调查海域表层水体细菌的变化范围为 $1.31 \times 10^8 \sim 3.43 \times 10^8$ 个/L，最高值出现在 ZD – LZW139 站，次高值为 ZD – HHK118 站；最低值为 ZD – LZW133 站，次低值为 ZD – BDH073 站。平面分布比较均匀。

2）中层

调查海域中层水体细菌的变化范围为 $1.13 \times 10^8 \sim 4.27 \times 10^8$ 个/L，最高值出现在 ZD – HHK109 站，次高值为 ZD – LDW039 站；最低值为 JC – BH014 站，次低值为 JC – BH020 站。平面分布特征渤海中部海域为低值区；黄河口重点调查区及辽东湾西部为高值区。

3）底层

调查海域底层水体细菌的变化范围为 $1.24 \times 10^8 \sim 3.80 \times 10^8$ 个/L，最高值出现在 ZD – HHK109 站，次高值为 ZD – HHK113 站；最低值为 ZD – HHK118 站，次低值为 ZD – LZW139 站。平面分布特征渤海中部海域为低值区；黄河口西部和天津重点调查区北部为高值区。

4.2.1.3 秋季

秋季渤海海域水体细菌总数的变化范围为 $0.79 \times 10^8 \sim 2.94 \times 10^8$ 个/L，最高值在 ZD – LDW032 站，次高值在 ZD – TJ080 站；最低值在 ZD – HHK118 站，次低值在 ZD – LZW129 站。

各层的细菌总数含量分布特征见附图 4.7。

1）表层

调查海域表层水体细菌的变化范围为 $0.87 \times 10^8 \sim 2.94 \times 10^8$ 个/L，最高值出现在 ZD – LDW032 站，次高值为 ZD – BDH073 站；最低值为 ZD – LZW129 站，次低值为 ZD – LZW139 站；平面分布特征为莱州湾海域及渤海基础调查区较低，其余区域分布比较均匀。

2）中层

调查海域中层水体细菌的变化范围为 $1.52 \times 10^8 \sim 2.61 \times 10^8$ 个/L，最高值出现在 JC – BH014 站，次高值为 JC – BH026 站；最低值为 ZD – HHK108 站，次低值为 ZD – BDH058 站。平面分布特征比较均匀，黄河河口区域附近为低值区；渤海基础调查区较高。

3）底层

调查海域底层水体细菌的变化范围为 $0.79 \times 10^8 \sim 2.64 \times 10^8$ 个/L，最高值出现在 ZD – TJ080 站，次高值为 ZD – TJ088 站；最低值为 ZD – HHK108 站，次低值为 ZD – HHK113 站。平面分布特征为天津重点调查区较高，其余区域分布比较均匀。

4.2.1.4 冬季

渤海海域水体细菌总数的变化范围为 $1.21 \times 10^8 \sim 3.51 \times 10^8$ 个/L，最高值在黄河口重点调查区，次高值在莱州湾重点调查区和天津重点调查区；最低值在莱州湾重点调查区，次低值在渤海基础调查区。

各层的细菌总数含量分布特征见附图4.8。

1）表层

调查海域表层水体细菌的变化范围为 $1.48 \times 10^8 \sim 3.49 \times 10^8$ 个/L，最高值出现在 JC – BH002 站，次高值为 JC – BH014 站；最低值为 ZD – BDH063 站，次低值为 JC – BH026 站。平面分布比较均匀。

2）中层

调查海域中层水体细菌的变化范围为 $2.11 \times 10^8 \sim 3.26 \times 10^8$ 个/L，最高值出现在 JC – BH014 站，次高值为 ZD – HHK113 站；最低值为 JC – BH002 站，次低值为 ZD – TJ080 站。平面分布特征渤海中部海域为低值区；黄河口重点调查区南部为高值区。

3）底层

调查海域底层水体细菌的变化范围为 $1.21 \times 10^8 \sim 3.51 \times 10^8$ 个/L，最高值出现在 ZD – TJ088 站，次高值为 ZD – HHK133 站；最低值为 ZD – BDH063 站，次低值为 ZD – BDH049 站。平面分布特征渤海中部海域为低值区；黄河口西部和天津重点调查区北部为高值区。

4.2.2 垂直分布

4.2.2.1 春季

渤海海域春季水体细菌含量的垂直变化由高到低基本呈现出底层、表层、中层的趋势（图4.2 – 1），6 个调查区又各不相同，其中，最高值在渤海基础调查区和莱州湾重点调查区出现在表层，北戴河重点调查区出现在中层，其他 3 个调查区出现在底层；最低值在莱州湾调查区出现在底层，辽东湾重点调查区和黄河口重点调查区出现在表层，其余 3 个调查区全部出现在中层。

4.2.2.2 夏季

渤海海域夏季水体细菌含量的垂直变化由高到低基本呈现出底层、中层、表层的趋势（图4.2 – 2），6 个调查区又各不相同，其中，最高值在北戴河重点调查区出现在底层，辽东湾调查区和黄河口调查区出现在中层，莱州湾调查区出现在表层，其他 3 个调查区出现在底层；最低值在渤海基础调查区出现在中层，辽东湾重点调查区和莱州湾调查区出现在底层，其余 3 个调查区全部出现在表层。

4.2.2.3 秋季

渤海海域秋季水体细菌含量的垂直变化由高到低基本呈现出表层、底层、中层的趋势（图4.2 – 3），6 个调查区又各不相同，其中，最高值在天津重点调查区和莱州湾调查区出现在底层，渤海基础调查区出现在中层，其他 3 个调查区出现在表层。最低值为

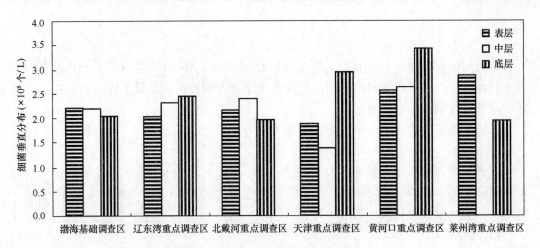

图 4.2 - 1　春季航次水体细菌垂直分布

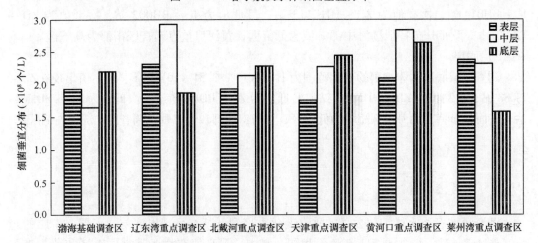

图 4.2 - 2　夏季航次水体细菌垂直分布

辽东湾重点调查区、北戴河重点调查区出现在底层,渤海基础调查区、天津重点调查区出现在表层,其余 2 个调查区全部出现在中层。

4.2.2.4　冬季

渤海海域冬季水体细菌含量的垂直变化趋势不明显(图 4.2 - 4),6 个调查区又各不相同,其中,最高值在渤海基础调查区、辽东湾重点调查区出现在表层,天津重点调查区和莱州湾调查区出现在底层,渤海基础调查区出现在中层。最低值在辽东湾重点调查区、北戴河重点调查区出现在底层,黄河口重点调查区、北戴河重点调查出现在中层,其余 2 个调查区全部出现在中层。

渤海海域夏季水体细菌含量的垂直变化由高到低基本呈现出表层、中层、底层的趋势,6 个调查区又各不相同,其中,最高值在北戴河重点调查区出现在底层,其他 5 个调查区出现在表层;最低值在渤海基础调查区、天津重点调查区出现在中层,北戴河重点调查区出现在表层,其余 3 个调查区全部出现在底层。

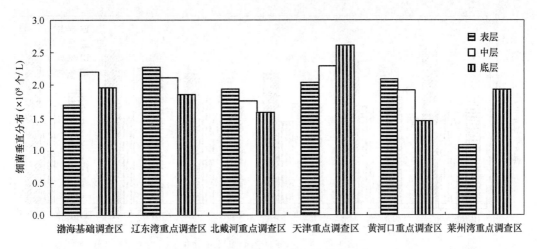

图 4.2 – 3　秋季航次水体细菌垂直分布

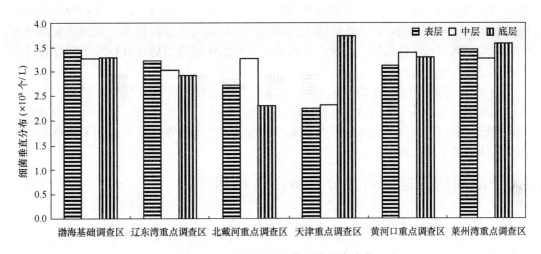

图 4.2 – 4　冬季航次水体细菌垂直分布

4.2.3　细菌数量区域比较

春季，6 个调查区域海水细菌含量平均值的变化范围为 $2.08 \times 10^8 \sim 2.87 \times 10^8$ 个/L，各区域差别不大（图 4.2 – 5），其中黄河口重点调查区的水体细菌平均含量最高，以下分别为莱州湾重点调查区、辽东湾重点调查区、北戴河重点调查区、渤海基础调查区，天津重点调查区的水体细菌平均含量最低。

夏季，6 个调查区域海水细菌含量平均值的变化范围为 $1.93 \times 10^8 \sim 2.53 \times 10^8$ 个/L，各区域差别不大，其中黄河口重点调查区的水体细菌平均含量最高，以下分别为辽东湾重点调查区、天津重点调查区、北戴河重点调查区，莱州湾重点调查区，渤海基础调查区的水体细菌平均含量最低。莱州湾重点调查区的水体细菌平均含量较低可能与各站水体底层细菌含量较低有关。

秋季，6 个调查区域海水细菌含量平均值的变化范围为 $1.50 \times 10^8 \sim 2.31 \times 10^8$ 个/L，

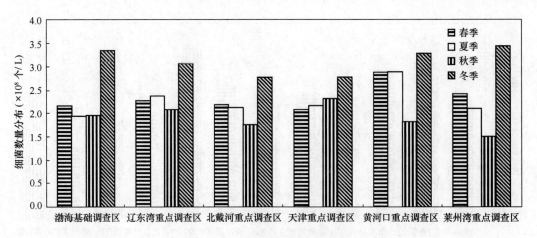

图 4.2 – 5　水体细菌数量区域分布

各区域差别不大，其中天津重点调查区的水体细菌平均含量最高，以下分别为辽东湾重点调查区、渤海基础调查区、黄河口重点调查区、北戴河重点调查区，莱州湾重点调查区的水体细菌平均含量最低。莱州湾重点调查区的水体细菌平均含量较低可能与各站水体表层细菌含量较低有关。

冬季，6 个调查区域海水细菌含量平均值的变化范围为 $1.50 \times 10^8 \sim 2.31 \times 10^8$ 个/L，各区域差别不大，其中莱州湾重点调查区的水体细菌平均含量最高，以下分别为渤海基础调查区、黄河口重点调查区、辽东湾重点调查区，北戴河重点调查区和天津重点调查区的水体细菌平均含量最低。

4.3　底质细菌总数含量分布特征（培养法）

4.3.1　ST – 01 区块概况

4.3.1.1　春季

春季，沉积物表层细菌总数最高值为 8.6×10^4 CFU/g，出现在 ZD – LZW139 站；最低值为 0.21×10^4 CFU/g，出现在 ZD – BDH049 站。沉积物表层细菌培养计数结果呈现南北高、中央低的情况（见附图 4.9）。

4.3.1.2　夏季

夏季，沉积物表层细菌总数结果和海水样品各层平均值基本一致，最高值为 170×10^4 CFU/g，出现在 ZD – LZW139 站；最低值出现在 ZD – TJ088 站，为 0.15×10^4 CFU/g。平面分布特征为三个低值区（见附图 4.10），分别出现在渤海中部、天津重点调查区海域和辽东湾北部；高值区出现在莱州湾重点调查区、辽东湾重点调查区南部和黄河口近岸海域。

4.3.1.3　秋季

秋季，沉积物表层细菌总数最高值为 99×10^4 CFU/g，出现在 ZD – LDW032 站；最

低值为 3.5×10^4 CFU/g，出现在 ZD – LZW129 站。沉积物表层细菌培养计数结果呈现近岸高、远岸低的趋势（见附图 4.11）。

4.3.1.4 冬季

冬季，沉积物表层细菌总数最高值为 430×10^4 CFU/g，出现在 ZD – LDW032 站；最低值为 0.39×10^4 CFU/g，出现在 JC – BH002 站，次高值为 ZD – LDW039 站；次低值为 ZD – TJ088 站。平面分布特征高值区出现在辽东湾重点调查区、次高值在莱州湾重点调查区及黄河口近岸海域（见附图 4.12），低值区最低在天津重点调查区海域，次低值区在渤海基础调查区。

4.3.2 区域比较

据图 4.3 – 1 可知，春季各区域沉积物表层细菌培养计数结果平均值由高向低排列分别为：莱州湾重点调查区、辽东湾重点调查区、黄河口重点调查区、渤海基础调查区、北戴河重点调查区、天津重点调查区。天津重点调查区明显低于其他海域。

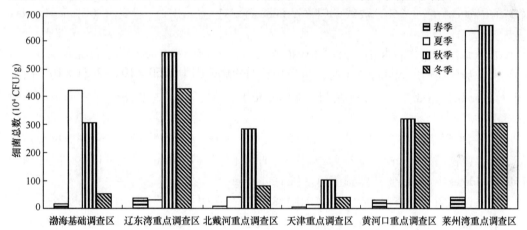

图 4.3 – 1　底质细菌总数区域比较

夏季各区域沉积物表层细菌培养计数结果平均值由高向低排列分别为：莱州湾重点调查区、渤海中部调查区、北戴河重点调查区、辽东湾重点调查区、黄河口重点调查区、天津重点调查区。天津重点调查区明显低于其他海域。

秋季各区域沉积物表层细菌培养计数结果平均值由高向低排列分别为：莱州湾重点调查区、辽东湾重点调查区、黄河口近岸海域、渤海中部调查区、北戴河重点调查区、天津重点调查区。天津重点调查区明显低于其他海域。

冬季各区域沉积物表层细菌培养计数结果平均值由高向低排列分别为：辽东湾重点调查区、黄河口重点调查区、莱州湾重点调查区、北戴河重点调查区、渤海中部调查区、天津重点调查区。天津重点调查区明显低于其他海域。

4.4　细菌分子生物学鉴定（RFLP 方法）

本次微生物分子生物学调查采用 RFLP 方法（试验方法参照《908 海洋生物生态调

查技术规程》）进行，采用的样品分水样和沉积物两种，首先提取样品中所有微生物的基因组 DNA，然后利用 PCR 扩增 16SrRNA 基因，利用酶切片断长度多态性（RFLP）技术对样品中微生物进行分析，一方面可以获取更为全面的微生物多样性信息，另一方面通过 16SrRNA 测序结果与 Genbank 数据库、RDP 数据库和 EMBL 数据库进行对比，从而确定微生物的种属和相似度。

4.4.1　海水样品分析结果

4.4.1.1　春季

在渤海基础调查区中，JC - BH026 号站位水样中变形菌门（Proteobacteria）占68%，蓝藻门（Cyanobacteria）占 12%，浮霉菌门（Planctomycetes）占 4%，厚壁菌门（Firmicutes）占 12%，拟杆菌门（Bacteroidetes）占 4%。

在辽东湾重点调查区中，ZD - LDW039 号站位水样中变形菌门（Proteobacteria）占66.6%，厚壁菌门（Firmicutes）占 16.6%，绿藻门（Chlorobi）占 3.2%，拟杆菌门（Bacteroidetes）占 3.2%，放线菌门（Actinobacteria）占 3.2%，蓝藻门（Cyanobacteria）占 3.2%。

在北戴河重点调查区中，ZD - BDH063 号站位水样中变形菌门（Proteobacteria）占66.5%，放线菌门（Actinobacteria）占 3.2%，厚壁菌门（Firmicutes）占 16.7%，绿藻门（Chlorobi）占 3.2%，拟杆菌门（Bacteroidetes）占 3.2%，蓝藻门（Cyanobacteria）占 3.2%。

在天津重点调查区中，ZD - TJ088 号站位水样中变形菌门（Proteobacteria）占65.4%，蓝藻门（Cyanobacteria）占 13%，厚壁菌门（Firmicutes）占 13%，拟杆菌门（Bacteroidetes）占 3.3%，浮霉菌门（Planctomycetes）占 3.3%。

在黄河口重点调查区中，ZD - HHK118 号站位水样中变形菌门（Proteobacteria）占80%，蓝藻门（Cyanobacteria）占 8%，浮霉菌门（Planctomycetes）占 4%，绿藻门（Chlorobi）占 4%，拟杆菌门（Bacteroidetes）占 4%。

在莱州湾重点调查区中，ZD - LZW139 号站位水样中变形菌门（Proteobacteria）占70%，厚壁菌门（Firmicutes）占 10%，蓝藻门（Cyanobacteria）占 15%，放线菌门（Actinobacteria）占 5%。

4.4.1.2　夏季

在渤海基础调查区中，JC - BH026 号站位水样中变形菌门（Proteobacteria）占52%，蓝藻门（Cyanobacteria）占 24%，厚壁菌门（Firmicutes）占 20%，拟杆菌门（Bacteroidetes）占 4%。

在辽东湾重点调查区中，ZD - LDW039 号站位水样中变形菌门（Proteobacteria）占56%，厚壁菌门（Firmicutes）占 19%，浮霉菌门（Planctomycetes）占 5%，蓝藻门（Cyanobacteria）占 15%，绿藻门（Chlorobi）占 5%。

在北戴河重点调查区中，ZD - BDH063 号站位水样中变形菌门（Proteobacteria）占52%，厚壁菌门（Firmicutes）占 14%，拟杆菌门（Bacteroidetes）占 4%，蓝藻门（Cyanobacteria）占 26%，绿藻门（Chlorobi）占 4%。

在天津重点调查区中，ZD – TJ088 号站位水样中变形菌门（Proteobacteria）占 73%，蓝藻门（Cyanobacteria）占 7%，厚壁菌门（Firmicutes）占 7%，拟杆菌门（Bacteroidetes）占 13%。

在黄河口重点调查区中，ZD – HHK118 号站位水样中变形菌门（Proteobacteria）占 53%，蓝藻门（Cyanobacteria）占 26%，衣原体门（Chlamydiae）占 5%，厚壁菌门（Firmicutes）占 11%，拟杆菌门（Bacteroidetes）占 5%。

在莱州湾重点调查区中，ZD – LZW139 号站位水样中变形菌门（Proteobacteria）占 58%，蓝藻门（Cyanobacteria）占 26%，绿藻门（Chlorobi）占 6%，厚壁菌门（Firmicutes）占 6%，浮霉菌门（Planctomycetes）占 6%，拟杆菌门（Bacteroidetes）占 6%。

4.4.1.3 秋季

在渤海基础调查区中，JC – BH026 号站位水样中变形菌门（Proteobacteria）占 63.3%，蓝藻门（Cyanobacteria）占 10%，放线菌门（Actinobacteria）占 3.3%，浮霉菌门（Planctomycetes）占 3.3%，绿藻门（Chlorobi）占 3.3%，厚壁菌门（Firmicutes）占 10%，拟杆菌门（Bacteroidetes）占 6.7%。

在辽东湾重点调查区中，ZD – LDW039 号站位水样中变形菌门（Proteobacteria）占 64%，绿藻门（Chlorobi）占 4%，拟杆菌门（Bacteroidetes）占 8%，浮霉菌门（Planctomycetes）占 4%，厚壁菌门（Firmicutes）占 16%，蓝藻门（Cyanobacteria）占 4%。

在北戴河重点调查区中，ZD – BDH063 号站位水样中变形菌门（Proteobacteria）占 53.8%，厚壁菌门（Firmicutes）占 26.7%，拟杆菌门（Bacteroidetes）占 7.8%，绿藻门（Chlorobi）占 3.9%，蓝藻门（Cyanobacteria）占 3.9%，放线菌门（Actinobacteria）占 3.9%。

在天津重点调查区中，ZD – TJ088 号站位水样中变形菌门（Proteobacteria）占 68.6%，厚壁菌门（Firmicutes）占 11.4%，浮霉菌门（Planctomycetes）占 2.9%，拟杆菌门（Bacteroidetes）占 11.4%，蓝藻门（Cyanobacteria）占 2.9%，绿藻门（Chlorobi）占 2.9%。

在黄河口重点调查区中，ZD – HHK118 号站位水样中变形菌门（Proteobacteria）占 72%，拟杆菌门（Bacteroidetes）占 12%，厚壁菌门（Firmicutes）占 12%，浮霉菌门（Planctomycetes）占 4%。

在莱州湾重点调查区中，ZD – LZW139 号站位水样中变形菌门（Proteobacteria）占 57.7%，厚壁菌门（Firmicutes）占 11.5%，蓝藻门（Cyanobacteria）占 11.6%，拟杆菌门（Bacteroidetes）占 7.7%，绿藻门（Chlorobi）占 3.8%，放线菌门（Actinobacteria）占 7.7%。

4.4.1.4 冬季

在渤海基础调查区中，JC – BH026 号站位水样中变形菌门（Proteobacteria）占 61.8%，蓝藻门（Cyanobacteria）占 14.5%，浮霉菌门（Planctomycetes）占 2.9%，拟杆菌门（Bacteroidetes）占 5.9%，厚壁菌门（Firmicutes）占 14.9%。

在辽东湾重点调查区中，ZD - LDW039 号站位水样中变形菌门（Proteobacteria）占68%，浮霉菌门（Planctomycetes）占 8%，蓝藻门（Cyanobacteria）占 12%，厚壁菌门（Firmicutes）占 8%，绿藻门（Chlorobi）占 4%。

在北戴河重点调查区中，ZD - BDH063 号站位水样中变形菌门（Proteobacteria）占52%，厚壁菌门（Firmicutes）占 16%，蓝藻门（Cyanobacteria）占 24%，拟杆菌门（Bacteroidetes）占 4%，绿藻门（Chlorobi）占 4%。

在天津重点调查区中，ZD - TJ088 号站位水样中变形菌门（Proteobacteria）占 76%，蓝藻门（Cyanobacteria）占 4%，厚壁菌门（Firmicutes）占 4%，拟杆菌门（Bacteroidetes）占 12%，放线菌门（Actinobacteria）占 4%。

在黄河口重点调查区中，ZD - HHK118 号站位水样中变形菌门（Proteobacteria）占68%，蓝藻门（Cyanobacteria）占 12%，绿藻门（Chlorobi）占 4%，厚壁菌门（Firmicutes）占 4%，浮霉菌门（Planctomycetes）占 4%，拟杆菌门（Bacteroidetes）占 8%。

在莱州湾重点调查区中，ZD - LZW139 号站位水样中变形菌门（Proteobacteria）占55.6%，浮霉菌门（Planctomycetes）占 3.7%，厚壁菌门（Firmicutes）占 11.1%，拟杆菌门（Bacteroidetes）占 3.7%，放线菌门（Actinobacteria）占 3.7%，蓝藻门（Cyanobacteria）占 22.2%。

4.4.2　沉积物样品分析结果

4.4.2.1　春季

在渤海基础调查区中，JC - BH026 号站位沉积物中变形菌门（Proteobacteria）占67%，厚壁菌门（Firmicutes）占 10%，蓝藻门（Cyanobacteria）占 10%，浮霉菌门（Planctomycetes）占 3.2%，拟杆菌门（Bacteroidetes）占 6.6%，放线菌门（Actinobacteria）占 3.2%。

在辽东湾重点调查区中，ZD - LDW039 号站位沉积物中变形菌门（Proteobacteria）占 68%，厚壁菌门（Firmicutes）占 20%，浮霉菌门（Planctomycetes）占 8%，放线菌门（Actinobacteria）占 4%。

在北戴河重点调查区中，ZD - BDH063 号站位沉积物中变形菌门（Proteobacteria）占59.4%，放线菌门（Actinobacteria）占 9.3%，厚壁菌门（Firmicutes）占 22.0%，蓝藻门（Cyanobacteria）占 3.1%，拟杆菌门（Bacteroidetes）占 3.1%，绿藻门（Chlorobi）占 3.1%。

在天津重点调查区中，ZD - TJ088 号站位沉积物中变形菌门（Proteobacteria）占71.4%，厚壁菌门（Firmicutes）占 13.3%，拟杆菌门（Bacteroidetes）占 8.5%，蓝藻门（Cyanobacteria）占 2.9%，放线菌门（Actinobacteria）占 2.9%。

在黄河口重点调查区中，ZD - HHK118 号站位沉积物中变形菌门（Proteobacteria）占 72.7%，蓝藻门（Cyanobacteria）占 3.5%，拟杆菌门（Bacteroidetes）占 13.8%，放线菌门（Actinobacteria）占 3.5%，变形菌门（Proteobacteria）占 3.5%。

在莱州湾重点调查区中，ZD - LZW139 号站位沉积物中变形菌门（Proteobacteria）占 70%，浮霉菌门（Planctomycetes）占 3.3%。厚壁菌门（Firmicutes）占 6.7%，拟杆

菌门（Bacteroidetes）占 20%。

4.4.2.2 夏季

在渤海基础调查区中，JC - BH026 号站位沉积物中变形菌门（Proteobacteria）占 58%，放线菌门（Actinobacteria）占 13%，厚壁菌门（Firmicutes）占 7%，拟杆菌门（Bacteroidetes）占 9%，蓝藻门（Cyanobacteria）占 13%。

在辽东湾重点调查区中，ZD - LDW039 号站位沉积物中浮霉菌门（Planctomycetes）占 4%，变形菌门（Proteobacteria）占 54%，蓝藻门（Cyanobacteria）占 4%，厚壁菌门（Firmicutes）占 17%，放线菌门（Actinobacteria）占 17%，Candidate division TM 7 类群占 4%。

在北戴河重点调查区中，ZD - BDH063 号站位沉积物中变形菌门（Proteobacteria）占 55%，放线菌门（Actinobacteria）占 5%，蓝藻门（Cyanobacteria）占 10%，拟杆菌门（Bacteroidetes）占 5%，厚壁菌门（Firmicutes）占 2%，绿藻门（Chlorobi）占 2%，衣原体门（Chlamydiae）占 3%。

在天津重点调查区中，ZD - TJ088 号站位沉积物中变形菌门（Proteobacteria）占 70%，厚壁菌门（Firmicutes）占 10%，拟杆菌门（Bacteroidetes）占 5%，蓝藻门（Cyanobacteria）占 5%，放线菌门（Actinobacteria）占 5%，浮霉菌门（Planctomycetes）占 5%。

在黄河口重点调查区中，ZD - HHK118 号站位沉积物中变形菌门（Proteobacteria）占 75%，拟杆菌门（Bacteroidetes）占 15%，放线菌门（Actinobacteria）占 5%，蓝藻门（Cyanobacteria）占 5%。

在莱州湾重点调查区中，ZD - LZW139 号站位沉积物中变形菌门（Proteobacteria）占 64%，厚壁菌门（Firmicutes）占 8%，拟杆菌门（Bacteroidetes）占 20%，放线菌门（Actinobacteria）占 8%。

4.4.2.3 秋季

在渤海基础调查区中，JC - BH026 号站位沉积物中变形菌门（Proteobacteria）占 68.7%，拟杆菌门（Bacteroidetes）占 6.3%，蓝藻门（Cyanobacteria）占 3.1%，浮霉菌门（Planctomycetes）占 6.3%，厚壁菌门（Firmicutes）占 12.5%，放线菌门（Actinobacteria）占 3.1%。

在辽东湾重点调查区中，ZD - LDW039 号站位沉积物中变形菌门（Proteobacteria）占 61.3%，浮霉菌门（Planctomycetes）占 6.5%，厚壁菌门（Firmicutes）占 9.7%，拟杆菌门（Bacteroidetes）占 9.7%，放线菌门（Actinobacteria）占 9.7%，蓝藻门（Cyanobacteria）占 3.2%。

在北戴河重点调查区中，ZD - BDH063 号站位沉积物中变形菌门（Proteobacteria）占 64.9%，拟杆菌门（Bacteroidetes）占 8.1%，厚壁菌门（Firmicutes）占 21.6%，放线菌门（Actinobacteria）占 2.7%，蓝藻门（Cyanobacteria）占 2.7%。

在天津重点调查区中，ZD - TJ088 号站位沉积物中变形菌门（Proteobacteria）占 67.6%，厚壁菌门（Firmicutes）占 14.7%，拟杆菌门（Bacteroidetes）占 8.8%，蓝藻

门（Cyanobacteria）占 5.9%，放线菌门（Actinobacteria）占 3%。

在黄河口重点调查区中，ZD – HHK118 号站位沉积物中变形菌门（Proteobacteria）占 63.5%，放线菌门（Actinobacteria）占 6.5%，拟杆菌门（Bacteroidetes）占 9.7%，蓝藻门（Cyanobacteria）占 3.2%，浮霉菌门（Planctomycetes）占 3.2%，厚壁菌门（Firmicutes）占 12.9%。

在莱州湾重点调查区中，ZD – LZW139 号站位沉积物样品中变形菌门（Proteobacteria）占 73.3%，浮霉菌门（Planctomycetes）占 3.3%，厚壁菌门（Firmicutes）占 6.7%，拟杆菌门（Bacteroidetes）占 16.7%。

4.4.2.4　冬季

在渤海基础调查区中，JC – BH026 号站位沉积物中变形菌门（Proteobacteria）占 67.6%，拟杆菌门（Bacteroidetes）占 11.8%，放线菌门（Actinobacteria）占 2.9%，厚壁菌门（Firmicutes）占 5.9%，蓝藻门（Cyanobacteria）占 8.8%，浮霉菌门（Planctomycetes）占 2.9%。

在辽东湾重点调查区中，ZD – LDW039 号站位沉积物中浮霉菌门（Planctomycetes）占 10%，蓝藻门（Cyanobacteria）占 3.3%，厚壁菌门（Firmicutes）占 13.3%，放线菌门（Actinobacteria）占 10%，变形菌门（Proteobacteria）占 63.3%。

在北戴河重点调查区中，ZD – BDH063 号站位沉积物中变形菌门（Proteobacteria）占 57.3%，薄壁菌门（Gracilicutes）占 2.8%，厚壁菌门（Firmicutes）占 20%，蓝藻门（Cyanobacteria）占 11.4%，拟杆菌门（Bacteroidetes）占 5.7%，绿藻门（Chlorobi）占 2.8%。

在天津重点调查区中，ZD – TJ088 号站位沉积物中变形菌门（Proteobacteria）占 68.6%，放线菌门（Actinobacteria）占 2.8%，厚壁菌门（Firmicutes）占 14.5%，黏胶球形菌门（Lentisphaerae）占 2.8%，蓝藻门（Cyanobacteria）占 5.7%，浮霉菌门（Planctomycetes）占 2.8%，拟杆菌门（Bacteroidetes）占 2.8%。

在黄河口重点调查区中，ZD – HHK118 号站位沉积物中变形菌门（Proteobacteria）占 74.1%，蓝藻门（Cyanobacteria）占 7.4%，浮霉菌门（Planctomycetes）占 3.7%，放线菌门（Actinobacteria）占 3.7%，拟杆菌门（Bacteroidetes）占 11.1%。

在莱州湾重点调查区中，ZD – LZW139 号站位沉积物中变形菌门（Proteobacteria）占 71.9%，浮霉菌门（Planctomycetes）占 3%，厚壁菌门（Firmicutes）占 6.3%，拟杆菌门（Bacteroidetes）占 18.8%。

4.4.3　分析与讨论

4.4.3.1　春季

在春季航次微生物分子生物学调查中，无论海水样品还是沉积物样品，变形菌门是占比例最大的类群。根据 rRNA 序列，变形菌门被分为五个纲，用希腊字母 α、β、γ、δ 和 ε 命名，五个纲的变形菌均在样品中被检测到，以 γ – Proteobacteria 居多。从被检测到的优势细菌多样性角度分析，沉积物样品要多于海水样品。春季航次海水样品鉴定出

的变形菌 γ 纲部分菌种（每站选三种）见表 4.4 – 1。

表 4.4 – 1　春季航次海水样品变形菌 γ 纲部分菌种

站号	Genbank 数据库最接近匹配	相似度（%）
ZD – LZW139	*Pseudoalteromonas haloplanktis* TAC125 chromosome I	Identities = 1073/1112（96%）
ZD – LZW139	*Stenotrophomonas maltophilia* R551 – 3	Identities = 1105/1155（95%）
ZD – LZW139	*Coxiella burnetii* RSA 334	Identities = 894/963（92%）
ZD – HHK118	*Pseudomonas fluorescens* PfO – 1	Identities = 1051/1099（95%）
ZD – HHK118	Uncultured *marinobacter* sp. PCOB – 2	Identities = 1081/1132（95%）
ZD – HHK118	*Vibrio harveyi* HY01	Identities = 1144/1183（96%）
ZD – TJ088	*Stenotrophomonas maltophilia* R551 – 3	Identities = 1105/1155（95%）
ZD – TJ088	*Coxiella burnetii* RSA 334	Identities = 894/963（92%）
ZD – TJ088	*Mariprofundus ferrooxydans* PV – 1	Identities = 1130/1195（94%）
ZD – BDH063	*Serratia proteamaculans* 568 ctg103	Identities = 590/605（97%）
ZD – BDH063	*Stenotrophomonas maltophilia* R551 – 3	Identities = 1105/1155（95%）
ZD – BDH063	*Marinomonas* sp. MED121	Identities = 1015/1136（89%）
ZD – LDW039	*Mariprofundus ferrooxydans* PV – 1 1099921033916	Identities = 1130/1195（94%）
ZD – LDW039	*Marinobacter* sp. Dg893	Identities = 1091/1135（96%）
ZD – LDW039	*Vibrionales bacterium* SWAT – 3	Identities = 1085/1140（95%）
JC – BH026	*Synechococcus* sp. WH 8102	Identities = 556/562（98%）
JC – BH026	*Synechococcus* sp. WH 8102	Identities = 556/562（98%）
JC – BH026	*Stenotrophomonas maltophilia* R551 – 3	Identities = 1121/1156（96%）

4.4.3.2　夏季

通过统计结果表明：无论是沉积物还是海水样品，其中的微生物种类主要分布于变形菌门（Proteobacteria）、厚壁菌门（Firmicutes）、拟杆菌门（Bacteroidetes）、蓝藻门（Cyanobacteria）等类群，但是也发现一定比例的其他门菌，例如浮霉菌门（Planctomycetes）、绿藻门（Chlorobi）等。变形菌门（Proteobacteria）是所有细菌中最大和在生理特性上最具多样性的类群，也是海洋生态环境中最常见类群，其所占比例在 52% ~ 75% 之间。沉积物与水样之间的微生物群落有所差异，主要体现在蓝绿藻方面，水样明显比沉积物样品多，这主要是因为与光合作用有关。

4.4.3.3　秋季

在秋季航次微生物分子生物学调查中，无论是沉积物还是海水，变形菌门（Proteobacteria）是最优势菌群，其所占比例在 53.8% ~ 73.3% 之间。海水相比沉积物而言，蓝绿藻所占比例较高，这主要与光合作用有关。检测结果主要集中于变形菌门（Proteobacteria）、厚壁菌门（Firmicutes）、拟杆菌门（Bacteroidetes）、蓝藻门（Cyanobacteria）、浮霉菌门（Planctomycetes）、绿藻门（Chlorobi）等类群，并不代表海洋环境中仅存在这些细菌。由于检测手段所限，以及海洋环境中不同类群的细菌所占比例不同，决定了还有很多其他类群的细菌没有被检出。

4.4.3.4　冬季

无论是沉积物还是海水样品，其中的微生物种类主要分布于变形菌门（Proteobacteria）、厚壁菌门（Firmicutes）、拟杆菌门（Bacteroidetes）、蓝藻门（Cyanobacteria）等类群，但是也发现一定比例的其他菌，例如 Gracilicutes、放线菌门（Actinobacteria）、浮霉菌门（Planctomycetes）、绿藻门（Chlorobi）等。变形菌门（Proteobacteria）是所有细菌中最大和在生理特性上最具多样性的类群，也是海洋生态环境中最常见类群，其所占比例在 52% ~74.1% 之间，即使同为变形菌门（Proteobacteria）菌门，其中也分为 α –、γ –、δ –、ε –、*unclassified* 等，其中以 γ – 变形菌门（proteobacterium）占优势。

4.5　水体病毒总数含量分布特征

4.5.1　平面分布

4.5.1.1　春季

渤海海域水体病毒的含量变化范围为 3.90×10^7 ~ 4.94×10^{10} 个/L；各站含量平均值的变化范围为 8.45×10^8 ~ 2.14×10^{10} 个/L；6 个区域含量平均值的变化范围为 2.67×10^9 ~ 1.63×10^{10} 个/L，其中天津重点调查区的水体病毒平均含量最低，北戴河重点调查区的水体病毒平均含量最高。

各层的病毒含量分布特征见附图 4.13。

1）表层

调查海域表层病毒总数的变化范围为 1.56×10^9 ~ 3.33×10^{10} 个/L，最高值与最低值相差 1 个数量级，最高值出现在渤海基础调查区的 ZD – BH026 站，最低值为渤海基础调查区的 JC – BH020 站。平面分布较不均匀，辽东湾西部及北戴河重点调查区海域的病毒数量远高于渤海其他海域的病毒数量。

2）中层

中层病毒数量的变化范围为 3.90×10^7 ~ 1.83×10^{10} 个/L，最高值与最低值相差 3 个数量级，最高值出现在北戴河重点调查区的 ZD – BDH073 站，最低值为渤海基础调查区的 JC – BH020 站。中层病毒平面分布的高值区主要位于北戴河重点调查区的西南部海域，此外辽东湾西部和南部、渤海基础调查区北部海域的病毒数量也较高；低值区主要位于大连附近海域。

3）底层

底层病毒数量的变化范围为 2.73×10^8 ~ 4.94×10^{10} 个/L，最高值与最低值相差 2 个数量级，最高值出现在辽东湾重点调查区的 ZD – LDW039 站，最低值为莱州湾重点调查区的 ZD – LZW129 站。底层病毒的平面分布除辽东湾西部、渤海中部及大连附近海域的病毒数量较高外，其他海域的病毒数量都很低。

4.5.1.2　夏季

渤海海域水体病毒的含量变化范围为 $3.98 \times 10^9 \sim 8.12 \times 10^{10}$ 个/L；各站含量平均值的变化范围为 $8.98 \times 10^9 \sim 1.02 \times 10^{11}$ 个/L；6 个区域含量平均值的变化范围为 $8.98 \times 10^9 \sim 3.91 \times 10^{10}$ 个/L，其中辽东湾重点调查区的水体病毒平均含量最低，黄河口重点调查区的水体病毒平均含量最高。

各层的病毒含量分布特征见附图 4.14。

1）表层

调查海域表层病毒总数的变化范围为 $39.8 \times 10^8 \sim 812 \times 10^8$ 个/L，最高值出现在 ZD – HHK109 站，最低值为 ZD – LZW133 站。平面分布呈现渤海西南部和北戴河调查区北部较高，渤海中部和辽东湾调查区较低的趋势。

2）中层

调查海域中层病毒总数的变化范围为 $54.6 \times 10^8 \sim 810 \times 10^8$ 个/L，最高值出现在 ZD – HHK109 站，最低值为 ZD – LDW039 站。平面分布呈现黄河口重点调查区近岸较高，其余调查区均较低的趋势，最低值为辽东湾北部海域。

3）底层

调查海域表层病毒总数的变化范围为 $67.9 \times 10^8 \sim 590 \times 10^8$ 个/L，最高值出现在 JC – BH041 站，最低值为 ZD – BDH058 站。平面分布呈现黄河口调查区较高，渤海基础调查区北部海域次高，渤海基础调查区中部及辽东湾调查区较低的趋势。

4.5.1.3　秋季

渤海海域水体病毒的含量变化范围为 $1.13 \times 10^9 \sim 2.57 \times 10^{10}$ 个/L；各站含量平均值的变化范围为 $2.79 \times 10^9 \sim 1.71 \times 10^{10}$ 个/L；6 个区域含量平均值的变化范围为 $3.13 \times 10^9 \sim 1.14 \times 10^{10}$ 个/L，其中天津重点调查区水体病毒平均含量最低，北戴河重点调查区的水体病毒平均含量最高。

各层的病毒含量分布特征见附图 4.15。

1）表层

调查海域表层病毒总数的变化范围为 $1.52 \times 10^9 \sim 1.62 \times 10^{10}$ 个/L，最高值与最低值相差 2 个数量级，最高值出现在辽东湾重点调查区的 ZD – LDW032 站，最低值为天津重点调查区的 ZD – TJ088 站。平面分布的高值区主要位于渤海中部及辽东湾东部，此外秦皇岛沿岸海域以及莱州湾东北部海域的病毒数量也较多；低值区主要分布在莱州湾中部海域及天津附近海域。

2）中层

中层病毒数量的变化范围为 $2.50 \times 10^9 \sim 1.99 \times 10^{10}$ 个/L，最高值与最低值相差 1 个数量级，最高值出现在渤海基础调查区的 JC – BH020 站，最低值为黄河口重点调查区的 ZD – HHK109 站。中层病毒的平面分布整体呈现东北高、西南低的态势，高值区主要位于渤海基础调查区中部及辽东湾西部海域；低值区主要位于北戴河重点调查区的西南部海域。

3）底层

底层病毒数量的变化范围为 $1.13 \times 10^9 \sim 2.57 \times 10^{10}$ 个/L，最高值与最低值相差 1 个数量级，最高值出现在北戴河重点调查区的 ZD – BDH049 站，最低值为天津重点调查区的 ZD – TJ080 站。底层病毒的平面分布除渤海基础调查区及北戴河重点调查区的病毒数量相对较高外，其他海域的病毒数量都较低。

4.5.1.4 冬季

渤海海域水体病毒的含量变化范围为 $1.17 \times 10^8 \sim 5.53 \times 10^{10}$ 个/L；各站含量平均值的变化范围为 $5.98 \times 10^8 \sim 6.81 \times 10^{10}$ 个/L；6 个区域含量平均值的变化范围为 $2.34 \times 10^8 \sim 420 \times 10^8$ 个/L，其中莱州湾重点调查区的水体病毒平均含量最低，北戴河重点调查区的水体病毒平均含量最高。

各层的病毒含量分布特征见附图 4.16。

1）表层

调查海域表层病毒总数的变化范围为 $2.34 \times 10^8 \sim 328 \times 10^8$ 个/L，最高值出现在 ZD – BDH073 站，最低值为 ZD – LZW139 站。平面分布呈现天津近岸海域最高，北戴河南部海域较高，莱州湾海域最低的趋势。

2）中层

调查海域表层病毒总数的变化范围为 $10.5 \times 10^8 \sim 353 \times 10^8$ 个/L，最高值出现在 ZD – BDH073 站，最低值为 ZD – BDH058 站。平面分布呈现北戴河南部海域、天津近岸海域和辽东湾海域较高，莱州湾海域较低的趋势。

3）底层

调查海域表层病毒总数的变化范围为 $8.97 \times 10^8 \sim 420 \times 10^8$ 个/L，最高值出现在 ZD – BDH058 站，最低值为 ZD – BDH063 站。平面分布基本呈北高南低的趋势，辽东湾南部及北戴河北部海域最高，莱州湾海域较低。

4.5.2 垂直分布

4.5.2.1 春季

渤海海域春季水体病毒含量的垂直变化由高到低基本为表层、底层、中层的趋势（图 4.5 – 1），6 个调查区又各不相同，其中，最高值在渤海基础调查区和天津重点调查区出现在底层，其他 4 个调查区出现在表层。最低值在莱州湾调查区出现在底层，在其余 5 个调查区全部出现在中层。

4.5.2.2 夏季

渤海海域夏季水体病毒含量的垂直变化由高到低为底层、表层、中层的趋势（图 4.5 – 2），6 个调查区又各不相同，其中，最高值在北戴河重点调查区和黄河口重点调查区出现在表层，渤海基础调查区出现在中层，其他 3 个调查区出现在底层。

最低值在北戴河重点调查区出现在底层，渤海基础调查区出现在表层，其余 4 个调查区全部出现在中层。

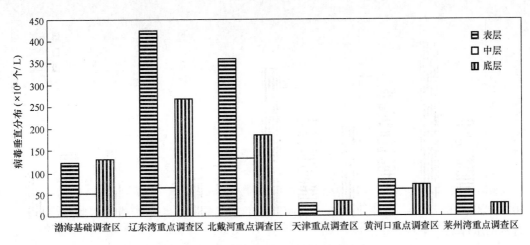

图 4.5 - 1　春季航次水体病毒垂直分布

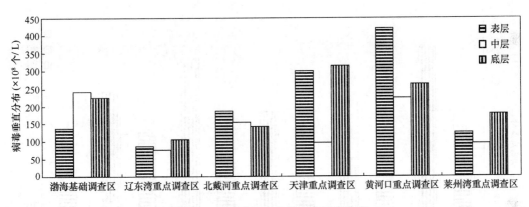

图 4.5 - 2　夏季航次水体病毒垂直分布

4.5.2.3　秋季

渤海海域秋季水体病毒含量的垂直变化由高到低为中层、底层、表层的趋势（图4.5 - 3），6 个调查区又各不相同，其中，最高值在莱州湾重点调查区出现在表层，渤海基础调查区和北戴河重点调查区出现在底层，其他 3 个调查区出现在中层。

最低值在辽东湾重点调查区、黄河口重点调查区和莱州湾重点调查区出现在底层，其余 3 个调查区全部出现在表层。

4.5.2.4　冬季

渤海海域夏季水体病毒含量的垂直变化由高到低为底层、中层、表层的趋势（图4.5 - 4），6 个调查区又各不相同，其中，最高值在辽东湾重点调查区、北戴河重点调查区、莱州湾重点调查区出现在中层，其他 3 个调查区出现在底层。

最低值在辽东湾重点调查区、莱州湾重点调查区出现在底层，在天津重点调查区、黄河口重点调查区重点区出现在中层，其余 2 个调查区全部出现在表层。

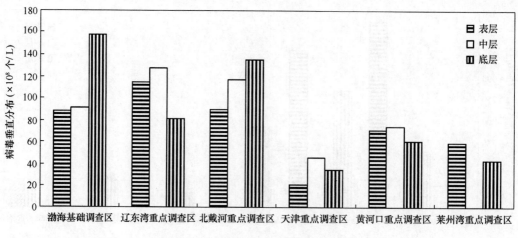

图 4.5 - 3　秋季航次水体病毒垂直分布

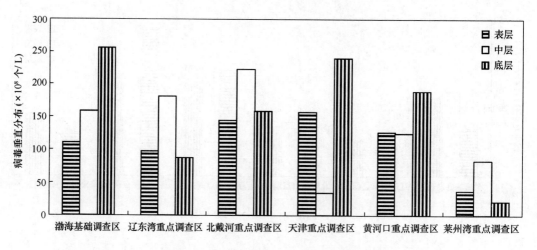

图 4.5 - 4　冬季航次水体病毒垂直分布

4.5.3　区域比较

春季，6 个调查区域水体病毒含量平均值的变化范围为 $27.0 \times 10^8 \sim 155.7 \times 10^8$ 个/L，其中北戴河重点调查区的水体细菌平均含量最高（图 4.5 - 5），以下分别为辽东湾重点调查区、渤海基础调查区、黄河口重点调查区、莱州湾重点调查区，天津重点调查区的水体病毒平均含量最低。

夏季，6 个调查区域水体病毒含量平均值的变化范围为 $89.8 \times 10^8 \sim 391.1 \times 10^8$ 个/L，其中黄河口重点调查区的水体细菌平均含量最高，以下分别为天津重点调查区、渤海基础调查区、北戴河重点调查区、莱州湾重点调查区，辽东湾重点调查区的水体病毒平均含量最低。

秋季，6 个调查区域水体病毒含量平均值的变化范围为 $33.8 \times 10^8 \sim 114 \times 10^8$ 个/L，其中北戴河重点调查区的水体细菌平均含量最高，以下分别为渤海基础调查区、辽东湾

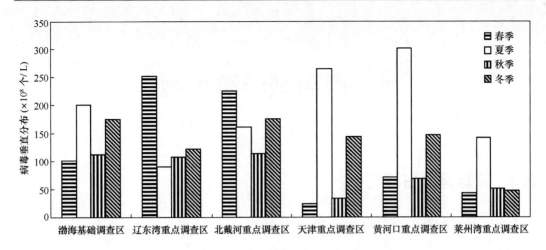

图 4.5 – 5　水体病毒数量区域分布

重点调查区、黄河口重点调查区、莱州湾重点调查区，天津重点调查区的水体病毒平均含量最低。

冬季，6 个调查区域水体病毒含量平均值的变化范围为 $47.2 \times 10^8 \sim 176 \times 10^8$ 个/L，其中北戴河重点调查区的水体细菌平均含量最高，以下分别为渤海基础调查区、黄河口重点调查区、天津重点调查区、辽东湾重点调查区，莱州湾重点调查区的水体病毒平均含量最低。

5 微微型浮游生物

5.1 聚球藻分布特征

5.1.1 平面分布

5.1.1.1 春季

1) 表层

调查海域表层海水中聚球藻细胞数量的变化范围为 $6.01 \times 10^2 \sim 4.50 \times 10^3$ ind./mL，平均值为 1.55×10^3 ind./mL，最高值是最低值的 7.48 倍。最低值出现在 ZD – HHK105 站，最高值出现在 ZD – LZW139 站。高值区（ $>2.0 \times 10^3$ ind./mL）主要分布在渤海基础调查区东部、莱州湾海域东北部；另外，黄河口、北戴河部分调查站位聚球藻密度也高于 2.0×10^3 ind./mL；低值区主要分布在天津重点调查区（见附图 5.1a）。

2) 次表层

聚球藻在该层变化范围为 $6.01 \times 10^2 \sim 4.91 \times 10^3$ ind./mL，平均值为 1.50×10^3 ind./mL，最高值是最低值的 8.16 倍。最高值出现在 ZD – LZW139 站，最低值出现在 ZD – HHK109 站，与表层聚球藻分布相似，次表层聚球藻高值区（ $>2.5 \times 10^3$ ind./mL）主要分布在渤海基础调查区东部、莱州湾海域东北部；另外，黄河口、北戴河部分调查站位聚球藻密度也高于 2.0×10^3 ind./mL；低值区主要分布在天津重点调查区（见附图 5.1b）。

3) 中层

聚球藻的变化范围为 $5.29 \times 10^2 \sim 2.79 \times 10^3$ ind./mL，平均值为 1.29×10^3 ind./mL，最高值是最低值的 5.27 倍。最高值出现在 JC – BH011 站，最低值出现在 ZD – HHK111 站，各站的聚球藻含量趋势与表层大致相当，但该层聚球藻细胞密度明显低于表层，密度超过 2.5×10^3 ind./mL 的仅有两站，JC – BH011 站和 ZD – BDH059 站，其余大部分测站密度低于 1.5×10^3 ind./mL，低值区位于天津重点调查区部分海域以及黄河口西北部海域（见附图 5.1c）。

4) 底层

聚球藻的变化范围为 $4.81 \times 10^2 \sim 5.94 \times 10^3$ ind./mL，平均值为 1.40×10^3 ind./mL，最高值是最低值的 12.35 倍。最高值为 JC – BH041 站，最低值为 ZD – HHK111 站，各站的聚球藻变化不大，没有明显变化趋势，聚球藻在该层的细胞密度略高于中层（见附图 5.1d）。

5.1.1.2　夏季

1）表层

调查海域表层海水中聚球藻细胞数量的变化范围为 $6.01 \times 10^2 \sim 3.45 \times 10^4$ ind./mL，平均值为 7.27×10^3 ind./mL，最高值是最低值的 57.4 倍。最低值出现在 JC – BH017 站，最高值出现在 ZD – BDH062 站。高值区（ $> 1.0 \times 10^4$ ind./mL）主要分布在莱州湾中部及北部海域、黄河口北部海域、北戴河和辽东湾部分海域；另外，渤海中部、黄河口部分海域部分站点（JC – BH021、ZD – HHK106、ZD – HHK110、ZD – HHK119）也高于 1.0×10^4 ind./mL；低值区主要分布在渤海中部、天津和黄河口南部、莱州湾东南部海域（见附图 5.2a）。

2）次表层

聚球藻在该层变化范围为 $2.12 \times 10^3 \sim 2.38 \times 10^4$ ind./mL，平均值为 7.57×10^3 ind./mL，最高值是最低值的 11.23 倍。最高值出现在 ZD – BDH054 站，最低值出现在 ZD – BDH058 站，与表层聚球藻分布相似，次表层聚球藻高值区（ $> 1.0 \times 10^4$ ind./mL）主要分布在北戴河和莱州湾区域、辽东湾南部、黄河口北部；低值区位于渤海中部区域（见附图 5.2b）。

3）中层

聚球藻的变化范围为 $2.52 \times 10^3 \sim 2.65 \times 10^4$ ind./mL，平均值为 7.36×10^3 ind./mL，最高值是最低值的 10.52 倍。最高值为 ZD – BDH056 站，最低值出现在 ZD – BDH047 站，各站的聚球藻含量变化差别较大。高值区（ $> 1.0 \times 10^4$ ind./mL）主要分布在北戴河重点调查区、渤海基础调查区中部以及莱州湾重点调查区北部；低值区位于天津重点调查区与辽东湾重点调查区（见附图 5.2c）。

4）底层

聚球藻的变化范围在 $4.81 \times 10^2 \sim 1.67 \times 10^4$ ind./mL，平均值为 6.04×10^3 ind./mL，最高值是最低值的 34.72 倍。最高值为 JC – BH026 站，最低值出现在 ZD – LZW142 站，各站的聚球藻含量变化很大。该层聚球藻平面分布的高值区主要分布在渤海中部、莱州湾南部和北戴河重点调查区；低值区位于莱州湾中部和黄河口重点调查区（见附图 5.2d）。

5.1.1.3　秋季

1）表层

调查海域表层海水中聚球藻细胞数量的变化范围为 $6.49 \times 10^2 \sim 2.93 \times 10^3$ ind./mL，平均值为 1.59×10^3 ind./mL，最高值是最低值的 4.52 倍。最低值出现在渤海中部的 ZD – BDH056 站，最高值出现在 JC – BH035 站。高值区（ $> 2.0 \times 10^3$ ind./mL）主要分布在渤海基础调查区的南部和黄河口中部海域；另外，辽东湾、北戴河以及莱州湾海域部分站点（ZD – LDW032 站、ZD – BDH067 站、ZD – BDH071 站、ZD – LZW128 站、ZD – LZW133 站）也高于 2.0×10^3 ind./mL；低值区主要分布在辽东湾南部与北戴河东北部的部分海域的交界处（见附图 5.3a）。

2）次表层

聚球藻在该层的变化范围为 $6.97 \times 10^2 \sim 3.73 \times 10^3$ ind./mL，平均值为 1.54×10^3

ind./mL, 最高值是最低值的 5.35 倍。最高值出现在 ZD-HHK119 站, 最低值出现在 ZD-TJ090 站, 与表层聚球藻分布相似, 次表层聚球藻高值区 ($>2.5 \times 10^3$ ind./mL) 主要分布在渤海基础调查区的南部和东部海域、黄河口中部海域; 低值区位于辽东湾南部与北戴河北部的海域交界处 (见附图 5.3b)。

3) 中层

聚球藻的变化范围为 $5.53 \times 10^2 \sim 3.32 \times 10^3$ ind./mL, 平均值为 1.53×10^3 ind./mL, 最高值是最低值的 6.00 倍。最高值为 JC-BH035 站, 最低值出现在 ZD-LDW007 站。各站的聚球藻含量趋势与表层大致相当, 高值区 ($>2.5 \times 10^3$ ind./mL) 主要分布在渤海基础调查区的中部海域; 低值区位于天津重点调查区东部、北戴河重点调查区北部与辽东湾重点调查区东部海域 (见附图 5.3c)。

4) 底层

聚球藻的变化范围为 $5.53 \times 10^2 \sim 2.65 \times 10^3$ ind./mL, 平均值为 1.49×10^3 ind./mL, 最高值是最低值的 4.78 倍。最高值所在站点为 JC-BH035 站, 最低值出现在 ZD-TJ090 站, 各站的聚球藻含量变化均匀, 没有明显的变化趋势 (见附图 5.3d)。

5.1.1.4 冬季

1) 表层

调查海域表层海水中聚球藻细胞数量的变化范围为 $1.08 \times 10^3 \sim 5.79 \times 10^3$ ind./mL, 平均值为 2.67×10^3 ind./mL, 最高值是最低值的 5.36 倍。最高值出现在 ZD-LZW144 站, 最低值出现在 JC-BH043 站。高值区 ($>4.0 \times 10^3$ ind./mL) 主要分布在北戴河重点调查区的北部和渤海中部海域, 另外, ZD-LZW144 站聚球藻细胞密度也超过了 4.0×10^3 ind./mL; 相对而言, 低值区主要分布在黄河口重点调查区、天津和莱州湾重点调查区北部以及辽东湾重点调查区偏东海域 (见附图 5.4a)。

2) 次表层

聚球藻在该层变化范围为 $8.90 \times 10^2 \sim 4.95 \times 10^3$ ind./mL, 平均值为 2.59×10^3 ind./mL, 最高值是最低值的 5.56 倍。最高值出现在 ZD-LZW144 站, 最低值出现在 JC-BH043 站, 与表层聚球藻分布有所区别, 次表层聚球藻高值区 ($>4.0 \times 10^3$ ind./mL) 主要分布在黄河口重点调查区北端与天津重点调查区域的交界处; 低值区分别散布于辽东湾重点调查区东西两侧、渤海基础调查区东北部和南部、北戴河重点调查区的东南部 (见附图 5.4b)。

3) 中层

聚球藻的变化范围为 $8.17 \times 10^2 \sim 4.33 \times 10^3$ ind./mL, 平均值为 2.27×10^3 ind./mL, 最高值是最低值的 5.30 倍。最高值为 ZD-LZW144 站, 最低值出现在 ZD-LZW131, 各站的聚球藻含量变化非常不均匀, 与次表层有一定差别。该层平面分布特征为: 高值区 ($>3.0 \times 10^3$ ind./mL) 主要分布在黄河口重点调查区西部、莱州湾的东部、渤海和辽东湾的中部以及北戴河重点调查区北部; 低值区主要分布在整个调查海域的西南部, 即天津、黄河口以及北戴河重点调查区 (见附图 5.4c)。

4) 底层

聚球藻的变化范围为 $5.05 \times 10^2 \sim 4.30 \times 10^3$ ind./mL, 平均值为 2.31×10^3 ind./mL,

最高值是最低值的 8.51 倍。最高值为 ZD - TJ095 站，最低值出现在 ZD - TJ098 站，各站的聚球藻含量变化很大。该层平面分布的高值区主要分布在渤海基础调查区海域及莱州湾重点调查区；低值区主要位于黄河口、天津、北戴河大部分区域以及辽东湾区域（见附图 5.4d）。

5.1.2 垂直分布

5.1.2.1 春季

所有调查测站各层聚球藻平均值，由大到小依次为表层、次表层、底层、中层，表层与次表层和底层接近，均明显高于中层的细胞数目。聚球藻的垂直分布基本符合从表层至中层细胞依次减少的规律，但细胞密度在中层有明显差异，表明春季渤海聚球藻的垂直分布较为明显（表 5.1 - 1），主要分布于真光层。

表 5.1 - 1　春季各层聚球藻细胞数量平均值　　　　　单位：ind./mL

类别	表层	次表	中层	底层	各层平均
最大值	4 496	4 905	2 789	5 939	4 222
最小值	601	601	529	481	601
平均值	1 551.48	1 498.54	1 289.15	1 403.46	1 539.18

5.1.2.2 夏季

所有调查测站各层聚球藻平均值，由大到小依次为次表层、中层、表层、底层，其中表层与次表层、中层接近，均明显高于底层细胞数目。聚球藻垂直分布基本符合表层至底层细胞依次减少的规律，表明夏季渤海微微型浮游植物的垂直分布比较明显（表 5.1 - 2），主要分布于真光层。

表 5.1 - 2　夏季各层聚球藻细胞数量平均值　　　　　单位：ind./mL

类别	表层	次表	中层	底层	各层平均
最大值	34 525	23 802	26 471	16 686	34 525
最小值	601	2 116	2 524	481	601
平均值	7 266.5	7 570.3	7 356.5	6 042.2	7 266.5

5.1.2.3 秋季

所有调查测站各层聚球藻平均值，由大到小依次为表层、次表层、中层、底层，表层与次表层、中层接近，均明显高于底层细胞数目。聚球藻的垂直分布基本符合从表层至底层细胞依次减少的规律，但细胞密度垂直差距不大，表明秋季渤海微微型浮游植物的垂直分布不太明显（表 5.1 - 3）。

表 5.1 – 3　秋季各层聚球藻细胞数量平均值　　　　　单位：ind. /mL

类别	表层	次表	中层	底层	各层平均
最大值	2 933	3 727	3 318	2 645	3 106
最小值	649	697	553	553	721
平均值	1 589.05	1 538.75	1 530.86	1 488.90	1 604.59

5.1.2.4　冬季

所有调查测站各层聚球藻平均值，由大到小依次为表层、次表层、底层、中层，其中表层与底层、次表层非常接近，均明显高于其他层面细胞数目。聚球藻的垂直分布基本符合表层至底层细胞依次减少的规律，表明冬季渤海微微型浮游植物的垂直分布比较明显（表 5.1 – 4），主要分布于真光层。

表 5.1 – 4　冬季各层聚球藻细胞数量平均值　　　　　单位：ind. /mL

类别	表层	次表	中层	底层	各层平均
最大值	5 794	4 953	4 328	4 304	4 477
最小值	1 082	890	817	505	952
平均值	2 669.33	2 589.62	2 269.06	2 309.06	2 372.11

5.1.3　区域间比较

图 5.1 – 1 是 4 个季度各区域聚球藻平均细胞数量的统计结果。由图中可以看出，6 个调查区的夏季航次细胞数量为 $0.64 \times 10^4 \sim 0.83 \times 10^4$ ind. /mL，且远远高于其余 3 个航次。春季以莱州湾重点调查区细胞数量最多，渤海基础调查区、北戴河和黄河口重点调查区次之，辽东湾和天津重点调查区细胞数量相近，在 6 个区域中处于最低；夏季北戴河重点调查区细胞数量居多，辽东湾略低，其余 4 个区域低于前两个区域，但细胞数量相差不大；秋季北戴河重点和渤海基础调查区细胞数量较多，辽东湾最低，其余 3 个区域细胞数量大致相当；冬季 6 个调查区细胞数量均高于春季和秋季航次，北戴河重点调查区细胞数量最多，渤海基础调查区、辽东湾和天津重点调查区次之，细胞数量差别不大，低值区位于黄河口和莱州湾重点调查区。

渤海基础调查区 4 个季节航次细胞数量范围为 $0.16 \times 10^4 \sim 0.66 \times 10^4$ ind. /mL，在所有调查区中居于中等水平；该调查区春季航次最低，秋季航次略高于春季，夏季航次细胞数目是春季的 4.13 倍。

北戴河重点调查区 4 个季节航次规律与渤海大致相同，夏季航次细胞数（0.83×10^4 ind. /mL）居各调查区之首，春季和秋季航次细胞数量相近，均明显低于冬季航次，细胞数量最高时是最低季度的 5.93 倍。

黄河口重点调查区情况与渤海基础调查区类似，细胞数量在 4 个航次中也基本相同，从大到小顺序依次为：夏季、冬季、秋季、春季，夏季航次是春季航次的 4.71 倍。

莱州湾重点调查区与其余几个区域的规律有所不同，该区域 4 个航次细胞数量仍以

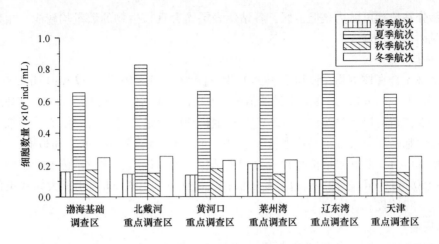

图 5.1 - 1　4 航次各区域聚球藻细胞数量平均值

夏季为最高，但春季明显高于秋季且略低于冬季航次，夏季细胞数是秋季的 4.86 倍。

辽东湾重点调查区 4 航次细胞数量大小规律与渤海基础调查区相同，但夏季细胞数量明显高于渤海基础调查区，而春、秋两季细胞数量却较低，春季最低，冬季细胞数量与渤海基础调查区相同，夏、春两季细胞数量比值为 7.17，在所有航次中最高。

天津重点调查区几乎在所有航次中细胞数量最低，4 航次细胞数量大小规律与渤海基础调查区和黄河口重点调查区相似，呈现由大到小依次为夏季、冬季、秋季、春季的规律，夏季航次是春季航次的 5.82 倍。

5.2　真核生物分布特征

5.2.1　平面分布

5.2.1.1　春季

微微型光合真核生物（*Picoeukaryotes*）：真核生物细胞密度总体上比同层聚球藻细胞密度低很多，基本上相差 1 个数量级以上。

1）表层

调查海域表层海水中微微型光合真核生物细胞数量的变化范围为 $0.24 \times 10^2 \sim 3.13 \times 10^2$ ind./mL，平均值为 107.92 ind./mL，最高值是最低值的 13.04 倍。最低值出现在 JC - BH039 站，最高值出现在 ZD - LZW139 站。平面分布比较均匀，相对高值区主要出现在辽东湾重点调查区以及黄河口重点调查区西部的部分站点；低值区在天津重点调查区的部分海域。各站位表层光合真核生物的数量均较少，生物数量较低（见附图 5.5a）。

2）次表层

该层微微型光合真核生物数量变化范围为 $0.24 \times 10^2 \sim 3.37 \times 10^2$ ind./mL，平均值为 1.03×10^2 ind./mL，最高值是最低值的 14.04 倍。最高值出现在 ZD - LZW139 站，最低值出现在 ZD - HHK113 站，与表层细胞分布有所差别，次表层微微型光合真核生物无明显的高值区，密度大于 250 ind./mL 的仅有 2 个站位（JC - BH040、ZD - LZW139）；

其余大部分站位均可认为是低值区，各站位表层光合真核生物的数量均较少，生物数量较低（见附图 5.5b）。

3）中层

微微型光合真核生物在该层面上的变化范围为 $0.48 \times 10^2 \sim 3.37 \times 10^2$ ind./mL，平均值为 93.73 ind./mL，最高值是最低值的 7.02 倍。最高值所在站点为 JC – BH040 站，最低值出现在黄河口多数站位，各站的真核生物细胞数量差异显著。该层平面细胞分布特征为：细胞密度非常低，平均数量大于 200 ind./mL 仅有 1 站（JC – BH040），细胞密度在 100 ind./mL 以下的站位数约占总调查站位的 1/2 以上，其余站位的细胞数量也仅在 100 ~ 150 ind./mL 之间，细胞丰度较低；低值区（< 100 ind./mL）大体在黄河口西部的海域（见附图 5.5c）。

4）底层

该层次细胞数量均值变化范围为 $0.24 \times 10^2 \sim 4.09 \times 10^2$ ind./mL，平均值为 101.31 ind./mL，最高值是最低值的 17.04 倍。最高值所在站点为 JC – BH041 站，最低值出现在 JC – BH009、ZD – HHK100 和 ZD – HHK111 站。细胞分布比较均匀，无明显的高值区，细胞密度大于 250 ind./mL 的仅有 3 个测站（ZD – LZW139、JC – BH040 和 JC – BH041）；其余测站细胞密度均较低，基本在 150 ind./mL 以内，集中在渤海中部、黄河口东部海域（见附图 5.5d）。

5.2.1.2 夏季

微微型光合真核生物：真核生物细胞密度总体上比同层聚球藻细胞密度低很多，基本上相差 1 个数量级以上。

1）表层

调查海域表层海水中微微型光合真核生物细胞数量的变化范围为 $0.48 \times 10^2 \sim 1.52 \times 10^3$ ind./mL，平均值为 461.04 ind./mL，最高值是最低值的 31.67 倍。最低值出现在渤海中部基础调查区的 JC – BH017 站，最高值出现在 ZD – BDH056 站。高值区（> 1 000 ind./mL）主要出现在北戴河重点调查区的中部和渤海基础调查区的北部与辽东湾重点调查区的交界处；低值区在渤海基础调查区西北部（见附图 5.6a）。

2）次表层

该层微微型光合真核生物数量变化范围为 $0.72 \times 10^2 \sim 1.66 \times 10^3$ ind./mL，平均值为 4.39×10^2 ind./mL，最高值是最低值的 23.06 倍。最高值出现在渤海基础调查区域的 JC – BH002 站，最低值出现在 ZD – LZW143、JC – BH014、JC – BH027、ZD – HHK102、ZD – BDH058 五个站，与表层细胞分布有所差别，次表层微微型光合真核生物高值区（> 1.0×10^3 ind./mL）主要分布在辽东湾东南部、北戴河重点调查区的北部与辽东湾交界处；低值区位于渤海基础调查区的东北部小范围区域（见附图 5.6b）。

3）中层

微微型光合真核生物在该层面上的变化范围为 $0.72 \times 10^2 \sim 1.23 \times 10^3$ ind./mL，平均值为 3.90×10^2 ind./mL，最高值是最低值的 17.08 倍。最高值所在站点为 ZD – BDH056 站，最低值出现在 ZD – LZW144、ZD – BDH060、JC – BH014 三个测站，各站的真核生物的细胞数量差异显著。细胞平均数量大于 1 000 ind./mL 仅有 1 站（ZD –

BDH056），平均数在 500 ~ 1 000 ind./mL 的站位数约占总调查站位的 1/5 左右，其余多数站位的细胞数量在 100 ~ 300 ind./mL，细胞丰度较低；低值区（<100 ind./mL）大体在北戴河重点调查区的南部和渤海基础调查区的东北部（见附图 5.6c）。

4）底层

该层次细胞数量均值变化范围为 $0.48 \times 10^2 \sim 1.13 \times 10^3$ ind./mL，平均值为 3.36×10^2 ind./mL，最高值是最低值的 23.54 倍。最高值为 JC – BH002 站，最低值出现在 ZD – LZW144、ZD – BDH059、JC – BH004 和 ZD – LZW142 站。细胞分布的高值区主要分布在辽东湾重点调查区、北戴河重点调查区北部；低值区位于渤海基础调查区东北部、西南部和北戴河重点调查区的南部（见附图 5.6d）。

5.2.1.3　秋季

真核生物细胞密度总体上比同层聚球藻细胞密度低很多，相差 1 个数量级以上。

1）表层

调查海域表层海水中微微型光合真核生物细胞数量的变化范围为 $0.48 \times 10^2 \sim 3.85 \times 10^2$ ind./mL，平均值为 131.94 ind./mL，最高值是最低值的 8.02 倍。最低值出现在辽东湾、天津以及莱州湾多个站位；最高值出现在 JC – BH043 站。平面分布比较均匀，相对高值区（>250 ind./mL）主要出现在渤海基础调查区的南部海域以及黄河口重点调查区中部偏北部分站点；低值区大体在辽东湾的中部海域。各站位表层光合真核生物的数量均较少，生物数量较低（见附图 5.7a）。

2）次表层

该层微微型光合真核生物数量变化范围为 $0.24 \times 10^2 \sim 4.09 \times 10^2$ ind./mL，平均值为 1.23×10^2 ind./mL，最高值是最低值的 17.04 倍。最高值出现在黄河口重点调查区域的 ZD – HHK119 站；最低值出现在 ZD – LZW131 站。与表层细胞分布有所差别，次表层微微型光合真核生物相对的高值区（>250 ind./mL）主要分布在黄河口重点调查区的西南部及东北部与渤海基础调查区西南部交界处；低值区位于辽东湾大部分海域以及莱州湾中南部海域（见附图 5.7b）。

3）中层

微微型光合真核生物在该层面上的变化范围为 $0.48 \times 10^2 \sim 3.61 \times 10^2$ ind./mL，平均值为 119.23 ind./mL，最高值是最低值的 7.52 倍。最高值为 JC – BH040 站；最低值出现在莱州湾和辽东湾部分站位。各站的真核生物细胞数量差异显著，细胞密度非常低，平均数量大于 250 ind./mL 仅有 2 站（JC – BH040 和 ZD – HHK120），细胞密度在 100 ind./mL 以下的站位数约占总调查站位的 1/2 左右，其余站位的细胞数量也仅在 100 ~ 200 ind./mL 之间，细胞丰度较低；低值区（<100 ind./mL）大体在辽东湾南部海域和莱州湾重点调查区的海域（见附图 5.7c）。

4）底层

该层次细胞数量均值变化范围为 $0.24 \times 10^2 \sim 3.85 \times 10^2$ ind./mL，平均值为 120.23 ind./mL，最高值是最低值的 16.04 倍。最高值为 ZD – HHK120 站，最低值出现在 ZD – LDW020、ZD – TJ083 和 ZD – TJ090 站。细胞分布的相对高值区（>250 ind./mL）主要分布在黄河口海域；低值区位于辽东湾南部海域与渤海基础调查区与北戴河重点调查区的交界处（见附图 5.7d）。

5.2.1.4 冬季

微微型光合真核生物细胞密度总体上比同层聚球藻细胞密度低很多，二者细胞密度在各层面上基本相差 1 个数量级以上。

1）表层

调查海域表层海水中微微型光合真核生物细胞数量的变化范围为 $0.48 \times 10^2 \sim 4.57 \times 10^2$ ind./mL，平均值为 173.46 ind./mL，最高值是最低值的 9.52 倍。最低值在 ZD - LDW037、ZD - BDH063、JC - BH008 三个站位中出现；最高值出现在 ZD - BDH056 站。高值区（ > 300 ind./mL）主要出现在北戴河重点调查区北部和渤海基础调查区的中部；低值区在辽东湾重点调查区、渤海基础调查区东北部与南部、北戴河重点调查区西部（见附图 5.8a）。

2）次表层

该层微微型光合真核生物数量变化范围为 $0.48 \times 10^2 \sim 4.33 \times 10^2$ ind./mL，平均值为 1.66×10^2 ind./mL，最高值是最低值的 9.02 倍。最高值出现在 ZD - HHK101 站；最低值出现在 ZD - LZW128 站。与表层细胞分布有所差别，次表层微微型光合真核生物高值区并未成片出现，仅个别站位细胞数量相对较多，大部分站位的细胞密度低且大致相当，在 100 ind./mL 左右，可见该层冬季细胞密度极少，与表层相比，整个调查海域该层面均可视为低值区（见附图 5.8b）。

3）中层

微微型光合真核生物在该层面上的变化范围为 $0.48 \times 10^2 \sim 3.37 \times 10^2$ ind./mL，平均值为 1.43×10^2 ind./mL，最高值是最低值的 7.02 倍。最高值为 ZD - LDW018 站；最低值出现在 ZD - BDH044、ZD - BDH060、ZD - BDH061、ZD - BDH066、ZD - LDW035、JC - BH004、JC - BH009、JC - BH041 8 个站位，与次表层相比，该层细胞数目更少。该层平面细胞分布特征为：各站发现细胞数目均非常少，基本不存在高值区，3 个最低值区主要分布在北戴河重点调查区的西部、渤海基础调查区的东北部小块区域以及莱州湾重点调查区北部小部分区域（见附图 5.8c）。

4）底层

该层次细胞数量均值变化范围为 $0.24 \times 10^2 \sim 4.33 \times 10^2$ ind./mL，平均值为 1.47×10^2 ind./mL，最高值是最低值的 18.04 倍。该层次最高值为 ZD - LDW018 站；最低值出现在 ZD - LZW128 站。该层同中层类似，细胞密度极低，无高值区，细胞分布的最低值区主要在北戴河西部与莱州湾东部小块区域，其余各调查区细胞密度大致相当，但均不高（见附图 5.8d）。

5.2.2 垂直分布

5.2.2.1 春季

微微型光合真核生物各层平均值由大到小依次为表层、次表层、底层、中层，各层细胞数量差距不大，中层略低。各层面上细胞密度均较低，与聚球藻细胞数目相差 1 个数量级。总的来看，微微型光合真核生物在该片调查海域的垂直分布基本符合从表层至中层细胞依次减少的规律，表明春季渤海微微型光合真核生物垂直分布不明显（表5.2-1）。

表 5.2-1　春季各层微微型光合真核生物细胞数量平均值　　　　单位：ind./mL

类别	表层	次表	中层	底层	各层平均
最大值	313	337	337	409	308
最小值	24	24	48	24	38.4
平均值	107.92	102.99	93.73	101.31	102.79

5.2.2.2　夏季

微微型光合真核生物各层平均值由大到小依次为表层、次表层、中层、底层，从表层到底层细胞数量依次减少，但各层面上细胞密度均较低，与聚球藻细胞数目相差1个数量级。总的来看，微微型光合真核生物在该片调查海域的垂直分布基本符合表层至底层细胞依次减少的规律，垂直分布比较明显（表5.2-2），主要分布于真光层。

表 5.2-2　夏季各层微微型光合真核生物细胞数量平均值　　　　单位：ind./mL

类别	表层	次表	中层	底层	各层平均
最大值	1 515	1 659	1 226	1 128	1 515
最小值	48	72	72	48	48
平均值	461.0	439.0	390.3	335.5	461.0

5.2.2.3　秋季

微微型光合真核生物各层平均值由大到小依次为表层、次表层、底层、中层，从表层到底层细胞数量差距不大，各层面上细胞密度均较低，与聚球藻细胞数目相差1个数量级。总的来看，微微型光合真核生物在该片调查海域的垂直分布基本符合从表层至底层细胞依次减少的规律，但细胞密度垂直差距不大，表明秋季渤海真核生物的垂直分布不明显（表5.2-3）。

表 5.2-3　秋季各层微微型光合真核生物细胞数量平均值　　　　单位：ind./mL

类别	表层	次表	中层	底层	各层平均
最大值	385	409	361	385	346.4
最小值	48	24	48	24	52.8
平均值	131.94	123.06	119.23	120.23	130.57

5.2.2.4　冬季

微微型光合真核生物各层平均值由大到小依次为表层、次表层、中层、底层，与聚球藻规律相同，大体从表层到底层细胞数量依次减少，但各层面上细胞密度均较低，与聚球藻细胞数目相差大于 1 个数量级。总的来看，微微型光合真核生物在该片调查海域的垂直分布基本符合表层至底层细胞依次减少的规律，表明冬季渤海真核生物的垂直分布比较明显（表 5.2 - 4），主要分布于真光层。

表 5.2 - 4　冬季各层微微型光合真核生物细胞数量平均值　　　　　　单位：ind./mL

类别	表层	次表	中层	底层	各层平均
最大值	457	433	337	457	390
最小值	48	48	48	48	48
平均值	173.46	165.73	143.29	173.46	155.99

5.2.3　区域间比较

图 5.2 - 1 是 4 个季度各区域真核生物平均细胞数量的统计结果。由图中可以看出，6 个调查区的夏季航次平均细胞数量为 $0.03 \times 10^4 \sim 0.07 \times 10^4$ ind./mL，且远远高于其余 3 个航次。

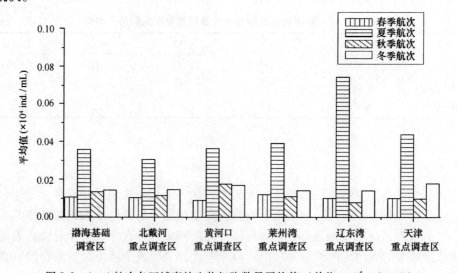

图 5.2 - 1　4 航次各区域真核生物细胞数量平均值（单位：10^4 ind./mL）

春季以莱州湾重点调查区平均细胞数量最多；渤海基础调查区、北戴河重点调查区、辽东湾重点调查区和天津重点调查区平均细胞数量相近，略低于前者；黄河口重点调查区由于受河流淡水的影响，其平均细胞数量在 6 个区域中处于最低水平。夏季辽东湾重点调查区明显高于其余 5 个调查区的细胞数量，大约高出 1 倍左右；天津次之；其他几个航次细胞数量基本在 $0.03 \times 10^4 \sim 0.04 \times 10^4$ ind./mL。秋季黄河口细胞数量最多；辽东湾最低；天津略高于辽东湾；其余 3 个区域细胞数量相差不大。冬季 6 个调查区细胞数量略高于春季和秋季航次，且各调查区的细胞数量非常相近，相差不到 0.003×10^4 ind./mL。

渤海基础调查区 4 航次细胞数量范围为 $0.01 \times 10^4 \sim 0.04 \times 10^4$ ind./mL，在所有调

查区中居于中等水平。该调查区春季航次最低；冬季航次略高于秋季；夏季航次细胞数目是春季的 3.18 倍。

北戴河重点调查区 4 航次规律与渤海大致相同，夏季航次细胞数（0.03×10^4 ind./mL）在各调查区中最少；春季和秋季航次细胞数量相近，均略低于冬季航次，细胞数量最高时是最低季度的 2.81 倍。

黄河口重点调查区细胞数量与前两个调查区相比有所不同，呈现由大到小依次为夏季航次、秋季航次、冬季航次、春季航次的规律，夏季航次是春季航次的 4.00 倍。

莱州湾重点调查区夏季细胞数量最多，仅次于辽东湾重点调查区；春季航次细胞数量略高于秋季航次，与辽东湾细胞规律一致，但辽东湾夏季航次细胞数在所有航次所有调查区中最多（0.07×10^4 ind./mL），与最少航次相比相差 7.40 倍；冬季航次明显高于春秋两航次的细胞数。

6　微型浮游生物

微型浮游生物主要是采集特定水层个体小于 20 μm 的浮游生物。微型浮游生物的主要种类为微型金藻、微型甲藻、微型硅藻等微型浮游植物，因此 4 个航次均以微型浮游植物为主要调查内容。

6.1　种类组成

调查海域共获微型浮游植物 252 种（详见附录 3 微型浮游生物种名录）。其中硅藻 172 种，占微型浮游植物种类组成的 68.3%；甲藻 67 种，占微型浮游植物种类组成的 26.6%；金藻 4 种，占微型浮游植物种类组成的 1.6%；绿藻 6 种，占微型浮游植物种类组成的 2.4%；蓝藻 2 种，占微型浮游植物种类组成的 0.8%；黄藻 1 种，占微型浮游植物种类组成的 0.4%（图 6.1 - 1）。

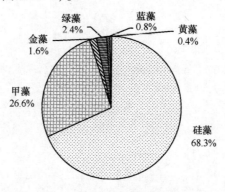

图 6.1 - 1　微型浮游植物种类组成

调查海域夏季微型浮游植物的种类组成最为丰富，其次为秋季。由于气温较低，春季航次和冬季航次所获的微型浮游植物种类组成基本一致，均低于夏季和秋季的微型浮游植物种类组成。

春季航次共获微型浮游植物 106 种。其中硅藻 87 种，占微型浮游植物种类组成的 82.1%；甲藻 15 种，占微型浮游植物种类组成的 14.2%；金藻和绿藻各 2 种，分别占微型浮游植物种类组成的 1.9%。

夏季航次共获微型浮游植物 169 种。其中硅藻 111 种，占微型浮游植物种类组成的 65.7%；甲藻 50 种，占微型浮游植物种类组成的 29.6%；金藻 3 种，占微型浮游植物种类组成的 1.8%；绿藻 3 种，占微型浮游植物种类组成的 1.8%；蓝藻和黄藻各 1 种，分别占微型浮游植物种类组成的 0.6%。

秋季航次共获微型浮游植物 134 种。其中硅藻 97 种，占微型浮游植物种类组成的 72.4%；甲藻 31 种，占微型浮游植物种类组成的 23.1%；金藻 2 种，占微型浮游植物种类组成的1.5%；绿藻4种，占微型浮游植物种类组成的3.0%。

冬季航次共获微型浮游植物109种。其中硅藻83种，占微型浮游植物种类组成的76.1%；甲藻19种，占微型浮游植物种类组成的17.4%；金藻2种，占微型浮游植物种类组成的1.8%；绿藻4种，占微型浮游植物种类组成的3.7%；蓝藻1种，占微型浮游植物种类组成的0.9%。

6.2 平面分布

6.2.1 春季

6.2.1.1 表层

表层微型浮游植物的密度变化范围为99~140 415 ind./L，平均为1.1×10^4 ind./L。密度最高值位于ZD-HHK120站，密度最低值位于ZD-HHK101站。表层微型浮游植物密度最高的区域是辽东湾重点调查区；其次是渤海基础调查区；天津重点调查区微型浮游植物的密度最低（见附图6.1）。

6.2.1.2 次表层

次表层微型浮游植物的密度变化范围为122~89 647）ind./L，平均值为1.26×10^4 ind./L。密度最高值位于ZD-LDW017站，密度最低值位于ZD-TJ099站。次表层微型浮游植物密度最高的区域是辽东湾重点调查区；渤海基础调查区和北戴河重点调查区次之；莱州湾重点调查区和天津重点调查区密度最低（见附图6.2）。

6.2.1.3 中层

中层微型浮游植物的密度变化范围为504~284 276 ind./L，平均值为1.62×10^4 ind./L。密度最高值位于ZD-LDW017站，密度最低值位于ZD-LZW129站。中层微型浮游植物密度最高的区域是辽东湾重点调查区，其次是北戴河重点调查区和渤海基础调查区；密度最低的区域是莱州湾重点调查区，天津重点调查区和黄河口重点调查区的密度也相对较低（见附图6.3）。

6.2.1.4 底层

底层微型浮游植物的密度变化范围为325~407 242 ind./L，平均值为1.76×10^4 ind./L。密度最高值位于ZD-LDW017站，密度最低值位于JC-BH040站。底层微型浮游植物密度最高的区域依然是辽东湾重点调查区，渤海基础调查区和北戴河重点调查区也有较高的密度，天津重点调查区的密度最低（见附图6.4）。

6.2.2 夏季

6.2.2.1 表层

表层微型浮游植物的密度变化范围为68~2 677 083 ind./L，平均密度为7.71×10^4

ind. /L。密度最高的区域是黄河口重点调查区，其次是莱州湾重点调查区及北戴河重点调查区，辽东湾重点调查区微型浮游植物的密度最低（见附图 6.5）。

6.2.2.2 次表层

次表层微型浮游植物的密度变化范围为 99 ~ 2 730 743 ind. /L，平均值为 5.58×10^4 ind. /L。密度最高的区域与表层相同，也为黄河口重点调查区；渤海基础调查区和北戴河重点调查区次之；辽东湾和莱州湾重点调查区的密度较低，均远远低于其他调查海域（见附图 6.6）。

6.2.2.3 中层

中层微型浮游植物的密度变化范围为 66 ~ 1 542 419 ind. /L，平均值为 4.90×10^4 ind. /L。中层的密度分布与次表层极为相似：密度最高的区域是黄河口重点调查区，其次是渤海基础调查区和北戴河重点调查区，密度最低的区域是莱州湾重点调查区，并且密度最高的黄河口重点调查区与密度最低的莱州湾重点调查区相差较大（见附图 6.7）。

6.2.2.4 底层

底层微型浮游植物的密度变化范围为 65 ~ 2 030 355 ind. /L，平均值为 7.17×10^4 ind. /L。底层的密度分布与次表层及中层极为接近：密度最高的区域依然是黄河口重点调查区；其次是北戴河重点调查区、莱州湾重点调查区和渤海基础调查区也有较高的密度；辽东湾重点调查区的密度最低（见附图 6.8）。

6.2.3 秋季

6.2.3.1 表层

表层微型浮游植物的密度变化范围为 69 ~ 5 588 ind. /L，平均值为 0.081×10^4 ind. /L。密度最高值位于 ZD – LDW035 站，密度最低值位于 ZD – LZW136 站。表层微型浮游植物密度最高的区域是辽东湾重点调查区，远远高于其他 5 个调查区，并且其他 5 个调查区的密度相差不大（见附图 6.9）。

6.2.3.2 次表层

次表层微型浮游植物的密度变化范围为 82 ~ 9 119 ind. /L，平均值为 0.111×10^4 ind. /L。密度最高值位于 JC – BH004 站，密度最低值位于 ZD – BDH068 站。次表层微型浮游植物密度最高的区域是辽东湾重点调查区，其次是渤海基础调查区，莱州湾重点调查区的密度最低（见附图 6.10）。

6.2.3.3 中层

中层微型浮游植物的密度变化范围为 40 ~ 7 104 ind. /L，平均值与 5 m 层接近，为 0.113×10^4 ind. /L。密度最高值位于 ZD – LDW036 站，密度最低值位于 JC – BH043 站。中层微型浮游植物密度最高的区域是辽东湾重点调查区；其次是北戴河重点调查区和渤海基础调查区；密度最低的区域是莱州湾重点调查区（见附图6.11）。

6.2.3.4　底层

底层微型浮游植物的密度变化范围为75～12 775 ind./L，平均值为0.105×10⁴ ind./L。密度最高值位于ZD－LDW036站，密度最低值位于ZD－LZW141站。密度最高的区域依然是辽东湾重点调查区；其次是渤海基础调查区和天津调查区也有较高的密度；莱州湾重点调查区的密度最低（见附图6.12）。

6.2.4　冬季

6.2.4.1　表层

表层微型浮游植物的密度变化范围为139～39 634 ind./L，平均值为0.21×10⁴ ind./L。密度最高的区域是莱州湾重点调查区；天津重点调查区与渤海基础调查区次之；辽东湾重点调查区的密度最低（见附图6.13）。

6.2.4.2　次表层

次表层微型浮游植物的密度变化范围为67～104 393 ind./L，平均值为0.34×10⁴ ind./L。密度最高的区域与表层相同，均为莱州湾重点调查区，并且远远大于其他几个调查区的密度（见附图6.14）。

6.2.4.3　中层

中层微型浮游植物的密度变化范围为237～72 949 ind./L，平均值为0.29×10⁴ ind./L。密度最高的区域与表层、次表层相同，也是莱州湾重点调查区；其次是渤海基础调查区；其他四个调查区的密度相差不大（见附图6.15）。

6.2.4.4　底层

底层微型浮游植物的密度变化范围为216～145 921 ind./L，平均值为0.32×10⁴ ind./L。密度最高的区域依然是莱州湾重点调查区；其次为渤海基础调查区；北戴河重点调查区密度最低（见附图6.16）。

6.3　垂直分布

分别对4个航次的表层、次表层、中层和底层的微型浮游植物数量进行平均，得到微型浮游植物的垂直分布情况由高到低为底层、表层、次表层、中层。本次调查底层微型浮游植物的密度最高，可能是各种扰动导致一些底栖种类被采集，使其密度较高；一般来说，微型浮游植物在真光层中数量较多，表层的光照强度好从而导致表层微型浮游植物的密度也较高。

6.3.1　春季

春季垂直分布中，微型浮游植物的密度由底层至表层依次减少。底层微型浮游植物的平均密度最高，为 1.76×10^4 ind. /L；其次为中层，平均密度为 1.62×10^4 ind. /L；表层的微型浮游植物密度最低，为 1.10×10^4 ind. /L。各种扰动导致一些底栖种类被采集，可能是底层微型生物密度较高的原因之一（图 6.3 - 1）。

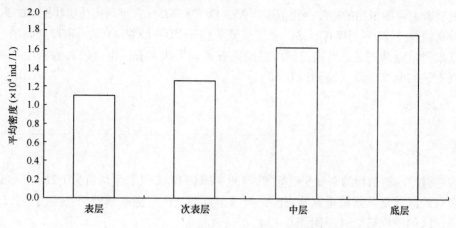

图 6.3 - 1　春季微型浮游植物垂直分布图

6.3.2　夏季

夏季各层次的微型浮游植物密度均高于其他季节。表层的微型浮游植物密度最高，为 7.71×10^4 ind. /L；底层的微型浮游植物密度次之，为 7.17×10^4 ind. /L；其次是次表层的微型浮游植物；中层的微型浮游植物密度最低，为 4.90×10^4 ind. /L（图 6.3 - 2）。

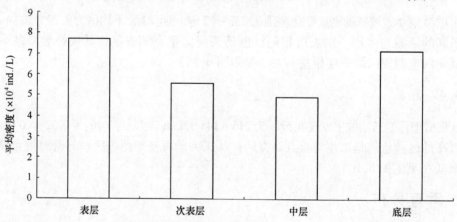

图 6.3 - 2　夏季微型浮游植物垂直分布图

6.3.3　秋季

秋季各层次的微型浮游植物密度均低于其他季节，且各层次的密度相差不大。与夏季的垂直分布情况相反，秋季中层及次表层的微型浮游植物密度较高，分别为 0.113×10^4 ind. /L、0.111×10^4 ind. /L；表层的微型浮游植物密度最低（图 6.3 - 3）。

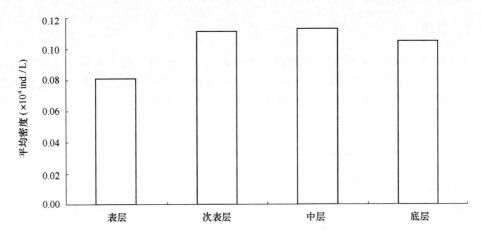

图 6.3 - 3　秋季微型浮游植物垂直分布图

6.3.4　冬季

冬季微型浮游植物的密度也比较低，各层次间密度相差不大。不同层次微型浮游植物密度平均值的大小依次为次表层、底层、中层、表层（图 6.3 -4）。

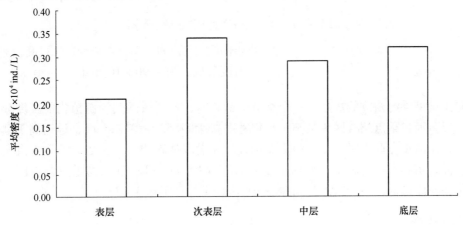

图 6.3 - 4　冬季微型浮游植物垂直分布图

6.4　区域比较

通过对 4 个航次数据的统计，各区域微型浮游植物的密度以黄河口重点调查区为最高，平均高达 4.66×10^4 ind. /L，远远高出其他各调查区；天津重点调查区域密度最低，平均为 0.60×10^4 ind. /L。各调查区微型浮游植物的密度平均值自高向低依次为黄河口重点调查区、莱州湾重点调查区、渤海基础调查区、北戴河重点调查区、辽东湾重点调查区、天津重点调查区。

6.4.1　春季

春季微型浮游植物的数量相对较高。各区域微型浮游植物的密度以辽东湾重点调查区最高，平均为 3.48×10^4 ind./L，远远高出其他各调查区；其次为渤海基础调查区和北戴河重点调查区；天津重点调查区密度最低，平均为 0.30×10^4 ind./L（图 6.4 - 1）。

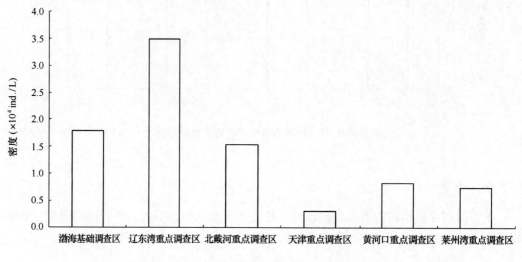

图 6.4 - 1　春季微型浮游植物区域分布图

6.4.2　夏季

夏季微型浮游植物的数量是 4 个季节中最高的，各区域微型浮游植物的密度分布不均匀，以黄河口重点调查区为最高，平均密度高达 17.53×10^4 ind./L，远远高于其他调查区；莱州湾重点调查区、北戴河重点调查区和渤海基础调查区次之；天津重点调查区的微型浮游植物的密度较低，平均密度为 1.79×10^4 ind./L；辽东湾重点调查区的微型浮游植物密度最低，平均密度为 0.88×10^4 ind./L（见图 6.4 - 2）。

6.4.3　秋季

秋季各区域微型浮游植物的密度以辽东湾重点调查区为最高，平均 0.34×10^4 ind./L。其他 5 个调查区的微型浮游植物密度差别不大，其中以莱州湾重点调查区的微型浮游植物密度为最低，平均 0.052×10^4 ind./L（见图 6.4 - 3）。

6.4.4　冬季

冬季各区域微型浮游植物的密度以莱州湾调查区为最高，平均 1.03×10^4 ind./L，明显高于其他 5 个调查区；北戴河重点调查区的微型浮游植物密度最低，平均为 0.16×10^4 ind./L。冬季各调查区微型浮游植物的密度平均值由高到低依次为莱州湾重点调查区、渤海基础调查区、天津重点调查区、黄河口重点调查区、辽东湾重点调查区、北戴河重点调查区（见图 6.4 - 4）。

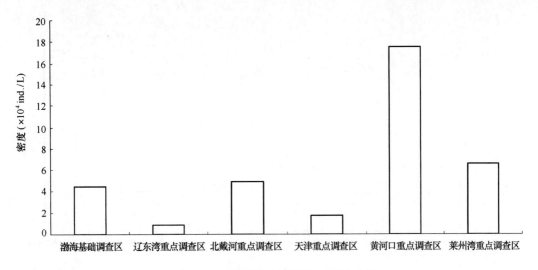

图 6.4 - 2　夏季微型浮游植物区域分布图

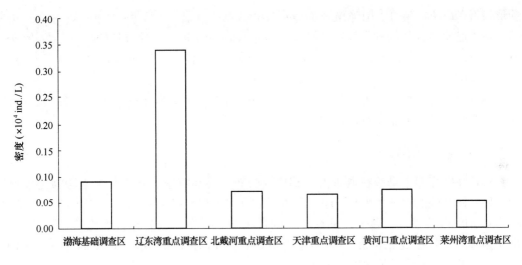

图 6.4 - 3　秋季微型浮游植物区域分布图

6.5　优势种及分布

　　春季航次微型浮游植物占优势的种类包括：新月柱鞘藻（*Cylindrotheca closterium*）、具槽直链藻（*Paralia sulcata*）、中肋骨条藻（*Skeletonema costatum*）、角海链藻（*Thalassiosira angulata*）。

　　夏季航次微型浮游植物占优势的种类包括：柔弱伪菱形藻（*Pseudo - nitzschia delicatissima*）、丹麦细柱藻（*Leptocylindrus danicus*）、微小原甲藻（*Prorocentrum minimum*）、新月筒柱藻（*Cylindrotheca closterium*）。

　　秋季航次微型浮游植物占优势的种类包括：新月柱鞘藻（*Cylindrotheca closterium*）、具槽直链藻（*Paralia sulcata*）、曲舟藻（*Pleurosigma* sp.）、海链藻（*Thalassiosira* sp.）、

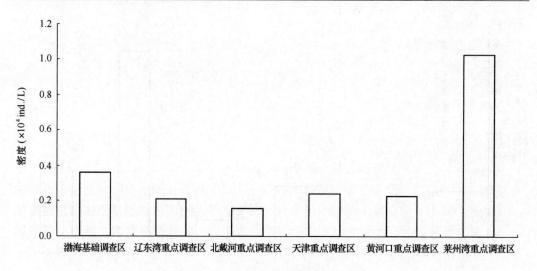

图 6.4 – 4　冬季微型浮游植物区域分布图

菱形藻（*Nitzschia* sp.）、圆筛藻（*Coscinodiscus* spp.）。

　　冬季航次占优势的种类为：圆筛藻（*Coscinodiscus* spp.）、新月柱鞘藻（*Cylindrotheca closterium*）、中华盒形藻（*Odontella sinensis*）、具槽直链藻（*Paralia sulcata*）、海链藻（*Thalassiosira* sp.）。

　　各季节的优势种种类不尽相同，且优势种的密度在调查海区内呈区域性分布。现将几个主要优势种的分布特点描述如下：

6.5.1　新月柱鞘藻

　　新月柱鞘藻四个季节在调查海区都广泛分布，且在春季、秋季及冬季均为优势种。春季新月柱鞘藻的出现率为 97.6%，平均密度为 0.077 × 10⁴ ind./L，其密度占微型浮游植物总密度的 53.5%。春季该种在各个调查区均有分布，且分布较为均匀，莱州湾西部、渤海湾沿岸、辽东湾北部和渤海中部的密度相对较高，形成密度高于 0.1 × 10⁴ ind./L 的相对高值区（见附图 6.17）。

　　秋季新月柱鞘藻的出现率为 76.8%，平均密度为 0.006 1 × 10⁴ ind./L。秋季该种在渤海呈斑块状分布，以天津近岸、渤海北部和莱州湾内的密度相对较高，渤海湾南岸、渤海中部和渤海海峡处的密度相对较低（见附图 6.18）。

　　冬季新月柱鞘藻的出现率为 87.3%，平均密度为 0.023 × 10⁴ ind./L。冬季该种在渤海海域分布不均匀，主要集中分布在北戴河邻近海域、渤海东部以及莱州湾内（见附图 6.19）。

6.5.2　具槽直链藻

　　具槽直链藻是调查海域春季、秋季及冬季微型浮游植物的优势种之一。春季具槽直链藻的出现率为 91.9%，平均密度为 0.520 × 10⁴ ind./L，其密度占微型浮游植物总密度的 36.3%。春季该种在整个渤海均有分布，主要呈现渤海中部密度高、近岸密度低的分布趋势（见附图 6.20）。

秋季具槽直链藻的出现率为88.0%，平均密度为0.060×10⁴ ind./L，其密度占微型浮游植物总密度的48.2%。秋季该种的高密度区主要集中在辽东湾内，其他海域的密度相对较低（见附图6.21）。

冬季具槽直链藻的出现率有所降低，为46.0%，平均密度为0.11×10⁴ ind./L，其密度占微型浮游植物总密度的19.0%。冬季该种的高值区主要集中在渤海中部海域，此外在渤海湾近岸、莱州湾沿岸和渤海北部也有少量分布（见附图6.22）。

6.5.3 柔弱伪菱形藻

柔弱伪菱形藻四个季节在调查海域均有分布，其在夏季是调查海域微型浮游植物的主要优势种。夏季柔弱伪菱形藻的出现率为57.6%，平均密度占微型浮游植物总密度的46.7%。夏季该种的分布不均匀，集中分布在渤海湾内，此外在莱州湾及渤海中部海域也有少量分布（见附图6.23）。

春季柔弱伪菱形藻的分布范围很小，密度也很低，主要集中分布在莱州湾附近海域，而在天津附近海域没有分布。秋季柔弱伪菱形藻的分布范围比春季有所扩大，出现率为32.8%，平均密度较低。冬季柔弱伪菱形藻的出现率为35.7%，高值区主要分布在莱州湾附近海域，而在辽东湾附近海域没有分布。

6.5.4 新月筒柱藻

新月筒柱藻是夏季调查海区的微型浮游植物优势种之一，并且只在夏季和秋季航次中出现。夏季新月筒柱藻的出现率为32.0%，其密度占微型浮游植物总密度的21.0%。夏季该种在调查海域呈现渤海中部密度高、南北近岸密度低的分布趋势，在渤海中部形成高密度区（见附图6.24）。

秋季航次中新月筒柱藻只在5个站位出现，无论是密度还是分布范围都比夏季明显降低。

6.5.5 中华盒形藻

中华盒形藻只在夏季和冬季航次出现，是冬季调查海区微型浮游植物优势种之一。冬季中华盒形藻的出现率为42.9%，平均密度为0.080×10⁴ ind./L，占微型浮游植物总密度的13.9%。秋季该种在渤海中部广大海域的密度稍高于近岸海域，主要在莱州湾以北海域形成密度高于0.50×10⁴ ind./L的相对高值区（见附图6.25）。

夏季仅在6个站位出现中华盒形藻，且密度均较低。

6.5.6 中肋骨条藻

中肋骨条藻在春、夏、秋、冬4个航次中都有分布，是春季微型浮游植物的优势种之一。春季中肋骨条藻的出现率为49.2%，平均密度为0.19×10⁴ ind./L。春季该种的高值区主要集中在渤海湾至莱州湾近岸，在莱州湾西南沿岸形成密度高于5.00×10⁴ ind./L的小高值区，渤海中部该种的密度相对较低（见附图6.26）。

夏季中肋骨条藻的分布范围较春季有所扩大，高值区分布在渤海中部海域和莱州湾附近海域。秋季中肋骨条藻的数量最低，分布范围也明显缩小，出现率只有11.2%。冬季中肋骨条藻的出现率为20.6%，其数量低于春季和夏季，但高于秋季。

6.5.7 曲舟藻

曲舟藻只出现在秋季和冬季航次中，是秋季微型浮游植物的优势种之一。秋季曲舟藻在整个渤海海域均有分布，出现率高达96.8%，平均密度为0.005 0×10⁴ ind./L。秋季该种呈现近岸密度高、渤海中部密度低的分布趋势，以渤海北部、莱州湾和渤海湾内的数量相对较高（见附图6.27）。

冬季曲舟藻的数量较低，主要分布在辽东湾、北戴河沿岸及渤海中部海域，其他调查海域只在少数站位出现。

6.6 多样性指数分布

调查海域微型浮游植物的均匀度平均值为0.57，丰度平均值为1.66，多样性指数平均值为2.45，由此可见微型浮游植物的多样性指数、丰度值处于一般水平，均匀度值在正常值范围内。4个航次均匀度从高到低依次为秋季、春季、冬季、夏季；丰度值从高到低依次为秋季、春季、夏季、冬季；多样性指数从高到低依次是秋季、春季、夏季、冬季。由此可见，秋季微型浮游植物的均匀度、丰度值及多样性指数均高于其他3个航次（见表6.6-1）。

表6.6-1 4个航次微型浮游植物各季节群落均匀度、丰度、多样性指数分析

类别	均匀度	丰度	多样性指数
春季	0.53	1.59	2.31
夏季	0.49	1.54	2.19
秋季	0.72	2.02	3.13
冬季	0.52	1.50	2.18
各季节平均值	0.57	1.66	2.45

春季微型浮游植物的均匀度值为0.53，丰度值为1.59，多样性指数为2.31，表明春季微型浮游植物的分布较为均匀，生物群落结构较好。春季8.1%测站的微型浮游植物的多样性指数小于1；31.7%测站的多样性指数介于1~2之间；而有35.0%测站的微型浮游植物的多样性指数介于2~3之间；25.2%测站的微型浮游植物的多样性指数大于3。各区域多样性变化明显，最高值与最低值相差接近2，其中黄河口重点调查区多样性指数均大于其他5个调查区，表明黄河口重点调查区的微型浮游植物群落结构较好（见图6.6-1）。

夏季微型浮游植物的均匀度值为0.49，丰度值为1.54，多样性指数为2.19，表明夏季微型浮游植物的分布较为均匀，群落结构较好。夏季16.4%测站的微型浮游植物的多样性指数小于1；27.3%测站的多样性指数介于1~2之间；47.5%侧站的微型浮游植物的多样性指数介于2~3之间；8.8%测站的多样性指数大于3。各区域的多样性指数差别不大，辽东湾重点调查区微型浮游植物的多样性指数高于其他5个调查区，表明辽东湾重点调查区的微型浮游植物群落结构较好（见图6.6-2）。

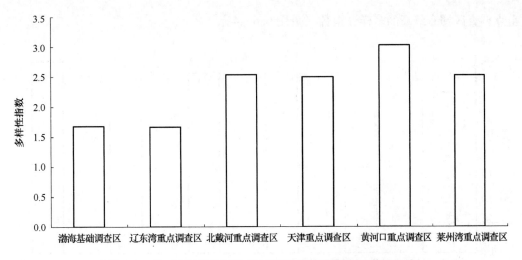

图 6.6 - 1 春季微型浮游植物各区域群落多样性指数分布图

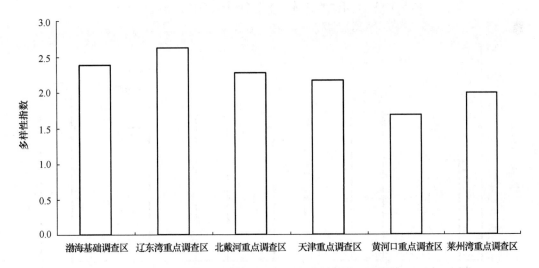

图 6.6 - 2 夏季微型浮游植物各区域群落多样性指数分布图

秋季微型浮游植物的均匀度值为 0.72，丰度值为 2.02，多样性指数为 3.13。表明秋季微型浮游植物的分布很均匀，生物群落结构好。秋季只有 1.6% 测站的微型浮游植物的多样性指数小于 1；8.7% 测站的多样性指数介于 1~2 之间；23.0% 测站的微型浮游植物的多样性指数介于 2~3 之间；57.1% 测站的多样性指数介于 3~4 之间；而有 9.5% 测站的多样性指数大于 4。除了辽东湾重点调查区的多样性指数较低外，其他 5 个调查区的多样性指数值相差不大，以莱州湾重点调查区的多样性指数最高，表明莱州湾重点调查区的微型浮游植物群落结构较好（见图 6.6 - 3）。

冬季微型浮游植物的均匀度值为 0.52，丰度值为 1.50，多样性指数为 2.18，表明冬季微型浮游植物的分布较为均匀，生物群落结构较好。冬季 7.1% 测站的微型浮游植物的多样性指数小于 1；32.5% 测站的多样性指数介于 1~2 之间；45.2% 测站的微型浮游植物的多样性指数介于 2~3 之间；而有 15.1% 测站的多样性指数大于 3。冬季莱州湾重点调查区拥有最高的多样性指数（见图6.6-4）。

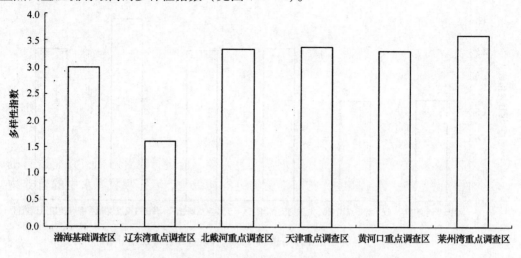

图6.6-3 秋季微型浮游植物各区域群落多样性指数分布图

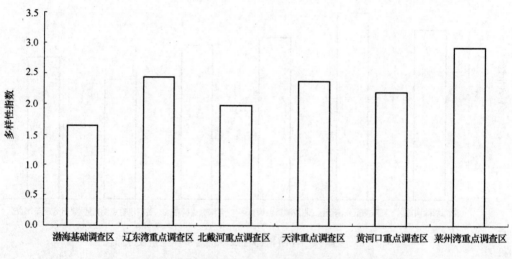

图6.6-4 冬季微型浮游植物各区域群落多样性指数分布图

7 小型浮游生物

小型浮游生物是指大小在 0.05 ~ 1 mm 之间的浮游生物，其主要组成类群即通常所说的浮游植物。浮游植物是一类具有色素或色素体，能进行光合作用，并制造有机物的自养性浮游生物。浮游植物作为海洋食物链的初级生产者，吸收海水中的营养物质，通过光能合成有机质，是海洋中将无机元素转变成有机能量的主要载体。浮游植物是海洋动物——尤其是海洋生物幼体的直接或间接饵料，是海洋食物链的基础，在海洋渔业上具有重要意义。浮游植物的种类与数量分布，除与水温、海水盐度、水动力环境等物理性因子密切相关外，还明显受到海水中营养盐含量水平等化学因子的制约。有些浮游植物具有富集污染物质的能力，可作为污染的指示生物，在海洋环境评价研究中具有一定的意义。过量的浮游植物对海洋生态环境具有极大的破坏作用，海洋中的赤潮现象，绝大多数是由浮游植物暴发性繁殖所引起的。

7.1 种类组成

调查海域 4 个季节共鉴定浮游植物 143 种（详见附录 5 小型浮游生物大面观测种类名录），其中硅藻（Bacillariophyta）38 属 113 种，占浮游植物种类组成的 79.02%；甲藻（Pyrophyta）10 属 28 种，占 19.58%；金藻（Chrysophyta）和黄藻（Xanthophyta）各 1 种，分别占 0.70%。硅藻是组成调查海域浮游植物的主要种类。

春季航次在调查海域共采到浮游植物 87 种，其中硅藻 29 属 73 种，占浮游植物种类组成的 83.91%；甲藻 7 属 12 种，占 13.79%；金藻和黄藻各 1 种，各占 1.15%。

夏季航次共鉴定出浮游植物 110 种，其中硅藻 35 属 84 种，占总种数的 76.36%；甲藻 10 属 24 种，占总种数的 21.82%；金藻和黄藻各 1 种，各占 0.91%。

秋季航次共鉴定出浮游植物 101 种，其中硅藻 31 属 82 种，占总种数的 81.19%；甲藻 6 属 18 种，占 17.82%；金藻 1 种，占 0.99%。

冬季航次共鉴定出浮游植物 85 种，其中硅藻 31 属 73 种，占总种数的 85.88%；甲藻 5 属 11 种，占 12.94%；金藻 1 种，占 1.18%。

渤海的浮游植物生态类型较为单调，绝大多数种类属于广温性近岸类型，且浮游植物种类的季节更替不明显。夏季浮游植物种类最多，其次是秋季，春季和冬季浮游植物的种类最少。春季和冬季浮游植物类群组成单调，硅藻在浮游植物中占相当高的比例；夏季和秋季甲藻所占的比例略有升高。

7.2　个体密度

7.2.1　平面分布

7.2.1.1　春季

调查海域浮游植物密度变化范围为 $1.59 \times 10^4 \sim 11\ 214.20 \times 10^4$ ind./m³，平均为 591.87×10^4 ind./m³，密度最大的是位于渤海东南区域的 JC – BH041 站，密度最小的是位于莱州湾湾底的 ZD – LZW140 站。浮游植物在渤海不同区域之间密度相差很大，呈明显的斑块分布（见附图 7.1）。在渤海东南部海域有一处密度高于 $5\ 000.00 \times 10^4$ ind./m³ 的高值区，渤海中部、辽东湾西南和金州湾湾口处也都形成密度高于 $1\ 000.00 \times 10^4$ ind./m³ 的次高值区；密度低于 50.00×10^4 ind./m³ 的低值区则分布在辽东湾东北部海域、北戴河邻近海域和渤海湾内。

从各调查区块来看，渤海基础调查区的浮游植物密度最高，为 $1\ 195.29 \times 10^4$ ind./m³；接下来依次是北戴河重点调查区（611.58×10^4 ind./m³）、黄河口重点调查区（521.20×10^4 ind./m³）、辽东湾重点调查区（409.86×10^4 ind./m³）和莱州湾重点调查区（273.82×10^4 ind./m³）；天津重点调查区的浮游植物密度最低，为 53.28×10^4 ind./m³（见表 7.2 – 1）。

表 7.2 – 1　春季航次各区域小型浮游生物群落特征指数统计

类　别	渤海基础调查区	辽东湾重点调查区	北戴河重点调查区	天津重点调查区	黄河口重点调查区	莱州湾重点调查区
出现种数（种）	71	36	45	38	58	53
平均密度（$\times 10^4$ ind./m³）	1 195.29	409.86	611.58	53.28	521.20	273.82
多样性指数	1.05	1.01	1.25	1.52	2.35	2.02
均匀度	0.23	0.27	0.32	0.40	0.55	0.51
丰富度	0.94	0.63	0.66	0.74	1.00	0.75
优势种	中肋骨条藻 具槽直链藻 浮动弯角藻 布氏双尾藻 诺登海链藻 加氏星杆藻 圆海链藻	具槽直链藻 布氏双尾藻 诺登海链藻	具槽直链藻 中肋骨条藻 布氏双尾藻 加氏星杆藻 舟形藻	尖刺菱形藻 具槽直链藻 布氏双尾藻	圆海链藻 尖刺菱形藻 布氏双尾藻 卡氏角毛藻	圆海链藻 中肋骨条藻 尖刺菱形藻

7.2.1.2　夏季

夏季调查海域浮游植物密度大幅度升高，变化范围为 $0.44 \times 10^4 \sim 217\ 659.23 \times 10^4$ ind./m³，平均为 $4\ 677.11 \times 10^4$ ind./m³，最高值是最低值的 489 672 余倍。密度最大的站

是位于黄河口北部的 ZD – HHK114 站，密度最小的站是位于北戴河近岸的 ZD – BDH062 站。渤海夏季浮游植物密度呈现南部近岸高，渤海中部和北部近岸低的分布趋势，分布极不均匀（见附图 7.2）。黄河口邻近海域和渤海湾南岸都有密度高于 10 000.00 × 10⁴ ind. /m³ 的高值区，莱州湾湾底有高于 5 000.00 × 10⁴ ind. /m³ 的高值区；而在渤海中部、北戴河沿岸和辽东湾内的大部分海域，浮游植物的密度都低于 50.00 × 10⁴ ind. /m³。

夏季黄河口重点调查区的浮游植物密度最高，平均高达 25 027.26 × 10⁴ ind. /m³；莱州湾重点调查区也有较高的密度值，为 1 069.38 × 10⁴ ind. /m³；其他几个调查区的浮游植物密度远远低于这两个区域：天津重点调查区相对稍高，为 219.70 × 10⁴ ind. /m³；渤海基础调查区和辽东湾重点调查区密度较低，分别为 20.98 × 10⁴ ind. /m³ 和 16.49 × 10⁴ ind. /m³；北戴河重点调查区的密度最低，只有 9.89 × 10⁴ ind. /m³（见表 7.2 – 2）。

表 7.2 – 2　夏季航次各区域小型浮游生物群落特征指数统计

类　别	渤海基础调查区	辽东湾重点调查区	北戴河重点调查区	天津重点调查区	黄河口重点调查区	莱州湾重点调查区
出现种数（种）	67	53	58	72	80	82
平均密度（10⁴ ind. /m³）	20.98	16.49	9.89	219.70	25 027.26	1 069.38
多样性指数	1.80	1.94	2.29	2.99	1.58	2.50
均匀度	0.48	0.57	0.59	0.64	0.32	0.57
丰富度	0.75	0.70	0.85	1.32	1.20	1.08
优势种	具槽直链藻 斯氏扁甲藻 三角角藻 圆筛藻 角毛藻	具槽直链藻 窄隙角毛藻 布氏双尾藻 细弱海链藻 斯氏扁甲藻	具槽直链藻 斯氏扁甲藻 三角角藻 圆筛藻 微小原甲藻 角毛藻	中肋骨条藻 伏氏海毛藻 圆筛藻 劳氏角毛藻 具槽直链藻	垂缘角毛藻 柔弱菱形藻 扁面角毛藻	丹麦细柱藻 中肋骨条藻 假弯角毛藻 垂缘角毛藻 角毛藻 扁面角毛藻

7.2.1.3　秋季

秋季调查海域浮游植物密度比夏季明显降低，平均值为 316.38 × 10⁴ ind. /m³，变化范围在 (6.97 ~ 15 935.00) × 10⁴ ind. /m³ 之间。最高密度出现在位于莱州湾湾底的 ZD – LZW135 站，最低密度出现在位于渤海海峡附近的 JC – BH020 站。秋季浮游植物基本呈现沿岸海域密度高、渤海中部密度低的分布趋势（见附图 7.3）。调查海域中浮游植物密度高于 1 000.00 × 10⁴ ind. /m³ 的高值区有两处，一处在渤海海峡至渤海东南部沿岸一带，另一处在北戴河邻近海域。另外，在莱州湾内、渤海湾内、渤海中部至北戴河沿岸一带以及鲅鱼圈附近海域都有密度高于 100.0 × 10⁴ ind. /m³ 的次高值区。而渤海中部大部分海域的密度都低于 50.0 × 10⁴ ind. /m³。

秋季莱州湾重点调查区的浮游植物密度最高，平均为 1 237.35 × 10⁴ ind. /m³；其次是北戴河重点调查区，为 277.45 × 10⁴ ind. /m³；辽东湾重点调查区、天津重点调查区和渤海基础调查区的密度比较接近，分别为 88.97 × 10⁴ ind. /m³、84.84 × 10⁴ ind. /m³ 和 73.59 × 10⁴ cells/m³；黄河口重点调查区的密度最低，为 35.07 × 10⁴ ind. /m³（见表 7.2 – 3）。

表7.2-3　秋季航次各区域小型浮游生物群落特征指数统计

类别	渤海基础调查区	辽东湾重点调查区	北戴河重点调查区	天津重点调查区	黄河口重点调查区	莱州湾重点调查区
出现种数（种）	83	56	85	61	59	66
平均密度（×10^4 ind./m^3）	73.59	88.97	277.45	84.84	35.07	1 237.35
多样性指数	3.60	1.48	3.71	3.45	3.49	2.94
均匀度	0.71	0.33	0.72	0.70	0.73	0.63
丰度	1.74	1.12	1.67	1.59	1.45	1.13
优势种	具槽直链藻 虹彩圆筛藻 辐射圆筛藻 威氏圆筛藻 笔尖型根管藻 密连角毛藻	具槽直链藻 细弱海链藻 辐射圆筛藻	布氏双尾藻 笔尖型根管藻 密连角毛藻 浮动弯角藻 旋链角毛藻 虹彩圆筛藻	浮动弯角藻 劳氏角毛藻 卡氏角毛藻 具槽直链藻	卡氏角毛藻 浮动弯角藻	旋链角毛藻 中华盒形藻 布氏双尾藻

7.2.1.4　冬季

冬季调查海域的浮游植物密度最低，变化范围为 0.18×10^4～12 296.00×10^4 ind./m^3，平均值为 238.85×10^4 ind./m^3。密度最高的站是位于莱州湾东部近岸的 ZD-LZW143 站，密度最低的站是位于黄河口北部的 ZD-HHK111 站。冬季整个渤海的浮游植物数量都比较低，除在莱州湾东部形成高于 500.00×10^4 ind./m^3 的高值区外，其余大部分海域的密度均低于 10.00×10^4 ind./m^3（见附图7.4）。

冬季浮游植物密度最高的区块依然是莱州湾重点调查区，为 1 266.92×10^4 ind./m^3。其他调查区块浮游植物的平均密度相差不大，都低于 25.00×10^4 ind./m^3（见表7.2-4）。

表7.2-4　冬季航次各区域小型浮游生物群落特征指数统计

类别	渤海基础调查区	辽东湾重点调查区	北戴河重点调查区	天津重点调查区	黄河口重点调查区	莱州湾重点调查区
出现种数（种）	62	44	53	46	45	44
平均密度（×10^4 ind./m^3）	19.77	10.43	10.57	12.42	23.61	1 266.92
多样性指数	1.93	1.83	1.83	2.53	2.66	2.39
均匀度	0.45	0.43	0.46	0.60	0.69	0.62
丰度	1.07	1.11	0.96	1.04	0.89	0.72
优势种	具槽直链藻 圆筛藻 卡氏角毛藻	具槽直链藻 圆筛藻 布氏双尾藻	具槽直链藻 圆筛藻 布氏双尾藻	圆筛藻 具槽直链藻 布氏双尾藻 中肋骨条藻	圆筛藻 中肋骨条藻 具槽直链藻 卡氏角毛藻	诺登海链藻 旋链角毛藻 卡氏角毛藻 中肋骨条藻

7.2.2 季节变化

渤海浮游植物密度的季节差异明显，夏季浮游植物的密度最大，并且高值区都位于近岸，这与夏季沿岸河流处于丰水期有关。沿岸径流带来丰富的营养盐，促进浮游植物的生长。春季由于水温适宜，浮游植物的数量也比较高。秋季随着水温的降低，浮游植物的数量也开始下降。冬季浮游植物的数量降至最低，高值区仅存在于莱州湾东南部沿岸营养盐较高的区域。

（1）渤海基础调查区。该调查区春季的浮游植物密度最高，秋季次之，夏季和冬季的密度最低。中肋骨条藻（*Skeletonema costatum*）和具槽直链藻（*Melosira sulcata*）是形成该区块春季高密度的主要种类，平均密度分别为 495.79×10^4 ind./m³ 和 414.73×10^4 ind./m³。

（2）辽东湾重点调查区。该调查区的浮游植物密度也是以春季为最高，秋季次之，夏季和冬季最低。春季该调查区的高密度是由具槽直链藻（平均密度为 367.34×10^4 ind./m³）形成的。夏季该调查区浮游动物的密度是整个海域中最高的，浮游动物的摄食可能是导致该调查区夏季浮游植物低密度的原因之一。

（3）北戴河重点调查区。该调查区的浮游植物密度也是以春季为最高，秋季次之，冬季和夏季最低。春季该调查区的高密度是由具槽直链藻（平均密度为 382.35×10^4 ind./m³）和中肋骨条藻（平均密度为 127.19×10^4 ind./m³）形成的；秋季对浮游植物密度作出主要贡献的种类为布氏双尾藻（*Ditylum brightwellii*）（平均密度为 49.25×10^4 ind./m³）。

（4）天津重点调查区。该调查区夏季的浮游植物密度最高，秋季次之，再次为春季，冬季的密度最低。夏季对该区域浮游植物密度起主要作用的种类为中肋骨条藻，其平均密度为 162.11×10^4 ind./m³。

（5）黄河口重点调查区。该调查区夏季的浮游植物密度最高，春季次之，秋季和冬季的密度最低。该调查区夏季的浮游植物密度远远高于其他 3 个季节，也远高于其他的调查区块，主要是因为垂缘角毛藻（*Chaetoceros laciniosus*）、柔弱菱形藻（*Nitzschia delicatissma*）和扁面角毛藻（*Chaetoceros compressus*）这 3 个种类夏季在此区域拥有极高的数量，其平均密度分别为 $12\,294.06 \times 10^4$ ind./m³、$9\,390.11 \times 10^4$ ind./m³ 和 897.27×10^4 ind./m³。春季该区域的密度也较高，主要是由圆海链藻（*Thalassiosira rotula*）（平均密度为 261.76×10^4 ind./m³）形成的。

（6）莱州湾重点调查区。该调查区浮游植物密度由高到低的季节变化为：冬季、秋季、夏季、春季。除了春季密度稍低以外，其他 3 个季节的密度都比较高。莱州湾沿岸海域四季都是高营养盐区域，充足的营养盐促进了浮游植物的大量繁殖，故该调查区常年属于渤海浮游植物的高密度区。莱州湾沿岸同样也是浮游动物的高值区，春季该区域浮游植物相对较低的个体密度可能是由于浮游动物摄食造成的。

7.3 生物多样性

根据各站的浮游动物种类组成及密度分布，计算样品的多样性指数（H'）、均匀度（J）、丰度（d）等，结果见表 7.2-1~7.2-4，多样性指数平面分布见附图 7.5~7.8。

7.3.1 平面分布

7.3.1.1 春季

春季调查海域浮游植物的平均多样性指数不高，仅为 1.54。共有 30.6% 测站的多样性指数小于 1，有 36.4% 测站的多样性指数介于 1~2 之间，有 33.0% 测站的多样性指数高于 2。

春季调查海域浮游植物多样性呈现近岸海域高、渤海中部低的分布趋势。黄河口和莱州湾重点调查区的多样性指数最高，分别为 2.35 和 2.02；天津和北戴河重点调查区次之，分别为 1.52 和 1.25；渤海中部和辽东湾重点调查区的多样性指数最低，分别为 1.05 和 1.01。辽东湾重点调查区的多样性较低是由于该海域浮游植物种类较少导致的；而渤海中部则是由于中肋骨条藻和具槽直链藻的密度过大导致均匀度降低，从而导致其多样性指数较低。

7.3.1.2 夏季

夏季调查海域浮游植物的多样性指数高于春季，全海域平均值为 2.13。多样性指数低于 1 的测站数量减少，占总测站数的 11.9%；32.2% 测站的多样性指数介于 1~2 之间；43.2% 测站的多样性指数介于 2~3 之间；还有 12.7% 测站的多样性指数高于 3。

天津重点调查区的浮游植物多样性最高，为 2.99；其次是莱州湾和北戴河重点调查区，分别为 2.50 和 2.29；辽东湾和渤海基础调查区的多样性指数较低，分别为 1.94 和 1.80；黄河口重点调查区的多样性指数最低，为 1.58。天津重点调查区的浮游植物丰富度和均匀度都比较高，表明夏季该区域的浮游植物群落结构稳定。黄河口重点调查区的低生物多样性是由于夏季垂缘角毛藻和柔弱菱形藻在该海域大量繁殖的缘故。

7.3.1.3 秋季

秋季调查海域浮游植物的多样性是 4 个季节中最高的，全海域平均多样性指数为 3.26，有 76.3% 测站的多样性指数高于 3，11.0% 测站的多样性指数在 2~3 之间，只有少部分测站的多样性指数低于 2。

秋季调查海域浮游植物多样性呈现渤海中部高、近岸低的分布趋势。受黄海暖流影响最为明显的渤海中部和北戴河重点调查区的多样性指数最高，都在 3.60 以上；黄河口和天津重点调查区也拥有较高的生物多样性，分别为 3.49 和 3.45；辽东湾重点调查区的生物多样性最低，只有 1.48，这是由于秋季具槽直链藻在该海域大量出现造成的。

7.3.1.4 冬季

冬季调查海域的浮游植物多样性比秋季有所降低，但依然高于春季和夏季，全海域平均多样性指数为 2.18。只有少数测站的多样性指数低于 1，有 33.9% 测站的多样性指数介于 1~2 之间，56.2% 测站介于 2~3 之间，6.6% 测站的多样性指数高于 3。

冬季调查海域浮游植物多样性呈现西高东低、南高北低的分布趋势。黄河口重点调查区、天津重点调查区和莱州湾重点调查区拥有较高的多样性指数，分别为 2.66、2.53

和 2.39。渤海中部、辽东湾和北戴河重点调查区的多样性指数相对较低，分别为 1.93、1.83 和 1.83，这三个调查区域虽然种类丰富度较高，但由于具槽直链藻在该区域的高优势度造成了均匀度的降低，所以导致了多样性指数的降低。

7.3.2 季节变化

调查海域浮游植物的多样性指数以秋季最高，冬季次之，再次为夏季，春季最低。秋季受外海暖水的影响，调查海域的浮游植物种类丰富，因此拥有最高的多样性指数。夏季的多样性指数低于冬季，主要是由于夏季黄河口重点调查区的多样性指数偏低造成的，其他调查区块夏季的多样性指数都高于冬季。春季由于海域优势种的优势度较高，导致其生物多样性的降低。

各调查区域多样性指数的季节变化一般为秋季最高，夏季和冬季次之，春季最低（夏季黄河口重点调查区除外）。只有辽东湾重点调查区多样性指数的季节变化比较特殊，为夏季最高，冬季次之，再次为秋季，春季最低。这是因为秋季具槽直链藻在辽东湾内有极高的优势度，导致了辽东湾均匀度和多样性的降低。

7.4 优势种及其分布

春季航次调查海域浮游植物数量上占优势的种类包括：具槽直链藻、中肋骨条藻、诺氏海链藻（*Thalassiosira nordenskioldii*）、圆海链藻、布氏双尾藻、浮动弯角藻（*Eucampia zoodiacus*）和尖刺菱形藻（*Nitzschia pungens*）。上述种类的个体密度占浮游植物总密度的 89.6%。

夏季数量上占优势的种类包括：垂缘角毛藻、柔弱菱形藻、扁面角毛藻和假弯角毛藻（*Chaetoceros pseudocurvisetus*）。上述种类的个体密度占浮游植物总密度的 93.1%。

秋季数量上占优势的种类包括：具槽直链藻、卡氏角毛藻（*Chaetoceros castracanei*）、密连角毛藻（*Chaetoceros densus*）、劳氏角毛藻（*Chaetoceros lorenzianus*）、旋链角毛藻（*Chaetoceros curvisetus*）、中华盒形藻（*Biddulphia sinensis*）和布氏双尾藻。上述种类的个体密度占浮游植物总密度的 75.6%。

冬季数量上占优势的种类为：诺氏海链藻、旋链角毛藻、卡氏角毛藻、中肋骨条藻和具槽直链藻。上述种类的个体密度占浮游植物总个体密度的 85.8%。

7.4.1 具槽直链藻

该种为底栖硅藻，是广温性沿岸种类。由于水体的混合和扰动，该种可以被浮游生物网采集到。该种 4 个季节在调查海域都广泛分布，但只在春季数量较大，成为优势种，其他 3 个季节该种的数量都相对较低。春季具槽直链藻出现率达 81.4%，平均密度为 215.08×10^4 ind./m^3，占总浮游植物个体密度的 36.3%。春季具槽直链藻的高值区主要集中在渤海中部、辽东湾西部以及北戴河邻近海域（见附图 7.9），在渤海中部形成高于 $1\,000.00 \times 10^4$ ind./m^3 的高值区，最高密度位于渤海中部的 ZD – BDH058 站位，为 $2\,665.68 \times 10^4$ ind./m^3。莱州湾和渤海湾内是春季该种的低密度区。

7.4.2　中肋骨条藻

中肋骨条藻是春季浮游植物的优势种之一。该种为广温广盐性种类，在沿岸和中部海域都有分布。

春季该种在渤海中广泛分布，出现率高达80.5%，平均密度为157.58×10⁴ ind./m³，占浮游植物总密度的26.6%。春季中肋骨条藻的高值区主要集中在渤海中部海域（见附图7.10），在渤海中部偏南海域形成高于1 000.00×10⁴ ind./m³的高值区，最高密度出现在位于渤海东南部海域的JC‐BH041站，为8 127.60×10⁴ ind./m³。辽东湾和渤海湾是该种春季的密度低值区。

夏季中肋骨条藻的分布范围缩小，主要分布于黄河口、莱州湾和天津附近海域，出现率降低到33.9%，平均密度降低到60.51×10⁴ ind./m³，其总密度只占浮游植物总密度的1.3%。

秋季中肋骨条藻的分布范围进一步缩小，仅在少数站位出现，出现率仅为12.7%，其密度也只占浮游植物总密度的0.2%。

冬季，中肋骨条藻的分布范围反又扩大，在渤海全海域皆有分布，出现率达50.0%，平均密度虽然比其他3个季节都低，仅为8.49×10⁴ ind./m³，但该种密度占浮游植物总密度的百分比比夏、秋两季有所升高，为3.6%，故中肋骨条藻在冬季也是浮游植物中较占优势的种类之一。冬季该种的高密度区主要集中在莱州湾和渤海湾内，在莱州湾东南部沿岸形成高于100.00×10⁴ ind./m³的高值区。除莱州湾外，其他海域的密度均在10.00×10⁴ ind./m³以下。

7.4.3　布氏双尾藻

春、夏、秋、冬4个航次中，布氏双尾藻在渤海的分布都很广泛，其出现率皆达90%以上。该种春季和秋季的数量较高，春季密度高值区位于渤海中部海域，在渤海中部形成两个高于100.00×10⁴ ind./m³的高值区，并在渤海中部偏南海域形成一个高于500.00×10⁴ ind./m³的高值区（见附图7.11）；最高密度出现在渤海东南部的JC‐BH040站，为1 124.50×10⁴ ind./m³。秋季该种的密度高值区位于莱州湾内和北戴河附近海域（见附图7.12），在莱州湾口处和北戴河近岸分别形成密度高于100.00×10⁴ ind./m³和250.00×10⁴ ind./m³的高值区；最高密度出现在位于莱州湾内的ZD‐LZW143站，为1 380.00×10⁴ ind./m³。夏季和冬季调查海域布氏双尾藻的数量偏低，平均密度仅为0.75×10⁴ ind./m³和2.19×10⁴ ind./m³。

7.4.4　垂缘角毛藻

垂缘角毛藻在调查海域只在夏季出现，且主要分布于黄河口附近海域和莱州湾内（见附图7.13），其数量占浮游植物总数量的47.0%，可见夏季黄河口、莱州湾附近海域的高浮游植物密度主要是受该种类调控的。垂缘角毛藻在黄河口重点调查区的平均密度为12 294.06×10⁴ ind./m³，最高值出现在位于黄河口北部的ZD‐HHK114站，达216 332.31×10⁴ ind./m³。该种在莱州湾重点调查区的平均密度为51.11×10⁴ ind./m³，最高值出现在莱州湾西部的ZD‐LZW136站，为417.21×10⁴ ind./m³。垂缘角毛藻在黄河口及莱州湾以外海域仅在个别站偶尔出现，且密度很低。

7.4.5 柔弱菱形藻

柔弱菱形藻是夏季调查海域的主要优势种，主要分布于黄河口北部和渤海湾内（见附图 7.14）。夏季柔弱菱形藻的出现率只有 13.6%，但其密度很高，平均密度高达 1 671.89 × 10⁴ ind. /m³，占浮游植物总密度的 35.7%。该种夏季在黄河口重点调查区内大量出现，平均密度为 9 390.11 × 10⁴ ind. /m³；最高密度出现在位于黄河口北部的 ZD - HHK104 站，高达 187 500.00 × 10⁴ ind. /m³。

在其他三个季节中，柔弱菱形藻都不成为优势种：春季，柔弱菱形藻仅在位于莱州湾中的 1 个站位出现，密度仅为 0.13 × 10⁴ ind. /m³；秋季，柔弱菱形藻的分布范围比夏季有所扩大，其出现率为 44.1%，主要分布于渤海中部和北戴河附近海域，此外在黄河口、莱州湾、天津附近海域也有少量分布，但秋季该种的密度较低，平均密度只有 0.85 × 10⁴ ind. /m³，仅占浮游植物总密度的 0.3%，不成为优势种；冬季在调查海域未出现柔弱菱形藻。

7.4.6 旋链角毛藻

旋链角毛藻一年四季在渤海都有分布，分布范围也较为广泛，但主要在秋季和冬季成为浮游植物的优势种，春季和夏季该种的密度较低。

秋季旋链角毛藻的平均密度为 149.17 × 10⁴ ind. /m³，其密度占浮游植物总密度的 47.1%。高值区集中在莱州湾内（见附图 7.15），在莱州湾东南部沿岸形成密度高于 1 000.00 × 10⁴ ind. /m³ 的高值区。最高密度出现在位于莱州湾湾底的 ZD - LZW135 站，为 15 580.50 × 10⁴ ind. /m³。渤海中部是春季旋链角毛藻的低密度区，大部分海域该种的密度都低于 5.00 × 10⁴ ind. /m³。

冬季旋链角毛藻的平均密度为 33.55 × 10⁴ ind. /m³，其密度占浮游植物总密度的 14.0%，也是较占优势的种类。该种冬季集中分布于莱州湾内，其他海域仅有零星分布。该种在莱州湾重点调查区的平均密度为 234.07 × 10⁴ ind. /m³，在莱州湾东南部近岸有高于 1 000.00 × 10⁴ ind. /m³ 的高值区。最高密度出现在位于莱州湾东部的 ZD - LZW143 站，为 2 132.00 × 10⁴ ind. /m³。

7.4.7 中华盒形藻

中华盒形藻四个季节在调查海域都广泛分布，尤以秋季分布最为广泛，出现率高达 87.3%。秋季中华盒形藻的平均密度为 21.29 × 10⁴ ind. /m³，主要在莱州湾内形成密度高于 250.00 × 10⁴ ind. /m³ 的高值区（见附图 7.16），其他大部分海域的密度均在 5.00 × 10⁴ ind. /m³ 以下。春季、夏季和冬季中华盒形藻虽然也在调查海域内广泛分布，但数量较低，全海域平均密度分别为 0.05 × 10⁴ ind. /m³、0.94 × 10⁴ ind. /m³ 和 0.17 × 10⁴ ind. /m³。

7.4.8 诺登海链藻

诺氏海链藻是调查海域冬季浮游植物的优势种之一。该种冬季的密度占浮游植物总密度的 48.3%，集中分布于莱州湾内（见附图 7.17），在莱州湾重点调查区的平均密度为 906.83 × 10^4 ind./m^3，此外渤海中部也有少量分布。冬季诺氏海链藻的最高密度出现在位于莱州湾东南部的 ZD – LZW143 站，为 7 947.11 × 10^4 ind./m^3。

春季诺登海链藻在调查海域的分布也很广泛，出现率为 57.6%，其全海域平均密度为 12.73 × 10^4 ind./m^3，占浮游植物总密度的 2.2%，也是较占优势的种类。春季该种主要在莱州湾和黄河口附近形成密度高于 100.00 × 10^4 ind./m^3 的高值区，其他大部分海域的密度都低于 5.00 × 10^4 ind./m^3。

夏季和秋季，诺登海链藻在调查海域的数量很低，且只有零星分布。夏季只在 9 个站位出现，秋季只在 1 个站位出现。

7.5 群落结构

根据调查海域浮游植物种类组成来划分浮游植物群落。借助 SPSS（11.5）分析软件进行运算，使用 Hierarchical 命令，采用 Ward 离差平方和法得到聚类分析树状图（见附图 7.18 ~ 7.21）。

浮游植物的种类组成和数量受环境影响明显，所以渤海浮游植物群落的季节变化主要是种类演替过程。在 4 个季节的调查中，渤海浮游植物群落的界限处于不断的变动中，不同群落不同季节的主要组成种类也各不相同。

7.5.1 春季

春季调查海域的浮游植物群落可以划分为两个：即低盐群落和渤海基础群落（见附图 7.22a）。低盐群落主要分布在渤海海峡入口和莱州湾近中央水域，其主体与莱州湾中部盐度低于 30 的低盐区相吻合，典型种类包括中肋骨条藻、圆海链藻和具槽直链藻等。渤海基础群落占据渤海大部分海域，该群落最占优势的种类为具槽直链藻，此外中肋骨条藻、尖刺菱形藻和布氏双尾藻等也是较占优势的种类。

7.5.2 夏季

夏季调查海域浮游植物可分为近岸群落和渤海基础群落两个群落（见附图 7.22b）。近岸群落主要位于莱州湾至渤海湾一带盐度低于 30 的海域，其主要优势种类为半咸水种类垂缘角毛藻和柔弱菱形藻，其他占优势的种类还包括假弯角毛藻和扁面角毛藻等，呈现典型的河口近岸群落的特征。渤海基础群落包括了渤海中部和辽东湾海域，其优势种类为具槽直链藻、斯氏扁甲藻（*Pyrophacus horologicum v. steinii*）和三角角藻（*Ceratium tripos*）等，甲藻在这一群落中所占的数量比例较高，为 27.7%，体现了该群落夏季高温的特点。

7.5.3 秋季

秋季调查海域的浮游植物可以分为三个群落：西南部近岸群落，包括莱州湾至渤海湾一带近岸海域和秦皇岛近岸海域；渤海基础群落，位于渤海中部海域；辽东湾群落，位于辽东湾海域（见附图 7.22c）。西南部近岸群落的分布范围主要与渤海南岸盐度低于 30 的低盐区范围一致，其最主要的优势种为旋链角毛藻，布氏双尾藻、中华盒形藻和劳氏角毛藻也是该群落的主要种类。渤海基础群落中占优势的种类为布氏双尾藻、笔尖形根管藻（*Rhizosolenia styliformis*）、密连角毛藻和虹彩圆筛藻（*Coscinodiscus oculus - iridis*）等。辽东湾群落的主体位于辽东湾湾底盐度低于 30 的低盐区内，具槽直链藻、细弱海链藻（*Thalassiosira subtilis*）、圆筛藻（*Coscinodiscus* sp.）和辐射圆筛藻（*Coscinodiscus radiatus*）等为较占优势的种类。

7.5.4　冬季

冬季调查海域浮游植物分为三个群落：一是位于莱州湾东部的莱州湾群落；二是包括黄河口邻近海域和渤海湾海域的渤海西南部近岸群落；三是包括渤海中部和辽东湾海域的渤海基础群落（见附图 7.22d）。莱州湾群落与冬季渤海盐度低于 30 的低盐区的分布范围基本一致，其优势种为诺氏海链藻、旋链角毛藻和卡氏角毛藻等；渤海西南部近岸群落在冬季并不具有低盐的特征，其优势种包括圆筛藻、中肋骨条藻和具槽直链藻等；渤海北部群落的优势种包括具槽直链藻、卡氏角毛藻、诺氏海链藻和圆筛藻等。

7.6　黄河口、莱州湾群落特征

7.6.1　黄河口历年浮游植物群落特征比较

浮游植物的生长繁殖应受水温、盐度、营养盐浓度因素的影响。虽然 5 月份各次调查现场平均水温波动幅度较大（波动范围为 13.94 ~ 21.55℃），8 月份平均水温以及各航次现场盐度趋于平稳，营养盐浓度存在较大差异，但黄河口区浮游植物密度并未表现出与上述条件的密切相关性（见图 7.6 - 1）。

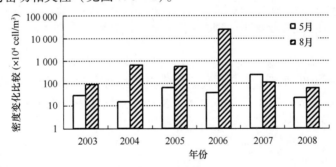

图 7.6 - 1　黄河口浮游植物密度历年变化比较

由历年资料比较看出，受河口区不稳定的环境因素影响，各航次黄河口附近海域浮游植物平均密度呈较大幅度波动，通常情况下夏季浮游植物密度明显高于春季。此次"908 专项"调查与以往黄河口调查区略有不同，而且 2006 年 8 月和 2007 年 5 月调查期间，分别出现了大量的垂缘角毛藻和中肋骨条藻，尤其是 2006 年 8 月垂缘角毛藻的细胞数量已接近赤潮密度，现场海水已呈黄绿色，由此导致浮游植物细胞数量出现异常现象。

浮游植物细胞密度与优势种的数量分布有关，通过对历次调查黄河口海域优势种类统计结果（表7.6-1）可以看出，当浮游植物细胞数量较高时，往往伴随着主要优势种的优势度较高，也就是说该海域的浮游植物数量组成，受一种或几种主要优势种类的细胞数量影响。受不稳定的环境条件影响，各次调查优势种类并不完全相同，5月份常见的优势种为夜光藻，8月份为中肋骨条藻。

表7.6-1 黄河口附近海域浮游植物优势种类特征值统计结果

调查时间		第1优势种		第2优势种		第3优势种		第4优势种		第5优势种	
		优势种名称	优势度	优势种名称	优势度	优势种名称	优势度	优势种名称	优势度	优势种名称	优势度
春季	2003年	圆海链藻	0.115	长菱形藻	0.073	中肋骨条藻	0.022				
	2004年	夜光藻	0.582	布氏双尾藻	0.027	具槽直链藻	0.020				
	2005年	斯氏根管藻	0.362	夜光藻	0.138	尖刺菱形藻	0.109				
	2006年	卡氏角毛藻	0.187	旋链角毛藻	0.166	具槽直链藻	0.084	布氏双尾藻	0.034	格氏圆筛藻	0.021
	2007年	中肋骨条藻	0.242	夜光藻	0.084						
	2008年	夜光藻	0.382	尖刺菱形藻	0.144	斯氏根管藻	0.025				
夏季	2003年	诺登海链藻	0.213	夜光藻	0.099	菱形海线藻	0.030	短孢角毛藻	0.029	长菱形藻	0.025
	2004年	中肋骨条藻	0.514	刚毛根管藻	0.040	奇异角毛藻	0.034	卡氏角毛藻	0.023		
	2005年	假弯角毛藻	0.442	劳氏角毛藻	0.033	中肋骨条藻	0.028	透明辐杆藻	0.027	垂缘角毛藻	0.021
	2006年	垂缘角毛藻	0.491	柔弱菱形藻	0.197						
	2007年	中肋骨条藻	0.430	菱形海线藻	0.076	细弱海链藻	0.069	劳氏角毛藻	0.030		
	2008年	菱形海线藻	0.189	中肋骨条藻	0.126	劳氏角毛藻	0.108	细弱海链藻	0.101	布氏双尾藻	0.086

注：以种类个体数量优势度大于0.02作为优势种划定标准。

7.6.2 莱州湾历年浮游植物群落特征比较

各航次莱州湾调查现场水温、盐度呈小幅度波动，营养盐浓度变化比较明显，其中，5月份磷酸盐浓度和8月份无机氮浓度的变化趋势，与浮游植物平均密度变化趋势（图7.6-2）基本相同。因8月份磷酸盐和5月份无机氮浓度未表现出相关性，因此尚不能断定浮游植物密度变化与营养盐呈正相关性。

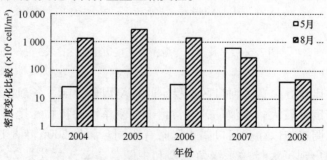

图7.6-2 莱州湾浮游植物密度历年变化比较

　　由历年资料比较看出，春季莱州湾浮游植物平均密度比较稳定，各航次间呈小范围波动，多数情况下春季浮游植物细胞数量低于夏季。由于此次"908专项"2007年5月调查期间，出现了大量的中肋骨条藻，导致浮游植物细胞数量大幅度提高，平均密度高于8月份。

　　通过对历次调查莱州湾海域优势种类统计结果（表7.6-2）可以看出，春季莱州湾浮游植物优势种类比较稳定，主要优势种为斯氏根管藻、夜光藻、中肋骨条藻三种，只是其优势度存在差异。夏季优势种差异比较明显，常见的优势种仅中肋骨条藻一种。

表7.6-2　莱州湾海域浮游植物优势种类特征值统计结果

调查时间		第1优势种		第2优势种		第3优势种		第4优势种		第5优势种	
		优势种名称	优势度	优势种名称	优势度	优势种名称	优势度	优势种名称	优势度	优势种名称	优势度
春季	2004年	中肋骨条藻	0.069	斯氏根管藻	0.274	夜光藻	0.040				
	2005年	斯氏根管藻	0.730	夜光藻	0.072	杂菱形藻	0.015	卡氏角毛藻	0.015		
	2006年	斯氏根管藻	0.091	中肋骨条藻	0.069	夜光藻	0.068	海洋卡盾藻	0.052	卡氏角毛藻	0.021
	2007年	中肋骨条藻	0.550								
	2008年	微小原甲藻	0.151	圆柱角毛藻	0.128	斯氏根管藻	0.127	夜光藻	0.073	长菱形藻	0.063
夏季	2004年	中肋骨条藻	0.194	圆海链藻	0.112	诺登海链藻	0.077	笔尖型根管藻	0.030	刚毛根管藻	0.024
	2005年	假弯角毛藻	0.534	扁面角毛藻	0.043	透明辐杆藻	0.045	垂缘角毛藻	0.032	中肋骨条藻	0.023
	2006年	丹麦细柱藻	0.221	假弯角毛藻	0.147	垂缘角毛藻	0.098	奇异角毛藻	0.045	中肋骨条藻	0.039
	2007年	脆根管藻	0.064	劳氏角毛藻	0.049	中肋骨条藻	0.037				
	2008年	劳氏角毛藻	0.160	菱形海线藻	0.105	中肋骨条藻	0.076	布氏双尾藻	0.057	细弱海链藻	0.020

注：以种类个体数量优势度大于0.02作为优势种划定标准。

8 大型浮游生物

浮游动物是一类运动能力微弱、只能随波逐流的、且自己不能制造有机物的异养性生物。它们是海洋中的次级生产力，对海洋中的物质循环和能量流动起着重要的调控作用。浮游动物数量大、分布广、种类组成复杂，包括了无脊椎动物的大部分门类，从原生动物到尾索动物几乎都有其代表。浮游动物中还包括一些阶段性浮游动物，如许多底栖动物的浮游幼虫以及鱼卵、仔稚鱼等。浮游动物是大多数渔业生物的饵料基础，在海洋食物链中占有重要一环，其生物量和生产力的大小通常影响着渔业资源的波动。另外，有些浮游动物，例如，毛虾和海蜇，本身就是可供食用的捕捞对象。同时，浮游动物随波逐流的特性决定了它与海洋环境的密切依存关系，许多种类可以作为海流、水团的指示种，浮游动物多样性还可以作为海洋气候变化的指标。因此，开展海洋浮游动物生态调查研究，对于了解海洋的生态现状和监测海洋环境变化以及研究和探讨渔业资源的变化规律具有重要意义。

8.1 种类组成

4 个航次共鉴定各类浮游动物 99 种（不含原生动物），其中水母类 24 属 36 种、软体动物 1 种、枝角类 1 种、桡足类 14 属 19 种、糠虾 4 属 7 种、涟虫 1 种、端足类 3 属 3 种、磷虾 1 种、十足类 3 属 4 种、毛颚动物 1 属 2 种、被囊类 3 属 5 种，另有浮游幼虫 19 种（详见附录 8 大型浮游生物大面观测种类名录）。水母类是调查海域浮游动物种类组成的第一大类群，其次是桡足类和浮游幼虫。调查海域各季节浮游动物的组成类群及所占比例见表 8.1 - 1。

表 8.1 - 1 调查海区大型浮游生物种类组成

门类	类群	春季		夏季		秋季		冬季	
		种类数	百分比（%）	种类数	百分比（%）	种类数	百分比（%）	种类数	百分比（%）
刺胞动物	水螅水母	5	17.2	27	32.1	15	28.3	2	6.9
	管水母	0	0.0	0	0.0	1	1.9	0	0.0
	钵水母	0	0.0	1	1.2	0	0.0	0	0.0
栉水母动物	栉水母	0	0.0	0	0	2	3.8	1	3.4
软体动物	帚毛虫	0	0.0	0	0	1	1.9	0	0.0

门类	类群	春季		夏季		秋季		冬季	
		种类数	百分比（%）	种类数	百分比（%）	种类数	百分比（%）	种类数	百分比（%）
节肢动物	枝角类	0	0.0	1	1.2	0	0.0	0	0.0
	桡足类	6	20.7	17	20.2	9	17.0	7	24.1
	涟虫类	1	3.4	1	1.2	1	1.9	1	3.4
	端足类	2	6.9	3	3.6	2	3.8	3	10.3
	糠虾类	4	13.8	6	7.1	3	5.7	5	17.2
	磷虾类	1	3.4	1	1.2	1	1.9	1	3.4
	十足类	2	6.9	3	3.6	1	1.9	3	10.3
毛颚动物	毛颚类	1	3.4	2	2.4	2	3.8	2	6.9
尾索肢动物	有尾类	1	3.4	3	3.6	1	1.9	0	0.0
	海樽类	0	0.0	0	0	2	3.8	0	0.0
浮游幼虫		6	20.7	19	22.6	12	22.6	4	13.8
合计		29		84		53		29	

　　调查海域4个季节浮游动物的组成类群比较相似，都是以暖温带近岸类群为主。4个季节浮游动物主要的组成类群皆为水母类、桡足类和浮游幼虫，但不同季节各类群所占的比例稍有不同：春季和冬季都以桡足类为最主要的组成类群，浮游幼虫次之，水母类所占的比例稍低；夏季和秋季都以水母类为最主要的组成类群，浮游幼虫和桡足类所占比例次之。夏季、秋季由于温度的适宜，其浮游动物种类数要明显多于春季和冬季。同时由于秋季受外海暖流影响比较明显，在调查海域也出现一些暖水性外海种类，如小齿海樽（*Doliolum denticulatum*）、软拟海樽（*Dolioletta gegenbauri*）等。

　　本次在调查海域所鉴定出的浮游动物主要可分为以下几个生态类型：

　　（1）广温低盐类群：渤海由于接纳黄河、辽河、海河及其他大小河流所注入的大量淡水，又相对较封闭，而呈现低盐特性，盐度一般为27～31。故广温低盐类群是渤海浮游动物最主要的组成类群，广泛分布于渤海各海域，尤其是近岸海域。调查海域所鉴定出的浮游动物大多属于这一类，代表种类包括强壮箭虫（*Sagitta crassa*）、腹针胸刺水蚤[①]（*Centropages abdominalis*）、真刺唇角水蚤（*Labidocera euchaeta*）、双毛纺锤水蚤（*Acartia bifilosa*）、刺糠虾（*Acanthomysis*），以及种类众多的水螅水母类和浮游幼虫。

　　（2）广温高盐类群：包括中华哲水蚤（*Calanus sinicus*）、太平洋磷虾（*Euphausia pacifica*）和细足脚虫戚（*Themisto gracilipes*）。

　　（3）高温高盐类群：这一类群主要在秋季外海暖流比较强盛的时候出现在渤海，包括小齿海樽和软拟海樽。

---

　　① 根据黄宗国主编的《中国海洋生物种类与分布（增订版）》，将墨氏胸刺水蚤（*Centropages mcmurrichi*）订正为腹针胸刺水蚤（*Centropages abdominalis*）。

8.2　个体密度

8.2.1　平面分布

8.2.1.1　春季

春季调查海域浮游动物的个体密度最高，平均为 460.3 ind./m³，密度变化范围为 5.7～10 666.8 ind./m³。最高值出现在位于莱州湾湾底的 ZD – LZW135 站，最低值出现在位于黄河口西北部的 ZD – HHK102 站。桡足类和箭虫是春季浮游动物数量上最主要的组成类群，其密度分别占总密度的 64.9% 和 25.1%，平均密度分别为 298.9 ind./m³ 和 115.0 ind./m³。

春季调查海域的浮游动物密度普遍较高，大部分海域的密度都在 100.0 ind./m³ 以上。莱州湾是浮游动物密度最高的区域，莱州湾大部分海域的密度都高于 500.0 ind./m³，在莱州湾湾底还形成密度高于 5 000.0 ind./m³ 的高值区。此外，北戴河邻近海域也形成高于 1 000.0 ind./m³ 的高密度区；渤海中部也有高于 500.0 ind./m³ 的次高值区；低于 10.0 ind./m³ 的低密度区分布在渤海湾内（见附图 8.1）。

从各调查区块来看，春季莱州湾重点调查区的浮游动物密度最高（1 032.5 ind./m³）；其次是北戴河重点调查区（796.1 ind./m³）；渤海基础调查区和辽东湾重点调查区密度稍低，分别为 263.1 ind./m³ 和 213.6 ind./m³；天津重点调查区和黄河口重点调查区密度最低，分别为 140.3 ind./m³ 和 122.1 ind./m³（表 8.2 – 1）。春季莱州湾内形成盐度低于 30 的相对低盐区，其浮游动物高密度区是由近岸低盐种强壮箭虫形成的；而北戴河重点调查区的高密度区是由腹针胸刺水蚤形成的。

表 8.2 – 1　春季各区域大型浮游生物群落特征指数统计

类　别	渤海基础调查区	辽东湾重点调查区	北戴河重点调查区	天津重点调查区	黄河口重点调查区	莱州湾重点调查区
出现种数	22	13	16	16	12	18
平均生物量（mg/m³）	216.2	170.7	437.7	144.9	141.0	1 150.6
平均密度（ind./m³）	263.1	213.6	796.1	140.3	122.1	1 032.5
多样性指数	1.52	1.50	1.09	1.56	1.37	1.32
均匀度	0.60	0.63	0.48	0.69	0.59	0.63
丰富度	0.78	0.61	0.48	0.81	0.66	0.51
优势种类	中华哲水蚤、墨氏胸刺水蚤、双刺纺锤水蚤、强壮箭虫	中华哲水蚤、墨氏胸刺水蚤、双刺纺锤水蚤、强壮箭虫	中华哲水蚤、墨氏胸刺水蚤、强壮箭虫	中华哲水蚤、墨氏胸刺水蚤、双刺纺锤水蚤、强壮箭虫	中华哲水蚤、墨氏胸刺水蚤、双刺纺锤水蚤、强壮箭虫	中华哲水蚤、双刺纺锤水蚤、强壮箭虫

8.2.1.2　夏季

夏季调查海域浮游动物的个体密度略低于春季，平均为 410.6 ind./m³，密度变化范围为 35.0～3 140.0 ind./m³。最高值出现在位于莱州湾西岸的 ZD-LZW134 站；最低值出现在位于黄河口西北部的 ZD-HHK100 站。桡足类、箭虫和浮游幼虫是夏季浮游动物数量上的主要组成类群，所占比例分别为 49.0%、27.8% 和 20.1%，平均密度分别为 201.3 ind./m³、114.0 ind./m³ 和 82.4 ind./m³。

夏季调查海域的浮游动物密度也普遍较高，且分布相对均匀，大部分海域的密度都在 250.0 ind./m³ 以上。夏季浮游动物密度高值区的中心比春季略向外海偏移，在调查海域总体呈现东高西低的分布趋势。在渤海海峡处、辽东湾内以及莱州湾西岸都形成高于 1 000.0 ind./m³ 的高密度区（见附图 8.2）。

夏季辽东湾重点调查区的浮游动物密度最高（580.9 ind./m³），其高密度主要是由帚虫类辐轮幼虫和中华哲水蚤形成的；其次是莱州湾重点调查区（490.8 ind./m³）、北戴河重点调查区（483.4 ind./m³）和渤海基础调查区（475.8 ind./m³）；天津重点调查区和黄河口重点调查区密度最低，分别为 254.6 ind./m³ 和 173.7 ind./m³（表 8.2-2）。

表 8.2-2　夏季各区域大型浮游生物群落特征指数统计

类　别	渤海基础调查区	辽东湾重点调查区	北戴河重点调查区	天津重点调查区	黄河口重点调查区	莱州湾重点调查区
出现种数	59	31	35	47	38	43
平均生物量（mg/m³）	393.1	481.4	389.1	336.2	214.1	319.5
平均密度（ind./m³）	475.8	580.9	483.4	254.6	173.7	490.8
多样性指数	1.35	1.45	1.36	2.16	1.88	1.82
均匀度	0.41	0.47	0.43	0.59	0.56	0.53
丰富度	1.09	0.89	0.93	1.56	1.41	1.29
优势种类	中华哲水蚤、强壮箭虫、长尾类幼体	中华哲水蚤、强壮箭虫、辐轮幼虫、长尾类幼体、短尾类蚤状幼虫	中华哲水蚤、强壮箭虫、海蛇尾长腕幼虫	中华哲水蚤、强壮箭虫、短尾类蚤状幼体	中华哲水蚤、强壮箭虫、长尾类幼体、短尾类蚤状幼虫	太平洋纺锤水蚤、强壮箭虫、腹足类幼体、长尾类幼体、短尾类蚤状幼体

8.2.1.3　秋季

与春、夏两季相比，秋季调查海域浮游动物的个体密度明显降低，平均为 131.0 ind./m³，变化范围为 2.5～1 380.0 ind./m³。密度最高的站是位于莱州湾湾底的 ZD-LZW135 站；密度最低的站是位于渤海中北部的 JC-BH009 站。秋季浮游动物数量上的主要组成类群是箭虫、桡足类和浮游幼虫，所占比例分别达到 39.3%、36.5% 和 15.2%，其平均密度分别为 47.8 ind. /m³、51.4 ind. /m³ 和 19.9 ind. /m³。

秋季浮游动物的个体密度比春夏两季大幅度降低，大部分海域的密度低于 250.0 ind. /m³，仅在渤海海峡处呈带状分布着高于 500.0 ind. /m³ 的高值区；另外在渤海海峡附近和渤海中部小部分海域还有两个密度高于 250.0 ind. /m³ 的相对高值区。浮游动物密度总体上呈现渤海东高西低、南高北低的分布趋势（见附图 8.3）。

秋季浮游动物在各区块之间的数量分布相对均匀，以莱州湾重点调查区的密度为最高（217.7 ind. /m³），其次是渤海基础调查区（143.5 ind. /m³）、黄河口重点调查区（132.3 ind. /m³）和北戴河重点调查区（102.4 ind. /m³），天津调查区和辽东湾重点调查区密度最低，分别为 81.2 ind. /m³ 和 56.8 ind. /m³（表 8.2 - 3）。秋季浮游动物的数量比较低，莱州湾重点调查区内数量较多的小拟哲水蚤（*Paracalanus parvus*）是形成该高密度区的主要种类。

表 8.2 - 3　秋季各区域大型浮游生物群落特征指数统计

类　别	渤海基础调查区	辽东湾重点调查区	北戴河重点调查区	天津重点调查区	黄河口重点调查区	莱州湾重点调查区
出现种数	41	26	26	27	21	19
平均生物量（mg/m³）	125.6	62.9	82.1	79.4	127.4	245.3
平均密度（ind. /m³）	143.5	56.8	102.4	81.2	132.3	217.7
多样性指数	1.45	1.20	1.49	1.47	1.74	1.52
均匀度	0.49	0.44	0.52	0.51	0.64	0.62
丰富度	1.15	1.04	1.05	1.14	0.91	0.75
优势种类	中华哲水蚤、强壮箭虫、双壳类幼虫	中华哲水蚤、真刺唇角水蚤、强壮箭虫	中华哲水蚤、小拟哲水蚤、强壮箭虫、多毛类幼体、双壳类幼虫	中华哲水蚤、小拟哲水蚤、真刺唇角水蚤、强壮箭虫	中华哲水蚤、小拟哲水蚤、真刺唇角水蚤、强壮箭虫、双壳类幼虫	小拟哲水蚤、双刺纺锤水蚤、强壮箭虫、异体住囊虫、双壳类幼虫

8.2.1.4　冬季

调查海域浮游动物的个体密度在冬季降至最低，全海域平均只有 50.3 ind. /m³，变化范围为 1.0 ~ 439.1 ind. /m³。最高密度出现在位于滦河口附近的 ZD - BDH075 站；最低密度出现在位于黄河口北部的 ZD - HHK117 站。冬季浮游动物数量上的主要组成类群是桡足类和箭虫，所占比例分别达到 57.0% 和 37.2%，平均密度分别为 29.0 ind. /m³ 和 18.9 ind. /m³。

冬季调查海域浮游动物密度的平面分布较均匀，没有明显的高值区，只在渤海中部有高于 250. 0 ind. /m³ 的相对高值区，其余大部分海域的密度都低于 50. 0 ind. /m³，在莱州湾西部还有一处密度低于 10. 0 ind. /m³ 的低值区（见附图 8.4）。

　　冬季各调查区块间的浮游动物密度分布均匀，辽东湾、北戴河重点调查区和渤海基础调查区的浮游动物密度相对最高，分别为 69. 9 ind. /m³、67. 4 ind. /m³ 和 57. 9 ind. /m³；莱州湾重点调查区和天津重点调查区次之，分别为 45. 7 ind. /m³ 和 41. 2 ind. /m³；黄河口重点调查区由于冬季黄河结冰断流，故密度最低，仅为 21. 9 ind. /m³（表 8.2 – 4）。中华哲水蚤的数量决定了各区块浮游动物密度的高低。

表 8.2 – 4　冬季各区域大型浮游生物群落特征指数统计

类　别	渤海基础调查区	辽东湾重点调查区	北戴河重点调查区	天津重点调查区	黄河口重点调查区	莱州湾重点调查区
出现种数	18	13	19	11	13	13
平均生物量（mg/m³）	147. 1	104. 4	70. 8	53. 1	69. 8	108. 3
平均密度（ind. /m³）	57. 9	69. 9	67. 4	41. 2	21. 9	45. 7
多样性指数	1. 16	1. 03	1. 36	1. 39	1. 13	1. 32
均匀度	0. 50	0. 56	0. 60	0. 70	0. 70	0. 66
丰富度	0. 83	0. 50	0. 71	0. 64	0. 54	0. 69
优势种类	中华哲水蚤、强壮箭虫	中华哲水蚤、真刺唇角水蚤、强壮箭虫	中华哲水蚤、真刺唇角水蚤、太平洋纺锤水蚤、强壮箭虫	中华哲水蚤、真刺唇角水蚤、双毛纺锤水蚤、强壮箭虫	中华哲水蚤、真刺唇角水蚤、强壮箭虫	中华哲水蚤、小拟哲水蚤、真刺唇角水蚤、双毛纺锤水蚤、强壮箭虫

8.2.2　季节变化

　　整个调查海域的浮游动物密度春季最高，夏季次之，秋季明显降低，冬季降至最低。各调查区块浮游动物密度的季节变化趋势与全海域不完全相同。

8.2.2.1　渤海基础调查区

　　该区块夏季的浮游动物密度最高，其次是春季，冬季密度最低。4 个季节对该区块浮游动物密度作出主要贡献的种类不同：春季水温开始升高时，本地种腹针胸刺水蚤首先大量繁殖（平均密度为 187. 4 ind. /m³），同时中华哲水蚤的数量也较高（平均密度 60. 3 ind. /m³），共同形成春季的小高峰；夏季，中华哲水蚤的数量进一步增大（平均密度 277. 7 ind. /m³），形成该区域全年的最高峰；秋季和冬季，随着水温的降低，浮游动物的数量也随之降低。

8.2.2.2 辽东湾重点调查区

该区块的浮游动物密度夏季最高，春季次之，冬季较低，秋季最低，是唯一一个冬季密度高于秋季的调查区域。该区块夏季浮游动物密度的最高峰是由帚虫类辐轮幼虫（Actinotrocha larva）（平均密度 231.9 ind./m³）和中华哲水蚤（平均密度 201.7 ind./m³）共同形成的；春季的次高峰是由腹针胸刺水蚤（平均密度 126.6 ind./m³）形成的。秋季和冬季其浮游动物密度高低主要受中华哲水蚤数量的调控，秋季该区域中华哲水蚤的数量较低，平均密度只有 6.0 ind./m³，而冬季中华哲水蚤的平均密度升高至 45.2 ind./m³，导致该区块冬季的密度反而高于秋季。

8.2.2.3 北戴河重点调查区

该区块浮游动物密度的季节变化与全海域的变化趋势相同。春季由于近岸种类腹针胸刺水蚤的大量繁殖（平均密度为 579.3 ind./m³），形成全年的最高峰；夏季的次高峰由中华哲水蚤（平均密度为 292.4 ind./m³）形成；秋季和冬季，随着中华哲水蚤和强壮箭虫数量的降低，浮游动物的总密度也降低。

8.2.2.4 天津重点调查区

该区块浮游动物密度夏季最高，春季和秋季次之，冬季最低。四个季节的密度相差不大，夏季最高密度约为冬季最低密度的 6.2 倍。强壮箭虫（平均密度为 87.2 ind./m³）和短尾类蚤状幼虫（Brachyura zoea larva）（平均密度为 79.0 ind./m³）形成该区域夏季的高峰；腹针胸刺水蚤（平均密度为 102.6 ind./m³）形成春季的次高峰；秋季强壮箭虫数量较大（平均密度为 35.9 ind./m³）；冬季双毛纺锤水蚤数量相对较高（平均密度为 15.1 ind./m³）。上述种类皆属于近岸低盐种类。

8.2.2.5 黄河口重点调查区

该区块的浮游动物密度是整个调查海域中最低的，可能与黄河冲淡水造成的低盐度、高浑浊度有关。该区块浮游动物密度的季节变化规律与天津重点调查区相同，都是夏季最高，冬季最低。其密度的季节变化主要受中华哲水蚤和强壮箭虫数量的影响。

8.2.2.6 莱州湾重点调查区

该区块是浮游动物的高密度区，其季节变化与全海域密度的季节变化规律相同。春季强壮箭虫在莱州湾湾底的低盐区域大量繁殖（平均密度为 557.3 ind./m³），形成了浮游动物密度的最高峰；夏季强壮箭虫依然是该区域数量最多的种（平均密度为 170.7 ind./m³），另外太平洋纺锤水蚤（Acartia pacifica）在该区域的数量也很高（平均密度为 118.6 ind./m³），二者共同形成夏季的次高峰；秋季小拟哲水蚤的数量（平均密度为 57.4 ind./m³）影响着该区域的密度；冬季以强壮箭虫（平均密度为 19.1 ind./m³）和双毛纺锤水蚤（平均密度为 6.1 ind./m³）为该区域数量最多的种类。

8.3   生物量[①]

浮游动物生物量的平面分布趋势同个体密度的平面分布趋势大体一致，一定程度上取决于优势种的密度分布。另外，生物个体的大小对生物量的分布也有很大影响。

8.3.1   平面分布

8.3.1.1   春季

春季调查海域浮游动物平均生物量最高，为 399.8 mg/m³，变化范围为 11.5 ~ 9 500.0 mg/m³。最高值出现在位于莱州湾湾底的 ZD – LZW135 站，是由大量的强壮箭虫形成的；最低值出现在位于黄河河道内的 ZD – HHK123 站。春季调查海域浮游动物生物量分布极不均匀，变化剧烈，莱州湾是浮游动物的高生物量区，在莱州湾南岸形成高于 5 000.0 mg/m³ 的高值区。此外，在渤海中部、北戴河邻近海域和金州湾附近也形成高于 500.0 mg/m³ 的次高值区。渤海湾的生物量相对较低，湾内大部分区域的生物量低于 100.0 mg/m³（见附图 8.5）。春季各调查区块之间生物量的变化同密度的变化一致，以莱州湾重点调查区最高，黄河口重点调查区最低（见表 8.2 – 1）。

8.3.1.2   夏季

调查海域浮游动物夏季的生物量比春季略有降低，平均值为 351.4 mg/m³，变化范围为 11.7 ~ 2 542.8 mg/m³。最高生物量出现在位于京唐港附近的 ZD – TJ078 站，主要是由高密度的短尾类蚤状幼虫形成的；最低值出现在位于莱州湾湾底的 ZD – LZW142 站。夏季浮游动物生物量呈现高值区和低值区相互镶嵌的斑块状分布。在渤海海峡处、渤海中北部海域、曹妃甸附近海域以及黄河口北部海域都形成高于 500.0 mg/m³ 的高值区，渤海湾和莱州湾内小部分海域的生物量低于 100.0 mg/m³（见附图 8.6）。夏季各调查区块之间生物量的变化同密度的变化一致，以辽东湾重点调查区最高，黄河口重点调查区最低（见表 8.2 – 2）。

8.3.1.3   秋季

秋季调查海域浮游动物生物量继续降低，平均为 127.3 mg/m³，变化范围为 11.2 ~ 1 900.0 mg/m³。生物量最高的站是位于莱州湾湾底的 ZD – LZW141 站，主要由强壮箭虫形成；生物量最低的站是位于黄河河道内的 ZD – HHK122 站。秋季调查海域内浮游动物生物量大致呈现东高西低、南高北低的分布趋势。渤海东部和南部海域的生物量基本在 100.0 mg/m³ 以上，在渤海海峡处和莱州湾西岸形成高于 250.0 mg/m³ 的高值区；渤海西部和北部海域的生物量基本在 100.0 mg/m³ 以下（见附图 8.7）。秋季各调查区块之间生物量的变化同密度的变化一致，以莱州湾重点调查区最高，辽东湾重点调查区最低（见表 8.2 – 3）。

---

① 本章所指浮游动物生物量为去除了水母、海樽等胶体生物的饵料生物量。

8.3.1.4　冬季

冬季调查海域浮游动物生物量降至最低，平均仅为 96.7 mg/m^3，变化范围为 1.1 ~ 925.1 mg/m^3。最高生物量出现在位于渤海中部的 JC - BH027 站，是由于该站个体较大的鳌虾（*Leptochela* sp.）数量相对较多形成的；最低密度出现在位于黄河口西北部的 ZD - HHK105 站。冬季调查海域内浮游动物生物量分布较均匀，只在渤海中部和渤海海峡处有高于 500.0 mg/m^3 的高值区，其余大部分海域的生物量低于 100.0 mg/m^3（见附图 8.8）。

冬季各调查区块间生物量的变化同密度变化略有不同。渤海基础调查区的生物量最高，为 147.1 mg/m^3；其次是莱州湾和辽东湾重点调查区，分别为 108.3 mg/m^3 和 104.4 mg/m^3；北戴河和黄河口重点调查区的生物量稍低，分别为 70.8 mg/m^3 和 69.8 mg/m^3；天津重点调查区的生物量最低，为 53.1 mg/m^3（见表 8.2 - 4）。冬季由于各调查区块间的浮游动物密度相差不大，故总密度变化对各区块间生物量变化的影响不大。各调查区块浮游动物生物量的高低主要取决于中华哲水蚤和强壮箭虫在该调查区中数量的多少。

8.3.2　季节变化

整个调查海域浮游动物生物量的季节变化趋势与其个体密度的季节变化趋势基本一致，都以春季为最高，夏季次之，秋季降低，冬季降至最低。强壮箭虫和中华哲水蚤是调查海域浮游动物生物量的最主要贡献者，其密度的季节变动影响着渤海生物量的季节变化。

各调查区块浮游动物生物量的季节变化趋势同其密度变化也是基本一致的，只有渤海基础调查区稍有不同。渤海基础调查区冬季鳌虾和真刺唇角水蚤的数量明显多于秋季，受这些个体较大种类的影响，虽然该区块冬季浮游动物的密度低于秋季，但其冬季的生物量反而高于秋季。

8.3.3　与历史资料的比较

在 1959 年的全国海洋调查中，渤海的高生物量区是由中华哲水蚤、强壮箭虫、真刺唇角水蚤等形成的，在 9 月份时刺尾歪水蚤（*Tortanus spinicaudatus*）、中国毛虾（*Acetes chinensis*）和糠虾（*Mysidacea*）也形成生物量的高值区。而在本次调查中，渤海的高生物量区主要是由强壮箭虫和中华哲水蚤形成的，毛虾、糠虾的数量都很少，且只在个别站位零星出现。

毛虾是渤海的重要渔业资源之一，同时其数量变动还直接影响着小黄鱼（*Pseudosciaena polyactis*）、带鱼等经济鱼类的数量分布。20 世纪 50 年代，沿岸湿地环境和河流径流带来的有机碎屑为毛虾的大量繁殖提供了有利条件；目前随着人工岸线的增加，湿地环境遭到严重破坏，入海径流量的减少导致低盐区面积减少，这些都导致了毛虾数量的锐减，也进一步导致了小黄鱼等渔业资源的衰退。

8.4　生物多样性

浮游动物群落多样性是反映生物群落结构特点的重要指标，若样品的多样性指数值高、均匀度大、丰度值高，则表明该生物群落结构良好。根据各站的浮游动物种类组成及密度分布，计算了样品的多样性指数（H'）、均匀度（J）、丰度（d）等，结果见表8.2-1~表8.2-4，多样性指数平面分布见附图8.9~附图8.12。

8.4.1　平面分布

8.4.1.1　春季

调查海域浮游动物的平均多样性指数为1.38，21.5%测站的多样性指数低于1，71.1%测站的多样性指数介于1~2之间，只有7.4%测站的多样性指数高于2。浮游动物的多样性分布呈现近岸低、渤海中部高的趋势。

相比较而言，天津重点调查区、渤海基础调查区和辽东湾重点调查区的生物多样性较高，分别为1.56、1.52和1.50；黄河口重点调查区和莱州湾重点调查区的生物多样性较低，分别为1.37和1.32；北戴河重点调查区的生物多样性最低，为1.09。北戴河调查海域的浮游动物多样性偏低是由于该区域腹针胸刺水蚤数量多、优势度过高造成的。

8.4.1.2　夏季

夏季调查海域浮游动物的种类数最多，调查海域浮游动物的平均多样性指数为1.63，是4个季节中最高的。夏季有15.7%测站的多样性指数低于1，61.7%测站的多样性指数介于1~2之间，22.6%测站的多样性指数高于2。夏季浮游动物多样性的平面分布与春季相反，呈现南部近岸高、渤海中部低的趋势。

天津重点调查区的浮游动物多样性指数最高，平均为2.16；其次是黄河口重点调查区和莱州湾重点调查区，其平均值分别为1.88和1.82。渤海基础调查区的浮游动物多样性反而成为整个调查海域最低的，平均只有1.35。虽然渤海中部浮游动物的种类数和丰富度都是最高的，但由于夏季渤海中部的中华哲水蚤数量大大增加，导致均匀度降低，从而导致其多样性的降低。

8.4.1.3　秋季

调查海域浮游动物的平均多样性指数为1.50，比夏季略有降低，有17.4%测站的多样性指数低于1，68.6%测站的多样性指数介于1~2之间，14.0%测站的多样性指数高于2。各调查区块间多样性指数的分布比较均匀，总体仍呈现南部近岸高、渤海中部和北部近岸低的分布趋势。

相比较而言，黄河口重点调查区的生物多样性最高，平均为1.74；莱州湾、北戴河、天津重点调查区和渤海基础调查区的多样性指数稍低，分别为1.52、1.49、1.47和1.45；辽东湾重点调查区的生物多样性最低，平均为1.20。强壮箭虫过高的优势度是造成辽东湾重点调查区低生物多样性的主要原因。

8.4.1.4　冬季

调查海域浮游动物的平均多样性指数为1.23，是四个季节中最低的，有21.0%测站的多样性指数低于1，79.0%测站的多样性指数介于1~2之间。浮游动物的多样性分布趋势同春季一致，大致呈现近岸低、渤海中部高的趋势。

各调查区块间多样性指数的值相差不大，天津重点调查区的多样性指数最高，为1.39；其次为北戴河和莱州湾重点调查区，分别为1.36和1.32；渤海基础调查区、黄河口重点调查区和辽东湾重点调查区的多样性相对最低，分别为1.16、1.13和1.03。冬季水温降低、河口沿岸等部分海域结冰，导致浮游动物种类减少，是冬季多样性指数降低的主要原因。

8.4.2　季节变化

调查海域夏季的浮游动物多样性指数最高，秋季次之，春季低于秋季，冬季最低。夏季和秋季由于水温较高，适宜生物生长，同时受外海水影响比较显著，故浮游动物的种类比较丰富，拥有较高的生物多样性。春季浮游动物虽然拥有较高的数量，但种类相对较少，单种的优势度过高，导致生物多样性降低。冬季由于环境恶劣，浮游动物无论是种类还是数量都降至最低，其生物多样性也随之降低。

从各调查区块来看，北戴河重点调查区、天津重点调查区、黄河口重点调查区和莱州湾重点调查区浮游动物多样性指数的季节变化规律与全海域的变化规律相似，都是夏、秋季多样性指数高，春、冬季多样性指数低。渤海基础调查区和辽东湾重点调查区则是春季的多样性指数最高；冬季的多样性指数最低；夏、秋季虽然种类丰富度高，但少数种类的优势度过高导致其均匀度降低，结果导致其多样性指数反而低于春季。

8.5　优势种类的数量分布与季节变化

浮游动物的优势种根据每个种的优势度值（Y）来确定：

$$Y = \frac{n_i}{N} \times f_i$$

式中，n_i 为第 i 种的个体数；N 为所有种类总个体数；f_i 为出现频率；Y 值大于0.02的种类视为优势种。

春季渤海浮游动物占优势的种类包括中华哲水蚤、腹针胸刺水蚤、双毛纺锤水蚤、强壮箭虫和长尾类幼虫（Macrura larva）；夏季占优势的种类包括中华哲水蚤、强壮箭虫和长尾类幼虫；秋季占优势的种类包括球型侧腕水母（Pleurobrachia globosa）、中华哲水蚤、小拟哲水蚤、真刺唇角水蚤、强壮箭虫和双壳类幼体（Bivalvia larva）；冬季占优势的种类包括中华哲水蚤、真刺唇角水蚤、双毛纺锤水蚤和强壮箭虫。其中，中华哲水蚤和强壮箭虫在4个季节都是渤海的优势种，并且都拥有较高的优势度。各季节的浮游动物优势种类及其数量所占的比例详见表8.5－1。

表8.5－1　调查海区大型浮游生物优势种类及其各季节所占数量百分比

优势种		数量百分比（%）			
		春季	夏季	秋季	冬季
球型侧腕水母	Pleurobrachia globosa Moser	—	—	5.5	—
中华哲水蚤	Calanus sinicus Brodsky	17.3	39.3	13.1	39.3

优势种		数量百分比（%）			
		春季	夏季	秋季	冬季
小拟哲水蚤	*Paracalanus parvus*（*Claus*）	0.1	0.7	**12.5**	6.0
腹针胸刺水蚤	*Centropages abdominalis Sato*	**38.9**	<0.1	—	—
真刺唇角水蚤	*Labidocera euchacta Giesbrecht*	0.4	0.7	**2.7**	**4.2**
双毛纺锤水蚤	*Acartia bifilosa Giesbrecht*	**7.6**	0.3	**7.7**	**7.1**
强壮箭虫	*Sagitta crassa Tokioka*	**25.0**	**27.7**	**39.0**	**37.0**
双壳类幼体	*Bivalvia larva*	0.1	0.1	**13.4**	4.2
长尾类幼虫	*Macrura larva*	**4.2**	**3.5**	0.1	<0.1

注：粗体字表示该种在该季节为优势种；一表示该种未出现。

8.5.1 球型侧腕水母

球型侧腕水母在调查海域仅在秋季出现，其平均密度为 7.1 ind./m³，分布广泛，在各调查区块均有出现，出现率达 71.2%。球型侧腕水母在调查海域内呈斑块性分布（见附图 8.13），在莱州湾南部沿岸形成一个 100.0 ind./m³ 左右的高值区；另外在莱州湾东部沿岸、黄河口以北海域有两个高于 25.0 ind./m³ 的相对高值区；其他海域的数量相对较低。其高值区主要分布于沿岸海域，渤海中部数量较低。

1959 年的全国海洋普查中，球型侧腕水母在渤海没有分布，最北只分布到 35.5°。在 1982 年、1984 年和 1992 年的历次调查中，渤海也均没有该种的记录。1997 年的渤海生态系统动力学与生物资源持续利用调查首次在渤海记录到该种，但数量较低。本次调查中，球型侧腕水母秋季在渤海广泛分布且数量较高，是秋季的优势种之一。该种可能在秋季随黄海暖流进入渤海，并在莱州湾近岸和黄河口附近海域大量繁殖。球型侧腕水母近年来在渤海的数量明显增加，可能与渤海水温升高、近岸富营养化加重等环境变化有关。

8.5.2 中华哲水蚤

中华哲水蚤是渤海浮游动物最主要的优势种之一，4 个季节在渤海都广泛分布，出现率皆在 80.0% 以上。春季，中华哲水蚤平均密度为 79.7 ind./m³，最高站为位于莱州湾底的 ZD – LZW135 站，为 1 066.7 ind./m³。在莱州湾西南部近岸形成密度高于 500.0 ind./m³ 的高值区；此外在北戴河邻近海域也形成密度高于 250.0 ind./m³ 的次高值区。渤海中部大部分海域中华哲水蚤的密度在 100 ind./m³ 以下，渤海湾内该种的密度最低，大部分区域在 10 ind./m³ 以下（见附图 8.14）。

夏季，中华哲水蚤平均密度为 161.2 ind./m³，高于春季的数量。高值区位于渤海中部，在渤海中部偏北海域形成密度高于 500.0 ind./m³ 的高值区，最高密度出现在位于该处的 ZD – BDH056 站和 JC – BH008 站，分别为 1 152.0 ind./m³ 和 1 000.0 ind./m³。此外在北戴河和黄河口邻近海域也形成密度高于 250.0 ind./m³ 的次高值区。渤海湾内该种的数量稍低，莱州湾内该种的数量最低，平均密度低于 10.0 ind./m³（见附图 8.15）。

秋季，中华哲水蚤数量进一步降低，平均密度为 17.2 ind./m³，最高密度出现在位于渤海中部的 JC-BH034 站，为 192.0 ind./m³。秋季中华哲水蚤的平面分布比较均匀，渤海中部该种的密度相对较高，中部以东的大部分海域密度都高于 25.0 ind./m³，在渤海海峡处还形成高于 100.0 ind./m³ 的小范围高值区。北戴河邻近海域的密度稍低于渤海中部，辽东湾、渤海湾和莱州湾该种的密度最低，大部分都在 10.0 ind./m³ 以下（见附图 8.16）。

冬季，中华哲水蚤的数量依旧较低，平均密度为 20.0 ind./m³，最高密度出现在位于辽东湾湾口处的 JC-BH006 站和 ZD-LDW035 站，分别为 124.1 ind./m³ 和 123.1 ind./m³。高值区位于辽东湾湾口处，在辽东湾东南部海域形成几个密度高于 100.0 ind./m³ 的高值区；低值区位于莱州湾内，平均密度低于 5.0 ind./m³；其他海域的分布相对均匀（见附图 8.17）。

8.5.3 小拟哲水蚤

小拟哲水蚤春季在调查海域少见，仅在 3 个站位出现，且密度都低于 20.0 ind./m³。

夏季小拟哲水蚤的分布范围扩大至整个渤海，出现率为 33.0%，但数量仍较低，平均密度只有 2.7 ind./m³。其密度的平面分布较均匀，仅渤海中部稍高于其他区域。另外，在莱州湾底的 ZD-LZW141 站出现 140.0 ind./m³ 的最高值。

秋季小拟哲水蚤的分布范围比夏季进一步扩大，出现率为 50.0%，数量也有所升高，平均密度为 16.4 ind./m³。秋季该种的高值区主要分布在莱州湾内，在莱州湾西南部近岸形成密度高于 100.0 ind./m³ 的高值区。另外，在塘沽附近海域也有一小块密度高于 100.0 ind./m³ 的高值区。渤海中部和黄河口邻近海域的密度稍低；辽东湾内的密度最低，小于 1.0 ind./m³（见附图 8.18）。

冬季小拟哲水蚤的数量和分布范围缩小。除在京唐港附近的 ZD-BDH073 站出现 306.8 ind./m³ 的高值外，仅在莱州湾内的个别站位有少量分布。

8.5.4 腹针胸刺水蚤

腹针胸刺水蚤是近岸低盐性种类，春季该种的平面分布大致呈现渤海中部高、近岸低的趋势。渤海中部为高于 500.0 ind./m³ 的高值区，此外在秦皇岛邻近海域还有一个高于 1 000.0 ind./m³ 的高值区。渤海三大湾中该种的密度基本在 50.0 ind./m³ 以下（见附图 8.19）。腹针胸刺水蚤是春季浮游动物中数量最多的一个种，其平均密度为 179.0 ind./m³，分布也十分广泛，出现率达 75.4%。夏季该种的数量急剧下降，分布范围也大大缩小，仅在渤海中部的两个站位零星出现，密度分别为 3.8 ind./m³ 和 1.1 ind./m³。秋季和冬季该种未出现在调查海域。该种的季节变化趋势与 1959 年全国海洋调查的结果是一致的。

8.5.5 真刺唇角水蚤

真刺唇角水蚤的数量不高，但分布广泛，4 个季节在渤海的各调查区块都有分布。春季该种数量较低，主要分布于黄河口、辽东湾和莱州湾内，平均密度只有 1.7 ind./m³，仅在莱州湾底出现一小块密度高于 50.0 ind./m³ 的相对高值区。夏季，真刺唇角水蚤的分布范围稍有扩大，出现率为 46.1%，平均密度为 2.8 ind./m³，大部分海域该种的密度都在 10.0 ind./m³ 以下，仅在渤海湾北部海域出现高于 20.0 ind./m³ 的相对高值区。秋季，真刺唇角水蚤的出现率达 61.0%，平均密度为 3.5 ind./m³，在黄河口北部海域形成密度大于 10.0 ind./m³ 的相对高值区（见附图 8.20）。冬季，真刺唇角水蚤的分布范围最广，出现率高达 76.1%，平均密度为 2.2 ind./m³，其在调查海域的分布比较均匀，没有明显的高值区和低值区（见附图 8.21）。

真刺唇角水蚤是近岸低盐种类，其密集区一般集中在盐度低于 30 的河口及近岸。在 20 世纪 50 年代，该种夏、秋两季通常在黄河口、渤海湾和辽东湾低盐区形成密度高于 100～250 ind./m³ 的密集区。而在本次调查中，该种的密度明显偏低。由于入海径流量的减少，近几十年来渤海低盐区面积明显萎缩，本次调查中，盐度低于 30 的低盐区基本仅存于莱州湾底和黄河口附近的小部分海域，可能是导致真刺唇角水蚤这种典型近岸低盐种数量减少的主要原因。

8.5.6　双毛纺锤水蚤

双毛纺锤水蚤是典型的近岸低盐性种类，其季节变化趋势与腹针胸刺水蚤较一致，都是春季数量最大，其他 3 个季节的数量很低。春季该种在调查海域广泛分布，出现率高达 72.0%，平均密度为 35.2 ind./m³。其平面分布呈现近岸高、中部低的分布趋势，在莱州湾南部沿岸形成密度高于 500.0 ind./m³ 的高值区；此外在渤海湾南部沿岸和辽东湾北部近岸也形成密度高于 100.0 ind./m³ 的次高值区；而渤海中部大部分海域的密度低于 25.0 ind./m³（见附图 8.22）。

夏季该种的分布范围缩小，数量也降低了，出现率仅为 22.6%，平均密度为 1.0 ind./m³。春季该种大量出现于辽东湾，在夏季未出现该种，渤海湾、莱州湾该种的密度也比较低。

秋季该种的分布范围进一步缩小，仅在莱州湾内有分布，但莱州湾内的数量比夏季有所升高，平均密度为 56.4 ind./m³。

冬季该种的平均密度为 3.6 ind./m³，主要分布在莱州湾内，另外北戴河邻近海域和渤海湾内也有少量分布，在塘沽外海的 ZD - TJ088 站还出现 188.9 ind./m³ 的高密度。

8.5.7　强壮箭虫

强壮箭虫在 4 个季节都广泛分布于调查海域内，其出现率均高达 96.0% 以上，且数量都比较高。强壮箭虫与中华哲水蚤是渤海浮游动物中最重要的两种优势种。

春季，强壮箭虫的平均密度为 115.0 ind./m³，高于春季中华哲水蚤的平均密度，密度最高值出现在位于莱州湾底的 ZD - LZW135 站和 ZD - LZW141 站，分别为 5 333.3 ind./m³ 和 4 133.3 ind./m³。春季强壮箭虫的密集区主要集中在渤海南部沿岸，在莱州湾湾底有一个密度高于 1 000.0 ind./m³ 的高值区，此外在渤海湾东南部和金州湾处也形成密度高于 100.0 ind./m³ 的次高值区。其他大部分海域该种的密度较低，低于 10.0 ind./m³（见附图 8.23）。

夏季强壮箭虫的数量与春季相差无几,平均密度为 113.6 ind./m³,最高值出现在位于莱州湾东岸的 ZD – LZW128 站,为 577.8 ind./m³。夏季该种在调查海域的分布比较均匀,没有明显的高值区和低值区(见附图 8.24)。

秋季强壮箭虫的数量明显降低,平均密度为 51.1 ind./m³,密度最高值出现在位于莱州湾底部的 ZD – LZW141 站,为 386.7 ind./m³。在渤海海峡处、秦皇岛北部海域、葫芦岛附近和金州湾附近形成密度高于 100.0 ind./m³ 的高值区,渤海中部、莱州湾内大部分海域其密度都在 50.0 ind./m³ 左右,渤海湾内少部分海域密度低于 25.0 ind./m³(见附图 8.25)。

冬季强壮箭虫的数量降至最低,平均密度为 18.8 ind./m³。渤海中部该种的密度较高,沿岸密度较低。在渤海海峡处和渤海中部偏北海域有密度高于 50.0 ind./m³ 的相对高值区,其他大部分海域密度偏低,莱州湾内和渤海湾内的密度普遍小于 10.0 ind./m³(见附图 8.26)。

强壮箭虫春季在近岸的数量比较大,且在调查海域内高值区和低值区之间的界限非常明显。到了秋季和冬季,其高值区逐渐向渤海中部偏移。夏、秋、冬 3 个季节,该种在调查海域没有特别明显的高值区存在,与春季相比,其在调查海域内的分布相对均匀。

8.5.8 双壳类幼体

双壳类幼体在春季和夏季仅在个别站位零星出现,且密度都很低。秋季其分布范围扩大至整个渤海,数量也增加,出现率达 44.1%,平均密度为 17.5 ind./m³。秋季双壳类幼体在调查海域呈斑块状分布,在黄河口北部海域形成密度高于 100.0 ind./m³ 的高值区;另外在渤海海峡处也形成密度高于 50.0 ind./m³ 的次高值区。其他海域该种的数量比较低,辽东湾内该种未出现(见附图 8.27)。冬季双壳类幼体虽然只在莱州湾底的 ZD – LZW141 站出现,但密度比较大,高达 250.0 ind./m³。

8.5.9 长尾类幼体

春季除辽东湾外,该种在渤海其他海域都有分布,出现率为 38.1%,平均密度为 19.1 ind./m³。春季该种的密集区位于莱州湾内,在莱州湾底形成密度高于 500.0 ind./m³ 的高值区,其他海域的密度较低,均低于 5.0 ind./m³(见附图 8.28)。夏季该种的分布范围扩大至整个调查海域,出现率高达 92.2%,平均密度为 14.5 ind./m³。莱州湾依然是该种的密集区,在莱州湾南岸形成密度 50.0 ind./m³ 左右的高值区,其他各调查区的密度较低(见附图 8.29)。秋季该种在调查海域内的分布范围缩小,未在莱州湾内出现,其他各调查区块中数量也很少。冬季该种仅在辽东湾内的 1 个站出现,密度为 0.3 ind./m³。

8.6 群落分析

根据调查海域浮游动物种类组成对浮游动物群落进行聚类分析。借助 SPSS(11.5)分析软件进行运算,使用 Hierarchical 命令,采用 Ward 离差平方和法得到聚类分析树状图(见附图 8.30 ~ 8.33)。

渤海为半封闭型的内海，水文情况主要受沿岸水系和黄海外海水系的影响，理化性质较为均一。故渤海的浮游动物群落也相对较为稳定，群落结构分化并不十分明显。在1959年的调查中，郑执中等将整个渤海的浮游动物归为一个近岸低盐群落。本次调查中，根据聚类分析树状图来看，站位间的相似性都比较高，再结合种类组成，可以认为渤海的浮游动物基本上仍然属于一个近岸低盐大群落，但群落之下可以分为两个亚群：近岸亚群和渤海基础亚群（见附图8.34）。其中近岸亚群的分布基本上与渤海低盐区（盐度<30）的分布相吻合。

8.6.1　春季

春季调查海域浮游动物的近岸亚群包括位于渤海湾、黄河口附近、莱州湾以及辽东湾近岸的站位，渤海基础亚群占据了渤海中部的大部分海域（见附图8.34a）。近岸亚群中以强壮箭虫最占优势，此外长尾类幼虫、中华哲水蚤、腹针胸刺水蚤和双毛纺锤水蚤也占比较重要的地位。渤海基础亚群的种类数多于近岸亚群，以腹针胸刺水蚤最占优势，中华哲水蚤、强壮箭虫、双毛纺锤水蚤和短尾类蚤状幼虫也是较占优势的种类。

8.6.2　夏季

夏季调查海域浮游动物近岸亚群位于调查海域西部和南部，包括莱州湾至渤海湾一带海域和秦皇岛近岸海域；渤海中部、东部和北部海域都属于渤海基础亚群（见附图8.34b）。近岸亚群的优势种类为强壮箭虫和中华哲水蚤，渤海基础亚群以中华哲水蚤最占优势，此外强壮箭虫、帚虫类辐轮幼虫和太平洋纺锤水蚤等也比较占优势。

8.6.3　秋季

秋季整个调查海域浮游动物群落结构分化不明显。一方面，强壮箭虫和中华哲水蚤在整个海域广泛分布；另一方面，其他一些占优势的种类如小拟哲水蚤、双壳类幼虫和双毛纺锤水蚤等在调查海域呈斑块状分布，两方面的原因共同导致秋季的浮游动物群落类型较为分散（见附图8.34c）。

8.6.4　冬季

冬季调查海域浮游动物的群落结构与夏季比较相似，近岸亚群位于调查海域西部和南部，包括莱州湾至渤海湾沿岸以及秦皇岛沿岸海域，以强壮箭虫、双毛纺锤水蚤和小拟哲水蚤为优势种类；渤海基础亚群占据渤海中部、东部和北部海域，以中华哲水蚤和强壮箭虫最占优势（见附图8.34d）。

8.7　黄河口、莱州湾群落特征

8.7.1　黄河口历年浮游动物群落特征比较

历年调查黄河口浮游动物群落特征值比较见图8.7-1、图8.7-2和表8.7-1。

由比较可以看出，黄河口海域浮游动物春季生物量通常略高于夏季，而生物密度则

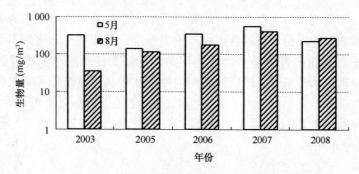

图 8.7 – 1　黄河口浮游动物平均生物量历年变化比较

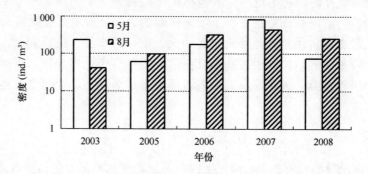

图 8.7 – 2　黄河口浮游动物平均密度历年变化比较

因幼虫幼体类的存在，导致其分布特征并不明显。此次"908 专项"调查时，浮游动物资源量处于较高水平。

春季浮游动物主要优势种为强壮箭虫、中华哲水蚤、双刺纺锤水蚤和真刺唇角水蚤，夏季主要优势种为强壮箭虫和真刺唇角水蚤。

表 8.7 – 1　黄河口附近海域浮游动物优势种类特征值统计结果

调查时间		第 1 优势种		第 2 优势种		第 3 优势种		第 4 优势种		第 5 优势种	
		优势种名称	优势度	优势种名称	优势度	优势种名称	优势度	优势种名称	优势度	优势种名称	优势度
春季	2003 年	双刺纺锤水蚤	0.153	中华哲水蚤	0.115	真刺唇角水蚤	0.083	强壮箭虫	0.082	小拟哲水蚤	0.031
	2004 年	强壮箭虫	0.416	中华哲水蚤	0.086	真刺唇角水蚤	0.024				
	2005 年	中华哲水蚤	0.457	强壮箭虫	0.238	双刺纺锤水蚤	0.027				
	2006 年	强壮箭虫	0.509	中华哲水蚤	0.127	双刺纺锤水蚤	0.101				
	2007 年	中华哲水蚤	0.330	强壮箭虫	0.272						
	2008 年	双刺纺锤水蚤	0.153	中华哲水蚤	0.115	真刺唇角水蚤	0.083	强壮箭虫	0.082	小拟哲水蚤	0.031

续表

调查时间		第1优势种		第2优势种		第3优势种		第4优势种		第5优势种	
		优势种名称	优势度	优势种名称	优势度	优势种名称	优势度	优势种名称	优势度	优势种名称	优势度
夏季	2003 年	强壮箭虫	0.277	真刺唇角水蚤	0.165	太洋纺锤水蚤	0.026				
	2004 年	强壮箭虫	0.230	真刺唇角水蚤	0.160	小拟哲水蚤	0.062				
	2005 年	强壮箭虫	0.268	太平洋纺锤水蚤	0.157	真刺唇角水蚤	0.031				
	2006 年	强壮箭虫	0.439	0.132	0.132	真刺唇角水蚤	0.079	太平洋纺锤水蚤	0.027		
	2007 年	强壮箭虫	0.503	蝶赢蛰	0.081	真刺唇角水蚤	0.096	小拟哲水蚤	0.024		
	2008 年	强壮箭虫	0.277	真刺唇角水蚤	0.165	太平洋纺锤水蚤	0.026				

注：以种类个体数量优势度大于 0.02 作为优势种划定标准。

8.7.2 莱州湾历年浮游动物群落特征比较

历年调查莱州湾浮游动物群落特征值比较见图 8.7-3、图 8.7-4 和表 8.7-2。

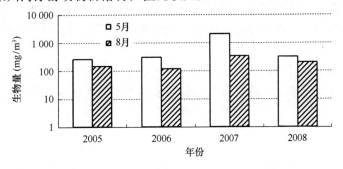

图 8.7-3 莱州湾浮游动物平均生物量历年变化比较

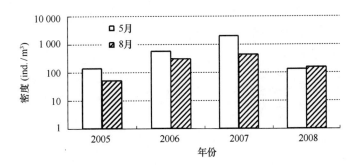

图 8.7-4 莱州湾浮游动物平均密度历年变化比较

表 8.7 - 2　莱州湾海域浮游动物优势种类特征值统计结果

调查时间		第1优势种		第2优势种		第3优势种		第4优势种		第5优势种	
		优势种名称	优势度	优势种名称	优势度	优势种名称	优势度	优势种名称	优势度	优势种名称	优势度
春季	2005年	强壮箭虫	0.627	长尾类幼虫	0.159					强壮箭虫	0.627
	2006年	长尾类幼虫	0.444	强壮箭虫	0.225	双刺纺锤水蚤	0.061	中华哲水蚤	0.050	长尾类幼虫	0.444
	2007年	强壮箭虫	0.539		0.069	0.069 双刺纺锤水蚤	0.036	中华哲水蚤	0.037	强壮箭虫	0.539
	2008年	强壮箭虫	0.571	中华哲水蚤	0.095	长尾类幼虫	0.076	双刺纺锤水蚤	0.013	强壮箭虫	0.571
夏季	2005年	强壮箭虫	0.268	真刺唇角水蚤	0.074	太平洋纺锤水蚤	0.047	小拟哲水蚤	0.035	双刺唇角水蚤	0.026
	2006年	强壮箭虫	0.222	太平洋纺锤水蚤	0.138	小拟哲水蚤	0.065				
	2007年	太平洋纺锤水蚤	0.319	强壮箭虫	0.201	双刺唇角水蚤	0.132	真刺唇角水蚤	0.021		
	2008年	强壮箭虫	0.657	太平洋纺锤水蚤	0.050	真刺唇角水蚤	0.028	双刺纺锤水蚤	0.021		

注：以种类个体数量优势度大于 0.02 作为优势种划定标准。

　　由比较可以看出，莱州湾海域浮游动物春季生物量通常高于夏季，两季浮游动物平均密度则相差不明显，以春季略高。此次"908专项"调查时，浮游动物资源量处于较高水平。

　　春季浮游动物主要优势种为强壮箭虫、双刺纺锤水蚤和中华哲水蚤，长尾类幼虫在春季已经大量出现。夏季主要优势种为强壮箭虫和太平洋纺锤水蚤。

9 鱼类浮游生物

9.1 鱼卵

9.1.1 垂直浮游生物拖网鱼卵分布

鱼卵定量分析数据取自浮游生物大网或浮游生物浅水 I 型网采样品，未测定生物量。

调查海域春季鱼卵的密度最高，其次为夏季和秋季，冬季鱼卵的数量最低（表9.1-1）。夏季鱼卵的分布范围最大，检测到鱼卵的站位率最高，明显高于其他3个季节，其中春季有5个站位出现鱼卵，绝大部分位于莱州湾内；秋季有3个站位出现鱼卵，冬季在调查海域未发现鱼卵。

春季和秋季只在个别站位零星出现；冬季未出现。

表9.1-1 调查海域鱼卵各季节的出现率及其平均密度

类　别	春　季	夏　季	秋　季	冬　季
鱼卵站位出现率（%）	3.39	18.26	2.54	—
平均密度（ind./m³）	1.019	0.397	0.005	—

夏季调查海域鱼卵分布比较广泛，除辽东湾区块外均有分布，其中出现站位最多的区块为黄河口，其次为天津和莱州湾，渤海中部和北戴河只有零星站位出现。各区块检出鱼卵的站位数及鱼卵平均密度见表9.1-2。

表9.1-2 夏季调查海域各区块鱼卵的出现率及其平均密度

类　别	渤海基础调查区	北戴河重点调查区	黄河口重点调查区	辽东湾重点调查区	莱州湾重点调查区	天津重点调查区
出现鱼卵站位数	2	1	9	无	4	5
总站位数	28	23	21	12	21	13
鱼卵站位出现率（%）	7.14	4.35	42.86	—	19.05	38.46
平均密度（ind./m³）	2.3	4.4	2.1	—	2.3	1.7

9.1.2 水平拖网鱼卵分布

9.1.2.1 种类组成

调查海域 4 个季节共鉴定鱼卵 4 目 9 科 13 种（包括 1 种未知卵）。调查海域鱼卵种类名录见附录 7。

春季共鉴定鱼卵 3 科 4 种，分别为鲱（死卵）（Clupeidae）、青鳞小沙丁鱼（*Sardinella zunasi*）、斑鲦（*Clupanodon punctatus*）和鲻鱼（*Mugil cephalus*）。

夏季共鉴定鱼卵 6 科 8 种，分别为青鳞小沙丁鱼、日本鳀（*Engraulis japonicus*）、带鱼（*Trichiurs haumela*）、钟馗鰕虎鱼（*Triaenopogon barbatus*）、鲽（*Pleuronectidae* sp.）、宽体舌鳎（*Cynoglossus robustus*）、半滑舌鳎（*Cynoglossus semilaevis*）和一种未知卵。

秋季共鉴定鱼卵 3 科 3 种，分别为日本鳀、黑鲷（*Sparus macrocephalus*）和少鳞鱚（*Sillago japonica*）。

冬季在调查海域未发现鱼卵。

9.1.2.2 数量分布

调查海域夏季鱼卵的数量最高，其次为春季和秋季，冬季鱼卵的数量最低（见图 9.1 - 1）。夏季鱼卵的分布范围最大，在整个调查海域都有分布；春季和秋季只在个别站位零星出现；冬季未出现。

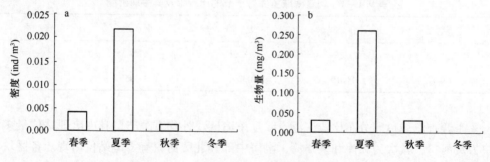

图 9.1 - 1 调查海域鱼卵数量季节变化
(a) 密度；(b) 生物量

1) 春季

春季鱼卵在调查海域的数量很低，平均密度只有 0.004 1 ind./m³，平均生物量为 0.030 3 mg/m³。春季鱼卵在调查海域只有零星分布，只在位于黄河口和莱州湾沿岸的 ZD - HHK106、ZD - HHK124、ZD - LZW135 和 ZD - LZW142 这 4 个测站出现（见附图 9.1），出现率只有 6.6%。莱州湾重点调查区鱼卵的密度（0.010 9 ind./m³）高于黄河口重点调查区（0.007 5 ind./m³）。

2) 夏季

夏季调查海域鱼卵的平均密度为 0.021 7 ind./m³，平均生物量为 0.261 0 mg/m³。夏季鱼卵在调查海域的分布范围明显扩大，在 34 个站位出现，出现率为 61.8%。莱州湾北部海域和辽东湾内鱼卵的密度相对较高，高于 0. 100 0 ind. /m^3（见附图 9. 2）。

各调查区块的鱼卵密度从高到低依次为：莱州湾重点调查区（0.064 0 ind. /m^3）、辽东湾重点调查区（0.045 9 ind. /m^3）、天津重点调查区（0.029 6 ind. /m^3）、黄河口重点调查区（0.015 7 ind. /m^3）、北戴河重点调查区（0.007 1 ind. /m^3）和渤海基础调查区（0.003 3 ind. /m^3）。

各调查区块的鱼卵生物量从高到低依次为：莱州湾重点调查区（0.670 4 mg/m^3）、辽东湾重点调查区（0.608 5 mg/m^3）、黄河口重点调查区（0.608 5 mg/m^3）、天津重点调查区（0.343 0 mg/m^3）、北戴河重点调查区（0.084 2 mg/m^3）和渤海基础调查区（0.059 1 mg/m^3）。

3）秋季

秋季鱼卵在调查海域仅有零星分布（见附图 9. 3），仅在位于北戴河重点调查区的 ZD – BDH059 和 ZD – BDH061 站、位于辽东湾重点调查区的 ZD – LDW018 站以及位于天津重点调查区的 ZD – TJ080 和 ZD – TJ082 站出现，出现率为 8.1%。秋季鱼卵的平均密度为 0.001 4 ind. /m^3，平均生物量为 0.030 6 mg/m^3，均与春季相差不大。

秋季各调查区块的鱼卵密度和生物量从高到低依次为：北戴河重点调查区（0.007 4 ind. /m^3，0.220 5 mg/m^3）、辽东湾重点调查区（0.003 4 ind. /m^3，0.013 8 mg/m^3）、天津重点调查区（0.001 0 ind. /m^3，0.009 6 mg/m^3）、其他调查区（均为 0）。

4）冬季

冬季在所有的调查站位均未发现鱼卵。

9.2　仔稚鱼

9.2.1　垂直浮游生物拖网仔稚鱼分布

仔稚鱼定量分析数据取自浮游生物大网或浮游生物浅水Ⅰ型网采样品，未测定生物量。

调查海域春季仔稚鱼的密度最高，其次为夏季和冬季，秋季仔稚鱼的数量最低（表9. 2 – 1）。夏季仔稚鱼的分布范围最大，检测到仔稚鱼的站位率最高，出现的站位数明显高于其他 3 个季节，其中春季有 12 个站位出现仔稚鱼，高值站位均位于莱州湾内；秋季有 2 个站位出现仔稚鱼；冬季有 7 个站位出现仔稚鱼。

表 9. 2 – 1　调查海域仔稚鱼各季节的出现率及其平均密度

类　别	春季	夏季	秋季	冬季
仔稚鱼站位出现率（%）	10. 17	33. 04	1. 69	5. 93
平均密度（ind. /m^3）	3. 254	1. 201	0. 004	0. 026

春季莱州湾 ZD – LZW135、ZD – LZW142 两站位仔稚鱼的检出密度明显高，导致了调查海域仔稚鱼的平均密度较高。

夏季调查海域仔稚鱼分布比较广泛，调查海域均有分布，其中出现站位较多的区块为莱州湾及黄河口，其次为天津，渤海中部、北戴河和辽东湾只有零星站位出现。各区块检出仔稚鱼的站位数及仔稚鱼平均密度见表9.2－2。

表9.2－2　夏季调查海域各区块仔稚鱼的出现率及其平均密度

类　别	渤海基础调查区	北戴河重点调查区	黄河口重点调查区	辽东湾重点调查区	莱州湾重点调查区	天津重点调查区
出现仔稚鱼站位数	2	3	11	3	12	7
总站位数	28	23	21	12	21	13
站位出现率（%）	7.14	13.04	52.38	25.00	57.14	53.85
平均密度（ind./m³）	1.1	1.4	2.0	1.8	5.3	5.8

9.2.2　水平拖网仔稚鱼分布

9.2.2.1　种类组成

调查海域4个季节共鉴定仔稚鱼41种，隶属于7目21科。其中春季出现11种，隶属于4目8科；夏季出现21种，隶属于5目11科；秋季出现11种，隶属于4目5科；冬季出现8种，隶属于3日7科。调查海域仔稚鱼种类名录见附录表9。

9.2.2.2　数量分布

调查海域仔稚鱼的密度春季最高，其次为夏季，再次为冬季，秋季密度最低。生物量的季节变化同密度变化相一致，但夏、秋、冬3个季节间生物量的差异不如密度的差异大（图9.2－1）。

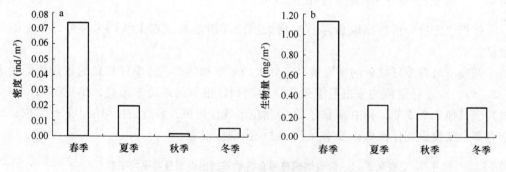

图9.2－1　调查海域仔稚鱼数量季节变化
（a）密度；（b）生物量

1）春季

春季仔稚鱼在所有的调查区块都出现，出现率为47.5%。整个调查海域仔稚鱼的平均密度为0.073 4 ind./m³，平均生物量为1.130 1 mg/m³。春季仔稚鱼密度较高的站多集中在渤海南部和东北部近岸（见附图9.4）。最高密度出现在位于渤海湾南岸的ZD－HHK106站，为1.607 0 ind./m³，主要是由矛尾复鰕虎鱼（*Synechogobius hasta*）形成的；次高值出现在位于莱州湾湾底的 ZD - LZW142 站，为 1.416 1 ind. /m³，主要是由青鳞小沙丁鱼（*Sardinella zunasi*）形成的。最高生物量则出现在位于金州湾湾口的 JC - BH014 站，为 34.4926 mg/m³，该站的高生物量是由玉筋鱼（*Ammodyte Personatus*）形成的。

春季各调查区块仔稚鱼的密度从高到低依次为：莱州湾重点调查区（0.179 5 ind. /m³）、黄河口重点调查区（0.128 8 ind. /m³）、渤海基础调查区（0.018 5 ind. /m³）、北戴河重点调查区（0.001 5 ind. /m³）、辽东湾重点调查区（0.001 4 ind. /m³）和天津重点调查区（0.001 0 ind. /m³）。莱州湾重点调查区的高密度主要是由青鳞小沙丁鱼形成的，该种在该区块的平均密度为 0.664 2 ind. /m³。黄河口重点调查区的高密度主要是由矛尾复鰕虎鱼形成的，该种在该区块的平均密度为 1.114 3 ind. /m³。

春季各调查区块仔稚鱼的生物量从高到低依次为：渤海基础调查区（3.248 9 mg/m³）、莱州湾重点调查区（0.804 5 mg/m³）、黄河口重点调查区（0.745 3 mg/m³）、北戴河重点调查区（0.172 9 mg/m³）、辽东湾重点调查区（0.013 9 mg/m³）和天津重点调查区（0.002 7 mg/m³）。除渤海基础调查区外，其他各区块生物量的变化趋势同密度的变化趋势基本一致。JC - BH014 站玉筋鱼的高生物量导致了渤海基础调查区平均生物量的升高。

2）夏季

夏季仔稚鱼在所有的调查区块都出现，出现率为 45.4%。整个调查海域仔稚鱼的平均密度为 0.019 7 ind. /m³，平均生物量为 0.312 0 mg/m³。渤海的东北部海域、东南部海域和渤海湾内是仔稚鱼密度高于 0.050 0 ind. /m³ 的相对高值区（见附图 9.5）。夏季仔稚鱼的最高密度和最高生物量均出现在位于辽东湾内的 ZD - LDW035 站，分别为 0.223 5 ind. /m³ 和 3.057 3 mg/m³。钟馗鰕虎鱼和红狼牙鰕虎鱼（*Odontamblyopus rubicundus*）是该站高仔稚鱼数量的主要组成种类。

夏季各调查区块仔稚鱼的密度从高到低依次为：莱州湾重点调查区（0.041 2 ind. /m³）、辽东湾重点调查区（0.038 4 ind. /m³）、天津重点调查区（0.036 1 ind. /m³）、黄河口重点调查区（0.015 0 ind. /m³）、渤海基础调查区（0.010 2 ind. /m³）和北戴河重点调查区（0.000 2 ind. /m³）。

夏季各调查区块仔稚鱼的生物量从高到低依次为：莱州湾重点调查区（0.656 4 mg/m³）、天津重点调查区（0.654 7 mg/m³）、辽东湾重点调查区（0.531 6 mg/m³）、黄河口重点调查区（0.214 7 mg/m³）、渤海基础调查区（0.188 0 mg/m³）和北戴河重点调查区（0.004 9 mg/m³）。莱州湾重点调查区的高生物量主要是由钟馗鰕虎鱼形成的，该种在该区块的平均生物量为 0.538 8 mg/m³。

3）秋季

秋季仔稚鱼的分布范围比春、夏两季缩小，出现率降低为 24.4%。全海域仔稚鱼的平均密度为 0.002 0 ind. /m³，平均生物量为 0.228 7 mg/m³。仔稚鱼密度较高的站集中在渤海湾内和辽东湾湾口处（见附图 9.6）。秋季仔稚鱼密度最高的站是位于辽东湾湾口处的 JC - BH008 站，其密度为 0.028 4 ind. /m³，种类为日本鳀；密度次高值出现在位于渤海湾中的 ZD - HHK103 站，为 0.023 2 ind. /m³，种类为中颌棱鳀（*Thrissa mystax*）。生物量的最高值出现在位于渤海湾南岸的 ZD - HHK106 站，为 7.6231 mg/m³，是由大银鱼（*Protosalanx hyalocranius*）和赤鼻棱鳀（*Thrissa kammalensis*）形成的；生物量次高值出现在 ZD – HHK103 站，为 6.226 4 mg/m³。

秋季各调查区块仔稚鱼的密度从高到低依次为：天津重点调查区（0.003 6 ind./m³）、渤海基础调查区（0.002 8 ind./m³）、黄河口重点调查区（0.002 6 ind./m³）、辽东湾重点调查区（0.001 3 ind./m³）、莱州湾重点调查区（0.000 8 ind./m³）和北戴河重点调查区（0.000 7 ind./m³）。

秋季各调查区块仔稚鱼的生物量从高到低依次为：黄河口重点调查区（0.729 4 mg/m³）、渤海基础调查区（0.018 3 mg/m³）、天津重点调查区（0.005 1 mg/m³）、莱州湾重点调查区（0.002 5 mg/m³）、辽东湾重点调查区（0.001 5 mg/m³）和北戴河重点调查区（0.000 3 mg/m³）。

4）冬季

冬季仔稚鱼在调查海域内分布较为广泛，出现率为 35.5%。全海域仔稚鱼的平均密度为 0.005 3 ind./m³，平均生物量为 0.290 0 mg/m³。冬季仔稚鱼主要在渤海海峡南部形成一个密度高于 0.050 0 ind./m³ 的高值区，此外在渤海湾西北部沿岸还有一个密度高于 0.025 0 ind./m³ 的次高值区（见附图 9.7）。冬季仔稚鱼的最高密度出现在位于渤海海峡处的 JC – BH043 站，为 0.095 4 ind./m³，种类为玉筋鱼。生物量的最高值出现在位于黄河口附近的 ZD – HHK124 站，为 14.125 8 mg/m³，是由鲻鱼和黄鳍刺虾虎鱼（*Acanthogobius flavimanus*）形成的。

冬季各调查区块仔稚鱼的密度从高到低依次为：渤海基础调查区（0.012 0 ind./m³）、辽东湾重点调查区（0.008 6 ind./m³）、北戴河重点调查区（0.006 8 ind./m³）、天津重点调查区（0.001 6 ind./m³）、莱州湾重点调查区（0.003 3 ind./m³）和黄河口重点调查区（0.000 8 ind./m³）。

冬季各调查区块仔稚鱼的生物量从高到低依次为：黄河口重点调查区（0.710 9 mg/m³）、北戴河重点调查区（0.177 3 mg/m³）、渤海基础调查区（0.128 5 mg/m³）、辽东湾重点调查区（0.044 6 mg/m³）、莱州湾重点调查区（0.025 2 mg/m³）和天津重点调查区（0.009 8 mg/m³）。黄河口重点调查区的仔稚鱼密度虽然是最低的，但 ZD – HHK124 站的鲻鱼高生物量拉高了该调查区的平均生物量，使其成为所有调查区块中最高的。

9.2.2.3　主要种类

春季在密度上占优势的种类为矛尾刺虾虎鱼和青鳞小沙丁鱼，这两种的密度占总密度的 79.9%。在生物量上占优势的种类为玉筋鱼、矛尾复虾虎鱼和鲻鱼，占总生物量的 93.2%。

夏季在密度和生物量上都占优势的种类包括钟馗虾虎鱼、红狼牙虾虎鱼和日本鳀，它们的密度占总密度的 71.5%，其生物量占总生物量的 70.2%。

秋季在密度上占优势的种类为日本鳀和中颌棱鳀（*Thrissa mystax*），其密度占总密度的 50.9%。在生物量上占优势的种类为中颌棱鳀和大银鱼，其生物量占总生物量的 82.9%。

冬季在密度上占优势的种类为玉筋鱼，其密度占总密度的 91.3%。在生物量上占优势的种类为鲻鱼、玉筋鱼和黄鳍刺鰕虎鱼，其生物量占总生物量的98.8%。

调查海域仔稚鱼优势种类在各季节的出现率及其数量所占的百分比见表9.2-2。

表9.2-2　调查海域仔稚鱼优势种类各季节的出现率及其数量所占的百分比　　　单位:%

主要种类	春季			夏季			秋季			冬季		
	出现率	密度百分比	生物量百分比	出现率	密度百分比	生物量百分比	出现率	密度百分比	生物量百分比	出现率	密度百分比	生物量百分比
青鳞小沙丁鱼	3.3	29.7	<0.1	—	—	—				—	—	—
日本鳀	—	—	—	20.0	13.2	19.5	6.5	32.6	1.5			
中颌棱鳀							1.6	18.3	43.9			
大银鱼							1.6	10.2	38.9			
鲻鱼	4.9	3.7	13.8	—	—	—	—	—	—	1.6	0.5	65.8
玉筋鱼	24.6	5.6	65.0	—	—	—				25.8	91.3	19.8
钟馗鰕虎鱼				25.5	33.9	32.2						
红狼牙鰕虎鱼				18.2	24.4	18.4						
矛尾复鰕虎鱼	4.9	50.3	14.4									
黄鳍刺鰕虎鱼										3.2	3.4	13.2

注:"—"表示未出现。

1）青鳞小沙丁鱼

青鳞小沙丁鱼只在春季的调查中出现，并且只在位于莱州湾湾底的ZD-LZW135和ZD-LZW142这两个站出现，在ZD-LZW142站的数量较大，为1.271 7 ind./m³。青鳞小沙丁鱼的个体很小，故该种虽然密度较高，但只能形成较低的生物量。

2）日本鳀

日本鳀在夏季和秋季的调查中出现，且在夏季和秋季都属于数量上占优势的种类。

夏季该种在整个调查海域都有分布，出现率为20.0%，平均密度为0.002 6 ind./m³，平均生物量为0.061 0 mg/m³。其高数量区位于渤海海峡附近和渤海湾湾底，最高密度和生物量均出现在位于海河口附近的ZD-TJ088站，分别为0.051 6 ind./m³和1.446 6 mg/m³。

秋季该种只在以下4个站出现：JC-BH008、JC-BH020、JC-BH037和ZD-LDW039。在位于辽东湾湾口处的JC-BH008站的密度和生物量最大，分别为0.028 4 ind./m³和0.099 0 mg/m³。

3）中颌棱鳀

中颌棱鳀只在秋季的调查中出现，并且只在ZD-HHK103这一个站出现。其密度为0.023 2 ind./m³，生物量为6.226 4 mg/m³。该种的生物量是秋季仔稚鱼中最高的。

4）大银鱼

大银鱼只在秋季的调查中出现，只出现在ZD-HHK106站。其密度为0.012 9 ind./m³，生物量为 5.521 0 mg/m³。该种和中颌棱鳀是秋季仔稚鱼生物量的主要贡献者。

5）鲻鱼

鲻鱼在春季和冬季的调查中出现。春季只在位于渤海湾南岸的 ZD – HHK106 和位于莱州湾湾底的 ZD – LZW135 和 ZD – LZW142 这三个站出现，在 ZD – LZW142 站的密度最大，为 0.123 8 ind./m³；同样在 ZD – LZW142 站也拥有最高的生物量，为 5.538 4 mg/m³。

冬季该种只在位于黄河口附近的 ZD – HHK124 站出现，密度较低，为 0.001 7 ind./m³；但生物量是冬季所有仔稚鱼中最高的，为 11.833 8 mg/m³。

6）玉筋鱼

玉筋鱼在春季和冬季的调查中出现。春季该种在整个调查海域都有分布，出现率为 24.6%，平均密度为 0.004 1 ind./m³，平均生物量为 0.721 6 mg/m³，数量高值区主要分布在金州湾附近海域。该种的最高密度和生物量出现在位于金州湾湾口处的 JC – BH014 站，分别为 0.192 6 ind./m³ 和 34.492 6 mg/m³。该站的高密度使该种成为春季最主要的生物量优势种。

冬季该种也广泛分布于调查海域，出现率为 25.8%，平均密度为 0.004 8 ind./m³，平均生物量为 0.057 5 mg/m³。其高数量区主要分布在渤海海峡处以及北戴河邻近海域。最高密度出现在位于渤海海峡南部的 JC – BH043 站，为 0.095 4 ind./m³。最高生物量出现在位于北戴河邻近海域的 ZD – BDH049 站和位于金州湾湾口处的 JC – BH014 站，分别为 1.238 7 mg/m³ 和 1.127 2 mg/m³。

7）钟馗虾虎鱼

该种只在夏季的调查中出现。夏季该种在整个调查海域都有分布，出现率为 25.4%，平均密度为 0.006 7 ind./m³，平均生物量为 0.105 5 mg/m³。该种在莱州湾内的数量较高，但其最高密度和生物量出现在位于辽东湾东岸的 ZD – LDW035 站，分别为 0.110 1 ind./m³ 和 1.440 8 mg/m³。

8）红狼牙虾虎鱼

该种只在夏季的调查中出现。在整个调查海域都有分布，出现率为 18.2%，平均密度为 0.004 8 ind./m³，平均生物量为 0.057 5 mg/m³，高数量区主要分布在莱州湾和黄河口一带海域。该种的最高密度和生物量也出现在和钟馗虾虎鱼同样的 ZD – LDW035 站，分别为 0.094 6 ind./m³ 和 1.257 4 mg/m³。

9）矛尾复虾虎鱼

该种只在春季的调查中出现，只在位于渤海湾南岸的 ZD – HHK101、ZD – HHK106 和位于莱州湾湾底的 ZD – LZW142 这三个站出现，在 ZD – HHK106 站的密度最大，为 1.269 1 ind./m³。该种同时也是春季在生物量上最占优势的种类。

10）黄鳍刺虾虎鱼

黄鳍刺虾虎鱼只在冬季的调查中出现，且只出现在两个站位：位于北戴河邻近海域的 ZD – BDH054 站和位于黄河口附近海域的 ZD – HHK124 站。该种的密度虽不是很高，但其在 ZD – HHK124 站的生物量比较大，为 2.292 0 mg/m³，是冬季在生物量上较占优势的种类。

9.3　与历史资料比较

9.3.1　鱼卵

9.3.1.1　种类组成

2006 年（8 月、12 月）—2007 年（4 月、10 月）渤海鱼类浮游生物调查中，4 个季节月共鉴定鱼卵 4 目 9 科 13 种（包括 1 种未知卵）。

1982 年 4 月—1983 年 5 月渤海渔业资源试捕调查中，相同季节月共鉴定鱼卵 6 目 14 科 19 种。

1998 年（5 月、8 月、10 月）渤海近岸渔业资源调查中，3 个季节月共鉴定鱼卵 5 目 16 科 26 种（包括 1 种未知卵）。

本次调查与 1982 年相比，鱼卵目、科、种均有大幅度下降，分别为 66.7%、64.3% 和 68.4%。

本次调查与 1998 年相比，鱼卵目稍有下降，为 80%；鱼卵科、种均有大幅度下降，分别为 56.3% 和 52%。

9.3.1.2　数量分布

2006 年（8 月、12 月）—2007 年（4 月、10 月）渤海鱼类浮游生物调查中，夏季鱼卵的数量最高（平均 0.021 7 ind./m³），其次为春季（平均 0.004 1 ind./m³）和秋季（平均 0.001 4 ind./m³），冬季鱼卵的数量最低。夏季鱼卵的分布范围最大，在整个调查海域都有分布；春季和秋季只在个别站位零星出现；冬季未出现。

1982 年 4 月—1983 年 5 月渤海渔业资源试捕调查中，夏季（8 月）鱼卵的数量最高（平均 0.404 7 ind./m³），其次为秋季（10 月）（平均 0.1697 粒/站网）和春季（4 月）（平均 0.074 粒/站网），冬季（12 月）鱼卵的数量最低。夏季鱼卵的分布范围最大，在整个调查海域都有分布；秋季主要分布在渤海湾；春季只在渤海中部有零星分布；冬季未出现。

1998 年（5 月、8 月、10 月）渤海近岸渔业资源调查中，春季（5 月）鱼卵的数量最高（平均 12.532 9 ind./m³），其次为夏季（8 月）（平均 0.152 2 ind./m³）和秋季（10 月）（平均 0.049 ind./m³），冬季未调查。春季鱼卵的分布范围最大，在整个调查海域都有分布；夏季鱼卵的分布范围也较广，大部分调查海域都有分布；秋季只在个别站位有零星分布。

本次调查与 1982 年相比，各个季节的分布范围基本相似，差别不大；但数量下降幅度较大。秋季下降幅度最大，为 0.8%；夏季、春季次之，分别只有 5.4% 和 5.5%；冬季均未捕获。

本次调查与 1998 年相比，各个季节的分布范围差别也不大；但数量下降幅度较大。秋季下降幅度最大，仅为 2.9%；夏季次之，为 14.3%；春季由于调查月份不同，无法比较。

9.3.2　仔稚鱼

9.3.2.1　种类组成

2006 年（8 月、12 月）—2007 年（4 月、10 月）渤海鱼类浮游生物调查中，4 个季节月共鉴定仔稚鱼 41 种，隶属于 7 目 21 科。其中春季出现 11 种，隶属于 4 目 8 科；夏季出现 21 种，隶属于 5 目 11 科；秋季出现 11 种，隶属于 4 目 5 科；冬季出现 8 种，隶属于 3 目 7 科。

1982 年 4 月—1983 年 5 月渤海渔业资源试捕调查中，相同季节月共鉴定仔稚鱼 24 种，隶属于 8 目 22 科。其中春季出现 8 种，隶属于 5 目 8 科；夏季出现 14 种，隶属于 4 目 12 科；秋季出现 10 种，隶属于 4 目 8 科；冬季出现 2 种，隶属于 2 目 2 科。

1998 年（5 月、8 月、10 月）渤海近岸渔业资源调查中，3 个季节月共鉴定仔稚鱼 28 种，隶属于 8 目 18 科。其中春季出现 15 种，隶属于 5 目 11 科；夏季出现 23 种，隶属于 8 目 15 科；秋季出现 2 种，隶属于 2 目 2 科。

本次调查与 1982 年相比，仔稚鱼目、科总体差别不大，只有冬季的仔稚鱼科有较大提升，为 350%；但种类均有大幅度提升，全年为 170.8%，其中春季提升 137.5%，夏季提升 150%，秋季提升 110%，冬季提升 400%。

本次调查与 1998 年相比，仔稚鱼目、科总体差别也不大，只有秋季的仔稚鱼目、科有较大提升，分别为 200% 和 250%。但种类有较大差别，全年大幅度提升 146.4%，其中春季和夏季略有下降，分别为 73.3% 和 91.3%；秋季大幅度提升 550%。

9.3.2.2　数量分布

2006 年（8 月、12 月）—2007 年（4 月、10 月）渤海鱼类浮游生物调查中，春季鱼卵的数量最高（平均 0.073 4 ind./m³）；其次为夏季（平均 0.019 7 ind./m³）和冬季（平均 0.005 3 ind./m³）；秋季仔稚鱼的数量最低（平均 0.002 0 ind./m³）。春季和夏季仔稚鱼的分布范围最大，在整个调查海域都有分布；冬季主要分布于渤海海峡和渤海湾；秋季则主要分布于渤海湾和辽东湾湾口。

1982 年 4 月—1983 年 5 月渤海渔业资源试捕调查中，夏季（8 月）仔稚鱼的数量最高（平均 0.038 9 ind./m³）；其次为冬季（12 月）（平均 0.027 1 ind./m³）和春季（4 月）（平均 0.020 6 ind./m³）；秋季（10 月）仔稚鱼的数量最低（平均 0.007 2 ind./m³）。夏季仔稚鱼的分布范围较广，除辽东湾外其他调查海域都有分布；冬季主要分布于莱州湾南部；春季除莱州湾外其他调查海域都有分布；而秋季则主要分布于渤海湾和辽东湾西部。

1998 年（5 月、8 月、10 月）渤海近岸渔业资源调查中，春季（5 月）仔稚鱼的数量最高（平均 0.552 0 ind./m³）；其次为夏季（8 月）（平均 0.201 2 ind./m³）和秋季（10 月）（平均 0.000 2 ind./m³）；冬季未调查。春季仔稚鱼的分布范围最大，在整个调查海域都有分布；夏季仔稚鱼的分布范围也较广，大部分调查海域都有分布；秋季只在个别站位有零星分布。

本次调查与 1982 年相比，各个季节的分布范围基本相似，差别不大；但数量差别较大。春季有大幅度提升，达 356.3%；其他季节均有大幅度下降，其中冬季下降幅度最大，仅为 19.6%；秋季和夏季次之，分别只有 27.8% 和 50.6%。

本次调查与 1998 年相比，各个季节的分布范围差别也不大；但数量差别较大。夏季大幅度下降，仅为 9.79%；秋季则大幅度上升，为 200%；春季由于调查月份不同，无法比较。

9.3.2.3 主要种类

2006 年（8 月、12 月）—2007 年（4 月、10 月）渤海鱼类浮游生物调查中，春季在密度上占优势的种类为矛尾复鰕虎鱼和青鳞小沙丁鱼，这两种的密度上占总密度的 79.9%；夏季在密度上占优势的种类包括钟馗鰕虎鱼、红狼牙鰕虎鱼和日本鳀，它们的密度占总密度的 71.5%；秋季在密度上占优势的种类为日本鳀和中颌棱鳀，其密度占总密度的 50.9%；冬季在密度上占优势的种类为玉筋鱼，其密度占总密度的 91.3%。

1982 年 4 月—1983 年 5 月渤海渔业资源试捕调查中，春季（4 月）在密度上占优势的种类为日本鳀和细纹狮子鱼（*Liparis tanakae*），这两种的密度上占总密度的 87.4%；夏季（8 月）在密度上占优势的种类包括斑鰶（*Clupanodon punctatus*）、棱鳀、青鳞小沙丁鱼、多鳞（*Sillago sihama*）和颌针鱼（*Ablennes* sp.），它们的密度占总密度的 78.9%；秋季（10 月）在密度上占优势的种类为多鳞鱚和鲈鱼（*Lateolabrax japonicus*），其密度占总密度的 71.8%；冬季（12 月）在密度上占优势的种类为鲈鱼，其密度占总密度的 97.9%。

1998 年（5 月、8 月、10 月）渤海近岸渔业资源调查中，春季（5 月）在密度上占优势的种类为日本鳀、矛尾复鰕虎鱼、斑鰶和鲅（*Liza haematocheila*），它们的密度上占总密度的 97.5%；夏季（8 月）在密度上占优势的种类包括多鳞鱚、青鳞小沙丁鱼、赤鼻棱鳀和鰕虎鱼，它们的密度占总密度的 83.4%；秋季（10 月）在密度上占优势的种类为白氏银汉鱼（*Allanetta bleekeri*），其密度占总密度的 66.7%；冬季未调查。

本次调查与 1982 年相比，各季节优势鱼种类均有较大变化，春季由日本鳀和细纹狮子鱼演变成矛尾复鰕虎鱼和青鳞小沙丁鱼；夏季由斑鰶、棱鳀、青鳞小沙丁鱼、多鳞鱚和颌针鱼演变成钟馗鰕虎鱼、红狼牙鰕虎鱼和日本鳀；秋季由多鳞鱚和鲈鱼演变成日本鳀和中颌棱鳀；冬季由鲈鱼演变成玉筋鱼。

本次调查与 1998 年相比，各季节优势鱼种类也有较大变化，春季由日本鳀、矛尾复鰕虎鱼、斑鰶和鲅演变成矛尾复鰕虎鱼和青鳞小沙丁鱼；夏季由多鳞鱚、青鳞小沙丁鱼、赤鼻棱鳀和鰕虎鱼演变成钟馗鰕虎鱼、红狼牙鰕虎鱼和日本鳀；秋季由白氏银汉鱼演变成日本鳀和中颌棱鳀。

10 小型底栖生物

10.1 种类组成

4 个航次调查获得的小型底栖生物种类有所差别,其中夏季获得的种类最多,有 19 种;冬季获得的种类最少,有 9 种;春季调查获得 10 种;秋季获得 11 种。具体种类见表 10.1 - 1。

表 10.1 - 1 各航次小型底栖生物种类

序号	种类	夏季	冬季	春季	秋季
1	线虫	+	+	+	+
2	桡足类	+	+	+	+
3	介形类	+	+	+	+
4	瓣鳃类	+	+	+	+
5	多毛类	+	+	+	+
6	动吻类	+		+	+
7	无节幼虫	+		+	+
8	腹足动物	+		+	+
9	端足类	+		+	+
10	寡毛类	+	+		
11	缓步动物	+	+		
12	涟虫			+	+
13	鄂咽动物	+			
14	涡虫	+			
15	异足动物	+			
16	等足动物	+			
17	轮虫	+			
18	棘皮动物		+		
19	海蜘蛛			+	

各调查站位不同季节出现的种类数差异较大。总体来说,夏季出现的种类数较多(见图 10.1 - 1)。

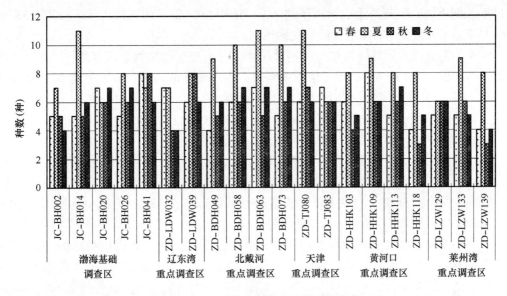

图 10.1 – 1　各站小型底栖生物种数分布

10.2　生物密度组成与分布

10.2.1　生物密度平面分布

10.2.1.1　概述

渤海小型底栖生物栖息密度较高，平均为 87.74 个/cm²。各季节栖息密度以冬季最高；夏、秋季次之；春季较低。密度组成以线虫类最高，桡足类次之。影响栖息密度组成的主要是线虫。

10.2.1.2　春季

春季调查海域小型底栖生物栖息密度最低，调查海域栖息密度变化范围为 4.95 ~ 101.13 个/cm²，平均为 58.84 个/cm²。生物密度分布在 ZD – LDW039、ZD – HHK118、ZD – TJ088、ZD – TJ080 等站位较高，均超过 90 个/cm²；在 ZD – LZW139、JC – BH002 及 ZD – LZW129 站位较低，均低于 30 个/cm²（见附图 10.1）。

春季小型底栖主要类群为线虫占绝对优势，占小型底栖生物密度组成的 91.63%；桡足类居第二位，为 5.06%；第三位为多毛类，占 1.77% [见图 10.2 – 1（a）]。

10.2.1.3　夏季

夏季调查海域小型底栖生物栖息密度较高，变化范围为 20.23 ~ 180.46 个/cm²，平均为 94.39 个/cm²。生物密度分布在北戴河重点调查区、天津重点调查区的所有测站及渤海基础调查区的 JC – BH014、JC – BH026 站较高，均超过 90 个/cm²，其中 ZD – BDH058、ZD – BDH073 及 ZD – TJ080 站小型底栖生物生物密度超过了 200 个/cm²；在黄河口重点调查区、莱州湾重点调查区的 ZD‒HHK113、ZD‒HHK118、ZD‒LZW133 及 ZD‒LZW129 等站位生物密度较低（见附图 10.2）。

夏季小型底栖主要类群为线虫占绝对优势，占小型底栖生物总密度的 79.36%；桡足类居第二位，为 13.78%；第三位为瓣鳃类，占总密度的 2.93%；其他种类只占总密度的 3.93% ［见图 10.2‒1 (b)］。

10.2.1.4 秋季

秋季调查海域小型底栖生物栖息密度较高，变化范围为 21.80～184.57 个/cm²，平均为 94.78 个/cm²。其中渤海基础调查区的大部分测站及天津重点调查区生物密度较高；最高生物密度出现在 ZD‒BDH073 站，达到 184.57 个/cm²；最低生物密度出现在 JC‒BH002 站，仅为 21.8 个/cm²（见附图 10.3）。

秋季小型底栖主要类群为线虫占绝对优势，占小型底栖生物密度组成的 91.35%；桡足类居第二位，为 5.23%；第三位为瓣鳃类，占 1.53%；第四位为多毛类，占 1.31%；其他种类只占总密度的 0.58% ［见图 10.2‒1 (c)］。

10.2.1.5 冬季

冬季调查海域小型底栖生物栖息密度最高，密度变化范围为 22.65～219.67 个/cm²，平均为 105.98 个/cm²。本次调查中 60% 的站位小型底栖生物栖息密度大于 90 个/cm²，只有 ZD‒LDW032 及 ZD‒LZW129 两个站的生物栖息密度小于 30 个/cm²（见附图 10.4）。

冬季小型底栖主要类群为线虫占绝对优势，占小型底栖生物总密度的 92.08%；桡足类占第二位，为 4.90%；第三位为瓣鳃类，占总密度的 1.99%；其他种类只占总密度的 1.03% ［见图 10.2‒1 (d)］。

10.2.1.6 各区域间比较

小型底栖生物栖息密度与区域内底质类型密切相关，同时也显示出较明显的季节变化。在以泥质和砂质泥为主的天津重点调查区、渤海基础调查区和北戴河重点调查区，小型底栖生物栖息密度较高；而以粉砂底质和泥质粉砂为主的黄河口、莱州湾重点调查区，小型底栖生物栖息密度较低（见图 10.2‒2）。

图 10.2‒2 是 4 个季节各区域小型底栖生物平均生物密度的统计结果。由图中可以看出，渤海基础调查区小型底栖生物栖息密度处于较高水平，平均为 102.48 个/cm²。栖息密度从春季到冬季递增。该区域春季小型底栖生物栖息密度为 60.90 个/cm²，夏季为 92.55 个/cm²，秋季为 121.48 个/cm²，冬季为 134.97 个/cm²。4 个季节栖息密度组成均以线虫为主。

辽东湾重点调查区小型底栖生物栖息密度处于较低水平，平均为 67.63 个/cm²。4 个季节栖息密度变化不大。该区域春季小型底栖生物栖息密度为 68.15 个/cm²，夏季为 56.16 个/cm²，秋季为 68.97 个/cm²，冬季为 77.25 个/cm²。4 个季节栖息密度组成均以线虫为主。

北戴河重点调查区小型底栖生物栖息密度处于较高水平，平均为 120.05 个/cm²。4

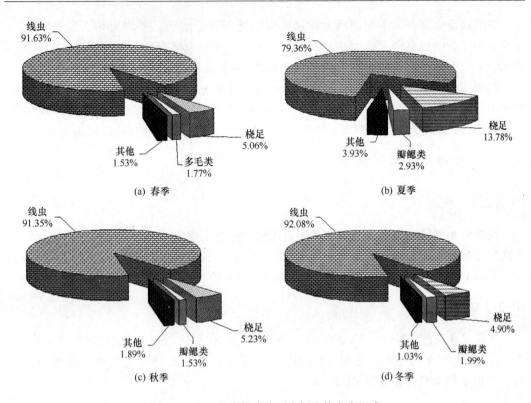

图 10.2 - 1　四个航次小型底栖生物密度组成

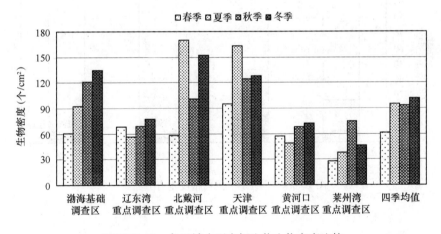

图 10.2 - 2　各区域小型底栖生物生物密度比较

个季节中夏季的栖息密度最大，为 169.78 个/cm²；其次为冬季 151.94 个/cm²；再次为秋季 100.53 个/cm²；最低的为春季 57.94 个/cm²。4 个季节栖息密度组成均以线虫为主。

天津重点调查区小型底栖生物栖息密度处于高水平，平均为 127.69 个/cm²。4 个季节中夏季的栖息密度最大，为 163.34 个/cm²；其次为冬季 127.63 个/cm²；再次为秋季 124.56 个/cm²；最低的为春季 95.22 个/cm²。4 个季节栖息密度组成均以线虫为主。

黄河口重点调查区小型底栖生物栖息密度处于较低水平，平均为 61.75 个/cm²。4个季节中冬季的栖息密度最大，为 72.01 个/cm²；其次为秋季 68.33 个/cm²；再次为春季 57.61 个/cm²；最低的为夏季 49.04 个/cm²。4个季节栖息密度组成均以线虫为主。

莱州湾重点调查区小型底栖生物栖息密度处于低水平，平均为 46.83 个/cm²。4个季节中秋季的栖息密度最大，为 75.23 个/cm²；其次为冬季 46.38 个/cm²；再次为夏季 37.91 个/cm²；最低的为春季 27.79 个/cm²。4个季节栖息密度组成均以线虫为主。

10.2.2　生物密度垂直分布

10.2.2.1　概述

调查中小型底栖生物占绝对优势的为线虫，此类生物的垂直分布主要在表层，所以本次小型底栖生物的垂直分布为表层（0~2 cm）最多，占总密度的 60.97%；中层（2~5 cm）次之，占总密度的 26.68%；底层（5~10 cm）最低，占总密度的 12.35%。

10.2.2.2　春季

在满足3层的站位中，72.90% 的生物分布在表层（0~2 cm）；中层（2~5 cm）次之，出现 19.92% 的生物；底层（5~10 cm）最少，出现 7.18% 的生物（见图 10.2－3），各站生物垂直分布见图 10.2－4。

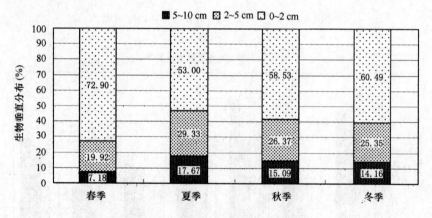

图 10.2－3　各季节生物密度垂直分布图

10.2.2.3　夏季

在满足3层的站位中，53.00% 的生物分布在表层（0~2 cm）；中层（2~5 cm）次之，出现 29.33% 的生物；底层（5~10 cm）最少，出现 17.67% 的生物（见图 10.2－3），各站生物垂直分布见图 10.2－5。

10.2.2.4　秋季

在满足3层的站位中，58.53% 的生物分布在表层（0~2 cm）；中层（2~5 cm）次之，出现 26.37% 的生物；底层（5~10 cm）最少，出现 7.18% 的生物（见图 10.2－

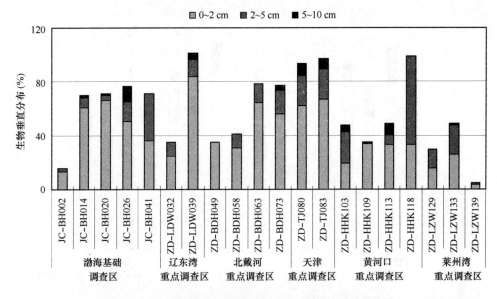

图 10.2 - 4 春季各站小型底栖生物生物密度垂直分布图

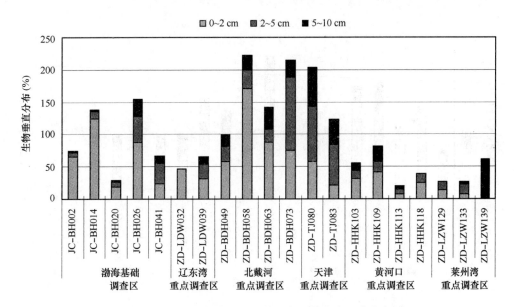

图 10.2 - 5 夏季各站小型底栖生物生物密度垂直分布图

3)，各站生物垂直分布见图 10.2 - 6。

10.2.2.5 冬季

在满足 3 层的站位中，60.49% 的生物分布在表层（0 ~ 2 cm）；中层（2 ~ 5 cm）次之，出现 25.35% 的生物；底层（5 ~ 10 cm）最少，出现 14.16% 的生物（见图 10.2 - 3)，各站生物垂直分布见图 10.2 - 7。

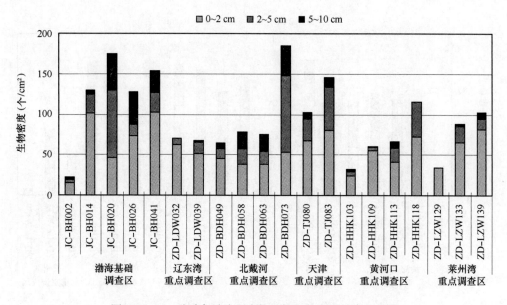

图 10.2 - 6　秋季各站小型底栖生物生物密度垂直分布图

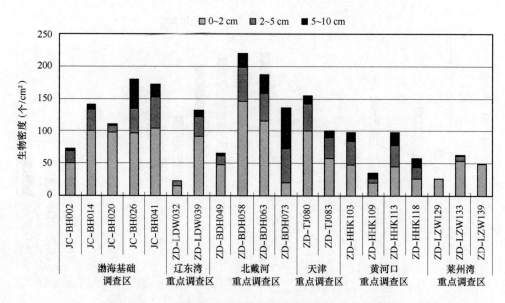

图 10.2 - 7　冬季各站小型底栖生物生物密度垂直分布图

10.2.2.6　各区域间比较

　　6 个调查区的小型底栖生物栖息密度垂直分布趋势基本相同，由高到低为表层（0 ~ 2 cm）、中层（2 ~ 5 cm）、底层（5 ~ 10 cm），只有天津重点调查区夏季为中层所占比例最大，图 10.2 - 8 是各区域小型底栖生物垂直生物密度的统计结果。

　　渤海基础调查区春季表层（0 ~ 2 cm）栖息密度占总密度的 65.29%；中层（2 ~ 5 cm）占总密度的 21.89%；底层（5 ~ 10 cm）占总密度的 12.81%。夏季表层（0 ~

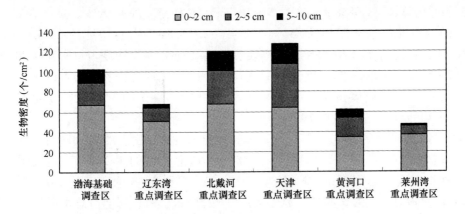

图 10.2 - 8　各区域小型底栖生物生物密度垂直分布

2 cm）栖息密度占总密度的 69.31%；中层（2～5cm）占总密度的 20.54%；底层（5～10 cm）占总密度的 10.15%。秋季表层（0～2 cm）栖息密度占总密度的 55.82%；中层（2～5 cm）占总密度的 24.35%；底层（5～10 cm）占总密度的 19.83%。冬季表层（0～2 cm）栖息密度占总密度的 66.81%；中层（2～5 cm）占总密度的 21.33%；底层（5～10 cm）占总密度的 11.86%。

辽东湾重点调查区春季表层（0～2 cm）栖息密度占总密度的 79.49%；中层（2～5 cm）占总密度的 17.24%；底层（5～10 cm）占总密度的 3.27%。夏季表层（0～2 cm）栖息密度占总密度的 69.00%；中层（2～5 cm）占总密度的 20.60%；底层（5～10 cm）占总密度的 10.40%。秋季表层（0～2 cm）栖息密度占总密度的 82.20%；中层（2～5 cm）占总密度的 15.85%；底层（5～10 cm）占总密度的 1.95%。冬季表层（0～2 cm）栖息密度占总密度的 68.76%；中层（2～5 cm）占总密度的 25.06%；底层（5～10 cm）占总密度的 6.18%。

北戴河重点调查区春季表层（0～2 cm）栖息密度占总密度的 80.52%；中层（2～5 cm）占总密度的 17.89%；底层（5～10 cm）占总密度的 1.59%。夏季表层（0～2 cm）栖息密度占总密度的 57.68%；中层（2～5 cm）占总密度的 27.44%；底层（5～10 cm）占总密度的 14.88%。秋季表层（0～2 cm）栖息密度占总密度的 43.44%；中层（2～5 cm）占总密度的 35.32%；底层（5～10 cm）占总密度的 21.24%。冬季表层（0～2 cm）栖息密度占总密度的 54.09%；中层（2～5 cm）占总密度的 26.77%；底层（5～10 cm）占总密度的 19.14%。

天津重点调查区春季表层（0～2 cm）栖息密度占总密度的 67.82%；中层（2～5 cm）占总密度的 23.26%；底层（5～10 cm）占总密度的 8.92%。夏季表层（0～2 cm）栖息密度占总密度的 24.33%；中层（2～5 cm）占总密度的 45.26%；底层（5～10 cm）占总密度的 30.42%。秋季表层（0～2 cm）栖息密度占总密度的 59.35%；中层（2～5 cm）占总密度的 32.07%；底层（5～10 cm）占总密度的 8.58%。冬季表层（0～2 cm）栖息密度占总密度的 62.02%；中层（2～5 cm）占总密度的 29.00%；底层（5～10 cm）占总密度的 8.98%。

黄河口重点调查区春季表层（0～2 cm）栖息密度占总密度的 51.63%；中层（2～

5 cm）占总密度的 42.38%；底层（5～10 cm）占总密度的 5.99%。夏季表层（0～2 cm）栖息密度占总密度的 53.64%；中层（2～5 cm）占总密度的 25.51%；底层（5～10 cm）占总密度的 20.85%。秋季表层（0～2 cm）栖息密度占总密度的 70.79%；中层（2～5 cm）占总密度的 25.12%；底层（5～10 cm）占总密度的 4.09%。冬季表层（0～2 cm）栖息密度占总密度的 48.16%；中层（2～5 cm）占总密度的 32.43%；底层（5～10 cm）占总密度的 19.41%。

莱州湾重点调查区春季表层（0～2 cm）栖息密度占总密度的 53.82%；中层（2～5 cm）占总密度的 44.91%；底层（5～10 cm）占总密度的 1.27%。夏季表层（0～2 cm）栖息密度占总密度的 73.24%；中层（2～5 cm）占总密度的 23.65%；底层（5～10 cm）占总密度的 3.11%。秋季表层（0～2 cm）栖息密度占总密度的 80.12%；中层（2～5 cm）占总密度的 14.68%；底层（5～10cm）占总密度的 5.21%。冬季表层（0～2 cm）栖息密度占总密度的 93.90%；中层（2～5 cm）占总密度的 5.09%；底层（5～10 cm）占总密度的 1.02%。

10.3 生物量组成与分布

10.3.1 概述

本次调查小型底栖生物生物量测定方法采用体积换算法，该方法适用于小型动物各主要类群。换算体积公式为：

$$V = L \cdot W \cdot C$$

式中：V——体积，单位为 10 的负 3 次方微升（$\times 10^{-3} \mu L$）；

L——体长（长尾种类至锥状部，具丝装尾种类至肛门），单位为毫米（mm）；

W——身体最大体宽，单位为毫米（mm）；

C——换算系数（见表 10.3 - 1）。

表 10.3 - 1 小型底栖生物生物量换算系数表

类 群	换算系数 C	类 群	换算系数 C
线 虫	530	多毛类	530
介形类	450	寡毛类	530
动 吻	295	等足类	230
缓步动物	614	桡足类	400

注：本次调查所获桡足类基本为锤形，所以换算系数取 400。

干重换算法：

$$DW = V \cdot K \cdot D$$

式中：DW——个体平均干重生物量，单位为微克（μg）；

V——个体体积，单位为 10 的负 3 次方微升（$\times 10^{-3} \mu L$）；

K——假定比重为 1.13；

D——假定干湿比为 0.25。

渤海小型底栖生物生物量 4 个季节变化不大,春夏秋冬 4 个季节生物量分别为: 283.93 μg/10 cm^2、249.40 μg/10 cm^2、264.72 μg/10 cm^2 及 275.85 μg/10 cm^2,平均为 268.48 μg/10 cm^2。生物量组成以生物密度占绝对优势的线虫及个体重量较大的多毛类为主。

10.3.2 春季

春季调查海域小型底栖生物生物量最高,调查海域生物量变化范围为 4.09 ~ 2 301.77 μg/10 cm^2,平均为 283.93 μg/10 cm^2。生物量分布在 ZD – TJ080 和 ZD – TJ088 等站位较高,均超过 1 400 μg/10 cm^2;在 ZD – BDH049、ZD – HHK109 及 ZD – LZW139 站位较低,均低于 20 μg/10 cm^2。

春季小型底栖生物量占优势的主要类群为线虫,其平均生物量为 197.18 μg/10 cm^2,占小型底栖生物量组成的 69.45%;多毛类居第二位,为 27.99%;第三位为桡足类,占 1.40% [见图 10.3 – 2(a)]。

10.3.3 夏季

夏季调查海域小型底栖生物生物量变化范围为 39.93 ~ 1148.67 μg/10 cm^2,平均为 249.40 μg/10 cm^2。生物量分布在 ZD – BDH063 站最高,ZD – HHK113 站最低。

夏季小型底栖生物量占优势的主要类群为线虫和多毛类,其平均生物量分别为 110.41 μg/10 cm^2 和 107.00 μg/10 cm^2,分别占小型底栖生物量组成的 44.27% 和 42.90%;第三位为桡足类,占 4.76% [见图 10.3 – 2(b)]。

10.3.4 秋季

秋季调查海域小型底栖生物生物量变化范围为 48.50 ~ 789.39 μg/10 cm^2,平均为 264.72 μg/10 cm^2。生物量分布在 ZD – TJ088 站最高,ZD – HHK103 站最低。

秋季小型底栖生物量占优势的主要类群为线虫,其平均生物量为 215.28 μg/10 cm^2,占小型底栖生物量组成的 81.32%;其次为多毛类,平均生物量为 37.11 μg/10 cm^2,占小型底栖生物量组成的 14.02%;第三位为桡足类,只占 1.97% [见图 10.3 – 2(c)]。

10.3.5 冬季

冬季调查海域小型底栖生物生物量变化范围为 31.29 ~ 1 228.63 μg/10 cm^2 之间,平均为 275.85 μg/10 cm^2。生物量分布在 ZD – BDH063 站最高,ZD – LZW129 站最低。

冬季小型底栖生物量占优势的主要类群为多毛类和线虫,其平均生物量分别为 127.80 μg/10 cm^2 和 118.84 μg/10 cm^2,分别占小型底栖生物量组成的 46.33% 和 43.08%;第三位为寡毛类,占 4.04% [见图 10.3 – 2(d)]。

10.4 优势种类

4 个航次的调查中小型底栖生物的优势种类均为线虫及桡足类的猛水蚤,其站位出现率均为 100%。

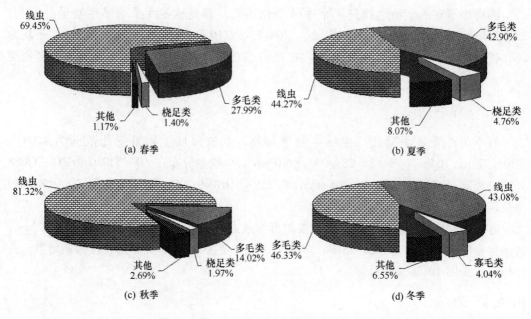

图 10.3 - 2　四个航次小型底栖生物量组成

10.4.1　线虫

春季栖息密度变化范围为 4.39 ~ 97.38 个/cm²，平均为 53.92 个/cm²，占底栖生物密度组成的 91.63%。

夏季栖息密度变化范围为 13.72 ~ 180.45 个/cm²，平均为 74.91 个/cm²，占底栖生物密度组成的 79.36%。

秋季栖息密度变化范围为 20.17 ~ 161 个/cm²，平均为 86.45 个/cm²，占底栖生物密度组成的 91.34%。

冬季栖息密度变化范围为 22.08 ~ 196.67 个/cm²，平均为 96.20 个/cm²，占底栖生物密度组成的 90.77%。

10.4.2　桡足类

该类群栖息密度占优势的种类为猛水蚤。

春季栖息密度变化范围为 0.071 ~ 15.71 个/cm²，平均栖息密度为 13.01 个/cm²，占调查海域底栖生物密度组成的 5.06%。

夏季栖息密度变化范围为 0.28 ~ 45.62 个/cm²，平均栖息密度为 13.01 个/cm²，占调查海域底栖生物密度组成的 13.78%。

秋季栖息密度变化范围为 0.42 ~ 17.20 个/cm²，平均栖息密度为 4.95 个/cm²，占调查海域底栖生物密度组成的 5.23%。

冬季栖息密度变化范围为 0.425 ~ 16.07 个/cm²，平均栖息密度为 5.390 个/cm²，占调查海域底栖生物密度组成的 4.83%。

11 大型底栖生物

11.1 种类组成

11.1.1 概述

本次调查共获底栖生物 396 种（未计苔藓类动物和沉积的海藻），隶属于腔肠、扁形、纽形、环节、螠虫、软体、腕足、节肢、棘皮、尾索、半索、头索和脊索 13 个动物门，185 科，305 属。其中，环节动物出现的种类数最多，共 88 属，123 种，占底栖生物种类组成的 31.06%；其次为节肢动物，出现 82 属，107 种，占种类组成的 27.02%；软体动物出现 74 属，94 种，占底栖生物种类组成的 23.74%；鱼类出现 32 种，占底栖生物种类组成的 8.08%；棘皮动物 20 种，占种类组成的 5.05%；其他门类的动物出现种数较少（详见底栖生物种名录）。

各季节出现的底栖生物种类数以夏季最多，冬季次之，春、秋季最少（图 11.1 - 1）。

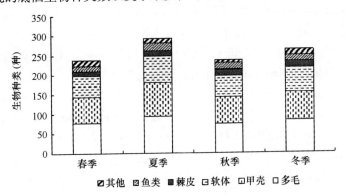

图 11.1 - 1 渤海各季节大型底栖生物种类组成比较

海域的主要经济性底栖生物种类有：琥珀刺沙蚕（*Neanthes succinea*）、饭岛全刺沙蚕（*Nectoneanthes ijimai*）、多齿全刺沙蚕（*Nereis multignatha*）、智利巢沙蚕（*Diopatra chiliensis*）、岩虫（*Marphysa sanguinea*）、托氏蜎螺（*Umbonium thomasi*）、扁玉螺（*Neverita didyma*）、乳头真玉螺（*Eunaticina papilla*）、斑玉螺（*Natica tigrina*）、广大扁玉螺（*Neverita ampla*）、拟紫口玉螺（*Natica janthostomoides*）、香螺（*Neptunea arthritica cumingii*）、纵肋织纹螺（*Nassarius variciferus*）、秀丽织纹螺（*Nassarius festivus*）、红带织纹螺（*Nassarius succinctus*）、金刚螺（*Sydaphera spengleriana*）、黄短口螺（*Inquistor flavidula*）、假主棒螺（*Crassispira pseudoprinciplis*）、朝鲜笋螺（*Terebra koreana*）、泥螺（*Bullacta ex-*

arata）、日本枪乌贼（*Loligo japonica*）、双喙耳乌贼（*Sepiola bieostrata*）、短蛸（*Octopus occellatus*）、长蛸（*Octopus variabilis*）、魁蚶（*Scapharca broughtonii*）、毛蚶（*Scapharca subcrenata*）、紫贻贝（*Myilus galloprovincialis*）、长偏顶蛤（*Modiolus elongatus*）、凸壳肌蛤（*Nusculus senhousei*）、长牡蛎（*Crassostrea gigas*）、中国蛤蜊（*Mactra chinensis*）、被角樱蛤（*Angulu vestalioides*）、扁角樱蛤（*Angulu compressissimus*）、江户明樱蛤（*Moerella jedoensis*）、脆壳理蛤（*Theora fragilis*）、大竹蛏（*Solen grendis*）、短竹蛏（*Solen dunkerianus*）、长竹蛏（*Solen strictus*）、小刀蛏（*Cultellus attenuatus*）、薄荚蛏（*Siliqua pulchella*）、凸镜蛤（*Dosinia gibba*）、日本镜蛤（*Dosinia japonica*）、光滑河蓝蛤（*Potamocorbula laevis*）、小红糠虾（*Erythrops minuta*）、漂浮囊糠虾（*Gastrosaccus pelagicus*）、粗糙刺糠虾（*Acanthomysis aspera*）、东方新糠虾（*Neomysis orientalis*）、细巧仿对虾（*Parpenaeopsis tenella*）、鹰爪虾（*Trachypenaeus curvirostris*）、中国毛虾（*Acetes chinensis*）、日本毛虾（*Acetes japonicus*）、细螯虾（*Leptochela gracilis*）、脊尾白虾（*Exopalaemon carinicauda*）、秀丽白虾（*Exopalaemon modestus*）、葛氏长臂虾（*Palaemon gravieri*）、巨指长臂虾（*Palaemon macrodacttylus*）、锯齿长臂虾（*Palaemon serrifer*）、短脊鼓虾（*Alpheus brevicristatus*）、鲜明鼓虾（*Alpheus distingaendus*）、日本鼓虾（*Alpheus japonicus*）、长足七腕虾（*Heptacarpus futilirostris*）、疣背宽额虾（*Latreutes planirostris*）、刀形宽额虾（*Latreutes laminirostris*）、脊腹褐虾（*Crangon affimis*）、褐虾（*Crangon crangon*）、日本美人虾（*Callianassa japonica*）、大蝼蛄虾（*Upogebia major*）、脊尾蝼蛄虾（*Upogebia carinicauda*）、伍氏蝼蛄虾（*Upogebia wubsienweni*）、巨形拳蟹（*Philyra pisum*）、隆背黄道蟹（*Cancer gibbosulus*）、三疣梭子蟹（*Portunus trituberculatus*）、日本蟳（*Charybdis japonica*）、泥脚隆背蟹（*Carcinoplax vestitus*）、隆线强蟹（*Eucrata crenata*）、中型三强蟹（*Tritodynamia intermedia*）、兰氏三强蟹（*Tritodynamia rathbunae*）、绒螯近方蟹（*Hemigrapsus peniciillatus*）、口虾蛄（*Oratosquilla oratoria*）、罗氏海盘车（*Asterias rollestoni*）、细雕刻肋海胆（*Temnopleurus toreumaticus*）、哈氏刻肋海胆（*Temnopleurus hardwickii*）、马粪海胆（*Hemicentrotus puicherrimus*）、青岛文昌鱼（*Branchiostoma belohgi tsingtauense*）、日本鳀（*Engraulis japonicus*）、中颌棱鳀（*Thrissa mystax*）、黄鲫（*Setipinna taty*）、大银鱼（*Protosalanx hyalocranius*）、前颌间银鱼（*Hemisalanx prognathus*）、尖海龙（*Syngnathus acus*）、管海马（*Hippocampus kuda*）、鲻（*Mugil cephalus*）、许氏平鲉（*Sebastodes fuscescens*）、白姑鱼（*Argyrosomus argentatus*）、小黄鱼（*Pseudosciaena polyactis*）、黑鳃棘童鱼（*Collichthys niveatus*）、云鳚（*Enedrias nebulosus*）、六线鳚（*Ernogrammus hexagrammus*）、玉筋鱼（*Ammodytes personatus*）、矛尾鰕虎鱼（*Chaeturichthys stigmatias*）、六丝矛尾鰕虎鱼（*Chaeturichthys hexanema*）、无备平鲉（*Sebastes inermis*）、大泷六线鱼（*Hexagrammos otakii*）、鲬（*Platycephalus indicus*）、赵氏狮子鱼（*Liparidae choanus*）、短吻舌鳎（*Cynoglossus joyneri*）、长吻舌鳎（*Cynoglossus lighti*）、半滑舌鳎（*Cynoglossus semilaevis*）和黄鮟鱇（*Lophius litulon*）等。

11.1.2 春季

春季共获底栖生物200属，233种，其中，环节动物出现77种，占底栖生物种类组成的33.05%；节肢动物出现63种，占种类组成的27.04%；软体动物出现54种，占底栖生物种类组成的 23.18%；鱼类出现 13 种，占底栖生物种类组成的 5.58%；棘皮动物 11 种，占种类组成的 4.72%；其他门类的动物出现 15 种，占种类组成的 6.44%。

所出现的底栖生物种类多数仅分布于少数测站。站位出现率小于 5% 的种类有 76 种，站位出现率在 5% ~10%（不含 10%，下同）之间的种类有 63 种，在 10% ~20% 之间的种类有 37 种，在 20% ~30% 之间的种类有 24 种，在 30% ~40% 之间的种类有 13 种，在 40% ~50% 之间的种类有 8 种，不少于 50% 的种类有 12 种。

调查海域的常见种（站位出现率在 50% 以上）有：日本鼓虾、葛氏长臂虾、疣背宽额虾、脊腹褐虾、广大扁玉螺、细螯虾、口虾蛄、日本圆柱水虱（Cirolana japonensis）、鲜明鼓虾、不倒翁虫（Sternaspis sculata）、砂海星（Luidia quinaria）和拟特须虫（Paralacydonia paradoza）等。

11.1.3 夏季

夏季共获底栖生物 238 属，287 种，其中，环节动物共 88 种，占底栖生物种类组成的 30.66%；节肢动物出现 86 种，占种类组成的 29.97%；软体动物出现 69 种，占种类组成的 24.04%；棘皮动物 10 种，占种类组成的 3.48%；鱼类出现 22 种，占种类组成的 7.67%；其他门类的动物出现 12 种，占种类组成的 4.18%。

站位出现率小于 5% 的种类有 100 种，在 5% ~10% 之间的种类有 62 种，在 10% ~20% 之间的种类有 54 种，在 20% ~30% 之间的种类有 26 种，在 30% ~40% 之间的种类有 19 种，在 40% ~50% 之间的种类有 10 种，不少于 50% 的种类有 17 种。

调查海域的常见种（站位出现率在 50% 以上）有：葛氏长臂虾、口虾蛄、细螯虾、日本鼓虾、矛尾鰕虎鱼、不倒翁虫、脊腹褐虾、江户明樱蛤、疣背宽额虾、拟特须虫、纵沟纽虫（Lineus sp.）、扁玉螺、砂海星、长吻红舌鳎、六丝矛尾鰕虎鱼、寡鳃齿吻沙蚕（Nephtys oligobranchia）和双唇索沙蚕（Lumbrineris cruzensis）等。

11.1.4 秋季

秋季共获底栖生物 190 属，226 种，其中环节动物 72 种，占底栖生物种类组成的 31.86%；节肢动物出现 66 种，占种类组成的 29.20%；软体动物出现 48 种，占种类组成的 21.24%；棘皮动物 16 种，占种类组成的 7.08%；鱼类 16 种，占种类组成的 7.08%；其他门类的动物出现 8 种，占种类组成的 3.54%。

站位出现率小于 5% 的种类有 81 种，在 5% ~10% 之间的种类有 45 种，在 10% ~20% 之间的种类有 39 种，在 20% ~30% 之间的种类有 21 种，在 30% ~40% 之间的种类有 24 种，在 40% ~50% 之间的种类有 6 种，不少于 50% 的种类有 10 种。

调查海域的常见种（站位出现率在 50% 以上）有：六丝矛尾鰕虎鱼、日本鼓虾、葛氏长臂虾、口虾蛄、砂海星、不倒翁虫、江户明樱蛤、细螯虾、日本圆柱水虱和强鳞虫（Sthenolepis japonica）等。

11.1.5 冬季

冬季共获底栖生物 214 属，255 种，其中环节动物 81 种，占底栖生物种类组成的 31.76%；节肢动物出现 68 种，占种类组成的 26.67%；软体动物出现 61 种，占种类组成的 23.92%；棘皮动物 18 种，占种类组成的 7.06%；鱼类 15 种，占种类组成的 5.88%；其他门类的动物出现 12 种，占种类组成的 4.71%。

站位出现率小于 5% 的种类有 86 种，在 5%～10% 之间的种类有 62 种，在 10%～20% 之间的种类有 33 种，在 20%～30% 之间的种类有 28 种，在 30%～40% 之间的种类有 20 种，在 40%～50% 之间的种类有 9 种，不少于 50% 的种类有 19 种。

调查海域的常见种（站位出现率在 50% 以上）有：葛氏长臂虾、日本鼓虾、疣背宽额虾、中国毛虾、扁玉螺、拟特须虫、细螯虾、寡鳃齿吻沙蚕、脊腹褐虾、双唇索沙蚕、不倒翁虫、强鳞虫、日本圆柱水虱、砂海星、矛尾鰕虎鱼、纵沟纽虫、长吻红舌鳎、江户明樱蛤和日本倍棘蛇尾（*Amphioplus japonicus*）等。

11.1.6　各区域间比较

底栖生物出现的种类数与区域内底质的复杂程度和采集站数密切相关。我们在渤海常见的泥、泥质粉砂、泥质砂三种底质类型区，分别用 0.1 m² 采泥器连续采集 15 次，共计 1.5 m²，采集强度基本获取了沉积物中栖息的大部分底栖生物种类。其结果为在泥质砂底质获得底栖生物 65 种，粉砂底质获底栖生物 38 种，泥底质获底栖生物 38 种，可见在渤海的三种主要底质类型中，沉积类型为泥质砂底质的区域栖息的种类最多。另外，黄河三角洲近岸海域为较硬的粉砂底质（俗称铁板沙），该区域底栖生物资源量极少。

图 11.1-2 统计了 4 个航次各区域大型底栖生物定量样品出现的种类数。由图中可以看出，调查区内渤海基础调查区范围较广，包括了泥、泥质砂、砂质泥和砂等多种底质类型，加之该区域内设底栖生物调查站位较多，出现的底栖生物种类数多于其他调查区，各航次中仅夏季略低于北戴河重点调查区，其他季节均居首位。该区域 4 个季度月中出现的底栖生物以夏季最多、冬季次之、秋季最少。

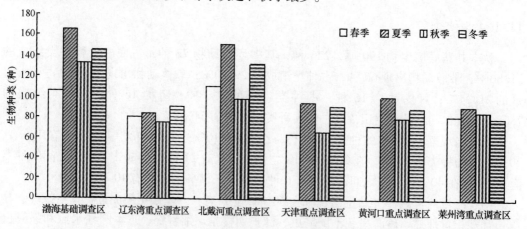

图 11.1-2　各区域大型底栖生物种类数量比较

北戴河重点调查区范围也较广，包括了泥质砂、砂质泥和砂三种底质类型，所设调查站位也较多，出现的底栖生物种类数位居第二。该区域 4 个季度月中出现的底栖生物以夏季最多、冬季次之、秋季最少。

　　辽东湾重点调查区主要有泥质砂和砂质泥两种底质类型，虽然在此种底质中栖息的底栖生物资源量较高，但因所设调查站位较少，导致该区域内出现的底栖生物种类较少。其中夏季出现的种类数位居各调查区最后。该区域 4 个季度月中出现的底栖生物种类数相对稳定，以冬季最多、夏季次之、秋季最少。

　　天津重点调查区主要有泥质粉砂和粉砂质泥两种底质类型，此种底质类型中栖息的底栖生物资源量较低，又因所设调查站位较少，导致该区域内出现的底栖生物种类较少。春、秋季出现的种类数位居各调查区最后。该区域 4 个季度月中出现的底栖生物种类数以夏、冬季较多，春、秋季较少。

　　黄河口重点调查区主要有粉砂、泥质粉砂和粉砂质泥三种底质类型，此种底质类型中栖息的底栖生物资源量较低，因所设调查站位较多，加之该调查区涵盖水深不足 10 m 的近岸海域，因此该区域内出现的底栖生物种类相对于其他重点区域较高。夏季出现的种类数位居第三位。该区域 4 个季度月中出现的底栖生物种类数以夏、冬季较多，春、秋季较少。

　　莱州湾重点调查区主要有粉砂、泥质粉砂和粉砂质泥和泥 4 种底质类型，与黄河口调查区相同，该调查区涵盖水深不足 10 m 的近岸海域，因此该区域内出现的底栖生物种类相对较高。春、秋季出现的种类数位居第三位。该区域 4 个季度月中出现的底栖生物种类数相对稳定，以夏季较高。

11.2　生物量组成与分布

11.2.1　概述

　　渤海海区大型底栖生物生物量较低，平均为 19.68 g/m^2。各季节生物量变化不明显，以夏季略高，冬季次之，春、秋季略低。生物量组成以软体动物最高，棘皮动物次之，多毛类居第三位，甲壳类居第四位。影响生物量组成的主要种类有大个体的贝类、虾蟹类、海星、海胆和棘刺锚参，以及个体虽小但栖息密度较高的多毛类和蛇尾等。

11.2.2　春季

　　春季底栖生物生物量变化范围为 0.15 ~ 438.30 g/m^2，平均生物量为 14.24 g/m^2。生物量分布比较均匀，高值区出现在辽东湾附近，低值区位于渤海中部及黄河口附近海域（见附图 11.1）。春季底栖生物生物量组成以软体动物占优势，该类群占底栖生物总量的 48.3%；多毛类次之，占总生物量的 20.5%；甲壳类居第三位，占总生物量的 13.5%；棘皮动物占 6.7%。

11.2.3　夏季

　　夏季底栖生物生物量变化范围为 0.92 ~ 380.60 g/m^2，平均生物量为 27.16 g/m^2。生物量高值区出现在辽东湾口附近，低值区位于渤海中部附近海域（见附图 11.2）。夏季底栖生物生物量构成中，软体动物占优势，该类群占底栖生物总生物量的 48.7%；棘皮动物次之，占总生物量的 32.2%；多毛类居第三位，占总生物量的 15.4%；甲壳类占 8.4%。

11.2.4　秋季

秋季底栖生物生物量变化范围为 $0.45 \sim 106.80$ g/m²，平均生物量为 14.92 g/m²。生物量分布比较均匀，高值区出现在渤海湾南部，低值区位于渤海中部附近海域（见附图 11.3）。秋季底栖生物生物量构成中，以软体动物占优势，该类群占底栖生物总生物量的 29.5%；棘皮动物次之，占总生物量的 22.8%；多毛类居第三位，占总生物量的 21.4%；甲壳类占 17.8%。

11.2.5　冬季

冬季底栖生物生物量变化范围为 $0.08 \sim 243.45$ g/m²，平均生物量为 22.99 g/m²。生物量高值区出现在辽东湾口附近，低值区位于渤海中部附近海域（见附图 11.4）。冬季底栖生物生物量构成中，软体动物占优势，该类群占底栖生物总生物量的 46.4%；多毛类次之，占总生物量的 16.9%；棘皮动物居第三位，占总生物量的 15.0%；甲壳类占 11.6%。

11.2.6　各区域比较

图 11.2 – 1 是 4 个季节各区域大型底栖生物平均生物量的统计结果。由图中可以看出，渤海基础调查区底栖生物生物量处于较高水平，其中秋季的平均生物量居各调查区之首，其他航次仅低于辽东湾处于第二位水平。该区域 4 个季度月中出现的底栖生物平均生物量以夏季最高、冬季次之、春季最少。该区域春季底栖生物平均生物量为 14.45 g/m²，生物量组成以软体动物最高，多毛类次之，甲壳类居第三位。夏季底栖生物平均生物量为 34.91 g/m²，生物量组成以软体动物最高，多毛类次之，甲壳类居第三位。秋季底栖生物平均生物量为 17.08 g/m²，生物量组成以棘皮动物最高，多毛类次之，软体动物居第三位。冬季底栖生物平均生物量为 27.37 g/m²，生物量组成以软体动物最高，棘皮动物次之，多毛类居第三位。

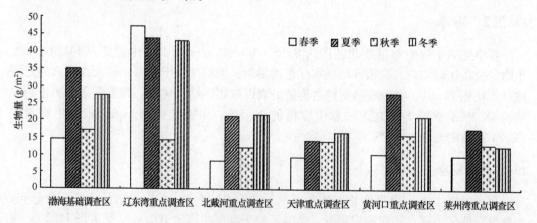

图 11.2 – 1　各区域大型底栖生物生物量比较

辽东湾重点调查区底栖生物生物量处于高水平，除秋季的平均生物量低于渤海基础区外，其他航次均处于各调查区之首。该区域 4 个季度月中出现的底栖生物平均生物量仅以秋季略低，其他季节均较高，且资源量处于同一水平。该区域春季底栖生物平均生物量为 47.20 g/m²，生物量组成以软体动物占绝对优势。夏季底栖生物平均生物量为 43.77 g/m²，生物量组成以软体动物最高，棘皮动物次之，甲壳类居第三位。秋季底栖生物平均生物量为 14.32 g/m²，生物量组成以甲壳类最高，多毛类次之，软体动物居第三位。冬季底栖生物平均生物量为 43.07 g/m²，生物量组成以软体动物占绝对优势。

北戴河重点调查区底栖生物生物量处于中等水平。该区域 4 个季度月中出现的底栖生物平均生物量以夏、冬季较高，春季最少。该区域春季底栖生物平均生物量为 8.34 g/m²，生物量组成以多毛类最高，甲壳类次之，软体动物居第三位。夏季底栖生物平均生物量为 21.26 g/m²，生物量组成以多毛类最高，软体动物次之，甲壳类居第三位。秋季底栖生物平均生物量为 12.12 g/m²，生物量组成以甲壳类最高，多毛类次之，棘皮动物居第三位。冬季底栖生物平均生物量为 21.82 g/m²，生物量组成以多毛类最高，软体动物次之，甲壳类居第三位。

天津重点调查区底栖生物生物量处于较低水平。该区域 4 个季度月中出现的底栖生物平均生物量除春季较低外，其他航次基本相近。该区域春季底栖生物平均生物量为 9.45 g/m²，生物量组成以甲壳类最高，多毛类次之，软体动物居第三位。夏季底栖生物平均生物量为 14.21 g/m²，生物量组成以棘皮动物最高，多毛类次之，软体动物居第三位。秋季底栖生物平均生物量为 14.08 g/m²，生物量组成以棘皮动物最高，软体动物次之，多毛类居第三位。冬季底栖生物平均生物量为 16.72 g/m²，生物量组成以软体动物最高，多毛类次之，棘皮动物居第三位。

黄河口重点调查区底栖生物生物量处于中等水平。该区域 4 个季度月中出现的底栖生物平均生物量以夏季最高、冬季次之、春季最少。该区域春季底栖生物平均生物量为 10.31 g/m²，生物量组成以棘皮动物最高，软体动物次之，多毛类居第三位。夏季底栖生物平均生物量为 27.94 g/m²，生物量组成以软体动物最高，棘皮动物次之，多毛类居第三位。秋季底栖生物平均生物量为 15.89 g/m²，生物量组成以棘皮动物最高，软体动物次之，多毛类居第三位。冬季底栖生物平均生物量为 21.20 g/m²，生物量组成以软体动物最高，棘皮动物次之，甲壳类居第三位。

莱州湾重点调查区底栖生物生物量处于较低水平。该区域 4 个季度月中出现的底栖生物平均生物量除夏季相对较高外，其他航次基本相近。该区域春季底栖生物平均生物量为 9.94 g/m²，生物量组成以软体动物最高，甲壳类次之，棘皮动物居第三位。夏季底栖生物平均生物量为 17.79 g/m²，生物量组成以软体动物最高，棘皮动物次之，甲壳类居第三位。秋季底栖生物平均生物量为 12.97 g/m²，生物量组成以软体动物最高，棘皮动物次之，甲壳类居第三位。冬季底栖生物平均生物量为 12.62 g/m²，生物量组成以棘皮动物最高，软体动物次之，甲壳类居第三位。

11.3　生物密度组成与分布

11.3.1　概述

渤海大型底栖生物栖息密度较高，平均为 478.3 个/m²。各季节栖息密度以夏季最高，冬季次之，春、秋季较低。密度组成以多毛类最高，软体动物次之，甲壳类居第三位，棘皮动物居第四位。影响栖息密度组成的主要是小个体的多毛类。

11.3.2　春季

春季底栖生物栖息密度变化范围为 10～2 490 个/m^2，平均为 247.1 个/m^2。除在 ZD – LZW138 站出现了大量的细长涟虫（*Iphinoe tenera*）（2 290 个/m^2）而导致该站生物密度异常高外，高值区位于辽东湾西部海域及莱州湾以北的渤海中部附近海域，低值区则位于渤海湾及黄河口附近海域（见附图 11.5）。春季底栖生物密度构成中多毛类占优势，该类群占底栖生物密度组成的 60.5%；甲壳类次之，占总密度的 24.3%。软体动物居第三位，占总密度的 11.0%；棘皮动物占 2.1%。

春季多毛类平均栖息密度为 149.5 个/m^2，占调查海域底栖生物密度组成的 60.5%；该类群密度占优势的种类为不倒翁虫、拟特须虫、背蚓虫（*Notomastus latericeus*）、寡鳃齿吻沙蚕、双唇索沙蚕、角海蛹（*Ophelina acuminata*）、寡节甘吻沙蚕（*Glycinde gurjanovae*）、长须沙蚕（*Nereis longior*）和曲强真节虫（*Euclymene lombricoides*）等，其平均栖息密度均在 5 个/m^2 以上，其中以不倒翁虫和拟特须虫的平均栖息密度最高，分别为 28.7 个/m^2 和 17.4 个/m^2。

软体动物平均栖息密度为 27.3 个/m^2，占调查海域底栖生物密度组成的 11.0%。该类群密度占优势的种类为江户明樱蛤和小亮樱蛤（*Nitidotellisa minuta*），其平均栖息密度分别为 6.5 个/m^2 和 4.9 个/m^2。

甲壳类平均栖息密度为 60.1 个/m^2，占调查海域底栖生物密度组成的 24.3%；密度占优势的种类为细长涟虫和日本拟脊尾水虱（*Paranthura japonica*），其平均栖息密度分别为 28.0 个/m^2 和 8.5 个/m^2。

棘皮动物平均栖息密度为 5.2 个/m^2，占调查海域底栖生物密度组成的 2.1%；密度占优势的种类为日本倍棘蛇尾，其平均栖息密度均为 4.3 个/m^2。

11.3.3　夏季

夏季底栖生物栖息密度变化范围为 35～21 945 个/m^2，平均为 891 个/m^2。高值区位于莱州湾以北的渤海中部附近海域，低值区则位于辽东湾口附近海域（见附图 11.6）。夏季底栖生物密度构成中软体动物占优势，占总密度的 54.6%。多毛类次之，占总密度的 25.8%。甲壳类居第三位，占总密度的 12.8%；棘皮动物占 12.8%。

多毛类平均栖息密度为 229.9 个/m^2，占调查海域底栖生物密度组成的 25.8%；该类群密度占优势的种类为不倒翁虫、欧文虫（*Owenia fusformis delle*）、背蚓虫（*Notomastus* sp.）、拟特须虫和寡鳃齿吻沙蚕等，其平均栖息密度均在 10 个/m^2 以上，其中以不倒翁虫的平均栖息密度最高，为 32.3 个/m^2。

软体动物平均栖息密度为 486.4 个/m^2，占调查海域底栖生物密度组成的 54.6%。该类群密度占优势的种类为紫壳阿文蛤（*Alvenius ojianus*）、凸壳肌蛤、江户明樱蛤、古明圆蛤（*Cycladicama cumingi*）和脆壳理蛤，其平均栖息密度均在 15 个/m^2 以上，其中以紫壳阿文蛤和凸壳肌蛤的栖息密度最高，其平均栖息密度分别为 212.5 个/m^2 和 170.9 个/m^2。

甲壳类平均栖息密度为 114.3 个/m²，占调查海域底栖生物密度组成的 12.8%；密度占优势的种类为大蝼蠃蜚（*Corophium major*）、塞切尔泥钩虾（*Eriopisella sechellensis*）、日本拟脊尾水虱和短角双眼钩虾（*Ampelisca brevicornis*），其平均栖息密度均在 10 个/m² 以上，其中以大蝼蠃蜚的栖息密度最高，平均栖息密度为 28.1 个/m²。

棘皮动物平均栖息密度为 51.0 个/m²，占调查海域底栖生物密度组成的 5.7%；密度占优势的种类为日本倍棘蛇尾，其平均栖息密度均为 50.1 个/m²。

11.3.4　秋季

秋季底栖生物栖息密度变化范围为 20~1 340 个/m²，平均为 258.2 个/m²。高值区位于渤海中部及辽东湾西南部海域，低值区则位于辽东湾北部、渤海湾西部及黄河口附近海域（见附图 11.7）。秋季底栖生物密度构成中多毛类占优势，该类群占密度组成的 54.8%；甲壳类次之，占密度组成的 21.3%；软体动物居第三位，占总密度的 15.1%；棘皮动物占 6.5%。

多毛类平均栖息密度为 141.5 个/m²，占调查海域底栖生物密度组成的 54.8%；该类群密度占优势的种类为不倒翁虫、背蚓虫 sp.、曲强真节虫、强鳞虫、寡鳃齿吻沙蚕和丝异须虫（*Heteromastus filiforms*）等，平均栖息密度均在 5 个/m² 以上，其中以不倒翁虫和背蚓虫 sp. 的平均栖息密度最高，分别为 30.2 个/m² 和 15.5 个/m²。

软体动物平均栖息密度为 39.0 个/m²，占调查海域底栖生物密度组成的 15.1%。该类群密度占优势的种类为江户明樱蛤和小亮樱蛤，其平均栖息密度分别为 11.2 个/m² 和 6.7 个/m²。

甲壳类平均栖息密度为 55 个/m²，占调查海域底栖生物密度组成的 21.3%；密度占优势的种类为塞切尔泥钩虾和日本拟脊尾水虱，其平均栖息密度分别为 14.0 个/m² 和 8.1 个/m²。

棘皮动物平均栖息密度为 16.7 个/m²，占调查海域底栖生物密度组成的 6.5%；密度占优势的种类为日本倍棘蛇尾，其平均栖息密度为 14.1 个/m²。

11.3.5　冬季

冬季底栖生物栖息密度变化范围为 12~4 370 个/m²，平均为 500.4 个/m²。高值区位于莱州湾以北的渤海中部附近海域，低值区则位于渤海湾南部和莱州湾西南部附近海域（见附图 11.8）。冬季底栖生物密度构成中多毛类占优势，占总密度的 53.9%；甲壳类次之，占总密度的 23.9%；软体动物居第三位，占总密度的 14.3%；棘皮动物占 5.1%。

多毛类平均栖息密度为 269.5 个/m²，占调查海域底栖生物密度组成的 53.9%；该类群密度占优势的种类为不倒翁虫、拟特须虫、寡鳃齿吻沙蚕、背蚓虫、双唇索沙蚕、丝异须虫和角海蛹（*Ophelina acuminata*）等，其平均栖息密度均在 10 个/m² 以上，其中以不倒翁虫的平均栖息密度最高，为 54.2 个/m²。

软体动物平均栖息密度为 71.6 个/m²，占调查海域底栖生物密度组成的 14.3%。该类群密度占优势的种类为紫壳阿文蛤、江户明樱蛤、豆形胡桃蛤（*Nucula kawamurai*）和脆壳理蛤，其平均栖息密度均在 5 个/m² 以上，以紫壳阿文蛤和江户明樱蛤的栖息密度最高，其平均栖息密度分别为 26.2 个/m² 和 10.8 个/m²。

甲壳类平均栖息密度为 119.8 个/m²，占调查海域底栖生物密度组成的 23.9%；密度占优势的种类为细长涟虫、日本拟脊尾水虱、塞切尔泥钩虾、日本长尾虫（*Aspeudes nipponicus*）、轮双眼钩虾（*Ampelisca cyclops*）、大蝶蠃蜚和姜原双眼钩虾（*Ampelisca miharaensis*）等，其平均栖息密度均在 5 个/m² 以上，以细长涟虫和日本拟脊尾水虱的栖息密度最高，其平均栖息密度分别为 28.1 个/m² 和 22.7 个/m²。

棘皮动物平均栖息密度为 25.4 个/m²，占调查海域底栖生物密度组成的 5.1%；密度占优势的种类为日本倍棘蛇尾，其平均栖息密度均为 22.5 个/m²。

11.3.6　各区域比较

底栖生物的资源量与区域内底质类型密切相关。我们在渤海常见的泥、泥质粉砂、泥质砂三种底质类型区，分别用 0.1 m² 采泥器连续采集 15 次，共计 1.5 m²，其结果为在泥质砂底质获底栖生物平均栖息密度 619 个/m²，粉砂底质为 236 个/m²，泥底质为 157 个/m²，可见在渤海的三种主要底质类型中，沉积类型为泥质砂底质的栖息密度最高，泥底质最少。另外，黄河三角洲近岸海域为较硬的粉砂底质（俗称铁板沙），该区域底栖生物资源量极少。

图 11.3-1 是四个季度各区域大型底栖生物平均生物密度的统计结果。由图中可以看出，渤海基础调查区底栖生物栖息密度处于较高水平，其中秋季的生物密度居各调查区之首，夏、冬季航次处于第二位水平。该区域 4 个季度月底栖生物栖息密度以夏季最高、冬季次之、春季最低。该区域春季底栖生物平均栖息密度为 283 个/m²，密度组成以多毛类最高，软体动物次之，甲壳类居第三位。夏季底栖生物平均栖息密度为 1 405 个/m²，密度组成以软体动物最高，多毛类次之，甲壳类居第三位。秋季底栖生物平均栖息密度为 362 个/m²，密度组成以多毛类最高，甲壳类次之，棘皮动物居第三位。冬季底栖生物平均栖息密度为 495 个/m²，密度组成以多毛类最高，甲壳类次之，棘皮动物居第三位。

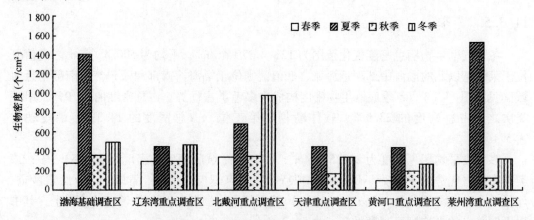

图 11.3-1　各区域大型底栖生物生物密度比较

辽东湾重点调查区底栖生物栖息密度处于中等水平。该区域 4 个季度月中底栖生物栖息密度以夏、冬季较高，春、秋季较低。该区域春季底栖生物平均栖息密度为 300 个/m²，密度组成以多毛类最高，甲壳类次之，棘皮动物居第三位。夏季底栖生物平均栖息密度为 452 个/m²，密度组成以软体动物最高，多毛类次之，甲壳类居第三位。秋季底栖生物平均栖息密度为 297 个/m²，密度组成以多毛类最高，甲壳类次之，软体动物居第三位。冬季底栖生物平均栖息密度为 470 个/m²，密度组成以多毛类最高，甲壳类次之，软体动物居第三位。

北戴河重点调查区底栖生物栖息密度处于较高水平。该区域 4 个季度月中底栖生物平均栖息密度以冬季最高，夏季次之，春季最低。该区域春季底栖生物平均栖息密度为 339 个/m²，密度组成以多毛类最高，软体动物次之，甲壳类居第三位。夏季底栖生物平均栖息密度为 687 个/m²，密度组成以多毛类最高，甲壳类次之，棘皮动物居第三位。秋季底栖生物平均栖息密度为 351 个/m²，密度组成以多毛类最高，甲壳类次之，棘皮动物居第三位。冬季底栖生物平均栖息密度为 985 个/m²，密度组成以多毛类最高，软体动物次之，甲壳类居第三位。

天津重点调查区底栖生物栖息密度处于较低水平。该区域 4 个季度月中底栖生物平均栖息密度以夏季最高、冬季次之、春季最低。该区域春季底栖生物平均栖息密度为 88 个/m²，密度组成以多毛类最高，甲壳类次之，软体动物居第三位。夏季底栖生物平均栖息密度为 454 个/m²，密度组成以多毛类最高，棘皮动物次之，甲壳类居第三位。秋季底栖生物平均栖息密度为 165 个/m²，密度组成以软体动物最高，多毛类次之，甲壳类居第三位。冬季底栖生物平均栖息密度为 342 个/m²，密度组成以多毛类最高，软体动物次之，甲壳类居第三位。

黄河口重点调查区底栖生物栖息密度处于较低水平。该区域 4 个季度月中底栖生物平均栖息密度以夏季最高、冬季次之、春季最少。该区域春季底栖生物平均栖息密度为 100 个/m²，密度组成以多毛类最高，软体动物次之，甲壳类居第三位。夏季底栖生物平均栖息密度为 442 个/m²，密度组成以软体动物最高，甲壳类次之，多毛类居第三位。秋季底栖生物平均栖息密度为 195 个/m²，密度组成以甲壳类最高，软体动物次之，多毛类居第三位。冬季底栖生物平均栖息密度为 270 个/m²，密度组成以多毛类最高，甲壳类次之，软体动物居第三位。

莱州湾重点调查区底栖生物栖息密度处于较高水平。该区域 4 个季度月中底栖生物平均栖息密度夏季明显高于其他季节。该区域春季底栖生物平均栖息密度为 296 个/m²，密度组成以甲壳类最高，多毛类次之，软体动物居第三位。夏季底栖生物平均栖息密度为 1 531 个/m²，密度组成以软体动物最高，棘皮动物次之，甲壳类居第三位。秋季底栖生物平均栖息密度为 127 个/m²，密度组成以多毛类最高，甲壳类次之，软体动物居第三位。冬季底栖生物平均栖息密度为 321 个/m²，密度组成以甲壳类最高，多毛类次之，软体动物居第三位。

11.4 多样性指数分布特征

底栖生物样品的多样性指数、均匀度、丰度、优势度分析，是反映底栖生物群落结构特点的一些重要参考指标，它们同时也可反映出调查海域底质生态环境状况的优劣。若样品的多样性指数值高、均匀度大、丰度值高、优势度低，表明底栖生物群落结构良好，栖息的环境质量高。

根据各站的底栖生物种类组成及密度分布，计算样品的多样性指数（H'）、均匀度（J）、丰度（d）、优势度等，多样性指数平面分布见附图 11.9 ~ 图 11.12。

11.4.1　春季

春季 14.9% 测站的底栖生物样品的多样性指数大于 4；42.1% 样品的多样性指数介于 3 ~ 4 之间；28.1% 样品的多样性指数介于 2 ~ 3 之间；10.7% 样品的多样性指数介于 1 ~ 2 之间；3.3% 样品的多样性指数小于 1。高值区位于渤海中部；黄河口、莱州湾及辽东湾口局部海域出现的底栖生物种类数较少，样品的丰度值较低，导致此区域底栖生物多样性指数低于其他海域。

11.4.2　夏季

夏季 23.7% 测站的底栖生物样品的多样性指数大于 4；49.2% 样品的多样性指数介于 3 ~ 4 之间；20.3% 样品的多样性指数介于 2 ~ 3 之间；2.1% 样品的多样性指数介于 1 ~ 2 之间；1.7% 样品的多样性指数小于 1。高值区位于渤海中部大部分海域以及辽东湾中部和渤海西岸；黄河口、莱州湾及辽东湾口局部海域较低。

11.4.3　秋季

秋季 21.2% 测站的底栖生物样品的多样性指数大于 4；41.5% 样品的多样性指数介于 3 ~ 4 之间；31.4% 样品的多样性指数介于 2 ~ 3 之间；5.9% 样品的多样性指数介于 1 ~ 2 之间。高值区位于渤海中部及西北沿岸；黄河口、莱州湾及辽东湾口局部海域为低值区。

11.4.4　冬季

冬季 38.1% 测站的底栖生物样品的多样性指数大于 4；33.9% 样品的多样性指数介于 3 ~ 4 之间；16.9% 样品的多样性指数介于 2 ~ 3 之间；8.5% 样品的多样性指数介于 1 ~ 2 之间；2.5% 样品的多样性指数小于 1。高值区位于渤海中部大部分海域以及辽东湾中部和渤海西岸；黄河口、莱州湾及辽东湾口局部海域较低。

11.4.5　各区域多样性指数值比较

从底栖生物样品各参数值分析统计结果来看，大多数底栖生物样品的多样性指数大于 3，而且丰度和均匀度值都较高，优势度较低，表明渤海底栖生物种间个体数分布均匀，生物群落健康，生物赖以生存的底质良好。

图 11.3 -2 是 4 个季度各区域大型底栖生物样品多样性指数平均值的统计结果。由图中可以看出，渤海基础调查区、北戴河重点调查区、辽东湾重点调查区 4 个季度底栖生物多样性指数平均值全部大于 3，表明上述区域底栖生物群落结构良好。莱州湾重点调查区四个季度底栖生物多样性指数平均值都介于 2 ~ 3 之间，其群落结构略差。

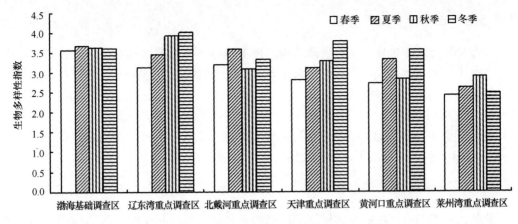

图11.3-2 各区域大型底栖生物多样性指数比较

11.4.5.1 渤海基础调查区

渤海基础调查区底栖生物群落结构总体上良好,样品的多样性指数值较高。部分测站出现了较低的多样性指数值,主要与其站位的底质较特殊,样品采集过程中泥样厚度较小,或出现采泥器闭口不严等现象,因而所获底栖生物种类较少有关,另外个别测站出现了大量的生物幼体,对其样品的多样性指数也有明显影响。从其分布的底栖生物种类及数量分析,这些测站主要是底栖生物资源量较低,未出现耐污性种类占主导优势的现象,表明该区域多样性指数值较低并不是环境污染所引起的,海域底栖生物群落结构基本正常。

春季82.1%测站的底栖生物样品的多样性指数大于3;10.7%样品的多样性指数介于2~3之间;7.1%样品的多样性指数介于1~2之间。JC-BH017站和JC-BH010站多样指数分别为1.88和1.00,主要与其出现的底栖生物种类较少,样品的丰度值较低有关,其中JC-BH010站仅出现了2种生物,导致该站的多样性指数最低。

夏季82.1%测站的底栖生物样品的多样性指数大于3;14.3%样品的多样性指数介于2~3之间;3.4%样品的多样性指数值小于1。JC-BH040站多样指数为0.49,与该站出现了大量的紫壳阿文蛤幼体有关,其密度达20 800个/m²,此现象也导致了该站的优势度值在0.96,均匀度值仅0.10。

秋季78.6%测站的底栖生物样品的多样性指数大于3;17.9%样品的多样性指数介于2~3之间;3.6%样品的多样性指数介于1~2之间。JC-BH005站多样指数为1.95,与该站出现的底栖生物种类较少,样品的丰度值较低有关。

冬季75.0%测站的底栖生物样品的多样性指数大于3;14.3%样品的多样性指数介于2~3之间;7.1%样品的多样性指数介于1~2之间;3.4%样品的多样性指数值小于1。JC-BH004、JC-BH005和JC-BH017站的多样性指数值分别为1.58,1.36和0.47,主要与其出现的底栖生物种类较少,样品的丰度值较低有关,其中JC-BH017站仅出现了2种生物,导致该站的多样性指数最低。

11.4.5.2 辽东湾重点调查区

辽东湾重点调查区底栖生物群落结构总体上良好，样品的多样性指数值较高，其中秋、冬季全部测站的多样性指数值均大于3，表现出良好的生态特征。春季75.0%测站的底栖生物样品的多样性指数大于3；16.7%样品的多样性指数介于2~3之间；仅ZD-LDW017站多样指数为0.94，其原因主要与出现的底栖生物种类较少，样品的丰度值较低有关。夏季75.0%测站的底栖生物样品的多样性指数大于3；25.03%样品的多样性指数介于2~3之间，表现出了较好的底栖生物群落结构。

11.4.5.3 北戴河重点调查区

北戴河重点调查区底栖生物群落结构总体上良好，夏、秋季的群落结构优于春、冬季。大部分海域底栖生物群落结构正常，仅在调查区东南部出现多样性指数较低的现象，其原因除与所获底栖生物种类较少有关外，部分种类的多毛类占优势也是导致群落结构略差的重要原因。

春季65.2%测站的底栖生物样品的多样性指数大于3；30.4%样品的多样性指数介于2~3之间；4.3%样品的多样性指数介于1~2之间。ZD-BDH056站多样指数为1.49，与其出现的底栖生物种类较少，样品的丰度值较低有关。

夏季87.0%测站的底栖生物样品的多样性指数大于3；13.0%样品的多样性指数介于2~3之间。底栖生物群落结构较好。

秋季47.8%测站的底栖生物样品的多样性指数大于3；52.2%样品的多样性指数介于2~3之间。底栖生物群落结构较好。

冬季65.2%测站的底栖生物样品的多样性指数大于3；26.1%样品的多样性指数介于2~3之间；8.7%样品的多样性指数介于1~2之间。ZD-BDH060站和ZD-BDH061站的多样性指数值分别为1.82和1.80，主要与其出现的底栖生物种类较少，样品的丰度值较低，而且出现了较多个体的不倒翁虫，其密度分别为440个/m²和695个/m²，从而导致样品的优势度较高有关，此区域内底栖生物群落结构略差。

11.4.5.4 天津重点调查区

天津重点调查区底栖生物群落结构总体上较好，秋、冬季的群落结构优于春、夏季。大部分海域底栖生物群落结构正常，仅在调查区中西部出现多样性指数较低的现象，其原因除与所获底栖生物种类较少有关外，日本倍棘蛇尾和欧文虫占优势也是导致群落结构略差的重要原因。

春季46.2%测站的底栖生物样品的多样性指数大于3；38.5%样品的多样性指数介于2~3之间；7.7%样品的多样性指数介于1~2之间；7.7%样品的多样性指数值小于1。ZD-TJ090站和ZD-TJ095站多样性指数值分别为1.58和0.97，主要与其出现的底栖生物种类较少，样品的丰度值较低有关，其中ZD-TJ095站仅出现了2种生物，导致该站的多样性指数最低。

夏季82.1%测站的底栖生物样品的多样性指数大于3；23.1%样品的多样性指数介于2~3之间；7.7%样品的多样性指数介于1~2之间；7.7%样品的多样性指数值小于

1。ZD - TJ090 站和 ZD - TJ095 站多样性指数分别为 1.20 和 0.66，主要与其分别出现了大量的日本倍棘蛇尾和欧文虫有关，密度分别为 765 个/m² 和 1 630 个/m²，此现象也导致了两站的优势度值分别为 0.87 和 0.94，该区域内底栖生物群落结构较差。

秋季 69.2% 测站的底栖生物样品的多样性指数大于 3；30.8% 样品的多样性指数介于 2 ~ 3 之间。底栖生物群落结构较好。

冬季 84.6% 测站的底栖生物样品的多样性指数大于 3；15.4% 样品的多样性指数介于 2 ~ 3 之间。底栖生物群落结构较好。

11.4.5.5　黄河口重点调查区

黄河口重点调查区底栖生物群落结构总体上较好，夏、冬季的群落结构优于春、秋季。大部分海域底栖生物群落结构正常，因近岸海域的粉砂底质中栖息的底栖生物资源量很低，出现的种类数也较少，样品的多样性指数值较低。

春季 42.9% 测站的底栖生物样品的多样性指数大于 3；33.3% 样品的多样性指数介于 2 ~ 3 之间；23.8% 样品的多样性指数介于 1 ~ 2 之间。ZD - HHK108 站和 ZD - HHK118 站多样性指数均为 1.00，主要与其出现的底栖生物种类较少，样品的丰度值较低有关。

夏季 76.2% 测站的底栖生物样品的多样性指数大于 3；19.0% 样品的多样性指数介于 2 ~ 3 之间；4.8% 样品的多样性指数值介于 1 ~ 2 之间。ZD - HHK107 站多样性指数为 1.19，与该站出现了大量的长竹蛏幼体有关，其密度为 295 个/m²，此现象也导致了该站的优势度值在 0.89，均匀度值仅 0.36。

秋季 47.6% 测站的底栖生物样品的多样性指数大于 3；33.3% 样品的多样性指数介于 2 ~ 3 之间；19.0% 样品的多样性指数介于 1 ~ 2 之间。ZD - HHK107、ZD - HHK118、ZD - HHK106 和 ZD - HHK100 站多样性指数值较低，除与出现的底栖生物种类较少，样品的丰度值较低有关外，也与该区域底栖生物个体数较少，小亮樱蛤相对占优势有关。

冬季 85.7% 测站的底栖生物样品的多样性指数大于 3；4.8% 样品的多样性指数介于 2 ~ 3 之间；9.5% 样品的多样性指数介于 1 ~ 2 之间。ZD - HHK106 站和 ZD - HHK100 站的多样性指数值分别为 1.84 和 1.00，主要与其出现的底栖生物种类较少，样品的丰度值较低有关，其中 ZD - HHK100 站仅出现了 2 种生物，导致该站的多样性指数最低。

11.4.5.6　莱州湾重点调查区

莱州湾重点调查区底栖生物样品多样性指数明显低于其他调查区，多数测站出现了较低的多样性指数值。其原因一是部分测站出现的底栖生物种类较少；二是有大量的幼体出现。莱州湾邻近黄河入海口，受河水冲刷及黄河输沙的影响，邻近河口区的沉积环境稳定性较差，影响了底栖生物的栖息环境，而莱州湾经常性地出现幼体，应与黄河水的注入有关。从其分布的底栖生物种类及数量分析，莱州湾未出现耐污性种类占主导优势的现象，表明该区域多样性指数值较低并不是环境污染所引起的，海域底栖生物群落结构未向低劣的生态群落结构转变。

春季仅有 20.0% 测站的底栖生物样品的多样性指数大于 3；50.0% 样品的多样性指数介于 2 ~ 3 之间；20.0% 样品的多样性指数介于 1 ~ 2 之间；10.0% 样品的多样性指数

值小于 1。ZD – LZW134 站多样性指数为 0.92，与其出现的底栖生物种类较少，样品的丰度值较低有关。ZD – LZW138 站多样性指数为 0.70，与该站出现了大量的细长涟虫幼体有关，其密度为 2 290 个/m²，此现象也导致了该站的优势度值为 0.93，均匀度值仅 0.17。

夏季仅 35.0% 测站的底栖生物样品的多样性指数大于 3；40.0% 样品的多样性指数介于 2~3 之间；20.0% 样品的多样性指数介于 1~2 之间；5.0% 样品的多样性指数值小于 1。ZD – LZW142 站出现了大量的凸壳肌蛤幼体，其密度达 20 160 个/m²，导致该站的多样性指数值仅 0.05。

秋季 50.0% 测站的底栖生物样品的多样性指数大于 3；45.0% 样品的多样性指数介于 2~3 之间；5.0% 样品的多样性指数介于 1~2 之间。ZD – LZW142 站多样性指数为 1.78，与该站出现的底栖生物种类较少，样品的丰度值较低有关。

冬季仅有 40.0% 测站的底栖生物样品的多样性指数大于 3；35.0% 样品的多样性指数介于 2~3 之间；15.0% 样品的多样性指数介于 1~2 之间；10.0% 样品的多样性指数值小于 1。ZD – LZW134 站和 ZD – LZW141 站的多样性指数值均为 0.92，主要与其出现的底栖生物种类较少，样品的丰度值较低有关。两站都仅出现了 2 种生物，导致该站的多样性指数最低。

11.5　底栖生物群落分布特征

通过渤海各测站底栖生物出现的种类，借助 SPSS（11.5）分析软件进行运算，使用 Hierarchical 命令，采用 Ward 离差平方和法得到聚类分析树状图（见附图 11.13~11.17）。用此种相似性聚类的方法，渤海可以划分出三个底栖生物群落，即：①位于渤海南部和西南部的红带织纹螺 – 绒毛细足蟹群落；②位于渤海中部及西部的砂海星 – 泥脚隆背蟹群落；③位于渤海中部及北部的砂海星 – 哈氏刻肋海胆群落。其中，各群落依季节性环境因子的变化，所居的位置也略有改变，同时表现出亚群落的分布特征。底栖生物群落分布见附图 11.18。

11.5.1　红线织纹螺 – 绒毛细足蟹群落

群落位于渤海西部和南部，覆盖莱州湾和渤海湾，受黄河输沙的影响，群落所居的底质环境中粉砂占有较大比例，主要底质类型为粉砂、黏土质粉砂和粉砂质黏土。该群落底上动物较丰富，甲壳类所占组分较高，双壳类较少，而多毛类的栖息密度虽然也较高，但相对于其他两个群落而言，则明显减少。该群落的优势种为葛氏长臂虾、日本鼓虾、绒毛细足蟹、脊尾白虾、红带织纹螺、纵肋织纹螺、广大扁玉螺、扁玉螺、脆壳理蛤、小亮樱蛤、艾氏活额寄居蟹和六丝矛尾鰕虎鱼等。而活动能力较弱且优势度较高的种类为绒毛细足蟹、红带织纹螺、纵肋织纹螺、广大扁玉螺和额寄居蟹。

11.5.2　砂海星 – 泥脚隆背蟹群落

群落位于渤海西部和中部，群落所居的海域主要底质类型为砂、黏土质砂、粉砂质黏土和黏土。该群落底栖生物密度较高，多毛类占较大优势，其次是甲壳类，在渤海的广布种——不倒翁虫在此区域内呈高密度出现。该群落的优势种为砂海星、葛氏长臂虾、脊腹褐虾、金氏真蛇尾、短吻舌鳎、六丝矛尾鰕虎鱼、泥脚隆背蟹、经氏壳蛞蝓、日本鼓虾、江户明樱蛤、广大扁玉螺、葛氏长臂虾和不倒翁虫。

11.5.3 砂海星－哈氏刻肋海胆群落

群落位于渤海中部和北部，群落所居的海域主要底质类型为黏土质砂、砂质黏土和黏土等。该群落底栖生物密度较高，多毛类占较大优势，其次是甲壳类，棘皮动物在此区的栖息密度也较高，主要是倍棘蛇尾的个体。该群落的优势种为砂海星、脊腹褐虾、哈氏刻肋海胆、鲜明鼓虾、葛氏长臂虾、疣背宽额虾、蓝无壳侧鳃、多棘海盘车等。

12 潮间带生物

潮间带是海洋生态系统和陆地生态系统交错带，属于生物圈中最为敏感的生态系统之一，又是受人类活动干扰最为严重的区域。在潮间带复杂多变的环境中，栖息着品种繁多的海洋生物，其中许多品种都具有重要的经济价值。根据《"908 专项"ST01 区块（渤海）水体环境调查实施方案》，国家海洋局北海分局承担黄河口重点调查区和莱州湾重点调查区的潮间带生物调查。

黄河三角洲接近渤海的无潮点，海域潮汐属混合潮型，且随着距无潮点的距离不同，海域潮汐特征有较大的变化。另外受黄河输沙的影响，调查区滩涂坡度较小，风力和风向对退潮时裸露出的滩涂面积有明显影响。当调查的大潮期间持续着较强的北风时，则可导致低潮带滩涂不能退出或仅少量退出。又因潮间带生物的种群结构演变，生物幼体的分布状况，滩涂受潮水的冲淤作用引起潮位的变化导致生物分布发生改变，以及人为造成的采样站位偏差等因素的影响，各次调查优势种不完全相同。

受黄河输沙的影响，调查区内自潍坊市下营镇以西的黄河口重点调查区和莱州湾重点调查区的潮间带主要为粉砂基质滩涂，滩面平缓，滩面距离较长，滩涂的高潮带大部分被环海公路的防波堤或养殖池塘所占据，仅在山东东营的黄河三角洲生态自然保护区和滨州地区沿海尚保留着部分自然岸线。此区域海水浑浊，透光性差，潮间带极少出现大型定性藻类，仅在建于中潮带的防浪坝下部偶然出现浒苔（*Entermorpha*）、石莼（*Ulva*）等北方常见种，而且资源量极少。山东莱州岸段的滩涂为砂质，期间有少量的岩石基质。高潮带和中潮上区一般为松软的中粗砂，砂体流动性较大，其中极少有生物长期栖息。中潮带岩石上也偶然出现浒苔和石莼等定生藻类，而且资源量较小。

本次调查潮间带生物资源量以夏、冬季较大，春、秋季较小。在调查的 16 条断面中底质可以分 3 种主要的类型：

（1）岩石相：包括岩石、人工筑路、人工筑坝等，主要分布在断面 HHC04、HHC05 高潮区、HHC06 高潮区、LZC04 高潮区、LZC07 等；

岩石相高潮区潮间带生物优势种是短滨螺（*Littorina brevicula*）、粗糙短滨螺（*Littorina scabra*）、东方小藤壶（*Chthamalus challengeri*）；中潮区动物优势种是绒螯近方蟹（*Hemigrapsus peniciillatus*）。

（2）净砂相：包括粉砂、粗砂等。主要分布在 LZC09、LZC08、LZC06 高潮区、LZC05、LZC04 中潮区的中下层、LZC02 低潮区和 HHC01 的高潮区。

砂质底中潮上区潮间带生物优势种是双齿围沙蚕（*Perinereis aibuhitensis*）、日本大眼蟹（*Macrophthalmus japonicus*）；中潮区是日本大眼蟹、寡节甘吻沙蚕（*Glycinde gurjanovae*）和泥螺（*Bullacta exarata*）；低潮区是托氏蜎螺、红明樱蛤（*Moerella rutila*）、日本美人虾（*Callianassa japonica*）和光滑河蓝蛤（*Potamocorbula laevis*）等。

（3）泥砂相：包括泥、泥质粉砂和粉砂质泥等，其余的潮间带生物调查站的基底大多属于这类底质类型，这些地区的泥砂主要来自黄河的输砂作用。

泥砂相高潮区潮间带生物优势种是寡节甘吻沙蚕、天津厚蟹（*Helice tientsinensis*）；中潮带的优势种是泥螺、日本大眼蟹等；低潮区的优势种是日本大眼蟹、宽身大眼蟹（*Macrophthalmus dilatum*）、四角蛤蜊（*Macrophthalmus dilatum*）、泥螺和托氏蝲螺等。

12.1　种类组成

本次调查共获潮间带生物 154 属，200 种（详见种名录）；隶属于腔肠、扁形、纽形、多毛、螠虫、软体、腕足、甲壳、棘皮、尾索和鱼类 11 类海洋动物。在所出现的潮间带动物中，以多毛类最多，共 71 种，占潮间带动物种类组成的 35.5%；其次是软体动物 60 种，占种类组成的 30.0%；甲壳类出现 55 种，占种类组成的 27.5%；棘皮动物 3 种，占 1.5%；鱼类 4 种，占 2.0%；腔肠动物 2 种，占 1.0%；扁形、纽形、螠虫、腕足和尾索各 1 种，分别占 0.5%。

春季共获潮间带生物 97 属，121 种；隶属于腔肠、扁形、纽形、多毛、软体、腕足、甲壳、棘皮、尾索和鱼类 10 类海洋动物。在所出现的潮间带动物中，以软体动物最多，共 40 种，占潮间带动物种类组成的 33.1%；其次是多毛类 39 种，占种类组成的 32.2%；甲壳类出现 35 种，占种类组成的 28.9%；其他动物共占 6.0%（图 12.1 - 1）。

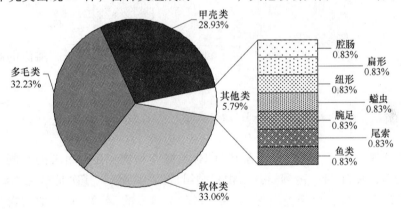

图 12.1 - 1　春季潮间带生物种类组成

夏季调查共获潮间带生物 84 属，101 种；隶属于腔肠、扁形、多毛、纽形、腕足、软体、甲壳和鱼 8 类海洋动物。在所出现的潮间带动物中，以多毛类最多，共 36 种，占潮间带动物种类组成的 35.6%；其次是软体类动物 35 种，占种类组成的 34.7%；甲壳类出现 25 种，占种类组成的 24.8%；其他动物共占 5%（见图 12.1 - 2）。

秋季调查共获潮间带生物 101 属，125 种；隶属于腔肠、扁形、纽形、多毛、腕足、软体、甲壳、棘皮和鱼类 9 类海洋动物。在所出现的潮间带动物中，以多毛类最多，共 44 种，占潮间带动物种类组成的 35.2%；其次是软体动物 39 种，占种类组成的 31.2%；甲壳类出现 35 种，占种类组成的 28.0%；其他动物共占 5.6%（见图 12.1 - 3）。

冬季调查共获潮间带生物 85 属，99 种（见种名录）；隶属于腔肠、扁形、纽形、多

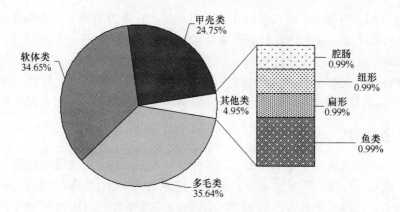

图 12.1 - 2　夏季潮间带生物种类组成

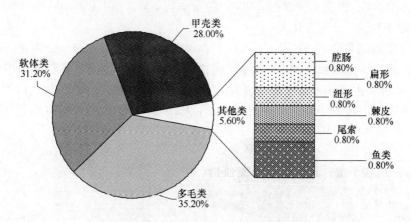

图 12.1 - 3　秋季潮间带生物种类组成

毛、腕足、软体、甲壳、棘皮、尾索和鱼 10 类海洋动物。在所出现的潮间带动物中，以软体类最多，共 38 种，占潮间带动物种类组成的 38.4%；其次是多毛类动物 29 种，占种类组成的 29.3%；甲壳类出现 24 种，占种类组成的 24.2%；其他动物共占 8.1%（见图 12.1 - 4）。

本次调查所出现的潮间带生物种类主要分布于中潮带（152 种）和低潮带（137 种），高潮带较少（52 种）。

潮间带分布的主要经济性动物种类有：双齿围沙蚕、多齿围沙蚕（*Perinereis nuntia-typrca*）、浅古铜吻沙蚕（*Glycera subaenea*）、异足索沙蚕（*Lumbrineris heteropoda*）、日本刺沙蚕（*Neanthes japonica*）、独齿围沙蚕（*Perinereis cultrifera*）、锈凹螺（*Chlorostoma rusticum*）、托氏蝐螺、短滨螺、粗糙短滨螺、古氏滩栖螺（*Batillaria cumingi*）、纵带滩栖螺（*Batillaria zonalis*）、微黄镰玉螺（*Lunatia gilva*）、扁玉螺、乳头真玉螺、香螺、蛾螺（*Buccinidae* sp.）、纵肋织纹螺、秀丽织纹螺、红带织纹螺、朝鲜笋螺、泥螺、毛蚶、紫贻贝、海湾扇贝（*Argopecten irradians*）、近江牡蛎（*Crassostrea rivularis*）、长牡蛎、中国蛤蜊、四角蛤蜊、红明樱蛤、彩虹明樱蛤（*Moerella iridescens*）、紫彩血蛤（*Nuttallia olivacea*）、脆壳理蛤（*Theora fragilis*）、短竹蛏、长竹蛏、缢蛏（*Sinonovacula constricta*）、

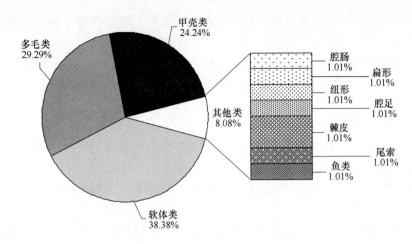

图 12.1 – 4　冬季潮间带生物种类组成

薄壳镜蛤（*Dosinia corrugaia*）、日本镜蛤、凸镜蛤（*Dosinia gibba*）、文蛤（*Meretix meretrix*）、青蛤（*Cyclina sinensis*）、菲律宾蛤仔（*Ruditapes philippinarum*）、薄壳绿螂（*Glauconome primeana*）、砂海螂（*Mya arenaria*）、光滑河蓝蛤、渤海鸭嘴蛤（*Laternula marilina*）、鸭嘴蛤（*Laternula anatina*）、剖刀鸭咀蛤（*Laternula boschasina*）、黑褐新糠虾（*Neomysis awatschensis*）、黄海刺糠虾（*Acanthomysis Hwanhalensis*）、葛氏长臂虾、短脊鼓虾、鲜明鼓虾、日本鼓虾、脊腹褐虾、日本美人虾、巨形拳蟹、红线黎明蟹（*Matuta planipes*）、三疣梭子蟹、日本蟳、隆线强蟹、中型三强蟹、兰氏三强蟹、宽身大眼蟹、日本大眼蟹、中华绒螯蟹（*Eriocheir sinensis*）、肉球近方蟹（*Hemigrapsus sanguineus*）、绒螯近方蟹、天津厚蟹、口虾蛄、细雕刻肋海胆和鲥等。

12.2　各断面潮间带生物分布特征

各断面潮间带生物优势种分布特征见附表 12.2 – 1。

12.2.1　HHC01 断面

该断面高潮区的底质是贝壳砂，中潮上区的底质是泥，中潮中下区和低潮区的底质是泥质粉砂。

在该断面共获得 56 种潮间带生物，其中多毛类 21 种，软体动物 19 种，甲壳类 12 种，其他类 4 种。

高潮带优势种为日本大眼蟹和天津厚蟹，春季出现的日本大眼蟹个体较小，秋季则较大，但数量下降。天津厚蟹资源量则在夏、冬季占优势。

中潮带上区优势种为泥螺、光滑河蓝蛤、日本大眼蟹、秀丽织纹螺和彩虹明樱蛤。其中泥螺和光滑河蓝蛤为春、夏季的优势种，日本大眼蟹为夏、秋季的优势种，冬季潮滩上出现的生物资源较少，以秀丽织纹螺和彩虹明樱蛤略占优势。

中潮带中区优势种为光滑河蓝蛤、泥螺、四角蛤蜊和彩虹明樱蛤。光滑河蓝蛤在夏季占较大优势，其他季节资源量较小。泥螺为夏、秋季的优势种，春、冬季数量较少。四角蛤蜊在春、冬季占明显优势。彩虹明樱蛤仅在冬季略占优势。

中潮带下区优势种为四角蛤蜊、彩虹明樱蛤、文蛤和泥螺，其中泥螺在夏、秋季占优势。

低潮带优势种为秀丽织纹螺、泥螺、文蛤和日本大眼蟹。泥螺和文蛤在夏、秋季占较大优势。

12.2.2　HHC02 断面

该断面位于黄河故道以西渤海湾南岸，中潮带的上区底质是泥，中潮带的中区是泥质粉砂，中潮区的下区和低潮区是粉砂质泥。

在该断面共获得 55 种潮间带生物，其中多毛类 20 种，软体动物 17 种，甲壳类 13 种，其他类 5 种。

高潮带优势种为日本大眼蟹和天津厚蟹，以天津厚蟹较占优势。日本大眼蟹出现于春季，天津厚蟹出现于夏、秋季，冬季生物资源量较少。

中潮带上区优势种为泥螺和四角蛤蜊。四角蛤蜊的生物量较高，但密度较小。

中潮带中区优势种为四角蛤蜊、泥螺和文蛤。四角蛤蜊在秋季占明显优势。泥螺作为主要优势种，在夏、秋、冬三季均有较高分布。文蛤仅在秋季定量样品中出现，但其生物量和生物密度均较高，此现象可能是人工放苗造成的。

中潮带下区优势种为丝异须虫、文蛤、四角蛤蜊和泥螺。丝异须虫、文蛤在秋季较占优势，其中文蛤资源量突然增加，可能与人工放苗有关。与中潮中区不同，四角蛤蜊在夏季占绝对优势，造成此现象的原因应是两个调查航次在采样地点上发生了偏差。泥螺在夏季和冬季占优势。

低潮带优势种为四角蛤蜊、文蛤、泥螺和秀丽织纹螺。四角蛤蜊在四个季节中均占优势。文蛤的数量减少，但生物量较大。泥螺在低潮带中仅出现于冬季。秀丽织纹螺为秋季的主要优势种。

12.2.3　HHC03 断面

该处潮间带的高潮区和中潮上区的底质是粉砂质泥，在中潮下区和低潮带的底质是泥质粉砂。

在该断面共获得 48 种潮间带生物，其中多毛类 14 种，软体动物 18 种，甲壳类 10 种，其他类 6 种。

高潮带栖息的生物资源较少，以日本大眼蟹略占优势。日本大眼蟹在滩面的栖息密度较低，但生物量较大，本次调查仅出现于春、夏季。

中潮带上区优势种为日本大眼蟹和天津厚蟹。日本大眼蟹在春、夏季占优势，天津厚蟹在夏、秋季占优势，而且二者的栖息密度均较低。

中潮带中区优势种为泥螺、日本大眼蟹和薄壳绿螂。泥螺在春、夏季占优势；日本大眼蟹在春、夏、秋三季中占优势；薄壳绿螂个体较小，在夏季出现高密集区。

中潮带下区优势种为泥螺、彩虹明樱蛤、红明樱蛤和日本大眼蟹。泥螺和红明樱蛤在春、夏、秋季均占优势。彩虹明樱蛤虽然在 4 个季节均有分布，仅以夏季优势度较高，其他季节资源量较少。日本大眼蟹的优势度在秋季较为明显。

低潮带优势种为红明樱蛤、青蛤、日本大眼蟹、秀丽织纹螺。红明樱蛤在四个季度中均有出现，以春、夏季的个体较大，优势较明显；青蛤在此区的栖息密度较低，但个体较大，资源量高；日本大眼蟹在四季均有分布，以秋季的资源量较大；秀丽织纹螺仅出现于夏、秋季，以秋季的优势较为明显。

12.2.4 HHC04 断面

该处潮间带的高潮区和中潮区的底质是人工筑石。

在该断面仅获得 11 种潮间带生物，其中软体动物 6 种，甲壳类 5 种。

高潮带出现的种类较少，优势种为寇氏小节贝、短滨螺和绒螯近方蟹。此区域以短滨螺为优势种，但在春季其密度较低，优势被寇氏小节贝所取代，其原因应与调查时采集地点发生偏离有关。

中、低潮带优势种均为短滨螺、近江牡蛎和绒螯近方蟹。

12.2.5 HHC05 断面

此处断面的高潮区及中潮上区基质是人工筑石，中低潮区的底质是粉砂质泥。

在该断面共获得 42 种潮间带生物，其中多毛类 14 种，软体动物 18 种，甲壳类 8 种，其他类 2 种。

高潮带为人工筑石基质，其上无潮间带生物分布。

中潮带上区优势种为泥螺和四角蛤蜊。

中潮带中区优势种为托氏蝐螺、红明樱蛤和四角蛤蜊。三种生物的资源优势在春、夏、秋三季比较突出。

中潮带下区优势种为托氏蝐螺、红明樱蛤、文蛤、四角蛤蜊和青蛤。四角蛤蜊是此区域的主要优势种；托氏蝐螺和红明樱蛤主要在春、夏季占优势；文蛤和青蛤的密度虽然较小，但因其个体较大，因此资源量较高。

低潮带优势种为托氏蝐螺、四角蛤蜊、文蛤、微黄镰玉螺和青蛤。四角蛤蜊仍是此区域的主要优势种；托氏蝐螺主要在春季占优势；文蛤、青蛤和微黄镰玉螺等个体较大的种类在此区资源量仍较高。

12.2.6 HHC06 断面

此处断面的高潮区及中潮上区基质是人工筑石，潮间带的中潮区和低区的底质是泥质粉砂。

在该断面共获得 32 种潮间带生物，其中多毛类 9 种，软体动物 14 种，甲壳类 6 种，其他类 3 种。

高潮带优势种为粗糙短滨螺，其栖息密度和生物量以夏、秋季较高。

中潮带上区优势种为日本大眼蟹和近江牡蛎。

中潮带中区优势种为日本大眼蟹和光滑河蓝蛤，其中日本大眼蟹为主要优势种，光滑河蓝蛤则呈斑块状分布，一旦出现则密度就较高。

中潮带下区优势种仍为日本大眼蟹和光滑河蓝蛤。

低潮带优势种为光滑河蓝蛤、日本大眼蟹、泥螺和四角蛤蜊。光滑河蓝蛤和日本大眼蟹是此区的主要优势种，其中光滑河蓝蛤在夏季航次中的密度极高。冬季栖息的生物较少，在资源量方面以泥螺和四角蛤蜊略占优势。

12.2.7 HHC07 断面

该断面的底质是粉砂质泥。

在该断面共获得49种潮间带生物，其中多毛类18种，软体动物18种，甲壳类10种，其他类3种。

高潮带零散的生活着一些生物种类，无明显的生物分布区，定量采集未获生物。在生物密度方面，以小个体的多毛类为主；资源量方面，以日本大眼蟹和天津厚蟹略占优势。

中潮带上区优势种为日本大眼蟹和天津厚蟹。

中潮带中区优势种为日本大眼蟹和四角蛤蜊。其中日本大眼蟹为主要优势种，四角蛤蜊的栖息密度较低，只是个体较大，资源量较占优势。

中潮带下区优势种为四角蛤蜊和光滑河蓝蛤。四角蛤蜊出现于春、冬季，光滑河蓝蛤在秋季占明显优势。

低潮带优势种为四角蛤蜊、巨形拳蟹、彩虹明樱蛤和光滑河蓝蛤。光滑河蓝蛤为主要优势种。四角蛤蜊出现于春、冬季。巨形拳蟹密度虽然较小，但因其个体较大，因此资源量较高。彩虹明樱蛤出现于春、夏、秋三季，虽然密度较高，但生物量较低。

12.2.8 LZC01 断面

该断面位于黄河口以南莱州湾西岸，该处高潮区的底质是泥，中潮区和低潮区的底质是泥质粉砂。

在该断面共获得63种潮间带生物，其中多毛类22种，软体动物19种，甲壳类17种，其他类5种。

高潮带和中潮带上区优势种均为天津厚蟹。

中潮带中区优势种为泥螺、日本大眼蟹和光滑河蓝蛤。其中光滑河蓝蛤在冬季有较大优势。

中潮带下区优势种为四角蛤蜊、彩虹明樱蛤、光滑河蓝蛤、泥螺和日本大眼蟹。

低潮带优势种为四角蛤蜊、光滑河蓝蛤和宽身大眼蟹。其中四角蛤蜊和光滑河蓝蛤为主要优势种。

12.2.9 LZC02 断面

该处潮间带高潮区的底质是泥质砂，中潮区的上区是泥质砂，中潮带的中下区和低潮带是粉砂。

在该断面共获得53种潮间带生物，其中多毛类21种，软体动物14种，甲壳类13种，其他类5种。

高潮带栖息的生物较少，优势种为日本大眼蟹和天津厚蟹。

中潮带上区优势种为泥螺，以秋季的资源量较高。

中潮带中区优势种为托氏蜎螺、秀丽织纹螺、四角蛤蜊和日本大眼蟹。

中潮带下区优势种为宽身大眼蟹、托氏蜎螺、秀丽织纹螺和四角蛤蜊。

低潮带下区优势种为宽身大眼蟹、四角蛤蜊、巨形拳蟹、泥螺和日本美人虾。宽身大眼蟹和四角蛤蜊在夏、秋季的优势较明显。

12.2.10 LZC03 断面

该处的潮间带中潮区的底质为粉砂质泥,其间有少量砾石;低潮区的底质是泥质粉砂。

在该断面共获得 59 种潮间带生物,其中多毛类 25 种,软体动物 14 种,甲壳类 15 种,其他类 5 种。

高潮带优势种为天津厚蟹和绒螯近方蟹。冬季定量样品未获生物。

中潮带上区优势种为双齿围沙蚕、薄壳绿螂和长趾股窗蟹。其中薄壳绿螂和长趾股窗蟹在夏、秋季有明显的优势。

中潮带中区优势种为薄壳绿螂、泥螺和宽身大眼蟹。薄壳绿螂在夏、秋季有较大的资源量。

中潮带下区优势种为泥螺、光滑河蓝蛤和宽身大眼蟹。

低潮带优势种为泥螺、缢蛏、光滑河蓝蛤。

12.2.11 LZC04 断面

该处潮间带高潮带的上区的底质是人工筑石,高潮带的下区和中潮区上区的底质是粉砂质泥;中潮区的中下区和低潮带的底质是粉砂。

在该断面共获得 54 种潮间带生物,其中多毛类 17 种,软体动物 19 种,甲壳类 13 种,其他类 5 种。

高潮带优势种为长趾股窗蟹、双齿围沙蚕和绒螯近方蟹。

中潮带上区优势种为红明樱蛤、宽身大眼蟹、长趾股窗蟹和泥螺。冬季此区域栖息的生物较少,以泥螺略占优势。

中潮带中区优势种为红明樱蛤、托氏蜎螺、日本大眼蟹和泥螺。

中潮带下区优势种为托氏蜎螺、红明樱蛤、日本美人虾、泥螺和四角蛤蜊。四角蛤蜊在秋季出现了较高的资源量。

低潮带优势种为托氏蜎螺、红明樱蛤、秀丽织纹螺、四角蛤蜊和日本美人虾。四角蛤蜊在秋季出现了较高的资源量。

12.2.12 LZC05 断面

该断面位于潍坊市的下营镇,潮间带高潮带上区的基质是人工筑石,高潮带下区是粉砂质泥;中、低潮带的底质是粉砂。

在该断面共获得 68 种潮间带生物,其中多毛类 25 种,软体动物 23 种,甲壳类 15 种,其他类 5 种。

高潮带优势种为日本大眼蟹、短滨螺、古氏滩栖螺和绒螯近方蟹。

中潮带上区优势种为红明樱蛤、薄壳绿螂和长趾股窗蟹。薄壳绿螂在秋季出现了较高的资源量且占明显优势。

中潮带中区优势种为红明樱蛤、托氏蜎螺、泥螺和薄壳绿螂。以红明樱蛤和托氏蜎螺的优势较明显。

中潮带下区优势种为红明樱蛤、日本美人虾、托氏蜎螺、泥螺和四角蛤蜊。

低潮带优势种为红明樱蛤、青蛤、四角蛤蜊和长竹蛏。

12.2.13 LZC06 断面

该处潮间带高潮区的底质是粉砂；中潮带上区和中区的底质是粉砂质泥，中潮带的下区和低潮带的底质是粉砂。

在该断面共获得 64 种潮间带生物，其中多毛类 20 种，软体动物 23 种，甲壳类 15 种，其他类 6 种。

高潮带优势种为绒螯近方蟹和长趾股窗蟹。

中潮带上区优势种为红角沙蚕、多齿围沙蚕、长趾股窗蟹和绒螯近方蟹。此区域春、冬季出现的生物资源较少。

中潮带中区优势种为红角沙蚕、托氏蜎螺、菲律宾蛤仔、秀丽织纹螺和日本美人虾。

中潮带下区和低潮带的优势种为日本美人虾、日本镜蛤和菲律宾蛤。

12.2.14 LZC07 断面

该处潮间带高潮带的基质是人工筑坝；中潮带的底质是人工筑石和沙滩。

在该断面共获得 49 种潮间带生物，其中多毛类 15 种，软体动物 16 种，甲壳类 15 种，其他类 3 种。

高潮带优势种为短滨螺和东方小藤壶。

中潮带优势种为哈氏圆柱水虱、白色吻沙蚕、日本美人虾和东方小藤壶。

低潮带优势种为贻贝、中国蛤蜊、紫彩血蛤和日本美人虾。

12.2.15 LZC08 断面

该处潮间带高潮带区的底质是粗砂；中潮带的底质是砂、砾石。

在该断面共获得 27 种潮间带生物，其中多毛类 13 种，软体动物 6 种，甲壳类 8 种。

高潮带栖息的生物较少，以贻贝、多齿沙蚕和绒螯近方蟹略占优势。

中潮带和低潮带生物量也较少，优势种不明显，主要种类有半突半足沙蚕、多齿沙蚕、绒螯近方蟹、紫贻贝、哈氏圆柱水虱和长趾股窗蟹。

12.2.16 LZC09 断面

该处潮间带高潮带的底质是粗砂；中潮带的底质是砂。

在该断面共获得 6 种潮间带生物，其中多毛类 1 种，软体动物 2 种，甲壳类 3 种。

高潮带的粗砂中无生物栖息。中、低潮带定量样品仅获得哈氏圆柱水虱、扁玉螺、中国蛤蜊、半突半足沙蚕 4 种生物，而且各种生物零星分布，优势均不明显。

13 污损生物

污损生物（fouling organism）是生活于岩石及船底等设施表面的一类动、植物的总称。它们对海底线缆、船只、码头、石油平台、养殖网具等都有不同程度的破坏作用，具体表现在增加船舶的航行阻力、加速金属腐蚀、堵塞管道、破坏网具等多个方面。随着海洋经济的发展，污损日益成为人们急需解决的关键问题。近年来国内对污损生物缺乏系统的调查研究，因此有必要对渤海及其他海域的污损生物，进行深入的调查。

根据《"908 专项" ST01 区块（渤海）水体环境调查实施方案》，国家海洋局北海分局于 2007 年 3 月 22 日至 2008 年 3 月 21 日在山东省烟台市龙口港海域，设立大型污损生物调查点，进行了为期 1 年的连续调查，站位坐标为 37°39′32″N，120°18′34″E，2007 年 3 月 22 日 14：00 时测得站位水深 13.2 m，海水透明度 1.4 m。调查环境和试验板的回收率以及回收样品的质量符合《908 海洋生物生态调查技术规程》的要求。图 13.1 - 1 为试验挂板地理位置图。

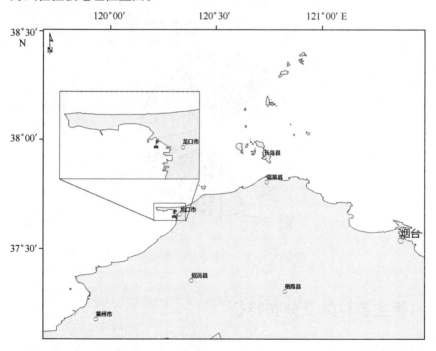

图 13.1 - 1 试验挂板地理位置示意图

龙口市地处胶东半岛西北部，莱州湾东岸。东邻烟台、西近潍坊，是山东半岛重要的港口城市。该地区属北温带东亚季风型大陆性气候，境内气候四季分明，冬无严寒，夏无酷暑，年平均气温 12.7℃。全年 1 月份平均气温最低，7 月份最高。龙口市年平均降水日数 76 d，年平均降水量 585.5 mm。降水主要集中在夏季。龙口港附近无大的入海河流，海水盐度主要受季节性降水的影响。

龙口港所处的龙口湾属不正规半日潮，潮差小、流速低，通常港内无冰冻。龙口港湾内，表层潮流平均流速为 30.0 cm/s，最大涨潮流速为 35.0 cm/s，最大落潮流速为 45.0 cm/s，方向 29°。底层潮流平均流速为 14.0 cm/s，最大涨潮流速为 22.0 cm/s，最大落潮流速为 29.0 cm/s。龙口港附近海域每年 12 月上旬至 12 月下旬开始结冰，翌年 2 月底至 3 月初海冰消失，冰期为 2.5～3 个月，其中 1 月下旬至 2 月中旬有近 1 个月的时间为盛冰期。

13.1 种类组成

通过全年的污损生物调查，共检出污损生物 32 种，分属红藻、褐藻、绿藻、海绵、腔肠、环节、软体、节肢、苔藓虫、尾索 10 个生物门（图 13.1 - 2）。由图可见，节肢动物门的污损生物种类最多，有 10 种，占 31.3%；绿藻次之，有 6 种，占 18.8%（详见种名录）。优势种为内枝多管藻（*Polysiphonia morrowii*）、软丝藻（*Ulothrix flacca*）、肠浒苔（*Entermorpha intestinalis*）、中胚花筒螅（*Tubularia mesembryanthemum*）、曲膝薮枝螅（*Obelia geniculara*）、纹藤壶（*Balanus amphitrite*）、上野蜾蠃蜚（*Corophium uenoi*）、麦秆虫（*Caprella* sp.）、镰形叶钩虾（*Jassa falcata*）等。

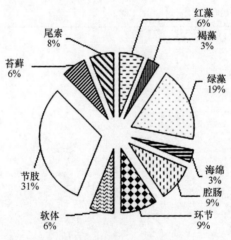

图 13.1 - 2 污损生物种类组成

13.2 月板主要种类及分布特征

13.2.1 附着种类

试验海域月板全年都有污损生物附着，检出的 32 种污损生物均在月板上出现。附着的种类及生物量随季节变化明显。海域出现的污损生物种数以 1—4 月份附着种类最少（均为 1 种），5—8 月份是附着盛期（见图 13.2 - 3），7 月份种类达到最高值（23

种），随后附着的种类呈下降趋势，至 12 月份仅有 4 种。

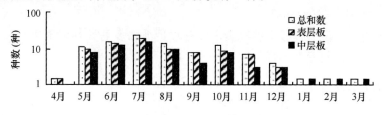

图 13.2 - 3　月板污损生物附着种数统计

　　表层板附着的种类多于中层，4—11 月份口港海域出现的种类基本上都在表层板出现，而且其变化规律与总种数相同，均以 7 月最高。1—3 月表层板无生物附着。

13.2.2　附着率

　　图 13.2 - 4 和图 13.2 - 5 分别显示了表、中层月板污损生物附着率统计结果。由图中可以看出，龙口港海域自 4 月份开始表层板就有藻类附着，附着的种类主要是绿藻，因季节性水温波动，附着的种类也随之发生变化，从而表现出不同的附着率。藻类附着率的峰值在 4—5 月份和 8 月份出现两次，主要受软丝藻制约。中层板几乎全年都有藻类附着，而且在低水温的冬季，红藻附着率较高。夏季虽然中层挂板上红藻、绿藻、褐藻均有出现，但受海水透明度的限制，绿藻的附着率较低，表现为藻类的附着面积较小。

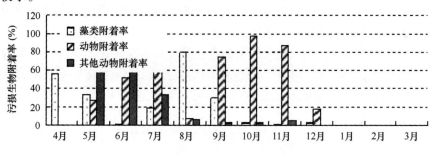

图 13.2 - 4　各月表层挂板污损生物附着率统计

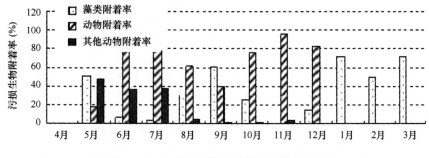

图 13.2 - 5　各月中层挂板污损生物附着率统计

　　龙口海域固着性动物主要有水螅虫、苔藓虫、藤壶、紫贻贝、海鞘等，此类动物在表层挂板的附着期自 5 月份开始，直至 12 月。各月份固着动物的附着率存在差异，以 6—7 月和 9—11 月为附着高峰期。

龙口海域游走于试验挂板上的种类主要有端足类和多毛类等附着生物。此类动物的附着期为 5—12 月，附着率的峰值期为 5—7 月。

13.2.3　污损生物生物量

表层月板污损生物全年平均附着生物量为 140.09 g／m²，以固着动物生物量占明显优势，其次为藻类。藻类生物量以 7—9 月较大，8 月份最高。固着动物生物量高值期为 7 月和 9—11 月，其中 7 月、9 月、10 月份生物量受水螅虫的明显影响，10 月、11 月则受藤壶重量的制约。游走于试验挂板上的附着生物量，以 9 月份最高（图 13.2 - 6）。

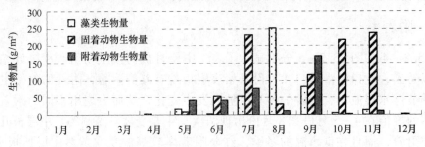

图 13.2 - 6　各月表层挂板污损生物附着生物量

中层月板污损生物全年平均附着生物量为 385.09 g／m²，以固着动物生物量占明显优势，其次为其他类附着动物，藻类所占生物量组分较低。藻类生物量以 5 月、10 月较大，其原因主要受绿藻的影响。红藻的生物量较低，几乎全年都有分布。褐藻仅出现于 9 月份。固着动物生物量高值期为 7 月和 11 月，其中 7 月份生物量受水螅虫的明显影响，11 月则受藤壶影响。游走于试验挂板上的附着生物量，以 7 月份最高，主要因端足类大量附着所致（图 13.2 - 7）。

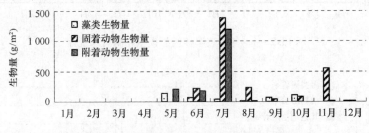

图 13.2 - 7　各月中层挂板污损生物附着生物量

13.2.4　主要污损生物及其分布特征

13.2.4.1　内枝多管藻

内枝多管藻（*Polysiphonia morrowii*）属于红藻门（*Rhodophyta*），松节藻科（Rhodomelaceae），主要附着于中层挂板，几乎全年都有分布，附着盛为 1—3 月。因藻体较小，虽然有较高的附着率，但生物量却较低（见图 13.2 − 8）。该种全年平均生物量为 1.72 g/m²，12 月份生物量最高，为 7.17 g/m²。

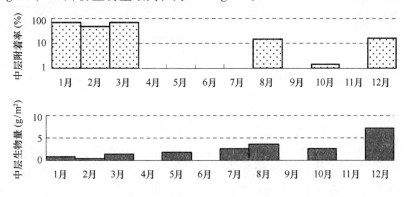

图 13.2 − 8　内枝多管藻各月中层挂板附着率及生物量

13.2.4.2　软丝藻

软丝藻（*Ulothrix flacca*）为绿藻植物门（Chlorophyta），软丝藻科（Ulotrichaceae），主要附着于表层挂板，偶现于中层板。附着期为 4—5 月和 8—10 月。高生物量出现在 8 月（图 12.3 − 9）。该种附着期平均生物量为 33.24 g/m²，8 月份生物量为 151.89 g/m²。

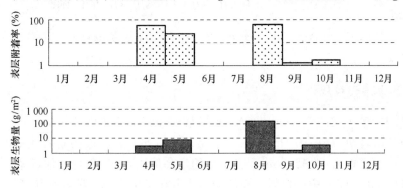

图 13.2 − 9　软丝藻各月表层挂板附着率及生物量

13.2.4.3　肠浒苔

肠浒苔（*Enteromopha intestinalis*）属于绿藻门（Chlorophyta），石莼科（Ulvaceae），主要附着于表层挂板，附着期为 7 月、8 月份。附着率分别为 16.67% 和 1.50%，生物量分别为 36.74 g/m² 和 30.02 g/m²。

13.2.4.4　中胚花筒螅

中胚花筒螅（*Tubularia mesembryanthemum*）属于腔肠动物门（Coelenterata），筒螅水母科（Tubulariidae），附着期为 6—9 月，表、中层板均有分布，表层板的附着期平均生物量为 86.02 g/m²，中层板为 463.21 g/m²。表层板的附着率最高值出现在 9 月，为

65.67%，生物量高值出现于 7 月，为 102.45 g/m²。中层板的最高值出现在 7 月，附着率为 70.00%，生物量为 1 341.85 g/m²（见图 13.2 - 10）。

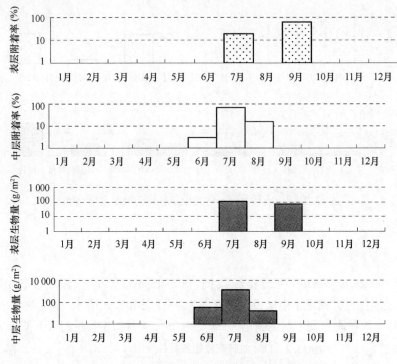

图 13.2 - 10　中胚花筒螅各月挂板附着率及生物量

13.2.4.5　曲膝薮枝螅

曲膝薮枝螅（*Obelia geniculata*）属于腔肠动物门（Coelenterata），水螅虫目（Hydroida），附着期为 6—10 月，表、中层板均有分布，表层板的附着期平均生物量为 63.32 g/m²，中层板为 44.45 g/m²。表层板的最高值出现在 10 月，附着率为 78.33%，生物量为 112.60 g/m²。中层板附着率的最高值出现在 6 月，附着率为 50.67%，生物量的最高值出现在 8 月，为 73.93 g/m²（见图 13.2 - 11）。

13.2.4.6　纹藤壶

纹藤壶（*Balanus amphitrite*）属于节肢动物门（Arthropoda），颚足纲（Maxillopoda），无柄目（Sessilia），藤壶科（Balanidae）。附着期为 5—12 月，表、中层板均有分布，表层板的附着期平均生物量为 50.53 g/m²，中层板为 109.86 g/m²。表、中层板的最高值均出现在 11 月，11 月表层板附着率为 86.00%，生物量为 197.73 g/m²。中层板附着率为 96.00%，生物量为 548.84 g/m²（见图 13.2 - 12）。

13.2.4.7　上野蜾蠃蜚

上野蜾蠃蜚（*Corophium uenoi*）属于节肢动物门（Arthropoda），端足目（Amphipoda），蜾蠃蜚科（Coronhiidae）。附着期为 5—12 月，附着盛期为 5—7 月，表、中层板均

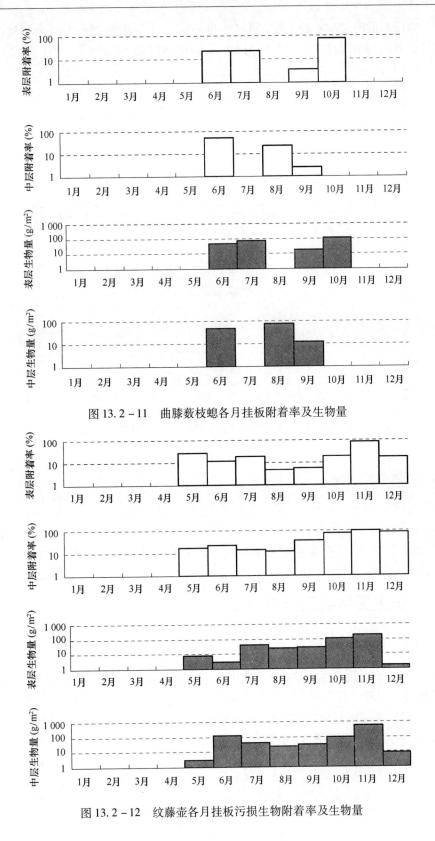

图 13.2－11　曲膝薮枝螅各月挂板附着率及生物量

图 13.2－12　纹藤壶各月挂板污损生物附着率及生物量

有分布。表层板的附着期平均生物量为 19.49 g/m²，中层板为 45.55 g/m²。表、中层板生物量的最高值均出现在 7 月，分别为 60.63 g/m² 和 140.68 g/m²（见图 13.2 - 13）。

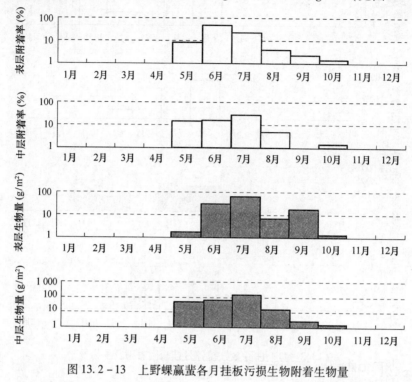

图 13.2 - 13　上野蜾蠃蜚各月挂板污损生物附着生物量

13.2.4.8　镰形叶钩虾

镰形叶钩虾（*Jassa falcata*）属于节肢动物门（Arthropoda），甲壳纲（crustacea），端足目（Amphipoda），钩虾科（Gammaridae）。附着期为 5—12 月，附着盛期为 5—7 月，表、中层板均有分布。表层板的附着期平均生物量为 9.31 g/m²，中层板为 263.23 g/m²。表、中层板附着率最高值均出现在 5 月，分别为 47.50% 和 32.00%（见图 13.2 - 14）。

13.3　季板主要种类及分布特征

13.3.1　附着种类

全年季板共检出污损生物 24 种，其中红藻 1 种、褐藻 1 种、绿藻 4 种、海绵动物 1 种、腔肠动物 3 种、环节动物 2 种、软体动物 2 种、节肢动物 7 种、苔藓动物 2 种，尾索动物 1 种。表层板共出现 22 种，中层板出现 19 种。各季附着生物种数以春季最多，秋季次之，冬季最低（图 13.3 - 1）。

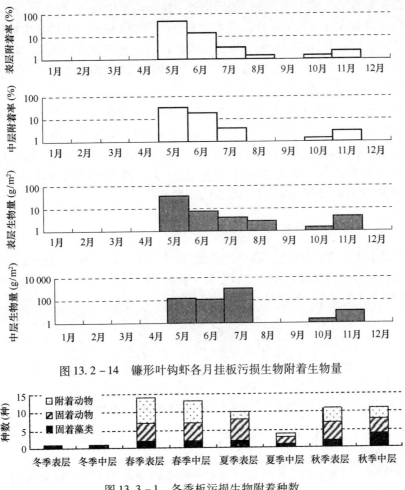

图 13.2 - 14　镰形叶钩虾各月挂板污损生物附着生物量

图 13.3 - 1　各季板污损生物附着种数

13.3.2　优势种及生物量

13.3.2.1　春季（4—6 月）

春季共检出 16 种污损生物，其中表层板 14 种，中层板 13 种。表层板附着生物量明显高于中层。优势种为缘管浒苔、紫贻贝、大室膜孔苔虫和上野蜾蠃蜚。优势种生物量分布见图 13.3 - 2。

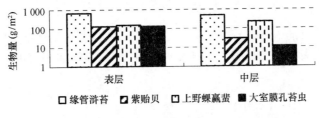

图 13.3 - 2　春季季板主要污损生物附着生物量

　　缘管浒苔是春季的第一优势种，表层板的生物量高于中层。

　　紫贻贝在月板中仅出现于6月，但在春季板是主要优势种。表层的生物量明显高于中层。表、中层板的附着率均较低，只是生物量较高，表明该种在试验海域的附着条件受到限制，但附着后的生长速率较快。表、中层板其平均附着率分别为2.33%和1.33%，生物量为128.60 g/m² 和29.99 g/m²。

　　大室膜孔苔虫主要附着于表层板，中层板仅极少量分布。该种在表、中层板的平均附着率分别为12.67%和2.00%，生物量为127.74 g/m² 和11.25 g/m²。

　　上野蜾蠃蜚是游走于挂板表面的端足类，生物量较高，表、中层板的差异不明显，以中层略高。该种在表、中层板的平均生物密度分别为86 621 ind./m² 和150 461 ind./m²，生物量为142.16 g/m² 和240.20 g/m²。

13.3.2.2　夏季（7—9月）

　　夏季共检出11种污损生物，其中表层板10种，中层板4种。表层板附着生物量明显高于中层。优势种为曲膝薮枝螅、紫贻贝、长牡蛎、纹藤壶和水云。优势种生物量分布见图13.3−3。

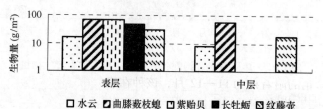

图13.3−3　夏季季板主要污损生物附着生物量

　　曲膝薮枝螅是夏季的第一优势种，表层板的生物量高于中层。该种在表、中层板的平均附着率分别为69.33%和56.50%，生物密度为130 623 ind./m² 和169 550 ind./m²，生物量为72.67 g/m² 和60.56 g/m²。

　　紫贻贝仅在表层板附着，而且附着率较低，仅1.00%，但生物量较高，为66.90 g/m²，生物密度为202 ind./m²。

　　长牡蛎仅在表层板附着，附着率较低，为3.00%，但生物量较高，为49.60 g/m²，生物密度为606 ind./m²。

　　月板显示纹藤壶的附着期为5—12月，生长盛期为6月和10月、11月。与此相吻合，夏季纹藤壶已成为试验挂板的优势种，但生物量仍较低，该种在表、中层板的平均附着率分别为0.33%和11.00%，生物密度为231 ind./m² 和8 939 ind./m²，生物量为30.56 g/m² 和17.30 g/m²。

　　水云是夏季特有的一种附着性绿藻，月板试验显示其附着期为9月。该种的生物量以表层板略高，在表、中层板的平均附着率分别为21.00%和31.50%，生物量为16.15 g/m² 和7.79 g/m²。

13.3.2.3　秋季（10—12月）

　　秋季共检出14种污损生物，其中表层板14种，中层板14种。表、中层板附着生物量基本相等。优势种为内枝多管藻、缘管浒苔、紫贻贝、纹藤壶和柄海鞘。优势种生物量分布见图13.3－4。

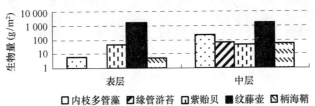

图13.3－4 秋季季板主要污损生物附着生物量

内枝多管藻秋季的中层板生物量高于表层。该种在表、中层板的平均附着率分别为2.00%和27.50%，生物量为6.63 g/m² 和213.67 g/m²。

缘管浒苔在秋季月板中未出现，季板中仅出现于中层板，其平均附着率为11.50%，生物量为61.42 g/m²。

紫贻贝秋季月板中未出现，季板中附着率较低，生物量较高。表、中层板其平均附着率分别为1.33%和0.50%，生物量为42.10 g/m² 和43.69 g/m²。

纹藤壶是秋季板的第一优势种，秋季是该种全年附着量的最高期。表层板的生物量略高于中层。该种在表、中层板的平均附着率分别为90.00%和87.00%；生物密度为15 917 ind./m² 和26 990 ind./m²，生物量为1 677.91 g/m² 和1 545.42 g/m²。

月板显示柄海鞘的附着期为11—12月，该种在表、中层秋季板的平均附着率分别为0.33%和0.25%；生物密度为29 ind./m² 和130 ind./m²；生物量为5.19 g/m² 和55.80 g/m²。

13.3.2.4 冬季（1—3月）

冬季表、中层挂板仅附着内枝多管藻，且生物量较低。其平均附着率分别为0.50%和0.67%；生物量为0.87 g/m² 和6.06 g/m²。

13.4 半年板主要种类及分布特征

13.4.1 附着种类

全年半年板共检出污损生物14种，其中红藻2种、绿藻1种、海绵动物1种、腔肠动物3种、环节动物1种、软体动物2种、节肢动物1种、苔藓动物2种、尾索动物1种，表、中层板各出现12种。上半年附着13种，下半年附着7种，上半年出现的种数明显高于下半年（图13.4－1）。半年板以固着性动物为主，游走性的附着生物仅现双齿围沙蚕1种。上半年的中层板及下半年的表层板未出现藻类。

13.4.2 优势种及生物量

13.4.2.1 上半年（4—9月）

上半年板共现出13种污损生物，其中表层板11种，中层板10种。表层板附着生物

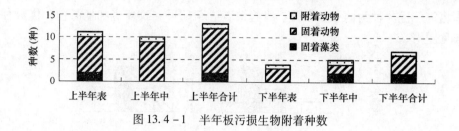

图 13.4 - 1　半年板污损生物附着种数

量明显高于中层。优势种为纹藤壶、紫贻贝、长牡蛎和柄海鞘。优势种生物量分布见图 13.4 - 2。

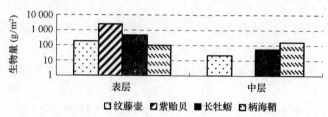

图 13.4 - 2　上半年板主要污损生物附着生物量

紫贻贝是上半年板的第一优势种，只分布于表层。其平均附着率为 56.33%，生物量为 2 435.34 g/m²。

长牡蛎是上半年板的特有优势种，表层板的生物量明显大于中层。该种在表、中层板的平均附着率分别为 28.00% 和 31.50%，生物量为 476.59 g/m² 和 53.51 g/m²。

纹藤壶上半年板的附着量低于下半年板。该种在表、中层板的平均附着率分别为 15.67% 和 4.00%；生物量为 190.63 g/m² 和 20.90 g/m²。

柄海鞘的附着率较低，但生物量较高，而且表、中层板的差异较小。该种在表、中层板的平均附着率分别为 0.67% 和 1.00%；生物量为 103.12 g/m² 和 166.39 g/m²。

13.4.2.2　下半年（10 月至翌年 3 月）

下半年板共检出 7 种污损生物，其中表层板 4 种，中层板 5 种。表层板附着生物量明显低于中层。优势种为内枝多管藻、纹藤壶和柄海鞘。优势种生物量分布见图 13.4 - 3。

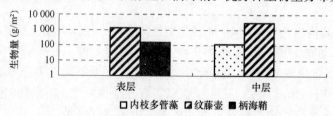

图 13.4 - 3　下半年板主要污损生物附着生物量

内枝多管藻只分布于中层。其平均附着率为 8.00%；生物量为 119.99 g/m²。

纹藤壶是下半年板第一优势种，中层板的附着量明显高于表层。该种在表、中层板的平均附着率分别为 90.50% 和 95.00%；生物量为 1 417.22 g/m² 和 3 028.43 g/m²。

柄海鞘仅限于表层板，平均附着率为 0.50%；生物量为 164.72 g/m²。

13.5 年板主要种类及分布特征

13.5.1 附着种类

年板共检出污损生物 11 种，其中红藻 1 种、绿藻 2 种、腔肠动物 2 种、环节动物 1 种、软体动物 2 种、节肢动物 1 种、苔藓动物 1 种、尾索动物 1 种。

13.5.2 优势种及生物量

13.5.2.1 表层

表层年板共检出 7 种污损生物，表层板附着生物量明显高于中层。以紫贻贝为绝对优势种，其平均附着率为 55.00%，生物量为 10 971.12 g/m²，占表层板总生物量的 97.38%。生物量组成见图 13.5 – 1。

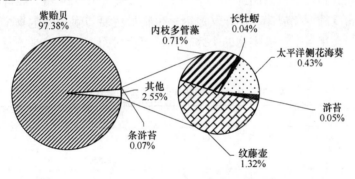

图 13.5 – 1 表层年板附着生物量组成统计

13.5.2.2 中层

中层年板共检出 10 种污损生物，以长牡蛎和纹藤壶为主要优势种，其平均附着率分别为 16.00% 和 40.00%；生物量为 2 035.11 g/m² 和 1 391.30 g/m²；两种生物占表层板总生物量的 67.09%。中层板生物量组成见图 13.5 – 2。

13.6 数量分布

通过全年的污损生物样品分析，数量分布共设厚度、覆盖面积率、附着面积率、生物量、湿重、密度等指标，总的来说，厚度在 32 mm 以下，大多数板的厚度在 1~5 mm 之间；覆盖面积的变化较大，一般来说年板、半年板和夏季月板的覆盖面积较大。

各种板别的平均密度和平均生物量如表 13.6 – 1、图 13.6 – 1 和图 13.6 – 2 所示。由图表可见各种板别上污损生物的由高到低的平均密度为季板、半年板、月板、年板，季板的中层板上的平均密度最大，为 120 387 ind./m²；表层年板上平均密度最低为 14 214 ind./m²。

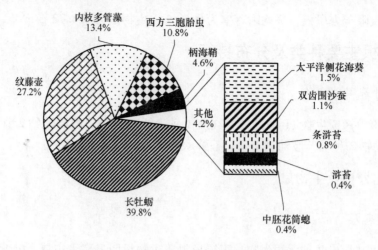

图 13.5 - 2　中层年板附着生物量组成统计

　　表层和中层各种板别上由高到低的平均生物量变化规律为年板、半年板、季板、月板，这与平均密度的变化规律不同，其原因是生物量主要与附着的生物个体数和附着生长的时间有关，在年板上污损生物的个体较大，但相对而言数量较少，月板的附着时间最短，所以较小。

表 13.6 - 1　平均密度和平均生物量统计表

类　别	层次	年板	半年板	季板	月板
平均密度（ind./m²）	表层	14 214.00	75 620.11	88 747.07	50 781.55
	中层	21 237.35	107 462.30	120 386.37	83 936.90
平均生物量（g/m²）	表层	11 266.73	2 514.77	806.16	140.09
	中层	5 107.02	1 891.72	763.23	385.09

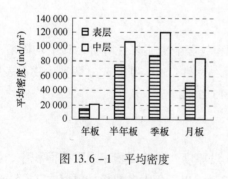

图 13.6 - 1　平均密度

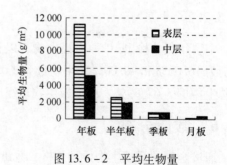

图 13.6 - 2　平均生物量

13.7　群落结构特征

13.7.1　相似性分析

　　图 13.7 - 1 和图 13.7 - 2 分别是以月板及季板、半年板、年板的表、中层平均生物

密度为基础数据，用 PRIMER 5 软件进行的聚类分析。结果显示，试验海域污损生物附
着量基本分为 1—4 月和 5—12 月两个时期，因附着生物种类较少，而水温对各生物种群
的影响存在差异，处在低温时的附着生物数量表现为较高的相似性，但生物附着的种类
与数量并未随着温度的变化而出现明显的相似性。处于冬、春季的月板中，1—2 月的相
似性最高，与其特征相近的是 4 月。秋季的月板中，11—12 月表现为较高的相似性，10
月次之。在水温较高的春、夏季，6—7 月表现出较高的相似性，而水温相差较大的 5
月、8 月间相似性较高，其原因是由于游走于两个月的试验挂板上的多毛类和端足类的
种类相似，而与 6—7 月的数量差异较大所致。

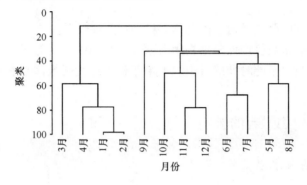

图 13.7 - 1　月板平均附着生物密度聚类

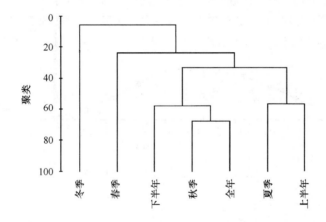

图 13.7 - 2　季板、半年板、年板平均附着生物密度聚类

　　年板与秋季板之间具有较高的相似性，表明秋季附着的污损生物代表了试验海域的
主要特征。因冬季出现的生物较少，下半年板与秋季的相似性较高。

13.7.2　多样性指数分析

　　图 13.7 - 3 是各板别以表、中层平均生物密度为基础数据进行的多样性指数分析，
因 1—4 月的月板和冬季季板均只有 1 种藻类附着，未进行多样性指数统计。

　　月板中因 6—8 月有大量多毛类、端足类出现，其多样性指数值较高。10 月以后，
附着的生物种类比较单一，多样性指数值急剧下降。9 月份出现的游走性附着生物及固

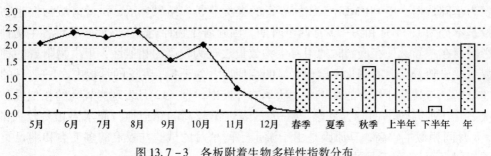

图 13.7 - 3　各板附着生物多样性指数分布

着藻类明显少于邻近的两个月份，因此其多样性指数值较低。

　　各季板的多样性指数值均低于生物附着盛期（5—10 月）的相应月板，其原因是季板上附着的生物种数少于此时期的月板。上半年板多样性指数值与春季板相近，年板则高于季板和半年板。

13.7.3　水温对生物附着的影响

13.7.3.1　试验海域水温条件

　　海水温度是影响生物附着的重要因素。根据国家海洋局龙口海洋观测站 2007 年 3 月至 2008 年 4 月的观测资料显示，挂板试验区年平均水温为 13.39℃，月平均最高水温出现在 8 月，平均为 27.31℃；最低水温出现在 2 月，平均为 0.32℃（图 13.7 - 4）。全年最高温出现在 8 月 21 日，为 29.21℃；最低温出现在 2 月 14 日，为 - 0.61℃（图 13.7 - 5）。

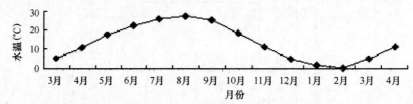

图 13.7 - 4　现场月平均水温统计

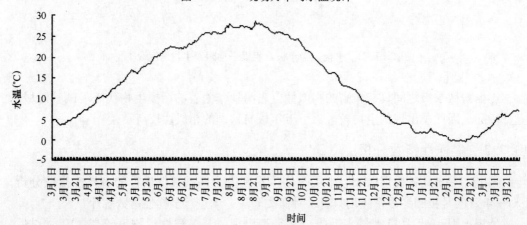

图 13.7 - 5　挂板试验期间海域日平均水温

13.7.3.2　水温对生物附着影响

污损生物附着与其繁殖习性有关，而多数海洋生物的繁殖受水温的影响和制约。龙口海域冬季季板放板时的日平均水温为 4.04℃，收板日平均水温为 5.78℃。冬季季板和 1—3 月的月板上，除内枝多管藻外未出现其他生物附着。日均水温为 9.44 ~ 4.08℃ 的 12 月份，月板共有 3 种污损生物出现，优势种纹藤壶在中层板的覆盖率、生物量、附着密度等多项指标明显大于表层。日均水温为 6.31 ~ 12.14℃ 在 4 月表层板，仅附着了少量的软丝藻，中层板除内枝多管藻外仍无其他大型污损生物。上述资料显示，龙口海域污损生物的附着种类受季节性水温变化的影响比较明显，制约生物大量固着的水温约在 9 ~ 12℃，藻类开始附着的温度低于动物。

此次挂板试验中，4—10 月的月板出现了软丝藻、5 种浒苔和孔石莼等三类绿藻。由相关的水温资料显示可知，绿藻起始附着的日均水温为 6℃，秋季终止的日均水温为 16℃。

固着性动物出现在 5—12 月，对应的春季水温约 13℃，秋季为 4℃。其中，水螅类对应的春季水温约 13℃，秋季为 16℃；紫贻贝和苔藓类的附着日均水温为 19 ~ 26℃；纹藤壶春季约 13℃，秋季为 5℃。

匍匐或游走于挂板上的附着生物主要为端足类和多毛类，上野蜾蠃蜚、镰形叶钩虾、麦秆虫等甲壳类为优势种。该类生物出现在 5—12 月，对应的春季水温约 13℃，秋季为 4℃。通过附着率判断上野蜾蠃蜚的繁殖期在春季，其水温范围为 13 ~ 26℃，镰形叶钩虾为 13 ~ 22℃。

14 游泳动物

渤海沿岸和河口是多数海洋经济鱼虾类的重要产卵场和栖息地，素有黄、渤海生物资源"摇篮"之说。同时，渤海是我国北方海洋捕捞和海水养殖的重要基地，渔业生产是渤海最为重要的海洋产业。

然而，过去相当一段时间以来，由于可持续发展观念淡薄，各种人类活动和气候变化严重威胁着渤海生态系统的服务与产出。40 年来，随着捕捞强度的持续增大，渤海各渔场的渔业资源遭受严重破坏，导致渤海主要经济底层鱼类资源量急剧衰退。个体较大、营养层次较高的带鱼和小黄鱼等优势种群逐步为黄鲫、日本鳀、赤鼻棱鳀等个体较小、营养层次低的小型中上层鱼类所替代。同时，沿岸地区工农业生产的快速发展导致水污染问题日趋严重，天然渔场及洄游通道生态环境遭到破坏，传统的产卵场、育肥场功能萎缩或消失。

为查明渤海渔业资源现状，"908 专项"通过对渤海游泳动物开展系统调查，摸清渔业生物种类组成、群体结构、数量分布和季节变动特点，了解渔业资源的补充情况，为渤海渔业资源养护与修复提供科学依据，提高我国海洋渔业资源定量化和科学化的管理水平，为实现海洋可持续发展提供决策依据，以保障环渤海经济的可持续发展。

14.1 种类组成

在 20 个定点站位的底拖网调查取样中，共捕获渔业资源生物种类 84 种（见附录 15 游泳动物种名录），其中，鱼类有 56 种（中上层鱼类 14 种，底层和近底层鱼类 42 种），占总种数的 66.7%；甲壳类有 23 种（虾类 13 种、蟹类 10 种），占总种数的 27.4%；头足类有 5 种，占总种数的 5.9%。

在 4 个季节中，以秋季的渔业生物种类数量最多，为 55 种；其他季节，春季 49 种，夏季 47 种，冬季 48 种。各季节主要的种类组成见图 14.1 – 1。四季调查均出现的种类有 21 种，其中鱼类 10 种，为大银鱼、小黄鱼、小带鱼（*Euplerogrammus muticus*）、红狼牙鰕虎鱼、方氏云鳚（*Enedrias fangi*）、细纹狮子鱼、大泷六线鱼、鲬、短吻舌鳎和黄鮟鱇；甲壳类 7 种，为口虾蛄、葛氏长臂虾、日本鼓虾、鲜明鼓虾、三疣梭子蟹、日本鲟和隆线强蟹；头足类 4 种，为日本枪乌贼、火枪乌贼（*Loligo beka*）、长蛸和短蛸。

14.2 资源结构

渤海沿岸和河口是重要的生态交错带，黄河等入海径流对生源要素的补充使各湾口及其邻近水域成为高生产力区，从而形成海洋经济鱼虾类的重要产卵场和栖息地。洄游性种类在晚秋游离渤海进入黄海乃至东海越冬，翌年春季游回渤海进入各湾口及其邻近水域产卵，每年进行两次长距离洄游；渤海地方性种类全年生活在渤海，冬季做短距离

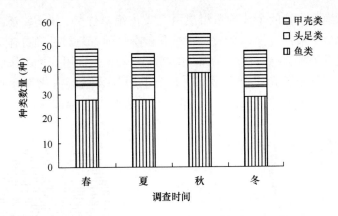

图 14.1 – 1 渔业生物各类群的种类数量组成及季节变化

移动，从近岸水域到渤海中部深水区或海峡一带深水区越冬。因此，在一年当中渤海的渔业生物群落结构会出现季节性的差异变化。

渤海渔业生物的资源结构以鱼类和甲壳类为主，头足类所占比例较小。春季，渤海渔业生物的生物量组成以甲壳类为主，占 72.75%，鱼类的生物量所占比例为全年最低，仅 23.17%；夏季和秋季，随着鱼类补充群体的出现，渔业生物的生物量以鱼类为主，所占比例超过 80%，而甲壳类的比例则降低到 20% 以下；冬季，洄游性鱼类游离渤海，鱼类的生物量所占比例下降，甲壳类的比例上升，二者所占比例基本达到平衡，头足类的比例则为全年的最高值 6.39%（图 14.2 – 1）。

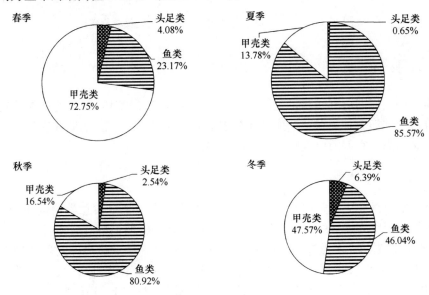

图 14.2 – 1 渤海渔业生物的生物量组成及季节变化

渤海鱼类和甲壳类的个体数量占渔业生物数量的绝对优势，季节的演替变化非常明显，夏季和秋季以鱼类占绝对优势，冬季和春季则以甲壳类占绝对优势。头足类所占比例很小，各季节均不及 2%。

春季，渤海渔业生物的个体数量组成甲壳类占绝对优势，为95.78%，鱼类的个体数量所占比例为全年最低，仅3.50%；夏季和秋季，随着鱼类补充群体的出现，渔业生物的个体数量则以鱼类为绝对优势，所占比例高达90%，而甲壳类的比例则降低到10%以下；冬季，由于洄游性鱼类游离渤海，鱼类的个体数量所占比例大幅度下降，只有8.87%，甲壳类的比例上升到90.77%，接近春季水平（图14.2-2）。

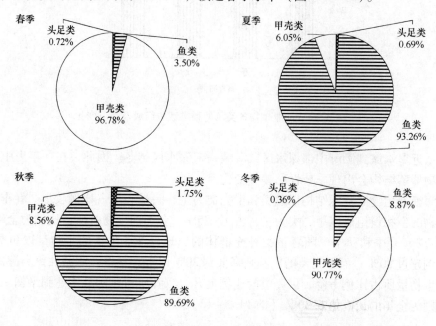

图14.2-2 渤海渔业生物的个体数量组成及季节变化

14.3 优势种

在本次的底拖网调查渔获量统计中，采用Pinkas等（1971）提出的相对重要性指标（IRI）分析每种渔获种类在整个拖网渔获物中的重要性，既考虑到其重量和尾数占渔获百分比，又考虑了它们的出现频率，从而确定优势种。

14.3.1 春季

春季，渤海渔业生物资源的优势种以甲壳类为主，生物量占总生物量3%以上的甲壳类有5种，分别为口虾蛄、脊腹褐虾、葛氏长臂虾、鲜明鼓虾和日本鼓虾。底层鱼类2种，为短吻舌鳎和矛尾鰕虎鱼；中上层鱼类只有黄鲫1种。优势种的生物量占总生物量的80.13%，其中以口虾蛄的比例最高，为28.45%；脊腹褐虾次之，为15.91%；日本鼓虾10.99%，其余5种在3%~6%之间（见图14.3-1）。IRI值以脊腹褐虾最高，为4 264；口虾蛄次之，为3 336；日本鼓虾1 901，鲜明鼓虾899，葛氏长臂虾799，短吻舌鳎463，矛尾鰕虎鱼302，黄鲫235。

14.3.2 夏季

夏季，渤海渔业生物资源的优势种以中上层鱼类为主，生物量占总生物量3%以上的种类有4种，分别为日本鳀、斑鰶、黄鲫和青鳞小沙丁鱼；底层鱼类2种，为小黄鱼和六丝矛尾鰕虎鱼。优势种的生物量占总生物量的76.45%，其中以日本鳀的比例最高，为29.16%；小黄鱼次之，为20.88%；青鳞小沙丁鱼11.30%，其余3种在4%～6%之间（见图14.3－1）。IRI值以日本鳀最高，为6 109；小黄鱼次之，为2 578；青鳞小沙丁鱼506，黄鲫500，六丝矛尾鰕虎鱼337，斑鰶314。

14.3.3　秋季

秋季，渤海渔业生物资源的优势种以鱼类为主，生物量占总生物量3%以上的种类有6种，其中中上层鱼类3种，为银鲳（*Pampus argenteus*）、黄鲫和青鳞小沙丁鱼。底层鱼类3种，为小黄鱼、小带鱼和黄鮟鱇。甲壳类3种，为口虾蛄、三疣梭子蟹和日本蟳。优势种的生物量占总生物量的79.55%，其中以黄鲫的比例最高，为20.78%；青鳞小沙丁鱼次之，为16.74%；小带鱼11.84%，其余6种在3%～9%之间（见图14.3－1）。IRI值以黄鲫最高，为2 570，青鳞小沙丁鱼次之，为2 147，小带鱼2 102，银鲳203，小黄鱼776，黄鮟鱇146，口虾蛄735，三疣梭子蟹353，日本蟳190。

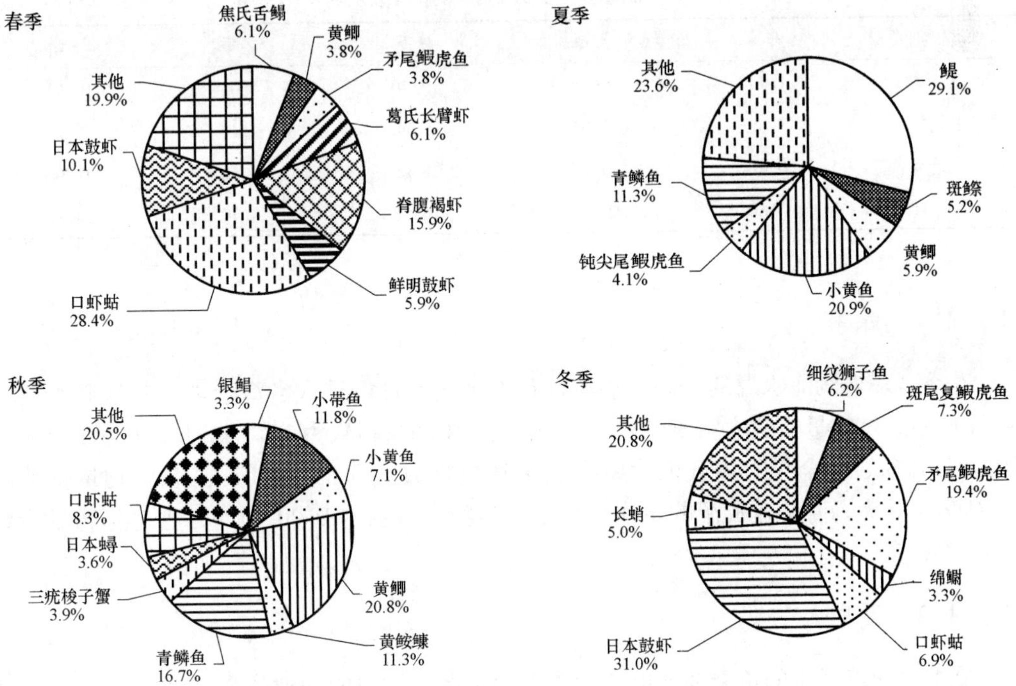

图14.3－1　渤海渔业生物资源优势种结构的季节变化

14.3.4　冬季

冬季，渤海渔业生物资源的优势种共有7种，均为渤海地方性种类。其中，生物量占总生物量3%以上的4种鱼类全部为底层鱼类，分别为矛尾鰕虎鱼、斑尾复鰕虎鱼（*Synechogobius ommaturus*）、细纹狮子鱼和长绵鳚（*Enchelyopus elongatus*）；甲壳类2种，为口虾蛄和日本鼓虾；头足类1种，为长蛸。优势种的生物量占总生物量的79.21%，其中以日本鼓虾的比例最高，为30.98%；矛尾鰕虎鱼次之，为19.40%；其余5种在3%~8%之间（见图14.3-1）。IRI值以日本鼓虾最高，为8 997，矛尾鰕虎鱼次之，为1 548，斑尾复鰕虎鱼409，细纹狮子鱼94，长绵鳚71，口虾蛄852，长蛸208。

14.4　资源密度

14.4.1　生物量指数

4个季节底拖网调查取样共80站次，总渔获量1 188.92 kg，年均总生物量指数为14.86 kg/h。其中捕获鱼类872.46 kg，平均生物量指数为10.91 kg/h，占总生物量指数的73.42%，为渤海渔业资源的主要成分；捕获甲壳类289.06 kg，平均生物量指数为3.61 kg/h，占总生物量指数的24.29%；捕获头足类27.40 kg，平均生物量指数为0.34 kg/h，占总生物量指数的2.29%。由于渤海洄游性鱼类季节性的移动明显，不同季节的渔业资源结构和密度有较为显著的差异（表14.4-1）。

表14.4-1　渤海渔业资源的生物量指数及其季节变化　　　　　　单位：kg/h

类　别	春季	夏季	秋季	冬季	年均
鱼　类	1.11	25.06	13.40	4.05	10.91
甲壳类	3.49	4.04	2.74	4.18	3.61
头足类	0.20	0.19	0.42	0.56	0.34
合　计	4.80	29.29	16.56	8.79	14.86

14.4.1.1　春季

春季，随着渤海水温的升高，洄游性鱼类多在5月份进入渤海产卵。本次春季调查（4月）的总生物量指数为4.80 kg/h，其中鱼类生物量指数为1.11 kg/h，占总生物量指数的23.12%，为全年的最低值；甲壳类生物量指数为3.49 kg/h，占总生物量指数的72.71%，成为渤海渔业资源的主体；头足类生物量指数为0.20 kg/h，占总生物量指数的4.17%。

14.4.1.2　夏季

夏季，随着当年的鱼类补充群体变为渔业资源，渤海的渔业资源数量和结构较春季发生了明显的变化。本次夏季调查（8月）的总生物量指数为29.29 kg/h，为全年的最高值。其中鱼类生物量指数为25.06 kg/h，是春季的22.6倍，占总生物量指数的85.56%，成为渤海渔业资源的主体；甲壳类生物量指数为4.04 kg/h，较春季稍有提高，但占总生物量指数的13.79%，资源地位明显下降；头足类生物量指数与春季基本相同，为0.19 kg/h，仅占总生物量指数的0.65%。

14.4.1.3　秋季

秋季，随着渤海伏季休渔结束，渔业生产导致了当年的鱼类补充群体数量减少，渔业资源密度较夏季有所下降。秋季调查（10 月）的总生物量指数为 16.56 kg/h，较夏季下降了 43.46%。其中鱼类生物量指数为 13.40 kg/h，占总生物量指数的 80.92%，但仍为渤海渔业资源的主体；甲壳类生物量指数为 2.74 kg/h，占总生物量指数的 16.54%；头足类生物量指数有所提高，为 0.42 kg/h，占总生物量指数的 2.54%。

14.4.1.4　冬季

冬季，随着渤海水温的降低，洄游性鱼类多在 12 月份之前进入了黄海越冬场越冬。渤海的渔业资源数量和结构较秋季又发生明显变化。本次冬季调查（12 月）的总生物量指数为 8.79 kg/h，为秋季的 53.08%。其中鱼类生物量指数下降幅度最大，为 4.05 kg/h，不及秋季的 1/4，占总生物量指数的 46.07%；甲壳类生物量指数为 4.18 kg/h，较秋季稍有提高，占总生物量指数的 47.56%，与鱼类共同构成渤海渔业资源的主体；头足类生物量指数为 0.56 kg/h，占总生物量指数的 6.37%。

14.4.2　密度指数

4 个季节底拖网调查取样共 80 站次，渔业生物的总渔获数量为 212 884 尾，年均总密度指数为 2 661 ind./h。其中捕获鱼类 142 036 尾，平均密度指数为 1 775 ind./h，占总密度指数的 66.70%，为渤海渔业资源的主要成分；捕获甲壳类 69 161 尾，平均密度指数为 865 ind./h，占总密度指数的 32.51%；捕获头足类 1 687 尾，平均密度指数为 21 ind./h，占总密度指数的 0.79%。由于渤海渔业资源当年补充群体的数量变化具有明显的季节性和洄游性鱼类的季节性移动，不同季节的渔业资源密度指数及其结构有显著的差异（图 14.4-1）。

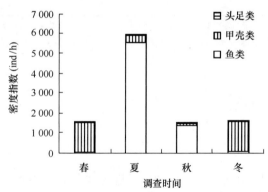

图 14.4-1　渤海渔业资源的密度指数及其季节变化

渤海渔业资源的密度指数以夏季最高，为 5 965 ind./h，其他季节的差异不大，在 1 500～1 700 ind./h 之间。鱼类的密度指数夏季达到最高值 5 563 ind./h，占总密度指数的 92.81%，随着时间的推移，其密度指数逐步下降，到春季只有 54 ind./h；甲壳类的密度指数以春季和冬季较高，约为 1 500 ind./h，夏季和秋季较低，在 100～400 ind./h 之间；头足类的密度指数在各季节均不及 50 ind./h。

14.4.3 重要渔业种类生物量指数

渤海的重要渔业种类主要有小黄鱼、银鲳、黄鲫、斑鰶、蓝点马鲛（*Scombermorus niphonius*）、日本鳀、青鳞小沙丁鱼、短吻舌鳎、矛尾鰕虎鱼、口虾蛄、三疣梭子蟹和日本蟳 12 种，其年均生物量指数之和为 10.99 kg/h，占总生物量指数的 73.95%。前 7 种为洄游性种类，后 5 种为渤海地方性种类，各种类的生物量指数季节变化差异较大，洄游性种类的季节性变化更明显（表 14.4 - 1）。

表 14.4 - 1　重要渔业种类生物量指数及其季节变化　　　　单位：g/h

类　别	春季	夏季	秋季	冬季	年均
小黄鱼	2.0	6 677.5	1 184.6	24.8	1 972.2
银鲳	44.5	46.7	546.9	0.0	160.5
黄鲫	183.0	1 718.9	3 442.9	0.0	1 336.2
斑鰶	80.5	1 511.6	487.5	0.0	519.9
蓝点马鲛	0.0	1 195.6	490.5	26.0	428.0
日本鳀	0.0	8 540.0	4.7	3.5	2 137.0
青鳞小沙丁鱼	0.8	3 335.7	2 772.8	0.0	1 527.3
短吻舌鳎	290.5	460.7	381.9	66.3	299.8
矛尾鰕虎鱼	180.3	0.0	460.3	1 705.8	586.6
口虾蛄	1 366.0	2 638.6	1 381.5	608.0	1 498.5
三疣梭子蟹	43.5	91.3	647.9	6.2	197.2
日本蟳	66.7	614.2	602.4	30.7	328.5

14.5　资源分布

14.5.1　总生物量分布

14.5.1.1　春季

春季，平均每站渔获重量为 4.80 kg/h，渔获尾数为 1 528 ind./h。最高渔获量为 13.36 kg/h，最低为 0.38 kg/h。其中，渔获量 10 ~ 20 kg/h 的站位 3 个，出现频率为 15%；5 ~ 10 kg/h 的站位 5 个，出现频率为 25%；1 ~ 5 kg/h 的站位 10 个，出现频率为 50%；0.1 ~ 1 kg/h 的站位 2 个，出现频率为 10%。资源分布较为均匀，没有出现资源密集分布区，总生物量较高的站位主要分布在渤海中部水域（见附图 14.1）。

14.5.1.2　夏季

夏季，由于渤海当年生的幼鱼补充到渔业资源中，生物量较春季有显著提高，平均每站渔获重量为 29.29 kg/h，渔获尾数为 5 965 ind./h。最高渔获量为 155.71 kg/h，最低为 2.85 kg/h。其中，渔获量 100 ~ 200 kg/h 的站位 3 个，出现频率为 15%；没有出现

50～100 kg/h 的站位；10～50 kg/h 的站位 9 个，出现频率为 45%；5～10 kg/h 的站位 2 个，出现频率为 10%；1～5 kg/h 的站位 6 个，出现频率为 30%。夏季因中上层鱼类补充群体的大量出现，渔业资源的集群性增强，资源密集区主要分布在渤海湾和莱州湾的湾口水域，以及辽东半岛南部水域（见附图 14.2）。

14.5.1.3 秋季

秋季，渔业生产导致了渔业资源密度较夏季有所下降。平均每站渔获重量为 16.56 kg/h，渔获尾数为 1 492 ind./h。最高渔获量为 47.84 kg/h，最低为 1.38 kg/h。其中，渔获量 10～50 kg/h 的站位 12 个，出现频率为 60%；5～10 kg/h 的站位 4 个，出现频率为 20%；1～5 kg/h 的站位 4 个，出现频率为 20%。总生物量较高的站位主要分布在莱州湾和辽东湾的湾口水域，渤海湾的湾口水域资源密度较夏季有所下降（见附图 14.3）。

14.5.1.4 冬季

冬季，洄游性鱼类离开渤海，渔业资源密度较秋季进一步减少，平均每站渔获重量为 8.79 kg/h，渔获尾数为 1 569 ind./h。最高渔获量为 63.26 kg/h，最低为 0.27 kg/h。其中渔获量 50～100 kg/h 的站位 1 个，出现频率为 5%；10～50 kg/h 的站位 3 个，出现频率为 15%；5～10 kg/h 的站位 5 个，出现频率为 25%；1～5 kg/h 的站位 7 个，出现频率为 35%；0.1～1 kg/h 的站位 4 个，出现频率 20%。总生物量较高的站位主要分布在辽东半岛南部近岸水域，渔业种类主要为日本蚂虾（见附图 14.4）。

14.5.2 小黄鱼生物量分布

春季，小黄鱼产卵群体多在 4 月底开始进入渤海。调查期间，仅在莱州湾湾口右侧水域的 1 个站位捕到小黄鱼，渔获重量为 0.04 kg/h，渔获尾数为 1 ind./h。其余 19 个调查站位均未捕到小黄鱼。

夏季，由于小黄鱼当年生幼鱼的大量出现，生物量显著提高，分布范围遍及渤海各湾，在 20 个调查站位中有 18 个站位捕捞有小黄鱼。平均每站渔获重量为 6.68 kg/h，渔获尾数为 461 ind./h。最高渔获量为 54.04 kg/h，尾数为 4 060 ind./h。其中，渔获量 50～100 kg/h 的站位 1 个，出现频率为 5%；10～50 kg/h 的站位 3 个，出现频率为 15%；5～10 kg/h 的站位 2 个，出现频率为 10%；1～5 kg/h 的站位 5 个，出现频率为 25%；0.1～1 kg/h 的站位 6 个，出现频率为 30%；无渔获量的站位 2 个，出现频率为 10%。资源密集区主要分布在渤海湾的湾口水域，以及辽东湾口和辽东半岛南部近岸水域，莱州湾湾口水域生物量相对较低（见附图 14.5）。

秋季，渤海的捕捞生产导致了小黄鱼资源数量的减少。同时，随着渤海水温的降低，小黄鱼在 10 月中、下旬开始向湾口移动，陆续进入黄海作越冬洄游，秋季调查的生物量较夏季有所下降。平均每站渔获重量为 1.18 kg/h，渔获尾数为 59 ind./h。最高渔获量为 6.66 kg/h，尾数为 285 ind./h。其中，渔获量 5～10 kg/h 的站位 1 个，出现频率为 5%；1～5 kg/h 的站位 8 个，出现频率为 40%；0.1～1 kg/h 的站位 5 个，出现频率为 25%；无渔获量的站位 6 个，出现频率为 30%。生物量较高的站位主要分布在莱州湾和辽东半岛南部近岸水域，渤海湾的湾口水域和渤海中部水域资源密度较低（见附图

14.6)。

冬季，小黄鱼已离开渤海进入黄海越冬，调查期间小黄鱼资源密度很低，且分布范围很小。平均每站渔获重量为 0.02 kg/h，平均每站渔获尾数为 0.5 ind./h。最高渔获量为 0.21 kg/h，尾数为 3 ind./h。其中，渔获量 0.1~0.5 kg/h 的站位 3 个，出现频率为15%；无渔获量的站位 17 个，出现频率为 85%。出现渔获的站位全分布在辽东半岛南部近岸水域，为辽东湾向黄海作洄游越冬的后续群体（见附图 14.7）。

14.5.3　银鲳生物量分布

春季，银鲳产卵群体在 4 月开始进入渤海。调查期间，共有 4 个站位出现渔获，出现频率为 20%，渔获总重量为 0.89 kg/h，渔获总尾数为 13 ind./h。其余 16 个调查站位均未捕到银鲳。春季平均每站渔获重量为 0.045 kg/h，渔获尾数为 0.65 ind./h。最高渔获量为 0.36 kg/h，尾数为 6 ind./h。渔获站位位于莱州湾湾口的左侧水域，调查期间在其他水域未出现（见附图 14.8）。

夏季，银鲳的当年生幼鱼开始出现，但生物量和分布状况与春季基本相同。在 20个调查站位中有 5 个站位捕捞到银鲳，出现频率为 25%。平均每站渔获重量为 0.047 kg/h，渔获尾数为 2 ind./h。最高渔获量为 0.34 kg/h，尾数为 12 ind./h。资源分布区集中在莱州湾水域（见附图 14.9）。

秋季，随着渤海水温的降低，银鲳在 10 月中、下旬开始向湾口移动，陆续向黄海作越冬洄游。秋季调查的生物量有所提高，分布范围亦较春、夏季广。平均每站渔获重量为 0.55 kg/h，渔获尾数为 6 ind./h。最高渔获量为 3.27 kg/h，尾数为 30 ind./h。其中，渔获量 1~5 kg/h 的站位 4 个，出现频率为 20%；0.5~1 kg/h 的站位 2 个，出现频率为 10%；0.1~0.5 kg/h 的站位 4 个，出现频率为 20%；无渔获量的站位 10 个，出现频率为 50%。资源分布区主要集中在渤海中部水域和辽东半岛南部近岸水域，渤海湾和辽东湾的调查站位未出现银鲳（见附图 14.10）。

冬季，银鲳已离开渤海进入黄海越冬，调查期间 20 个站位均未采到样品。

14.5.4　黄鲫生物量分布

春季，黄鲫产卵群体在 4 月开始进入渤海。调查期间，平均每站渔获重量为0.18 kg/h，渔获尾数为 78 ind./h。最高渔获量为 0.81 kg/h，尾数为 39 ind./h。渔获量0.5~1 kg/h 的站位 3 个，出现频率为 15%；0.01~0.5 kg/h 的站位 8 个，出现频率为40%；无渔获量的站位 9 个，出现频率为 45%。资源分布区位于莱州湾和渤海中部水域，调查期间在渤海湾和辽东湾的站位未出现渔获（见附图 14.11）。

夏季，黄鲫的当年生幼鱼开始出现，生物量有所提高，集群性增强。平均每站渔获重量为 1.72 kg/h，渔获尾数为 313 ind./h。最高渔获量为 17.40 kg/h，尾数为 4 056 ind./h。渔获量 10~20 kg/h 的站位 1 个，出现频率为 5%；5~10 kg/h 的站位 1 个，出现频率为5%；渔获量 1~5 kg/h 的站位 2 个，出现频率为 10%；0.1~1 kg/h 的站位 5 个，出现频率为 25%；无渔获量的站位 11 个，出现频率为 55%。资源分布区位于莱州湾和渤海湾水域，调查期间在渤海中部和辽东湾的站位未出现渔获（见附图 14.12）。

秋季，随着渤海水温的降低，黄鲫在 10 月中、下旬开始向湾口移动，陆续向黄海作越冬洄游。秋季调查的生物量为全年最高。平均每站渔获重量为 3.44 kg/h，渔获尾数为 387 ind./h。最高渔获量为 23.52 kg/h，尾数为 1 952 ind./h。渔获量 10~30 kg/h 的站位 4 个，出现频率为 20%；1~10 kg/h 的站位 0 个，出现频率为 0%；0.1~1 kg/h 的站位 4 个，出现频率为 20%；0.01~0.1 kg/h 的站位 2 个，出现频率为 10%；无渔获量的站位 10 个，出现频率为 50%。资源集中分布区在莱州湾和辽东半岛南端近岸水域，渤海湾和辽东湾的调查站位未采到样品（见附图 14.13）。

冬季，黄鲫已离开渤海进入黄海越冬，调查期间 20 个站位均未采到样品。

14.5.5　斑鰶生物量分布

春季，斑鰶产卵群体在 4 月开始进入渤海。调查期间，平均每站渔获重量 0.08 kg/h，渔获尾数为 2.1 ind./h。最高渔获量 0.74 kg/h，尾数为 22 ind./h。渔获量 0.1~1 kg/h 的站位 3 个，出现频率为 15%；0.01~0.1 kg/h 的站位 3 个，出现频率为 15%；无渔获量的站位 14 个，出现频率为 70%。资源分布区位于渤海中南部的莱州湾和渤海湾湾口水域，调查期间在渤海中北部及辽东湾的站位未出现渔获（见附图 14.14）。

夏季，斑鰶的当年生幼鱼开始出现，生物量有所提高。平均每站渔获重量 1.51 kg/h，渔获尾数为 10.8 ind./h。最高渔获量 10.81 kg/h，尾数为 1 073 ind./h。渔获量在 10~20 kg/h 的站位 1 个，出现频率为 5%；5~10 kg/h 的站位 2 个，出现频率为 10%；1~5 kg/h 的站位 0 个，出现频率为 0；0.1~1 kg/h 的站位 6 个，出现频率为 30%；无渔获量的站位 11 个，出现频率为 55%。资源分布区位于莱州湾和渤海湾水域，调查期间在渤海中部和辽东湾的站位未出现渔获（见附图 14.15）。

秋季，随着渤海水温的降低，栖息在渤海各湾的斑鰶从 10 月中、下旬开始向湾口移动，陆续向黄海作越冬洄游。秋季调查的生物量较夏季有所下降。平均每站渔获重量 0.48 kg/h，渔获尾数为 14.5 ind./h。最高渔获量 8.41 kg/h，尾数为 264 ind./h。渔获量 1~10 kg/h 的站位 1 个，出现频率为 5%；0.1~1 kg/h 的站位 7 个，出现频率为 35%；0.01~0.1 kg/h 的站位 4 个，出现频率为 20%；无渔获量的站位 7 个，出现频率为 35%。资源分布区主要在莱州湾和渤海中部水域，渤海湾和辽东湾的资源数量较少（见附图 14.16）。

冬季，斑鰶已离开渤海进入黄海越冬，调查期间 20 个站位均未采到样品。

14.5.6　蓝点马鲛生物量分布

春季，蓝点马鲛产卵群体多在 5 月进入渤海。调查期间，渤海各湾设置的 20 个站位均未采到样品。

夏季，蓝点马鲛的当年生幼鱼开始出现，平均每站渔获重量 1.20 kg/h，渔获尾数为 7.6 ind./h。最高渔获量 15.52 kg/h，尾数为 97 ind./h。渔获量在 10~20 kg/h 的站位 1 个，出现频率为 5%；1~10 kg/h 的站位 1 个，出现频率为 5%；0.1~1 kg/h 的站位 7 个，出现频率为 35%；无渔获量的站位 10 个，出现频率为 50%。资源密集分布区位于辽东湾和辽东半岛近岸水域，莱州湾和渤海中部水域数量相对较少，调查期间在渤海湾的站位未出现渔获（见附图 14.17）。

秋季，随着渤海水温的降低，栖息在渤海各湾的蓝点马鲛从 9 月开始向湾口移动，陆续向黄海作越冬洄游。秋季调查的生物量较夏季有所下降。平均每站渔获重量为 0.49 kg/h，渔获尾数为 1.05 ind./h。最高渔获量 6.60 kg/h，尾数为 14 ind./h。渔获量 1~10 kg/h 的站位 2 个，出现频率为 10%；0.1~1 kg/h 的站位 2 个，出现频率为 10%；无渔获量的站位 16 个，出现频率为 80%。资源分布区集中在莱州湾水域，渤海湾和辽东湾及渤海中部水域的调查站位均未采到样品（见附图 14.18）。

冬季，蓝点马鲛已离开渤海进入黄海越冬，调查期间仅在莱州湾的 1 个站位捕到 2 尾，生物量为 0.52 kg/h，其余 19 个站位均未采到样品。

14.5.7　日本鳀生物量分布

春季，日本鳀产卵群体多在 5 月进入渤海。调查期间，渤海各湾设置的 20 个站位均未采到样品。

夏季，日本鳀的当年生幼鱼开始出现，集群性强，生物量达全年最高，平均每站渔获重量为 8.54 kg/h，渔获尾数为 432 ind./h。最高渔获量 150.0 kg/h，尾数为 81 000 ind./h。渔获量在 100~200 kg/h 的站位 1 个，出现频率为 5%；10~100 kg/h 的站位 0 个，出现频率为 0；1~10 kg/h 的站位 7 个，出现频率为 35%；0.01~1 kg/h 的站位 4 个，出现频率为 20%；无渔获量的站位 8 个，出现频率为 40%。资源密集分布区位于辽东半岛南部近岸水域和渤海中部，渤海湾数量较少，调查期间莱州湾的站位未出现渔获（见附图 14.19）。

秋季，随着渤海水温的降低，栖息在渤海各湾的日本鳀从 9 月底开始向湾口移动，陆续向黄海作越冬洄游。秋季调查的生物量较夏季大幅下降。平均每站渔获重量 0.005 kg/h，渔获尾数为 1.0 ind./h。最高渔获量 0.05 kg/h，尾数为 11 ind./h。渔获量为 0.001~0.1 kg/h 的站位 4 个，出现频率为 20%；无渔获量的站位 16 个，出现频率为 80%。资源零星分布区位于莱州湾和渤海中部水域，渤海湾和辽东湾的调查站位均未采到样品（见附图 14.20）。

冬季，日本鳀已离开渤海进入黄海越冬，调查期间仅在渤海中部水域的 3 个站位采到样品，共捕到 40 尾，总生物量为 0.045 kg，其余 17 个站位均未采到样品（见附图 14.21）。

14.5.8　青鳞小沙丁鱼生物量分布

春季，青鳞小沙丁鱼产卵群体多在 5 月进入渤海。调查期间，仅在莱州湾的 1 个站位采到样品，渔获重量 0.02 kg/h，渔获尾数为 1.0 ind./h。其余的 19 个站位均未采到样品。

夏季，青鳞小沙丁鱼的当年生幼鱼开始出现，生物量有所提高，平均每站渔获重量为 3.34 kg/h，渔获尾数为 583 ind./h。最高渔获量 60.0 kg/h，尾数为 10 710 ind./h。渔获量在 10~100 kg/h 的站位 1 个，出现频率为 5%；1~10 kg/h 的站位 1 个，出现频率为 5%；0.1~1 kg/h 的站位 3 个，出现频率为 15%；0.01~0.1 kg/h 的站位 2 个，出现频率为 10%；无渔获量的站位 13 个，出现频率为 65%。资源密集分布区位于莱州湾的黄河口附近水域，渤海湾数量较少，调查期间辽东湾和渤海中部的站位未出现渔获（见附图 14.22）。

　　秋季，随着渤海水温的降低，栖息在渤海各湾的青鳞小沙丁鱼向渤海中部移动，陆续向黄海作越冬洄游。平均每站渔获重量 2.77 kg/h，渔获尾数为 551 ind./h。最高渔获量 17.76 kg/h，尾数为 3 008 ind./h。渔获量为 10～100 kg/h 的站位 3 个，出现频率为 15%；1～10 kg/h 的站位 3 个，出现频率为 15%；0.1～1 kg/h 的站位 2 个，出现频率为 10%；无渔获量的站位 12 个，出现频率为 60%。资源密集区分布于莱州湾和渤海湾的湾口水域，渤海北部及辽东湾的调查站位均未采到样品（见附图 14.23）。

　　冬季，青鳞小沙丁鱼已离开渤海进入黄海越冬，调查期间渤海各湾设置的 20 个站位均未采到样品。

14.5.9　短吻舌鳎生物量分布

　　渤海的短吻舌鳎属底栖鱼类，终年不出渤海，属于渤海地方性资源。生物量的季节变化相对较小。

　　春季的平均生物量指数为 0.29 kg/h，密度指数为 15.6 ind./h，渔获出现率为 60%。密集区出现在辽东湾，最高生物量为 4.61 kg/h。莱州湾和渤海湾数量较少（见附图 14.24）。

　　夏季的平均生物量指数为 0.46 kg/h，密度指数为 39.4 ind./h，渔获出现率为 45%。密集区主要分布在渤海湾和莱州湾，最高生物量为 3.24 kg/h。秦皇岛外海至辽东湾沿岸的调查站位未出现渔获（见附图 14.25）。

　　秋季的平均生物量指数为 0.38 kg/h，密度指数为 13.6 ind./h，渔获出现率为 40%。以辽东湾的生物量最高，渤海湾第二，调查期间莱州湾和渤海中部站位未采到样品。秋季的最高生物量为 4.95 kg/h（见附图 14.26）。

　　冬季的平均生物量指数为 0.07 kg/h，密度指数为 6.5 ind./h，渔获出现率为 75%。资源分布较其他季节广，但生物量低，最高生物量 0.48 kg/h（见附图 14.27）。

14.5.10　矛尾鰕虎鱼生物量分布

　　渤海的矛尾鰕虎鱼为近岸底层鱼类，终年不出渤海，属于渤海地方性资源。

　　春季的平均生物量指数为 0.18 kg/h，密度指数为 13.6 ind./h，渔获出现率为 65%。密集区出现在辽东湾，最高生物量为 2.33 kg/h。莱州湾和渤海中部数量较少，渤海湾未出现（见附图 14.28）。

　　夏季调查未采到矛尾鰕虎鱼样品。

　　秋季的平均生物量指数为 0.46 kg/h，密度指数为 39.7 ind./h，渔获出现率为 40%。以辽东湾的生物量最高，渤海湾第二，调查期间莱州湾和渤海中部站位未采到样品。秋季的最高生物量为 7.25 kg/h（见附图 14.29）。

　　冬季的平均生物量指数为 1.71 kg/h，密度指数为 100 ind./h，渔获出现率为 60%。资源分布较广，最高生物量为 11.52 kg/h，密集区主要出现在辽东湾和辽东半岛南部近岸水域（见附图 14.30）。

14.5.11　口虾蛄生物量分布

　　渤海的口虾蛄是暖温性底栖动物食性的大型底栖甲壳类，终年不出渤海，穴居越冬，属于渤海地方性资源，秋季9—10月进行交配，翌年4月底开始在近岸水域以抱卵方式进行生殖活动，生殖期为5—7月，盛期在5月。

春季，渤海的口虾蛄分布广泛，平均生物量指数为1.37 kg/h，密度指数为102 ind./h，渔获出现率为95%。密集区出现在渤海湾至秦皇岛外海，最高生物量为6.89 kg/h；渤海东部的湾口水域生物量相对较低（见附图14.31）。

夏季的平均生物量指数为2.64 kg/h，密度指数为139 ind./h，渔获出现率为90%。以莱州湾、渤海湾和辽东半岛南部水域生物量较高，渤海中部水域生物量较低。最高生物量为9.72 kg/h（见附图14.32）。

秋季的平均生物量指数为1.38 kg/h，密度指数为58 ind./h，渔获出现率为60%。密集区出现在渤海中部和辽东湾，最高生物量为5.67 kg/h。渤海湾的生物量相对较低，莱州湾的站位未出现渔获（见附图14.33）。

冬季的平均生物量指数为0.61 kg/h，密度指数为62 ind./h，渔获出现率为80%。密集区出现在渤海中部和辽东半岛南部水域，渤海湾和莱州湾的生物量相对较低（见附图14.34）。

14.5.12　三疣梭子蟹生物量分布

渤海的三疣梭子蟹是暖温性底栖动物食性的大型底栖甲壳类，属于渤海地方性资源，终年不出渤海，仅作深浅水短距离移动，进行蛰伏越冬。7—10月进行交配，翌年4月到近岸河口附近开始进行生殖活动，繁殖期很长，4—9月均可捕到抱卵雌蟹。

春季的平均生物量指数为0.04 kg/h，密度指数为0.8 ind./h，渔获出现率为15%。分布区为莱州湾和辽东湾湾口水域（见附图14.35）。

夏季的平均生物量指数为0.09 kg/h，密度指数为4.5 ind./h，渔获出现率为40%。资源主要分布于莱州湾，最高生物量为1.7 kg/h（见附图14.36）。

秋季的平均生物量指数为0.65 kg/h，密度指数为3.7 ind./h，渔获出现率为80%。资源分布较广，密集区出现在莱州湾和辽东湾，最高生物量为2.99 kg/h。渤海中部的生物量较低（见附图14.37）。

冬季的平均生物量指数为0.006 kg/h，密度指数为0.5 ind./h，渔获出现率为20%。零星分布于渤海湾和辽东湾（见附图14.38）。

14.6　与历史资料的比较

14.6.1　种类组成

2006年（8月、12月）—2007年（4月、10月）渤海游泳动物底拖网调查中，共捕获生物种类85种，其中，鱼类有57种（中上层鱼类14种，底层和近底层鱼类43种），占总种数的67.1%；甲壳类有23种（虾类13种、蟹类10种），占总种数的27.0%；头足类有5种，占总种数的5.9%。

1982年4月—1983年5月渤海渔业资源试捕调查中，共捕获生物种类191种，其中，鱼类有100种，占总种数的52.4%；甲壳类有34种（虾类19种、蟹类10种及其他5种），占总种数的17.8%；头足类有8种，占总种数的4.2%；其他49种，占总种数的 25.7%。

1998 年（5 月、8 月、10 月）渤海近岸渔业资源调查中，共捕获生物种类 112 种，其中，鱼类有 66 种，占总种数的 58.9%；甲壳类有 22 种（虾类 7 种、蟹类 12 种其他 3 种），占总种数的 19.6%；头足类有 7 种，占总种数的 6.3%；其他 17 种，占总种数的 15.2%。

本次调查与 1982 年相比，生物种类大幅下降，仅为 44.5%；鱼类也大幅度下降，仅为 57%；甲壳类也有一定程度的下降，为 67.6%；头足类有较大幅度的下降，仅为 62.5%。

本次调查与 1998 年相比，生物种类有一定幅度的下降，为 75.9%；鱼类稍有下降，为 86.4%；甲壳类基本持平；头足类有一定幅度的下降，为 71.4%。

14.6.2 资源结构

2006 年（8 月、12 月）—2007 年（4 月、10 月）渤海游泳动物底拖网调查的资源结构以鱼类和甲壳类为主，头足类所占比例较小。春季，渤海渔业生物的生物量组成以甲壳类为主，占 72.75%；鱼类的生物量所占比例为全年最低，仅 23.17%；夏季和秋季，随着鱼类补充群体的出现，渔业生物的生物量以鱼类为主，所占比例超过 80%，而甲壳类的比例则降低到 20% 以下；冬季，洄游性鱼类游离渤海，鱼类的生物量所占比例下降，甲壳类的比例上升，二者所占比例基本达到平衡，头足类的比例则为全年的最高值 6.39%。

1982 年 4 月—1983 年 5 月渤海游泳动物底拖网调查的资源结构以鱼类为主，甲壳类和头足类所占比例较小。春季，渤海渔业生物的生物量组成以鱼类和甲壳类为主，分别占 60.11% 和 38.06%，甲壳类的生物量所占比例为全年最高，而头足类的生物量所占比例为全年最低，仅 1.84%；夏季，渔业生物的生物量仍以鱼类为主，所占比例为 61.68%，而甲壳类的比例则降低到全年最低为 16.66%，头足类的生物量所占比例上升到全年最高为 21.66%；秋季，渔业生物的生物量仍以鱼类为主，所占比例下降至全年最低为 59.29%；冬季，鱼类的生物量所占比例上升到全年最高为 68.18%。

1998 年（5 月、8 月、10 月）渤海近岸渔业资源调查的资源结构以鱼类为主，甲壳类和头足类所占比例较小。春季，渤海渔业生物的生物量组成以鱼类和甲壳类为主，分别占 73.71% 和 24.96%，甲壳类的生物量所占比例为全年最高，而头足类的生物量所占比例为全年最低，仅 1.33%；夏季，渔业生物的生物量以鱼类为主，所占比例达到全年最高为 92.62%，而甲壳类的比例则降低到全年最低为 4.47%；秋季，渔业生物的生物量仍以鱼类为主，所占比例为 83.42%，而头足类的生物量所占比例上升到全年最高为 3.1%。

14.6.3 优势种

2006 年（8 月、12 月）—2007 年（4 月、10 月）渤海游泳动物底拖网调查中，春季，渤海渔业生物资源的优势种以甲壳类为主，生物量占总生物量 3% 以上的种类有 5 种，分别为口虾蛄、脊腹褐虾、葛氏长臂虾、鲜明鼓虾和日本鼓虾；底层鱼类 2 种，为短吻舌鳎和矛尾鰕虎鱼；中上层鱼类只有黄鲫 1 种。优势种的生物量占总生物量的

80.13%，其中以口虾蛄的比例最高，为28.45%，脊腹褐虾次之，为15.91%，日本鼓虾10.99%，其余5种在3%~6%之间（见图14.3-1）。IRI值以脊腹褐虾最高，为4 264，口虾蛄次之，为3 336，日本鼓虾1 901，鲜明鼓虾899，葛氏长臂虾799，短吻舌鳎463，矛尾鰕虎鱼302，黄鲫235。夏季，渤海渔业生物资源的优势种以中上层鱼类为主，生物量占总生物量3%以上的种类有4种，分别为日本鳀、斑鲦、黄鲫和青鳞小沙丁鱼；底层鱼类2种，为小黄鱼和六丝矛尾鰕虎鱼。优势种的生物量占总生物量的76.45%，其中以日本鳀的比例最高，为29.16%，小黄鱼次之，为20.88%，青鳞小沙丁鱼11.30%，其余3种在4%~6%之间（见图14.3-1）。IRI值以日本鳀最高，为6 109，小黄鱼次之，为2 578，青鳞小沙丁鱼506，黄鲫500，六丝矛尾鰕虎鱼337，斑鲦314；秋季，渤海渔业生物资源的优势种以鱼类为主，生物量占总生物量3%以上的种类有6种，其中中上层鱼类3种，为银鲳、黄鲫和青鳞小沙丁鱼；底层鱼类3种，为小黄鱼、小带鱼和黄鮟鱇；甲壳类3种，为口虾蛄、三疣梭子蟹和日本蟳。优势种的生物量占总生物量的79.55%，其中以黄鲫的比例最高，为20.78%，青鳞小沙丁鱼次之，为16.74%，小带鱼11.84%，其余6种在3%~9%之间（见图14.3-1）。IRI值以黄鲫最高，为2 570，青鳞小沙丁鱼次之，为2 147，小带鱼2 102，银鲳203，小黄鱼776，黄鮟鱇146，口虾蛄735，三疣梭子蟹353，日本蟳190；冬季，渤海渔业生物资源的优势种共有7种，均为渤海地方性种类。其中，生物量占总生物量3%以上的4种鱼类全部为底层鱼类，分别为矛尾鰕虎鱼、斑尾复鰕虎鱼、细纹狮子鱼和长绵鳚；甲壳类2种，为口虾蛄和日本鼓虾；头足类1种，为长蛸。优势种的生物量占总生物量的79.21%，其中以日本鼓虾的比例最高，为30.98%，矛尾鰕虎鱼次之，为19.40%，其余5种在3%~8%之间（见图14.3-1）。IRI值以日本鼓虾最高，为8 997，矛尾鰕虎鱼次之，为1 548，斑尾复鰕虎鱼409，细纹狮子鱼94，长绵鳚71，口虾蛄852，长蛸208。

1959年渤海游泳动物底拖网调查中，春季，渤海渔业生物的优势种为小黄鱼；夏季，渤海渔业生物的优势种仍为小黄鱼；秋季，渤海渔业生物的优势种为带鱼。

1982年4月—1983年5月渤海游泳动物底拖网调查中，春季，渤海鱼类的优势种为孔鳐（*Raja porosa*）、鲈鱼、黄盖鲽（*Pseudopleuronectes yokohamae*）、黑鳃梅童鱼（*Collichthys niveatus*）、美鳐（*Raja pulchra*）和短吻舌鳎；无脊椎动物的优势种为口虾蛄、褐虾、枪乌贼、日本鼓虾、三疣梭子蟹、葛氏长臂虾、短蛸、双喙耳乌贼、砂海星和鲜明鼓虾。夏季，渤海鱼类的优势种为黄鲫、小黄鱼、蓝点马鲛、银鲳、孔鳐、真鲷、鳀、白姑鱼、棱鳀和黑鳃梅童鱼；无脊椎动物的优势种为三疣梭子蟹、口虾蛄、枪乌贼、哈氏刻肋海胆、日本蟳、曼氏无针乌贼（*Sepiella maindroni*）、葛氏长臂虾、鹰爪虾、对虾和长蛸。秋季，渤海鱼类的优势种为黄鲫、蓝点马鲛、小黄鱼、孔鳐、青鳞小沙丁鱼、鲈鱼、棘头梅童鱼（*Collichthys lucidus*）、银鲳、牙鲆和蛇鲻（*Saurida elongata*）；无脊椎动物的优势种为枪乌贼、三疣梭子蟹、鹰爪虾、口虾蛄、对虾、曼氏无针乌贼、短蛸、哈氏刻肋海胆、砂海星和日本蟳。冬季，渤海鱼类的优势种为孔鳐、鲈鱼、黄盖鲽、半滑舌鳎、短吻舌鳎、美鳐、黑鳃梅童鱼、棘头梅童鱼、牙鲆和凤鲚（*Coilia mystus*）；无脊椎动物的优势种为三疣梭子蟹、日本鼓虾、枪乌贼、口虾蛄、短蛸、褐虾、砂海星、哈氏刻肋海胆、日本蟳和葛氏长臂虾。

1998年（5月、8月、10月）渤海近岸渔业资源调查中，春季，渤海鱼类的优势种为赤鼻棱鳀、黄鲫、日本鳀、小带鱼、斑鰶、银鲳、小黄鱼、尖嘴扁颌针鱼（*Ablennes anastomella*）、绯鲔和短吻舌鳎；无脊椎动物的优势种为口虾蛄、罗氏海盘车、哈氏刻肋海胆、砂海星、虾夷砂海星、火枪乌贼、扁玉螺、鲜明鼓虾、脊腹褐虾、澳洲鳞沙蚕（*Aphrodita australis*）和泥脚隆背蟹。夏季，渤海鱼类的优势种为蓝点马鲛、黄鲫、银鲳、赤鼻棱鳀、小带鱼、斑鰶、小黄鱼和白姑鱼；无脊椎动物的优势种为火枪乌贼、日本鲟、口虾蛄、三疣梭子蟹、红线黎明蟹、罗氏海盘车、泥脚隆背蟹、长蛸和鹰爪虾。秋季，渤海鱼类的优势种为斑鰶、黄鲫、银鲳、小黄鱼、鲈鱼、蓝点马鲛、小带鱼、赤鼻棱鳀、矛尾鰕虎鱼和日本鳀；无脊椎动物的优势种为三疣梭子蟹、口虾蛄、火枪乌贼、日本鲟、细雕刻肋海胆、鹰爪虾、罗氏海盘车、密鳞牡蛎（*Ostrea denselamellosa*）、哈氏刻肋海胆和短蛸。

14.6.4　资源密度

14.6.4.1　生物量指数

2006 年（8 月、12 月）—2007 年（4 月、10 月）渤海游泳动物底拖网调查中，总渔获量 1 188.92 kg，年均总生物量指数为 14.86 kg/h。其中捕获鱼类 872.46 kg，平均生物量指数为 10.91 kg/h，占总生物量指数的 73.42%；捕获甲壳类 289.06 kg，平均生物量指数为 3.61 kg/h，占总生物量指数的 24.29%；捕获头足类 27.40 kg，平均生物量指数为 0.34 kg/h，占总生物量指数的 2.29%。春季的总生物量指数为 4.80 kg/h，其中鱼类生物量指数为 1.11 kg/h，占总生物量指数的 23.12%，为全年的最低值；甲壳类生物量指数为 3.49 kg/h，占总生物量指数的 72.71%；头足类生物量指数为 0.20 kg/h，占总生物量指数的 4.17%。夏季的总生物量指数为 29.29 kg/h，为全年的最高值。其中鱼类生物量指数为 25.06 kg/h；甲壳类生物量指数为 4.04 kg/h，占总生物量指数的 13.79%；头足类生物量指数为 0.19 kg/h，仅占总生物量指数的 0.65%。秋季的总生物量指数为 16.56 kg/h，其中鱼类生物量指数为 13.40 kg/h，占总生物量指数的 80.92%；甲壳类生物量指数为 2.74 kg/h，占总生物量指数的 16.54%；头足类生物量指数为 0.42 kg/h，占总生物量指数的 2.54%。冬季的总生物量指数为 8.79 kg/h，其中鱼类生物量指数为 4.05 kg/h，占总生物量指数的 46.07%；甲壳类生物量指数为 4.18 kg/h，占总生物量指数的 47.56%；头足类生物量指数为 0.56 kg/h，占总生物量指数的 6.37%。

1959 年渤海游泳动物底拖网调查中，年均鱼类总生物量指数为 139.12 kg/h。

1982 年 4 月—1983 年 5 月渤海游泳动物底拖网调查中，总渔获量 31 187.9 kg，年均总生物量指数为 50.96 kg/h。其中捕获鱼类 21 035 kg，平均生物量指数为 34.37 kg/h，占总生物量指数的 67.45%；捕获甲壳类 6 376.4 kg，平均生物量指数为 10.42 kg/h，占总生物量指数的 20.45%；捕获头足类 3 776.5 kg，平均生物量指数为 6.17 kg/h，占总生物量指数的 12.1%。春季的总生物量指数为 32.13 kg/h，其中鱼类生物量指数为 19.32 kg/h，占总生物量指数的 60.13%；甲壳类生物量指数为 12.22 kg/h，占总生物量指数的 38.03%；头足类生物量指数为 0.59 kg/h，占总生物量指数的 1.84%。夏季的总生物量指数为 86.29 kg/h，其中鱼类生物量指数为 53.24 kg/h，占总生物量指数的 61.7%；

甲壳类生物量指数为 14.37 kg/h，占总生物量指数的 16.65%；头足类生物量指数为 18.68 kg/h，占总生物量指数的 21.65%。秋季的总生物量指数为 89.93 kg/h，为全年的最高值；其中鱼类生物量指数为 53.34 kg/h，占总生物量指数的 59.31%；甲壳类生物量指数为 25.31 kg/h，占总生物量指数的 28.14%；头足类生物量指数为 11.28 kg/h，占总生物量指数的 12.54%。冬季的总生物量指数为 31.21 kg/h，为全年的最低值，其中鱼类生物量指数为 21.27 kg/h，占总生物量指数的 68.15%；甲壳类生物量指数为 8.04 kg/h，占总生物量指数的 25.76%；头足类生物量指数为 1.9 kg/h，占总生物量指数的 6.09%。

1998 年（5 月、8 月、10 月）渤海近岸渔业资源调查中，总渔获量 939.046 kg，年均总生物量指数为 9.99 kg/h。其中捕获鱼类 776.671 kg，平均生物量指数为 8.262 kg/h，占总生物量指数的 82.7%；捕获甲壳类 124.682 kg，平均生物量指数为 1.326 kg/h，占总生物量指数的 13.27%；捕获头足类 26.592 kg，平均生物量指数为 0.283 kg/h，占总生物量指数的 2.83%。春季的总生物量指数为 4.195 kg/h，其中鱼类生物量指数为 3.092 kg/h，占总生物量指数的 73.71%；甲壳类生物量指数为 1.047 kg/h，占总生物量指数的 24.96%；头足类生物量指数为 0.056 kg/h，占总生物量指数的 1.33%。夏季的总生物量指数为 4.583 kg/h，其中鱼类生物量指数为 4.245 kg/h，占总生物量指数的 92.62%；甲壳类生物量指数为 0.205 kg/h，占总生物量指数的 4.47%；头足类生物量指数为 0.133 kg/h，占总生物量指数的 2.9%。秋季的总生物量指数为 18.723 kg/h，为全年的最高值。其中鱼类生物量指数为 15.618 kg/h，占总生物量指数的 83.42%；甲壳类生物量指数为 2.525 kg/h，占总生物量指数的 13.49%；头足类生物量指数为 0.58 kg/h，占总生物量指数的 3.1%。

14.6.4.2　密度指数

2006 年（8 月、12 月）—2007 年（4 月、10 月）渤海游泳动物底拖网调查中，渔业生物的总渔获数量为 212 884 尾，年均总密度指数为 2 661 ind./h。其中捕获鱼类 142 036 尾，平均密度指数为 1 775 ind./h，占总密度指数的 66.70%；捕获甲壳类 69 161 尾，平均密度指数为 865 ind./h，占总密度指数的 32.51%；捕获头足类 1 687 尾，平均密度指数为 21 ind./h，占总密度指数的 0.79%。渤海渔业资源的密度指数以夏季最高，为 5 965 ind./h，其他季节的差异不大，在 1 500 ～ 1 700 ind./h 之间。鱼类的密度指数夏季达到最高值 5 563 ind./h，占总密度指数的 92.81%，随着时间的推移，其密度指数逐步下降，到春季只有 54 ind./h；甲壳类的密度指数以春季和冬季较高，约为 1 500 ind./h，夏季和秋季较低，在 100 ～ 400 ind./h 之间；头足类的密度指数在各季节均不及 50 ind./h。

1982 年 4 月—1983 年 5 月渤海游泳动物底拖网调查中，渔业生物的总渔获数量为 2 258 016 尾，年均总密度指数为 3 690 ind./h。其中捕获鱼类 1 251 452 尾，平均密度指数为 2 045 ind./h，占总密度指数的 55.42%；捕获甲壳类 351 570 尾，平均密度指数为 574 ind./h，占总密度指数的 15.56%；捕获头足类 654 994 尾，平均密度指数为 1 070 ind./h，占总密度指数的 29%。渤海渔业资源的密度指数以夏季最高，为 10 146 ind./h，秋季次之，为 8 087 ind./h；春、冬季节的差异不大，分别为 1 087 ind./h 和

1 347 ind. /h。鱼类的密度指数夏季达到最高值 5 988 ind. /h，占总密度指数的 59.02%，秋季次之，为 4 954 ind. /h，占总密度指数的 61.26%，随着时间的推移，其密度指数逐步下降，到春季只有 272 ind. /h；甲壳类的密度指数以秋季较高，约为 1 117 ind. /h，春季、冬季和夏季差别不大，在 438～700 ind. /h 之间；头足类的密度指数夏季达到最高值3 720 ind. /h，占总密度指数的 36.66%，秋季次之，为 2 016 ind. /h，占总密度指数的 24.93%，春、冬季节的差异不大，分别为 115 ind. /h 和 193 ind. /h。

14.6.4.3 重要渔业种类生物量指数

2006（8 月、12 月）—2007 年（4 月、10 月）渤海游泳动物底拖网调查中，渤海的重要渔业种类主要有小黄鱼、银鲳、黄鲫、斑鰶、蓝点马鲛、日本鳀、青鳞小沙丁鱼、短吻舌鳎、矛尾鰕虎鱼、口虾蛄、三疣梭子蟹和日本蟳 12 种，其年均生物量指数之和为 10.99 kg/h，占总生物量指数的 73.95%。

1982 年 4 月—1983 年 5 月渤海游泳动物底拖网调查中，渤海的重要渔业种类主要有黄鲫、梅童鱼、日本鳀、孔鳐、小黄鱼、鲈鱼、绵鳚、蓝点马鲛、短吻舌鳎、黄盖鲽、枪乌贼、口虾蛄、鹰爪虾、日本鼓虾和三疣梭子蟹等 16 种，其年均生物量指数之和为 33.87 kg/h，占总生物量指数的 66.46%。

1998 年（5 月、8 月、10 月）渤海近岸渔业资源调查中，渤海的重要渔业种类主要有斑鰶、黄鲫、银鲳、蓝点马鲛、赤鼻棱鳀、小黄鱼、小带鱼、鲈鱼、日本鳀、矛尾鰕虎鱼、口虾蛄、三疣梭子蟹、火枪乌贼、日本蟳、罗氏海盘车、哈氏刻肋海胆、细雕刻肋海胆和鹰爪虾 18 种，其年均生物量指数之和为 9.08 kg/h，占总生物量指数的 90.89%。

15　主要结论

15.1　叶绿素 a 与初级生产力

15.1.1　叶绿素 a

渤海叶绿素 a 水平季节变化明显，各季节的变化规律由高到低为夏季、春季、秋季、冬季。夏季的叶绿素 a 平均含量为 2.85 mg/m³；春季与秋季的叶绿素 a 平均含量比较接近，分别为 1.86 mg/m³ 和 1.66 mg/m³；冬季叶绿素 a 平均值均小于 1 mg/m³；黄河口以北海域叶绿素 a 含量小于 0.5 mg/m³。

各重点区域季节变化中，渤海基础调查区、辽东湾重点调查区、天津重点调查区和黄河口重点调查区叶绿素 a 含量较低，平均含量的变化规律与渤海总的叶绿素 a 变化规律相同，只是在天津近岸海域中，秋季的叶绿素 a 平均含量略高于春季；在以上 4 个区域中黄河口重点调查区叶绿素 a 平均含量最高，辽东湾重点调查区、渤海基础调查区和天津重点调查区叶绿素 a 含量最低。

所有海域中，莱州湾重点调查区叶绿素 a 平均含量最高，尤其在秋季叶绿素 a 平均含量明显高于其他海域，为 3.49 mg/m³，接近夏季叶绿素 a 平均值（3.66 mg/m³）；北戴河重点调查区春、夏、秋 3 个季节叶绿素 a 平均值较高，且比较接近，介于 2.2 ~ 2.8 mg/m³ 之间，春季最高，冬季最低。

15.1.2　初级生产力

渤海海域初级生产力水平呈现明显的季节变化，各季节的变化规律与叶绿素 a 水平的变化一致，由高到低为夏季、春季、秋季、冬季。各季节的初级生产力水平相差较多，每个季节初级生产力水平相差约 3 mg/m²·h，冬季初级生产力水平小于 1 mg/m²·h，夏季初级生产力水平接近 10 mg/m²·h。

各调查区四季的初级生产力水平的变化规律也不尽相同。冬季受温度条件制约，初级生产力均处于最低的水平，平均值为 0.90 mg/m²·h，各区域初级生产力水平相差不大，以莱州湾重点调查区、北戴河重点调查区和渤海基础调查区略高，其中莱州湾重点调查区最高，为 1.50 mg/m²·h。

夏季初级生产力处于最高水平，平均值为 9.56 mg/m²·h，各区域初级生产力水平相差较大，受黄河淡水影响较大的黄河口重点调查区和莱州湾重点调查区明显高于其他海域，其中，黄河口重点调查区初级生产力水平最高，为 17.39 mg/m²·h；莱州湾重点调查区为 11.71 mg/m²·h；渤海基础调查区和天津重点调查区次之；北戴河重点调查区和辽东湾重点调查区较低，其中北戴河重点调查区最低，为 4.47 mg/m²·h。

春季初级生产力处于次高水平，平均值为 6.38 mg/m² · h，各区域初级生产力水平相差较大，渤海基础调查区、北戴河重点调查区和辽东湾重点调查区较高，其中北戴河重点调查区最高，为 11.60 mg/m² · h。春季因黄河水入海量较少，黄河口重点调查区、莱州湾重点调查区和天津重点调查区初级生产力水平较低，其中天津重点调查区最低，为 1.97 mg/m² · h。

秋季初级生产力处于次低水平，平均值为 3.94 mg/m² · h，各区域初级生产力水平相差较小，北戴河重点调查区、莱州湾重点调查区和天津重点调查区相对较高，其中北戴河重点调查区最高，为 5.37 mg/m² · h。渤海基础调查区、黄河口重点调查区和辽东湾重点调查区相对较低，其中黄河口重点调查区最低，为 1.627 mg/m² · h。

15.2　微生物

15.2.1　水体细菌

（1）培养法

春季，调查区域海水细菌含量平均值为 119.9 CFU/L，由高到低为中层、表层、底层。天津重点调查区含量最高，北戴河重点调查区含量最低。

夏季，调查区域海水细菌含量平均值为 668.2 CFU/L，由高到低为表层、底层、中层。莱州湾重点调查区含量最高，渤海基础调查区含量最低。

秋季，调查区域海水细菌含量平均值为 85.1 CFU/L，由高到低为表层、中层、底层。莱州湾重点调查区含量最高，黄河口重点调查区含量最低。

冬季，调查区域海水细菌含量平均值为 341.4 CFU/L，由高到低为表层、底层、中层。莱州湾重点调查区含量最高，渤海基础调查区含量最低。

（2）荧光染色直接计数法

春季，调查区域水体细菌含量平均值为 2.32×10^8 个/L，由高到低为表层、底层、中层。黄河口重点调查区含量最高，天津重点调查区含量最低。

夏季，调查区域水体细菌含量平均值为 2.13×10^8 个/L，由高到低为中层、底层、表层。黄河口重点调查区含量最高，渤海基础调查区含量最低，莱州湾重点调查区次低。莱州湾重点调查区的水体细菌平均含量较低可能与各站水体底层细菌含量较低有关。

秋季，调查区域水体细菌含量平均值表层为 1.93×10^8 个/L，由高到低为中层、底层、表层。天津重点调查区含量最高，莱州湾重点调查区含量最低。莱州湾重点调查区的水体细菌平均含量较低可能与各站水体表层细菌含量较低有关。

冬季，调查区域水体细菌含量平均值表层为 3.11×10^8 个/L，由高到低为底层、中层、表层。莱州湾重点调查区含量最高，北戴河重点调查区和天津重点调查区含量最低。

15.2.2　底质细菌

春季各区域沉积物表层细菌培养计数结果平均值莱州湾重点调查区最高，为 4.2×10^4 CFU/g，天津重点调查区明显低于其他海域。

夏季各区域沉积物表层细菌培养计数结果平均值莱州湾重点调查区最高，为 63.7×10^4 CFU/g，天津重点调查区明显低于其他海域。

秋季各区域沉积物表层细菌培养计数结果平均值最高值仍在莱州湾重点调查区，为 65.8×10^4 CFU/g，天津重点调查区明显低于其他海域。

冬季各区域沉积物表层细菌培养计数结果平均值最高为辽东湾重点调查区，为 430×10^4 CFU/g，天津重点调查区明显低于其他海域。

15.2.3 细菌鉴定

在四个季节次微生物分子生物学调查中，无论海水样品还是沉积物样品，变形菌门是占比例最大的类群，其所占比例在 52% ~80% 之间。

沉积物与水样之间的微生物群落有所差异，主要体现在蓝绿藻方面，水样比沉积物样品多，这主要是因为与光合作用有关。

15.2.4 水体病毒

春季，调查区域水体病毒含量平均值为 94.5×10^8 个/L，由高到低为底层、表层、中层。北戴河重点调查区含量最高，天津重点调查区含量最低。

夏季，调查区域水体病毒含量平均值为 217.3×10^8 个/L，由高到低为底层、中层、表层。黄河口重点调查区含量最高，辽东湾重点调查区含量最低。

秋季，调查区域水体病毒含量平均值为 88.8×10^8 个/L，由高到低为底层、中层、表层。北戴河重点调查区含量最高，天津重点调查区含量最低。

冬季，调查区域水体病毒含量平均值为 145.1×10^8 个/L，由高到低为底层、中层、表层。北戴河重点调查区含量最高，莱州湾重点调查区含量最低。

15.3 微微型浮游生物

15.3.1 大面观测综合分析

各调查层面聚球藻细胞数量的平均值季节变化规律基本一致，由大到小依次为夏季、冬季、秋季、春季。夏季聚球藻细胞数量的平均值为 0.706×10^4 ind./mL，春季为 0.148×10^4 ind./mL，秋季为 0.155×10^4 ind./mL，冬季为 0.243×10^4 ind./mL。最高航次细胞平均值约为最低航次的 5 倍。

各调查层面微微型光合真核生物细胞数量的平均值，与聚球藻平均值相比低一个数量级，而四个航次的季节变化规律则与聚球藻一致，夏季聚球藻细胞数量的平均值为 0.040×10^4 ind./mL，春季为 0.010×10^4 ind./mL，秋季为 0.013×10^4 ind./mL，冬季为 0.015×10^4 ind./mL。最高航次细胞平均值约为最低航次的 4 倍。

聚球藻细胞数量由表层至底层各个层面平均值除个别航次 30 m 层增多外（春季、秋季航次），垂直分布基本符合次表层略大于表层，大于中层，大于底层规的律。

微微型光合真核生物垂直分布与聚球藻相似，数目相差一个数量级，基本符合表层略大于次表层，大于中层，大于底层。

15.3.2　连续观测综合分析

春季航次连续观测聚球藻和微微型光合真核生物规律基本一致，观测初期和结束细胞数目最多，总体呈现降低－升高趋势；夏季航次连续观测聚球藻与微微型光合真核生物变化规律不同，聚球藻呈反复升高降低趋势，而微微型光合真核生物呈参差状，无明显规律；秋季航次聚球藻在整个观测期间细胞数量变化不大，微微型光合真核生物在本航次观测结果总体呈现先降低、后升高趋势；冬季航次聚球藻表层与底层规律不一致。微微型光合真核生物呈现降低－升高－降低趋势，底层与表层规律一致，两层细胞平均值的规律与两个观测层一致。

15.4　微型浮游生物

调查海域共获微型浮游植物 252 种。其中硅藻 172 种，占微型浮游植物种类组成的 68.3%；甲藻 67 种，占微型浮游植物种类组成的 26.6%；金藻 4 种，占微型浮游植物种类组成的 1.6%；绿藻 6 种，占微型浮游植物种类组成的 2.4%；蓝藻 2 种，占微型浮游植物种类组成的 0.8%；黄藻 1 种，占微型浮游植物种类组成的 0.4%。夏季微型浮游植物的种类组成最为丰富，共获微型浮游植物 169 种；其次为秋季，共获 134 种；由于气温较低，春季航次和冬季航次所获的微型浮游植物种类组成基本一致，春季获 106 种，冬季获 109 种。

微型浮游植物的平面分布中，表层、次表层、中层及底层的季节分布相同，各层次微型浮游植物密度最高值均出现在夏季，其次为春季，再次为冬季，而秋季微型浮游植物的密度为最低。夏季表层、次表层、中层及底层微型浮游植物的平均密度分别为 7.71×10^4 ind. /L、5.58×10^4 ind. /L、4.90×10^4 ind. /L、7.17×10^4 ind. /L；春季表层、次表层、中层及底层微型浮游植物的平均密度分别为 1.10×10^4 ind. /L、1.26×10^4 ind. /L、1.62×10^4 ind. /L、1.76×10^4 ind. /L；冬季表层、次表层、中层及底层微型浮游植物的平均密度分别为 0.21×10^4 ind. /L、0.34×10^4 ind. /L、0.29×10^4 ind. /L、0.32×10^4 ind. /L；秋季表层、次表层、中层及底层微型浮游植物的平均密度分别为 0.081×10^4 ind. /L、0.111×10^4 ind. /L、0.113×10^4 ind. /L、0.105×10^4 ind. /L。

微型浮游植物的垂直分布情况由高到低为为底层、表层、次表层、中层。底层微型浮游植物的密度最高，可能是各种扰动导致一些底栖种类被采集，使其密度较高；一般来说，微型浮游生物在真光层中数量较多，表层的光照强度好从而导致表层微型浮游植物的密度也较高。

微型浮游植物的区域分布中，各区域微型浮游植物的密度以黄河口重点调查区为最高，平均高达 4.66×10^4 ind. /L，远远高出其他各调查区；天津重点调查区域密度最低，平均为 0.60×10^4 ind. /L。各调查区微型浮游植物的密度平均值自高向低依次为黄河口重点调查区、莱州湾重点调查区、渤海基础调查区、北戴河重点调查区、辽东湾重点调查区、天津重点调查区。

春季航次微型浮游植物占优势的种类包括：新月柱鞘藻（*Cylindrotheca closterium*）、具槽直链藻（*Paralia sulcata*）、中肋骨条藻（*Skeletonema costatum*）、角海链藻（*Thalassiosira angulata*）；夏季航次微型浮游植物占优势的种类包括：柔弱伪菱形藻（*Pseudo-*

nitzschia delicatissima)、丹麦细柱藻（*Leptocylindrus danicus*）、微小原甲藻（*Prorocentrum minimum*）、新月菱形藻（*Nitzschia closterium*）；秋季航次微型浮游植物占优势的种类包括：新月柱鞘藻（*Cylindrotheca closterium*）、具槽直链藻（*Paralia sulcata*）、曲舟藻（*Pleurosigma* sp.）、海链藻（*Thalassiosira* sp.）、菱形藻（*Nitzschia* sp.）、圆筛藻（*Coscinodiscus* spp.）；冬季航次占优势的种类为：圆筛藻（*Coscinodiscus* spp.）、新月柱鞘藻（*Cylindrotheca closterium*）、中华盒形藻（*Odontella sinensis*）、具槽直链藻（*Paralia sulcata*）、海链藻（*Thalassiosira* sp.）。各季节的优势种类不尽相同，且优势种的密度在调查海区内呈区域性分布。

调查海域微型浮游植物的均匀度平均值为 0.57，丰度平均值为 1.66，多样性指数平均值为 2.45，由此可见微型浮游植物的多样性指数、丰度值处于一般水平，均匀度值在正常值范围内。4 个航次均匀度从大到小依次为秋季、春季、冬季、夏季；丰度值从大到小依次为秋季、春季、夏季、冬季；多样性指数从大到小依次是秋季、春季、夏季、冬季。由此可见，秋季微型浮游植物的均匀度、丰度值及多样性指数均高于其他 3 个航次。

4 个航次均对 ZD – HHK122 站进行了连续监测。共获微型浮游植物 67 种。其中硅藻 56 种，占微型浮游植物种类组成的 83.6%；甲藻 5 种，占微型浮游植物种类组成的 7.4%；绿藻 4 种，占微型浮游植物种类组成的 6.0%；金藻和蓝藻各 1 种，均占微型浮游植物种类组成的 1.5%。其中春季航次所获的微型浮游植物的数量最多，平均密度为 0.66×10^4 ind./L；其次为冬季航次，平均密度为 0.39×10^4 ind./L；秋季航次所获的微型浮游植物数量最少，平均密度仅为 0.060×10^4 ind./L。

15.5　小型浮游生物

本次调查中，4 个季节在调查海域共鉴定记录浮游植物 144 种，其中硅藻（*Bacillariophyta*）36 属 114 种，甲藻（*Pyrophyta*）11 属 28 种，金藻（*Chrysophyta*）和黄藻（*Xanthophyta*）各 1 种。夏季的浮游植物种类最多，有 112 种；秋季次之，为 101 种；春季和冬季的种类最少，分别为 86 种和 85 种。广温性近岸种类和广温广盐性种类是调查海域浮游植物最主要的生态类群。硅藻是调查海域浮游植物的主要种类。

调查海域浮游植物密度的季节差异明显，夏季平均密度最高，为 4 677.11×10^4 ind./m^3；春季次之，为 591.87×10^4 ind./m^3；再次为秋季，为 316.38×10^4 ind./m^3；冬季密度最低，为 238.85×10^4 ind./m^3。不同季节浮游植物的平面分布趋势也不相同。春季浮游植物呈斑块状分布，高值区主要位于渤海中部；夏季浮游植物呈南高北低的分布趋势，高密度区集中在莱州湾、黄河口和渤海湾海域；秋季浮游植物也呈斑块性分布，高值区位于渤海海峡和北戴河邻近海域；冬季整个调查海域密度较低，仅在莱州湾东部沿岸形成一处高值区。黄河口和莱州湾沿岸海域，由于河流径流带来丰富的营养盐，通常成为浮游植物的高密度区。除营养盐外，浮游动物的分布也是影响浮游植物平面分布特征的重要原因之一。春季莱州湾浮游植物的密度较低，但浮游动物的丰度很高，分析认为，较强的摄食压力是造成浮游植物低密度的主要原因。

调查海域浮游植物的生物多样性以秋季最高，为 3.26；冬季次之，为 2.18；再次为夏季，为 2.13；春季最低，为 1.54。春季浮游植物多样性指数呈现近岸高、渤海中部低的趋势；秋季与春季相反，呈现渤海中部高、近岸低的分布趋势；夏季和冬季则呈现西高东低、南高北低的分布趋势。纵观四个季节，渤海湾、莱州湾和黄河口附近海域的浮游植物多样性指数较高，说明该海域的浮游植物群落结构较为稳定。辽东湾的多样性最低，因为该区域的浮游植物种类最少。渤海中部和北戴河邻近海域的多样性也比较低，但在受外海水影响显著的秋季，该海域的多样性指数明显升高，成为整个调查海域中最高的水域。

调查海区各季节浮游植物优势种显著不同，存在明显的季节演替。春季优势种主要有具槽直链藻、中肋骨条藻、诺氏海链藻、圆海链藻、布氏双尾藻、浮动弯角藻和尖刺菱形藻等；夏季优势种急剧改变，包括垂缘角毛藻、柔弱菱形藻、扁面角毛藻和假弯角毛藻等，种类数显著下降，单种优势种升高；秋季浮游植物优势种包括具槽直链藻、卡氏角毛藻、密联角毛藻、劳氏角毛藻、旋链角毛藻、中华盒形藻和布氏双尾藻等；冬季则转变为诺氏海链藻、旋链角毛藻、卡氏角毛藻、中肋骨条藻和具槽直链藻等占优势。浮游植物优势种类的年际变化同样十分明显，历次调查的优势种组成都有明显的差异。

浮游植物的种类组成和数量受环境影响明显，所以渤海浮游植物群落的季节变化主要是种类演替过程。在 4 个季节的调查中，渤海浮游植物群落的界限处于不断的变动中，不同群落不同季节的主要组成种类也各不相同。基本上，渤海的浮游植物群落可以分为近岸群落和渤海基础群落，其中近岸群落主要与盐度低于 30 的低盐区范围相吻合。秋季，辽东湾的低盐区内也分布着一个独立的群落。在冬季，与低盐区范围相一致的群落是位于莱州湾东南部的莱州湾群落，冬季的渤海西南部近岸群落与其他季节不同，并不体现出近岸低盐的特征。

15.6　大中型浮游生物

渤海是一个半封闭型的内海，受外海影响较小；地处北温带，气候比较均一；渤海具有常年径流的入海河流共 40 余条，每年有大量的淡水注入。上述条件决定了渤海的浮游动物种类组成较为单一。历次调查中，渤海的浮游动物种类数都比较少。本次调查四个季节共鉴定浮游动物 99 种（不含原生动物），以近岸低盐性种类为主，其中水母类、桡足类和浮游幼虫是种类最多的三大类群。夏季浮游动物种类最多，有 84 种；其次为秋季，有 53 种；春季和冬季种类最少，皆为 29 种。

渤海浮游动物的平均个体密度春季最高，为 460.3 ind./m^3；夏季次之，为 410.6 ind./m^3；秋季和冬季最低，分别为 131.0 ind./m^3 和 50.3 ind./m^3。浮游动物密度在调查海域呈斑块状分布，高值区多集中在莱州湾近岸、北戴河邻近海域和渤海中部。桡足类、箭虫类和浮游幼虫是渤海浮游动物中数量最多的三大类群。其中的优势种类如中华哲水蚤、腹针胸刺水蚤、强壮箭虫、双壳类幼体等，在很大程度上决定了渤海浮游动物的数量分布格局。

渤海浮游动物生物量的平面分布和季节变化趋势同密度的变化趋势大致相同，也是春季最高，为 399.8 mg/m^3；其次是夏季，为 351.4 mg/m^3；再次是秋季，为 127.3 mg/m^3；冬季最低，为 96.7 mg/m^3。浮游动物生物量的平面分布在一定程度上取决于优势种的分布，强壮箭虫由于个体大、数量多，是渤海浮游动物生物量的主要组成种类，其数量的变动直接影响生物量的分布。另外一些个体较大、数量较多的桡足类如中华哲水蚤、真刺唇角水蚤等的数量变动也影响到浮游动物生物量的分布。还有些种类虽然数量不多，但个体比较大，如糠虾、毛虾、鳌虾等，也对调查海域浮游动物生物量的分布起到一定影响。

渤海浮游动物的丰富度、均匀度和多样性指数均处于较低的水平，60.0%以上测站的多样性指数介于1~2之间，只有少数测站的多样性指数高于2。就整个调查海域而言，浮游动物多样性指数夏季最高，为1.63；秋季次之，为1.50；春季和冬季最低，分别为1.38和1.23。

渤海不同海域、不同季节间的优势种变化不大，中华哲水蚤和强壮箭虫是渤海常年、全海域的优势种。其极高的优势度也是导致浮游动物多样性偏低的原因之一。

渤海主要受沿岸水系和黄海外海水系的影响，理化性质较为均一，故渤海的浮游动物群落也相对稳定，其群落结构分化并不十分明显。总的来说，渤海浮游动物可以分为两个亚群：位于渤海西南部沿岸的近岸亚群和包括渤海中部、东部和北部海域的渤海基础亚群。近岸亚群四季都以低盐近岸种类强壮箭虫为最占优势的种类；渤海基础亚群四季都以广温高盐性种类中华哲水蚤为最占优势的种类。两个亚群的种类组成并没有明显的差异，群落界限也不明显，说明渤海的浮游动物群落结构较为单一。

与以往的调查相比，多年来渤海浮游动物的种类组成和优势种的变化不大，但也有一些值得注意的现象。例如：在1959年的全国海洋调查中，中国毛虾在9月份时形成生物量的高值区；而在本次调查中，毛虾的数量和出现率都很低。沿岸湿地的破坏和近岸低盐区的减少应是导致近年来毛虾数量锐减的主要原因。

此外，在1959年的全国海洋调查中，球形侧腕水母在渤海中没有分布，最北只分布到35.5°；但在本次调查中，该种秋季在渤海广泛分布且数量较高，是秋季的优势种之一。球形侧腕水母的分布变化可能与水温升高、近岸富营养化加剧有关。导致上述变化的原因究竟是什么，如何揭示浮游动物变化与海洋气候、环境、人类活动之间的联系，这些都是今后需要深入研究的问题。

15.7　鱼类浮游生物

15.7.1　种类组成

调查海域四个季节共鉴定鱼卵4目9科13种（包括1种未知卵），其中春季3科4种，夏季6科8种，秋季3科3种，冬季未发现鱼卵。四个季节共鉴定仔稚鱼51种，隶属于7目21科：其中春季11种，隶属于4目8科；夏季21种，隶属于5目11科；秋季11种，隶属于4目5科；冬季8种，隶属于3目7科。仔稚鱼的种类数远比鱼卵的种类数丰富。调查海域鱼卵和仔稚鱼种类的季节更替较为显著，没有在四季皆出现的种类，且各个季节在密度和生物量上占优势的仔稚鱼种类都各不相同。

15.7.2　鱼卵平面分布与季节变化

调查海域鱼卵的数量夏季最高，平均密度为0.0217 ind./m³；其次为春季和秋季，平均密度分别为0.0041 ind./m³和0.0014 ind./m³；冬季未采集到鱼卵。夏季由于水温适宜、饵料充足，是鱼类繁殖的适宜季节，鱼卵的分布范围较广，在整个调查海域都有分布；春季和秋季则只在个别站位零星出现。鱼卵主要分布在渤海的沿岸海域，以莱州湾和黄河口附近海域为主要分布区。

15.7.3 仔稚鱼平面分布与季节变化

调查海域仔稚鱼数量的季节变化不同于鱼卵，以春季的密度和生物量最高（分别为 0.073 4 ind. /m³ 和 1.130 1 mg/m³），其次为夏季（0.019 7 ind. /m³ 和 0.312 0 mg/m³），接下来是冬季（0.005 3 ind. /m³ 和 0.290 0 mg/m³），秋季的密度和生物量最低（0.002 0 ind. /m³ 和 0.228 7 mg/m³）。

仔稚鱼主要分布在渤海的三大湾内，通常在近岸海域形成高值区，渤海中部的数量则较低。仔稚鱼生物量与密度的平面分布趋势不完全相同，因为生物量是由个体密度和个体大小两个因素决定的。除夏季仔稚鱼的密度和生物量分布较一致外，其他 3 个季节二者的分布趋势都不相同。春季的高密度区位于渤海湾南岸和莱州湾湾底，由矛尾复鰕虎鱼和青鳞小沙丁鱼形成；而高生物量区位于金州湾湾口，是由玉筋鱼形成的。秋季的高密度区位于辽东湾湾口和渤海湾内，分别由日本鳀和中颌棱鳀形成；高生物量区则位于渤海湾南岸，是由大银鱼和赤鼻棱鳀形成的。冬季的高密度区位于渤海海峡南端，由玉筋鱼形成；高生物量区位于黄河口附近，由鲻鱼形成。

15.7.4 历史资料比较

（1）鱼卵、仔稚鱼种类变化

本次渤海调查共鉴定鱼卵、仔稚鱼 7 目 23 科 45 种，与 1982 年 4 月—1983 年 5 月渤海游泳动物底拖网调查中的 9 目 38 科 53 种和 1998 年（5 月、8 月、10 月）渤海近岸渔业资源调查中的 9 目 26 科 41 种相比，鱼卵、仔稚鱼的目、科均有大幅下降，种类与 1982 年相比有一定程度的下降，与 1998 年基本持平。说明经过 20 世纪八九十年代的过度捕捞后，被捕获的种类数目在不断减少，鱼类浮游生物种类急剧下降，资源衰退严重，近 10 年的渤海夏季休渔制度和渤海禁止底拖网作业政策使得渤海的游泳动物得到一定程度的保护，鱼类浮游生物种类数基本保持恒定。

（2）鱼卵、仔稚鱼数量变化

本次渤海调查的鱼卵、仔稚鱼平均密度为 0.016 ind. /m³，与 1982 年 4 月—1983 年 5 月渤海游泳动物底拖网调查中的 0.093 ind. /m³ 相比，鱼卵、仔稚鱼的数量有大幅度下降，与 1998 年相比也有一定程度的下降。20 多年来，鱼卵、仔稚鱼的资源下降了近六成，已到了严重衰退的地步，因此，对渤海游泳动物的保护刻不容缓，延长休渔期的措施势在必行，特别是对鱼卵、仔稚鱼数量最多的 5 月和 6 月。

（3）重要鱼卵、仔稚鱼经济种类转变

本次调查的渤海重要鱼卵、仔稚鱼经济种类主要有鰕虎鱼、青鳞小沙丁鱼、日本鳀和玉筋鱼等，其密度占总鱼卵、仔稚鱼密度的 70% 以上。这些低质的底层鱼类或营养级较低的中上层鱼类已取代了 1982 年、1996 年营养级较高的重要经济种类，如小黄鱼等或经济价值比较高的底层鱼类，如棘头梅童鱼等，经济效益显著下降。

（4）优势鱼卵、仔稚鱼经济种的演变

优势经济种从 20 世纪 80 年代的多鳞鱚、鲈鱼、颚针鱼、小黄鱼、蓝点马鲛等演变到90年代的黄姑鱼、白姑鱼、斑鰶、油觪、短鳍红娘鱼，再演变到21世纪的青鳞小沙丁鱼、日本鳀、玉筋鱼、鰕虎鱼等。主要优势经济种的优势度也在逐步减弱。

15.8　小型底栖生物

4个航次的调查夏季获得的种类最多，冬季获得的种类最少。

渤海小型底栖生物栖息密度较高，平均为87.74个/cm^2。各季节栖息密度以冬季最高，夏、秋季次之，春季较低。密度组成以线虫类最高，桡足类次之。

小型底栖生物垂直分布主要在表层，表层（0~2 cm）占总密度的60.97%；中层（2~5 cm）占总密度的26.68%；底层（5~10 cm）占总密度的12.35%。

渤海小型底栖生物生物量四个季节变化不大，春、夏、秋、冬4个季节生物量分别为：283.93 μg/10 cm^2、249.40 μg/10 cm^2、264.72 μg/10 cm^{2}及275.85 μg/10 cm^2，平均为268.48 μg/10 cm^2。生物量组成以生物密度占绝对优势的线虫及个体重量较大的多毛类为主。

各调查区小型底栖生物资源量自大至小依次排列为天津重点调查区、北戴河重点调查区、渤海基础点调查区、辽东湾重点调查区、黄河口重点调查区、莱州湾重点调查区。

15.9　大型底栖生物

15.9.1　种类组成

本次调查共获底栖生物400种，隶属于腔肠、扁形、纽形、环节、螠虫、软体、腕足、节肢、棘皮、尾索、半索、头索和脊索13个动物门，428科，311属。其中，环节动物出现125种，次节肢动物出现107种，软体动物出现95种，鱼类出现32种，棘皮动物20种，其他门类的动物出现种数较少。

各季节出现的底栖生物种类数以夏季最多，冬季次之，春、秋季最少。

各调查区出现的底栖生物种类数自多至少依次排列为渤海基础调查区、北戴河重点调查区、黄河口重点调查区、莱州湾重点调查区、辽东湾重点调查区、天津重点调查区。

15.9.2　生物量组成与分布

渤海海区大型底栖生物生物量较低，平均为19.68 g/m^2。各季节生物量变化不明显，以夏季略高，冬季次之，春、秋季略低。生物量组成以软体动物最高，棘皮动物次之，多毛类居第三位，甲壳类居第四位。

各调查区底栖生物年平均生物量自大至小依次排列为辽东湾重点调查区、渤海基础调查区、黄河口重点调查区、北戴河重点调查区、天津重点调查区、莱州湾重点调查区。

15.9.3　生物密度组成与分布

渤海大型底栖生物栖息密度较高，平均为478.3个/m^2。各季节栖息密度以夏季最高，冬季次之，春、秋季较低。密度组成以多毛类最高，软体动物次之，甲壳类居第三位，棘皮动物居第四位。影响栖息密度组成的主要是小个体的多毛类。

各调查区底栖生物年平均生物密度自大至小依次排列为渤海基础调查区、北戴河重点调查区、莱州湾重点调查区、辽东湾重点调查区、天津重点调查区、黄河口重点调查区。

15.9.4 多样性指数分布特征

海域底栖生物群落结构总体上良好，大多数底栖生物样品的多样性指数值较高，而且丰度和均匀度值较高，优势度较低，表明渤海底栖生物种间个体数分布均匀，生物群落健康，生物赖以生存的底质良好。部分测站出现了较低的多样性指数值，主要与其站位的底质较特殊，所获底栖生物种类较少，或出现了大量的生物幼体，对其样品的多样性指数产生影响。从其分布的底栖生物种类及数量分析，这些测站主要是底栖生物资源量较低，未出现耐污性种类占主导优势的现象，表明海域底栖生物群落结构基本正常。

各调查区底栖生物样品多样性指数平均值自大至小依次排列为辽东湾重点调查区、渤海基础调查区、北戴河重点调查区、天津重点调查区、黄河口重点调查区、莱州湾重点调查区。仅莱州湾重点调查区底栖生物样品多样性指数平均值介于 2～3 之间，其他区域均大于 3，渤海底栖生物群落总体上较好。

15.9.5 底栖生物群落分布

通过渤海各测站底栖生物出现的种类数，用种类相似性聚类的方法，可以划分出三个底栖生物群落，即：①位于渤海南部和西南部的红带织纹螺 - 绒毛细足蟹群落；②位于渤海中部及西部的砂海星 - 泥脚隆背蟹群落；③位于渤海中部及北部的砂海星 - 哈氏刻肋海胆群落。其中，各群落依季节性环境因子的变化，所居的位置也略有改变，同时表现出亚群落的分布特征。

15.10 潮间带生物

本次调查共获潮间带生物 200 种，隶属于腔肠、扁形、纽形、多毛、螠虫、软体、腕足、甲壳、棘皮、尾索和鱼类 11 类海洋动物。在所出现的潮间带动物中，多毛类 71 种，软体动物 60 种，甲壳类 55 种，棘皮动物 3 种，鱼类 4 种，腔肠动物 2 种，扁形、纽形、螠虫、腕足和尾索各 1 种。所出现的潮间带生物种类主要分布于中潮带和低潮带，高潮带较少。

潮间带生物资源量以夏、冬季较大，春秋季较小。在调查的 16 条断面中底质可以分 3 种主要的类型，其中分布有不同种类的优势种。

（1）岩石相：包括岩石、人工筑路、人工筑坝等。高潮区潮间带生物优势种是短滨螺、粗糙短滨螺、东方小藤壶；中潮区动物优势种是绒螯近方蟹。

（2）净砂相：包括粉砂、粗砂等。中潮上区潮间带生物优势种是双齿围沙蚕、日本大眼蟹；中潮区是日本大眼蟹、寡节甘吻沙蚕和泥螺；低潮区的是托氏蝗螺、红明樱蛤、日本美人虾和光滑河蓝蛤等。

（3）泥砂相：包括泥、泥质粉砂和粉砂质泥等。高潮区潮间带生物优势种是寡节甘吻沙蚕、天津厚蟹；中潮带的优势种是泥螺、日本大眼蟹等；低潮区的优势种是日本大眼蟹、宽身大眼蟹、四角蛤蜊、泥螺和托氏蜎螺等。

15.11　污损生物

所调查海域污损生物达 32 种，分属硅藻、红藻、褐藻、绿藻、海绵、腔肠、环节、软体、节肢、苔藓虫、尾索 11 个生物门，节肢动物门的污损生物种类最多，有 9 种，占 29%；绿藻次之，有 5 种，占 17%。各种板别上污损生物的平均密度由高到低为年板、半年板、季板、月板，因板上的生物量主要与附着的生物个体数和附着的时间有关，附着时间越长、生物个体越多，其生物量也就越大。月板上附着的污损生物种类随季节变化，在 5—11 月的月板上，污损生物的种类比较多，其他月份的种类少，其中生物种类最多的月板为 7 月。纹藤壶、紫贻贝、缘管浒苔和中胚花筒螅等为本海域污损生物的常见种，纹藤壶的附着期为 5—12 月。

15.12　游泳动物

15.12.1　游泳动物生物量变化

本次调查的渤海年均总生物量指数为 14.86 kg/h，与 1959 年渤海游泳动物底拖网调查中的年均鱼类总生物量指数 139.12 kg/h 相比，游泳动物生物量严重衰退。即使与 1982 年 4 月—1983 年 5 月渤海游泳动物底拖网调查中的年均总生物量指数 50.96 kg/h 相比，也有较大幅度的衰退。但与 1998 年（5 月、8 月、10 月）渤海近岸渔业资源调查中的年均总生物量指数为 9.99 kg/h 相比，游泳动物生物量基本持平，略有回升。说明经过近 40 年的过度捕捞后，近 10 年的渤海夏季休渔制度和渤海禁止底拖网作业政策使得渤海的游泳动物得到一定程度的保护，生物量不再衰退。

15.12.2　重要经济种类转变

本次调查的渤海重要经济种类主要有小黄鱼、银鲳、黄鲫、斑鰶、蓝点马鲛、日本鳀、青鳞小沙丁鱼、短吻舌鳎、矛尾鰕虎鱼、口虾蛄、三疣梭子蟹和日本蟳 12 种，其年均生物量指数之和为 10.99 kg/h。与 1982 年相比，年均生物量指数之和有较大幅度下降，主要经济种类也由中、高价值的鱼类、甲壳类和头足类向低值鱼类、甲壳类转变，经济效益下降明显。

15.12.3　优势种更替

本次调查中，春季，渤海渔业生物资源的优势种以甲壳类为主，分别为口虾蛄、脊腹褐虾、葛氏长臂虾、鲜明鼓虾和日本鼓虾；底层鱼类 2 种，为短吻舌鳎和矛尾鰕虎鱼；中上层鱼类只有黄鲫 1 种。夏季，优势种以中上层鱼类为主，分别为日本鳀、斑鰶、黄鲫和青鳞小沙丁鱼；底层鱼类 2 种，为小黄鱼和六丝矛尾鰕虎鱼。秋季，优势种以鱼类为主，其中中上层鱼类 3 种，为银鲳、黄鲫和青鳞小沙丁鱼；底层鱼类 3 种，为小黄鱼、小带鱼和黄鮟鱇；甲壳类 3 种，为口虾蛄、三疣梭子蟹和日本蟳。冬季，优势种共有 7 种，均为渤海地方性种类，分别为矛尾鰕虎鱼、斑尾复鰕虎鱼、细纹狮子鱼、长绵鳚，口虾蛄、日本鼓虾和长蛸。

与 1959 年相比，春、夏季优势种为小黄鱼，秋季的优势种为带鱼。

与 1982 年相比，春季的优势种为孔鳐、鲈鱼、黄盖鲽、黑鳃梅童鱼、美鳐、短吻舌鳎、口虾蛄、褐虾、枪乌贼、日本鼓虾、三疣梭子蟹、葛氏长臂虾、短蛸、双喙耳乌贼、砂海星和鲜明鼓虾。夏季的优势种为黄鲫、小黄鱼、蓝点马鲛、银鲳、孔鳐、真鲷、日本鳀、白姑鱼、棱鳀、黑鳃梅童、三疣梭子蟹、口虾蛄、枪乌贼、哈氏刻肋海胆、日本蟳、曼氏无针乌贼、葛氏长臂虾、鹰爪糙对虾、对虾和长蛸。秋季的优势种为黄鲫、蓝点马鲛、小黄鱼、孔鳐、青鳞小沙丁鱼、鲈鱼、棘头梅童鱼、银鲳、牙鲆、蛇鲻、枪乌贼、三疣梭子蟹、鹰爪虾、口虾蛄、对虾、曼氏无针乌贼、短蛸、哈氏刻肋海胆、砂海星和日本蟳。冬季的优势种为孔鳐、鲈鱼、黄盖鲽、半滑舌鳎、短吻舌鳎、美鳐、黑鳃梅童鱼、棘头梅童鱼、牙鲆、凤鲚、三疣梭子蟹、日本鼓虾、枪乌贼、口虾蛄、短蛸、褐虾、砂海星、哈氏刻肋海胆、日本蟳和葛氏长臂虾。

与 1998 年相比，春季的优势种为赤鼻棱鳀、黄鲫、日本鳀、小带鱼、斑鰶、银鲳、小黄鱼、尖嘴扁颌针鱼、绯鮨、短吻舌鳎、口虾蛄、罗氏海盘车、哈氏刻肋海胆、砂海星、虾夷砂海星、火枪乌贼、扁玉螺、鲜明鼓虾、脊腹褐虾、澳洲鳞沙蚕和泥脚隆背蟹。夏季的优势种为蓝点马鲛、黄鲫、银鲳、赤鼻棱鳀、小带鱼、斑鰶、小黄鱼、白姑鱼、火枪乌贼、日本蟳、口虾蛄、三疣梭子蟹、红线黎明蟹、罗氏海盘车、泥脚隆背蟹、长蛸和鹰爪虾。秋季的优势种为斑鰶、黄鲫、银鲳、小黄鱼、鲈鱼、蓝点马鲛、小带鱼、赤鼻棱鳀、矛尾鰕虎鱼、日本鳀、三疣梭子蟹、口虾蛄、火枪乌贼、日本蟳、细雕刻肋海胆、鹰爪虾、罗氏海盘车、密鳞牡蛎、哈氏刻肋海胆和短蛸。

可以看到，优势种也由中、高价值的鱼类、甲壳类和头足类向低值鱼类、甲壳类转变，渔业经济价值显著降低。

15.12.4　优势经济种的演变

优势经济种从 20 世纪 50 年代的小黄鱼、带鱼、枪乌贼，演变到 80 年代的小黄鱼、蓝点马鲛、银鲳、三疣梭子蟹、枪乌贼，再演变到 90 年代的黄鲫、赤鼻棱鳀、蓝点马鲛、日本鳀、小带鱼、火枪乌贼、三疣梭子蟹，一直演变到 21 世纪的黄鲫、斑鰶、青鳞小沙丁鱼、日本鳀、鰕虎鱼、口虾蛄。

16 问题与探讨

16.1 外来物种影响渤海生态环境

16.1.1 棕囊藻

具毒的棕囊藻在我国南部海域曾多次引发赤潮。1997 年在我国海域首次记录有球形棕囊藻，而如今球形棕囊藻在渤海已频繁出现，造成了一定的危害。2004 年 6 月，在黄河口附近海域引发赤潮，面积约 1 850 km^2；2006 年 10 月末，渤海湾天津、黄骅附近海域出现大规模球形棕囊藻赤潮。据有关专家介绍，渤海海域在这个季节发生棕囊藻赤潮在近年尚属首次。

首先，由于该藻球形群体外围具有一层柔软的胶质且藻体含多糖，当大量繁殖形成赤潮时，含胶质和糖的藻体便紧紧贴在鱼鳃上，影响鱼的呼吸和摄食，致使鱼类窒息缺氧而死亡；其次，该藻巨大的生物量（尤其是黎明和傍晚时）可造成水体缺氧导致灾害。再加上藻体和藻细胞死亡腐烂后会产生溶血毒素等有毒物质，对水体环境的破坏将持续一定时间，严重时会导致鱼类大面积死亡，尤其对网箱养殖和对虾育苗危害更大。

16.1.2 泥螺

莱州湾及黄河口附近海域自 2002 年开始在滩涂引种养殖泥螺。引种后的泥螺在自然环境中大量繁殖，其分布范围向养殖区外扩大。虽然近期内促进了当地海洋经济的发展，但它的出现侵占了当地原有的贝类栖息地，影响了当地四角蛤、文蛤等贝类养殖资源，同时，其个体分泌物也损害了其他海洋生物的生长环境，甚至影响了当地潮间带的渔业资源。

2008 年泥螺在黄河口、莱州湾的分布优势进一步扩大，其分布区比 2003 年扩大近两倍。已在山东省东营市小岛河以南 30~40 km 范围内替代了原来的优势种——托氏蝲螺。泥螺在莱州湾西岸中、低潮区的出现频率高达 80%，平均分布密度为 65.6 个/m^2。由于当地缺少泥螺的天敌性生物和限制其生长的自然条件，加之当地渔民纷纷在各自的承包滩涂引种，导致泥螺种群迅速扩散，已成为黄河三角洲潮间带的主要优势种群。

此现象应当引起当地海洋主管部门的高度重视，对泥螺可能造成当地海洋生态环境的影响，应开展相应的研究和跟踪调查。

16.1.3 球型侧腕水母

在 1959 年的全国海洋普查中，记录到球型侧腕水母最北只分布到 35.5°，在渤海中没有分布；之后在 1982 年、1984 年和 1992 年的历次调查中，渤海均没有该种的记录。

直至 1997 年的渤海生态系统动力学与生物资源持续利用调查，首次在渤海记录到该种，但数量较低，不成为优势种。

在本次调查中，秋季在渤海记录到球型侧腕水母，在渤海广泛分布且数量较高，是秋季的优势种之一。分析认为，该种可能在秋季随黄海暖流进入渤海，并在莱州湾近岸和黄河口附近海域大量繁殖。球型侧腕水母在渤海从无到有，从数量低到占优势，可能与渤海近 10 年来水温升高、近岸富营养化加重等环境变化有关。

16.2　渤海生物群落分布特点

16.2.1　浮游植物

浮游植物群落划分是根据调查海域各航次浮游植物网样的种类组成，借助 SPSS（11.5）分析软件进行运算，使用 Hierarchical 命令，采用 Ward 离差平方和法得到聚类分析。

浮游植物的种类组成和数量受环境影响明显，所以渤海浮游植物群落的季节变化主要是种类演替过程。在 4 个季节的调查中，渤海浮游植物群落的界限处于不断的变动中，不同群落、不同季节的主要组成种类也各不相同。

浮游植物的优势种多是区域性分布，4 个航次均未出现遍布渤海，而且细胞数量高的种类。

16.2.1.1　春季

春季表现为两个浮游植物群落，即低盐群落和渤海基础群落。

低盐群落主要分布在渤海海峡入口和莱州湾近中央水域，其主体与莱州湾中部盐度低于 30 的低盐区相吻合，典型种类包括中肋骨条藻、圆海链藻和具槽直链藻等。

渤海基础群落占据渤海大部分海域，该群落最占优势的种类为具槽直链藻，此外中肋骨条藻、尖刺菱形藻和布氏双尾藻等也是较占优势的种类。

16.2.1.2　夏季

夏季表现为两个浮游植物群落，即低盐近岸群落和渤海基础群落。

近岸群落主要位于莱州湾至渤海湾一带盐度低于 30 的海域，其主要优势种类为半咸水种类垂缘角毛藻和柔弱菱形藻，其他占优势的种类还包括假弯角毛藻和扁面角毛藻等，呈现典型的河口近岸群落的特征。

渤海基础群落包括了渤海中部和辽东湾海域，其优势种类为具槽直链藻、斯氏扁甲藻和三角角藻等，甲藻在这一群落中所占的数量比例较高，为 27.7%，体现了该群落夏季高温的特点。

16.2.1.3　秋季

秋季表现为 3 个浮游植物群落，即西南部近岸群落、渤海基础和辽东湾群落。

西南部近岸群落的分布范围主要与渤海南岸盐度低于 30 的低盐区范围一致，包括莱州湾至渤海湾一带近岸海域和秦皇岛近岸海域。其最主要的优势种为旋链角毛藻，布氏双尾藻、中华盒形藻和劳氏角毛藻也是该群落的主要种类。

渤海基础群落，位于渤海中部海域，为两个浮游植物群落。群落中占优势的种类为布氏双尾藻、笔尖型根管藻、密联角毛藻和虹彩圆筛藻等。

辽东湾群落，位于辽东湾湾底盐度低于 30 的低盐区内，以具槽直链藻、细弱海链藻、圆筛藻和辐射圆筛藻等为较占优势的种类。

16.2.1.4　冬季

冬季表现为 3 个浮游植物群落，即莱州湾群落、渤海西南部近岸群落和渤海基础群落。

莱州湾群落位于莱州湾东部，与冬季渤海盐度低于 30 的低盐区的分布范围基本一致，其优势种为诺氏海链藻、旋链角毛藻和卡氏角毛藻等。

渤海西南部近岸群落分布于黄河口邻近海域和渤海湾海域。渤海西南部近岸群落在冬季并不具有低盐的特征，其优势种包括圆筛藻、中肋骨条藻和具槽直链藻等。

渤海基础群落分布于渤海中部和辽东湾海域，优势种包括具槽直链藻、卡氏角毛藻、诺氏海链藻和圆筛藻等。

16.2.2　浮游动物

浮游动物群落划分方法依据浮游生物浅水 I 型网样的种类组成，方法与浮游植物相同。

因渤海为半封闭型的内海，水文情况主要受沿岸水系和黄海外海水系的影响，理化性质较为均一。因此渤海的浮游动物群落也相对较为稳定，群落结构分化并不十分明显。在 1959 年的调查中，郑执中等将整个渤海的浮游动物归为一个近岸低盐群落。本次调查结果显示，中华哲水蚤和强壮箭虫仍然是渤海的主要优势种，不同区域只是在个体数量和优势度方面存在差异，因此认为渤海的浮游动物基本上仍然属于一个近岸低盐大群落，但群落之下可以分为两个亚群：近岸亚群和渤海基础亚群。其中近岸亚群的分布基本上与渤海低盐区（盐度低于 30）的分布相吻合。

16.2.2.1　春季

春季近岸亚群位于渤海湾、黄河口附近、莱州湾以及辽东湾近岸，以强壮箭虫最占优势，此外长尾类幼虫、中华哲水蚤、腹针胸刺水蚤和双毛纺锤水蚤也占比较重要的地位。

渤海基础亚群占据了渤海中部的大部分海域，种类数多于近岸亚群，以腹针胸刺水蚤最占优势，中华哲水蚤、强壮箭虫、双毛纺锤水蚤和短尾类蚤状幼虫也是较占优势的种类。

16.2.2.2　夏季

夏季近岸亚群位于调查海域西部和南部，包括莱州湾至渤海湾一带海域和秦皇岛近岸海域，优势种为强壮箭虫和中华哲水蚤。

渤海基础亚群分布于渤海中部、东部和北部海域，以中华哲水蚤最占优势，此外强壮箭虫、帚虫类辐轮幼虫和太平洋纺锤水蚤等也比较占优势。

16.2.2.3   秋季

秋季浮游动物群落结构分化不明显。一方面，强壮箭虫和中华哲水蚤在整个海域广泛分布；另一方面，其他一些占优势的种类如小拟哲水蚤、双壳类幼虫和双毛纺锤水蚤等在调查海域呈斑块状分布，两方面的原因共同导致秋季的浮游动物群落类型较为分散。

16.2.2.4   冬季

冬季群落结构与夏季比较相似，近岸亚群位于调查海域西部和南部，包括莱州湾至渤海湾沿岸以及秦皇岛沿岸海域，以强壮箭虫、双毛纺锤水蚤和小拟哲水蚤为优势种类。渤海基础亚群占据渤海中部、东部和北部海域，以中华哲水蚤和强壮箭虫最占优势。

16.2.3   大型底栖生物

通过四个航次累计的各测站底栖生物种类组成，用种类相似性聚类的方法，将渤海底栖生物划分出三个群落，①位于渤海南部和西南部的红带织纹螺 – 绒毛细足蟹群落；②位于渤海中部及西部的砂海星 – 泥脚隆背蟹群落；③位于渤海中部及北部的砂海星 – 哈氏刻肋海胆群落。其中，各群落依季节性环境因子的变化，所居的位置也略有改变，同时表现出亚群落的分布特征。

16.2.3.1   红带织纹螺 – 绒毛细足蟹群落

群落位于渤海西部和南部，覆盖莱州湾和渤海湾，受黄河输沙的影响，群落所居的底质环境中粉砂占有较大比例，主要底质类型为粉砂、黏土质粉砂和粉砂质黏土。该群落底上动物较丰富，甲壳类所占组分较高，双壳类较少，而多毛类的栖息密度虽然也较高，但相对于其他两个群落而言，则明显减少。该群落的优势种为葛氏长臂虾、日本鼓虾、绒毛细足蟹、脊尾白虾、红带织纹螺、纵肋织纹螺、广大扁玉螺、扁玉螺、脆壳理蛤、小亮樱蛤、艾氏活额寄居蟹和六丝矛尾鰕虎鱼等。而活动能力较弱且优势度较高的种类为绒毛细足蟹、红带织纹螺、纵肋织纹螺、广大扁玉螺和艾氏活额寄居蟹。

16.2.3.2   砂海星 – 泥脚隆背蟹群落

群落位于渤海西部和中部，群落所居的海域主要底质类型为砂、黏土质砂、粉砂质黏土和黏土。该群落底栖生物密度较高，多毛类占较大优势，其次是甲壳类，在渤海的广布种——不倒翁虫在此区域内呈高密度出现。该群落的优势种为砂海星、葛氏长臂虾、脊尾褐虾、金氏真蛇尾、短吻舌鳎、六丝矛尾鰕虎鱼、泥脚隆背蟹、经氏壳蛞蝓、日本鼓虾、江户明樱蛤、广大扁玉螺、葛氏长臂虾和不倒翁虫。

16.2.3.3   砂海星 – 哈氏刻肋海胆群落

群落位于渤海中部和北部，所居的海域主要底质类型为黏土质砂、砂质黏土和黏土等。该群落底栖生物密度较高，多毛类占较大优势，其次是甲壳类，棘皮动物在此区的栖息密度也较高，主要是倍棘蛇尾的个体。该群落的优势种为砂海星、脊尾褐虾、哈氏刻肋海胆、鲜明鼓虾、葛氏长臂虾、疣背宽额虾、蓝无壳侧鳃、多棘海盘车等。

16.3 部分项目分析方法需要优化和完善

"908 专项" ST01 区块（渤海）水体环境调查规模之大、站位布设密度之高、调查项目之全在我国是空前的，尤其一些新项目（如：微微型浮游生物在渤海的分布特征等）的开展在我国也尚属首次。

根据此次调查的结果，结合渤海几十年的监测数据，经过总结与分析，得出了一些新的发现与认识，同时发现部分项目的分析方法需要进一步完善和优化。

16.3.1 微生物两种分析方法的比较

在海水微生物现状的调查中，采用了《我国近海海洋综合调查与评价专项海洋生物生态调查技术规程》要求的两种方法，对海水中细菌总数进行分析，通过对比可以看出，两种方法得出的结果有如下差别：

①直接计数法所得的结果普遍比培养法所得的结果高，直接计数法所得结果基本为 10^8 数量级，而培养法所得结果主要为 10^3 数量级，直接计数法比培养法平均高 10^5 数量级。②直接计数法所得的结果垂直分布表层较低，底层较高；而培养计数法所得结果表层最高。③直接计数法各层间差别较小，不超过 2 倍，而培养法所得结果各层间差别较大，接近 10 倍。

造成这种差别的原因主要是两种方法本身的特点决定的。其中直接计数法是对荧光显微镜下细菌形态显亮绿色的细胞进行计数，因此，有些非细菌的可被荧光染料染色的其他颗粒会造成阳性误差。此外，计数人员的计数习惯或偏好（对细菌非细菌的判断）也会对结果带来影响。直接计数法所得的结果垂直分布表层较低，底层较高可能就是底层海水相对混浊，其他可被染色的颗粒物质偏多，阳性误差较大造成的影响。

培养法主要是对培养出来的细菌菌落进行计数；相对直接计数法仅是对活性较好的部分细菌进行了计数，因此，培养法所得结果相对直接计数法普遍偏低。此外，由于使用单一配方培养基，而海水环境本身有一定的差别，各种类细菌所需的营养成份差别较大，所以，会造成各种细菌在特定的某一培养基上生长状况差别较大，也会造成培养结果相对直接计数偏低。

通过我们的比较，直接计数法所得结果比实际真值要高，而培养法所得结果比实际真值偏低，这分别是两种方法的局限性，所以两种分析方法都需要进一步完善。两种方法各有其优点，直接计数法所需时间短，采样当天就可以得到结果；而培养法需要至少两天到一周的时间得出结果，但培养法可以直接获得纯培养物，有利于进行下一步的分析。因此，在实际工作中，可根据工作的需要选择最适合的方法分析细菌总数。

16.3.2 微微型浮游生物两种分析方法比较

近年来，随着海洋微观生物观测和实验技术的迅速发展，超微型浮游生物在生态系统中的地位与作用越来越多地受到重视，其中应用流式细胞仪检测超微型浮游生物自 20

世纪 80 年代应用以来，大大推进了超微型浮游生物生态学领域的研究。

本次利用夏季航次获取的样品，采用落射荧光显微技术（EFM）和流式细胞仪测定技术（FCM）两种方法，对微微型浮游生物的数量分布、与环境要素的关系及其细胞特性进行了相关研究。通过研究分析得出：

EFM 和 FCM 检测各调查区聚球藻的规律基本一致（黄河口重点调查区除外），细胞数量从大到小依次为：北戴河、辽东湾、莱州湾、渤海基础、天津，这 5 个调查区聚球藻平均细胞数量通过 FCM 检测的结果约为 EFM 检测值的 4~6 倍，而黄河口重点调查区处 FCM 检测值仅为 EFM 检测值的 2 倍，此处 FCM 测值相对偏低可能是由于黄河口处水质含有许多杂质造成。

EFM 和 FCM 两种方法测定 5 个调查区微微型光合真核生物细胞数量规律并不一致，这可能是由于真核生物细胞数量本身就非常少，两种方法测定过程中产生的误差对结果影响很大，另外可能由于样品固定保存和测定过程中细胞数量会不同程度减少，也会造成测定结果不一致。

FCM 法检测速度快且检出细胞数量远远大于 EFM 法，而 EFM 法在检测细胞数量时，会因荧光衰减而导致检测数目偏低，且水样细胞数量越多误差越大。故在样品水质清澈，细胞种类较为单一的情况下，FCM 法优于 EFM 法；当样品水质混浊，杂质含量多且细胞种类复杂的情况下，FCM 法测定结果与实际值相差较大，此时当优先选用 EFM 法测定样品；尽管 FCM 法和 EFM 法检测水样所得结果差值较大，但二者所得规律基本一致，所以采用这两种方法共同检测微微型浮游生物可以互为参考、校正。

16.3.3　大型底栖生物采样效应分析

生物生态调查在严格按照《我国近海海洋综合调查与评价专项海洋生物生态调查技术规程》要求的同时，根据底栖生物在不同的底质环境中，其群落结构及生物种类分布存在一定差异的特点，选择调查区内三种主要底质类型（即粉砂、黏土质粉砂、砂质黏土），进行了同一测站连续采集 15 次（1.5 m²）泥样并分别淘洗底栖生物，用以分析按照《海洋生物生态调查技术规程》中规定的每站最少采集 0.2 m² 的样品中，在调查区内底栖生物的实际代表性。结果表明：

砂质黏土底质类型连续采集 16 次（1.6 m²）泥样并分别淘洗后，获得底栖生物 65 种，各分样出现的底栖生物种类数在 14~32 种之间，平均获得 23 种。依照分样间种类相似程度值自低至高，从而得到分样面积累计获取种数最大值的顺序进行统计可知，采集 1.2 m² 即有可能获得全部的 65 种底栖生物，采集 0.2 m² 最多可获得 65% 的种类数。依据各分样累计面积平均获取的种类进行统计可知，0.2 m² 可获取 51.6% 的种类数，若获取 80% 的种类数需要采集 0.7 m²。

粉砂底质类型连续采集 15 次（1.5 m²）泥样并分别淘洗后，获得底栖生物 38 种。各分样出现的底栖生物种类数较少，仅在 5~12 种之间，平均获得 8 种。依照分样面积累计获取种数最大值的顺序进行统计可知，采集 1.0 m² 即有可能获得全部的 38 种底栖生物；采集 0.2 m² 最多可获取 55% 的种类数。依据各分样累计面积平均获取的种类进行统计可知，0.2 m² 可获取 34.8% 的种类数，若获取 80% 的种类数需要采集 0.9 m²。

黏土质粉砂底质类型连续采集 15 次（1.5 m²）泥样并分别淘洗后，获得底栖生物

38 种。各分样出现的底栖生物种类数较少，仅在 5 ~ 14 种之间，平均获得 9 种。依照分样面积累计获取种数最大值的顺序进行统计可知，采集 1.0 m^2 即有可能获得全部的 38 种底栖生物；采集 0.2 m^2 最多可获取 53% 的种类数。依据各分样累计面积平均获取的种类进行统计可知，0.2 m^2 可获取 37.2% 的种类数；若获取 80% 的种类数需要采集 1.0 m^2。

　　由以上分析可知，今后在渤海开展大型底栖生物专题调查，若要较好地反映出底栖生物分布情况，采样面积应以 0.5 m^2 为宜。

17 主要建议

17.1 深入研究黄河对渤海生态系统的维系与影响

黄河对渤海生态系统的贡献在沿岸入海河流中是最大和具有决定性的，由于渤海入海冲淡水的减少，以及渤海新高盐区的产生，黄河对于渤海的影响日渐显现，我国的科技人员已经从各种学科角度对渤海开展了多项研究，但都受限于资料时空范围和要素的不足。本次调查在黄河口区虽然进行了大面站的海洋水文、气象、生物生态、海洋化学调查，在调查时空密度和频率上对深入研究的支持尚有不足，建议在黄河口设置连续调查断面，采用 ADCP 走航剖面测流方式，获取黄河口断面流剖面和流量更为准确的信息，并进行各学科、各有关要素的加密连续观测，深入研究流域淡水量变化对河口基础水环境条件改变的影响，自然条件及人为活动对河口湿地重要生物产卵场、索饵场及洄游通道以及濒危珍稀物种的影响等，进而从不同的时空尺度研究黄河对渤海生态系统的维系与影响，深入研究维持河口生态系统健康与安全的关键控制因素以及调控措施。

17.2 开展泥螺等外来物种的跟踪监测工作

外来物种入侵是全球关注的生态问题之一。渤海目前主要的引进物种有大菱鲆、日本对虾、海湾扇贝、长牡蛎、泥螺、大米草、海蓬子等几十种。

本次调查中，通过与历史资料的对比，发现养殖引种泥螺在渤海近岸滩涂的分布范围正向养殖区外逐年扩散。泥螺是经济种类，2002 年开始在莱州湾及黄河口附近海域滩涂被引入养殖。引入后，一方面，泥螺为当地带来了巨大的经济效益；另一方面，泥螺的迅速扩散影响了本地种的生存，原托氏鲳螺等优势种正逐步被泥螺所替代。球型侧腕水母是此次秋季调查首次发现成为渤海优势种，10 月份发现的棕囊藻在渤海浮游生物记录中也不存在。目前对上述物种的分布、出现的原因及途径尚不明确。

建议开展对泥螺等外来物种的跟踪监测工作，调查研究上述物种的扩散速度、对当地海洋生态环境的影响，以及产生的原因等。根据其经济价值及生态效益综合评价发展其利弊。

17.3 改善河口生态环境

河流为海洋提供了极为重要的生态用水。河口和近岸的低盐区是仔稚鱼和众多无脊椎动物的育苗场，还是很多洄游鱼类的产卵地，因此河口区的生境对整个渤海的生态系统、生物资源等都具有重要意义。

目前渤海的河口生境正面临着三大问题：①生态用水减少，低盐区面积萎缩，2008年渤海低盐区的面积比 10 年前减少了 80%；②污染严重，渤海的受污染程度居中国四大海域之首，渤海水域受污染面积超过 50% 以上，且污染严重区域均集中在近岸和河口区；③海岸带生境破坏，湿地丧失，围填海、养殖、筑路、石油开发等海洋工程使渤海超过 50% 的滨海湿地遭受破坏。上述问题导致河口区的生态环境受到严重的破坏。鱼类产卵场退化，渤海近岸鱼卵和仔稚鱼的数量和分布范围比 20 世纪 80 年代和 90 年代都有明显减少和缩小，非经济性鱼类取代了经济种类占主要地位。辽东湾渔场中名贵的凤尾鱼已经绝迹，锦州湾的产卵场和育幼场遭到严重破坏，渤海湾一些主要经济鱼虾蟹类产卵场和育幼场已基本成为无生物区。

改善河口区的生态环境应成为当前的主要工作。对此应采取的措施包括：①控制社会经济用水需求，有效进行污水的处理回用，合理退还社会经济挤占的生态环境用水；②将生态供水列入供水目标，根据需要和可能对河流、湿地进行生态补水；③加强对点源、面源污染的监测，控制污染物入海总量；④制定综合性的海岸线管理规划，严格海洋工程的审批和管理工作。

17.4　制定生物多样性指数等生态特征评价标准

生物多样性指数通常用来衡量生物群落结构状况，较为常用的多样性指数有 Shannon – Wiener 指数（H'），Pielou 均匀度指数（J），Magalef 丰富度指数（d）等。目前虽然用生物多样性指数来衡量生物群落结构的好坏，但缺少定量的标准。《海水增养殖区监测技术规程》中提供了多样性指数的评价标准，即 H' 值在 3~4 为清洁区域；2~3 为轻度污染；1~2 为中度污染；<1 为重污染。经我们长期工作发现，这一标准仅适用于底栖生物，对于渤海海区的浮游植物、浮游动物等来说并不适用。由于缺少生物多样性的评价标准，在生态评价工作中只能依靠经验进行定性的评价，多数情况下是用在相同任务中的不同测站间生物样品的比较评价。

今后应开展以生物多样性指数等评价群落结构的方法研究。根据不同的生物类群（例如浮游植物、浮游动物、底栖生物等）以及不同的研究区域（例如河口区、近岸、外海等），制定不同的生物多样性指数的评价标准，以定量评价生物群落结构的好坏，并为监测调查工作统一评价标准。

17.5　完善新的调查方法

本次调查中，增加了新的调查项目、并采用新的调查方法。使用直接计数法和培养法两种方法进行水体微生物的调查；使用落射荧光显微技术（EFM）和流式细胞仪测定技术（FCM）两种方法对微微型浮游生物进行相关研究；并尝试使用分子生物学技术进行微生物的种类鉴定。对所得结果进行比较发现，使用不同方法进行同种研究，其结果有较大的差异。

微生物的直接计数法所得的结果普遍比培养法所得的结果高，平均高 10^5 数量级，这主要是两种方法本身的特点决定的。使用直接计数法时，一些可被荧光染料染色的非细菌颗粒会造成阳性误差，计数人员的主观判断也会影响结果；使用培养法时，仅对可培养出来的细菌进行了计数，单一配方的培养基会对细菌的培养形成限制。

使用 FCM 法和 EFM 法分析微微型浮游生物也是各有利弊。分析结果表明，在样品水质清澈，细胞种类较为单一的情况下，FCM 法优于 EFM 法；当样品水质混浊，杂质含量多且细胞种类复杂的情况下，当优先选用 EFM 法。

本次调查虽然对各种新方法的分析结果进行了详细的比较，但今后仍然需要进一步的研究，以确定哪一种方法更能客观反映调查海域的实际情况，统一调查方法和研究标准，并进一步完善新的调查研究方法。

17.6　合理利用生物资源

进几十年来，随着捕捞强度的持续增大，生态环境的严重破坏，渤海各渔场的渔业资源遭受严重破坏。20 世纪五六十年代曾是主要渔业资源的带鱼和小黄鱼现在几近绝迹，被一些个体小、营养层次低的小型中上层鱼类所替代，渔业资源结构显得相当脆弱。

为保证渤海渔业资源的可持续利用，建议实行限额捕捞制度，有计划的捕捞海域内的渔业资源；压缩近岸捕捞力量，以控制在 20 世纪 80 年代初以前的水平为宜；建立渔船报废制度，以减轻对渔业资源的捕捞压力；加强网具网目检查，严格控制渔获物中幼鱼的比例；保护近岸水域的产卵鱼群，维持种群的兴旺；坚持休渔制度，使渔业资源得到休养生息；进一步强化禁渔区的管理。

参考文献

白雪娥，庄志猛．渤海浮游动物生物量及其主要种类数量变动的研究．海洋水产研究，1991，12：71－92.

毕洪生，孙松，高尚武，等．渤海浮游动物群落生态特点Ⅰ．种类组成与群落结构．生态学报，2000，20（5）：715－721.

毕洪生，孙松，高尚武，等．渤海浮游动物群落生态特点Ⅱ．桡足类数量分布及变动．生态学报，2001，21（2）：177－185.

毕洪生，孙松，高尚武，等．渤海浮游动物群落生态特点Ⅲ．部分浮游动物数量分布和季节变动．生态学报，2001，21（4）：513－521.

蔡晓明．生态系统生态学．北京：科学出版社．2002.

陈碧鹃，等．莱州湾东部养殖区浮游植物的生态特征．海洋水产研究，2001，22（3）：64－70.

陈大刚．黄渤海渔业生态学．北京：海洋出版社．1991.

程济生，等．黄、渤海近岸水域生态环境与生物群落．北京：中国海洋大学出版社．2004.

程济生．东黄海冬季底层鱼类群落结构及其多样性．海洋水产研究，2000，21（3）：1－7.

崔玉珩，孙道元．渤海湾排污区底栖动物调查初步报告．海洋科学，1983，3：15－18.

戴爱云，等．中国海洋蟹类．北京：海洋出版社．1986.

邓景耀，康元德，等．渤海三疣梭子蟹的生物学．甲壳动物学论文集，北京：科学出版社．1986.

邓景耀，孟天湘，等．渤海鱼类的食物关系．海洋水产研究，1988，9：151－172.

邓景耀，孟天湘，等．渤海鱼类食物关系的初步研究．生态学报，1986，6（4）：356－363.

邓景耀，孟天湘，等．渤海鱼类种类组成及数量分布．海洋水产研究，1988，9：11－89.

邓景耀，叶昌臣，刘永昌．渤黄海的对虾及其资源管理．北京：海洋出版社．1990.

邓景耀，朱金声，等．渤海主要无脊椎动物及其渔业生物学．海洋水产研究，1988，9：90－120.

邓景耀．渤海渔业资源增殖与管理的生态学基础．海洋水产研究，1988，9：1－9.

邓景耀．黄、渤海对虾生物学和资源估计．甲壳动物学论文集，北京：科学出版社．1986.

范士亮，刘海滨，张志南，等．青岛太平湾砂质潮间带小型底栖生物丰度和生物量的研究．中国海洋大学学报，2006，36（9）：98－104.

费尊乐，毛兴华．渤海生产力研究：叶绿素 a，初级生产力与渔业资源开发潜力．海洋水产研究，1991，12：55－69.

高尚武．渤海浮游动物生物量及其主要种类数量变动的研究"八五"国家重点科技项目（攻关）验收评价报告（黄海水产研究所内部资料）．1995.

国家海洋局北海分局．2008 年渤海海洋环境公报．2009.

国家海洋局北海监测中心．天津港附近海域三类疏浚物倾倒区选划．1994.

国家海洋局科技司．黑潮调查研究论文选．北京：海洋出版社．1990.

韩洁．渤海大型底栖动物丰度和生物量的研究．青岛海洋大学学报，2001，31（6）：889－896.

黄邦钦，洪华生，林学举，等．台湾海峡微微型浮游植物的生态研究Ⅱ．类群组成、生长速率及其影响因子．海洋学报，2003，25（6）：99－105.

黄邦钦，洪华生，林学举，等．台湾海峡微微型浮游植物的生态研究Ⅱ．类群组成、生长速率及其影响因子．海洋学报，2003，25（6）：99－105.

黄海水产研究所．海洋水产资源调查手册（第二版）．上海：上海科学技出版社．1981.

黄宗国．中国海洋生物种类与分布（增订版）．北京：海洋出版社．2008.

姜大伟．中国北方海水鱼及海兽彩色图集．沈阳：辽宁人民出版社．2001.

姜言伟，万瑞景，陈瑞盛．渤海硬骨鱼类卵子和仔稚鱼调查研究．海洋水产研究，1988，9：121－149.

焦念志，杨燕辉，Elizabeth Mann，等．我国东海发现原绿球藻的大量存在．科学通报，1998，43（6）：654.

焦念志，杨燕辉．中国海原绿球藻研究．科学通报，2002，47（7）：485－491.

金显仕，程济生，等．黄渤海渔业资源综合研究与评价．北京：海洋出版社．2006.

金显仕．渤海主要渔业生物资源变动的研究．中国水产科学，2001，7（4）：22－26.

康元德．渤海浮游植物的数量分布和季节变化．海洋水产研究，1991，12：31－54.

孔繁翔，等．环境生物学．北京：高等教育出版社．2001.

李明德，张洪杰，等．渤海鱼类生物学．北京：中国科学技术出版社．1991.

刘恒，刘瑞玉．中国北部近海涟虫目的初步研究．海洋科集刊，1990，31：195－228.

刘瑞玉．中国北部的经济虾类．北京：科学出版社．1955.

吕瑞华，夏滨．1999．渤海水域初级生产力10年间的变化．黄渤海海洋，17（3）：80－86.

马喜平，高尚武．渤海水母类生态的初步研究——种类组成、数量分布与季节变化．生态学报，2000，20（4）：533－540.

马英，焦念志．聚球藻（Synechococcus）分子生态学研究进展．自然科学进展，2004，14（9）：967－972.

孟凡，丘建文，吴宝铃．黄海大海洋生态系的浮游动物．黄渤海海洋，1993，11（3）：30－37.

孟天湘．渤海渔业资源及捕捞状况．海洋水产研究丛刊，1984，29.

慕芳红，张志南，郭玉清．渤海小型底栖生物的丰度和生物量．青岛海洋大学学报，2001，31（6）：897－905.

宁修仁，蔡昱明，李国为，等．南海北部微微型光合浮游生物的丰度及环境调控．海洋学报，2003，25（3）：83－97.

宁修仁，史君贤，刘子琳，等．南大洋蓝细菌和微微型光合真核生物的丰度与分布．中国科学（C辑），1996，26（2）：164－171.

宁修仁．海洋微型和超微型浮游生物．东海海洋，1997a，15（3）：60－64.

宁修仁．微型和超微型浮游生物．当代海洋科学学科前沿（苏纪兰、秦蕴珊主编）．北京：学苑出版社．2000.

齐钟彦，等．黄渤海的软体动物．北京：农业出版社．1989.

孙道元，等．渤海底栖动物种类组成和数量分布．黄渤海海洋，1991，9（1）：42－50.

孙道元，唐质灿．黄河口及其邻近水域底栖动物生态学特点．海洋科学集刊，1989，30：261－274.

孙道元．渤海多毛类的组成与分布．海洋科学集刊，1993，34：139－156.

孙军，柴心玉．1998—1999年春秋季渤海中部及其邻近海域叶绿素a浓度及初级生产力估算．生态学报，2003，23（3）：517－526.

孙军，刘东艳，白洁，等．2001年冬季渤海的浮游植物群落结构特征．中国海洋大学学报，2004，34（3）：413－422.

孙军，刘东艳，王威，等．1998年秋季渤海中部及其邻近海域的网采浮游植物群落．生态学报，2004，24（8）：1 644－1 656.

孙军,刘东艳,徐俊,等.1999 年春季渤海中部及其邻近海域的网采浮游植物群落.生态学报,2004,24 (9):2 003 - 2 016.

孙军,刘东艳,杨世民,等.渤海中部和渤海海峡及邻近海域浮游植物群落结构的初步研究.海洋与湖沼,2002,33 (5):461 - 471.

孙军,刘东艳.2000 年秋季渤海的网采浮游植物群落.海洋学报,2005,27 (3):124 - 132.

孙儒泳.动物生态学原理.北京:北京师范大学出版社.1992.

唐启升,叶懋忠,等.山东近海渔业资源开发与保护.北京:中国农业出版社.1990.

唐启升.中国专属经济区海洋生物资源与栖息环境.北京:科学出版社.2006.

万瑞景,姜言伟.渤、黄海硬骨鱼类鱼卵与仔稚鱼种类组成及其生物学特征.上海水产大学学报,2000,9 (4):290 - 297.

万瑞景,姜言伟.渤海硬骨鱼类鱼卵和仔稚鱼分布及其动态变化.中国水产科学,1998,5 (1):43 - 50.

万瑞景,姜言伟.黄海硬骨鱼类鱼卵、仔稚鱼及其生态调查研究.中国水产科学,1998,19 (1):60 - 73.

王建军.黄渤海沿岸污损生物中的多毛类.海洋通报,1991,10 (5):52 - 58.

王俊,康元德.渤海浮游植物种群动态的研究.海洋水产研究,1998,19 (1):43 - 52.

王俊.渤海近岸浮游植物种类组成及其数量变动的研究.海洋水产研究,2003,24 (4):44 - 50.

吴宝铃,等.中国近海沙蚕科研究.北京:海洋出版社.1981.

吴耀泉,张宝琳.渤海经济无脊椎动物生态特点的研究,海洋科学,1990,2:48 - 52.

肖天,岳海东,张武昌,等.东海聚球蓝细菌(Synechococcus)的分布特点及在微食物环中的作用.海洋与湖沼,2003,34 (1):33 - 43.

徐兆礼,陈亚瞿.东黄海秋季浮游动物优势种聚集强度与鲐鲹渔场的关系.生态学杂志,1989,8 (4):13 - 15.

杨德渐,孙瑞平.中国近海多毛环节动物.北京:农业出版社.1986.

杨德渐,王永良,等.中国北部海洋无脊椎动物.北京:高等教育出版社.1996.

叶昌臣,邓景耀.渔业资源学.重庆:重庆出版社.2001.

于子山.渤海大型底栖动物次级生产力的初步研究.青岛海洋大学学报,2001,31 (6):867 - 871.

张玺,齐钟彦.贝类学纲要.北京:科学出版社.1961.

张艳.胶州湾典型站位小型底栖生物丰度和生物量的季节变化研究.中国农学通报,2009,25 (17):296 - 301.

张志南,谷峰,于子山.黄河口水下三角洲海洋线虫空间分布的研究.海洋与湖沼,1990,21 (1):63 - 75.

张志南.黄河口及其邻近海域大型底栖动物的初步研究(二)生物与沉积环境的关系.青岛海洋大学学报,1990,20 (2):45 - 52.

赵传绌,张仁斋.中国近海鱼卵与仔鱼.上海:上海科学技术出版社.1985.

中国海岸带生物编写组.中国海岸带生物.北京:海洋出版社.1996.

中华人民共和国科学技术委员会海洋组海洋综合调查办公室.全国海洋综合调查报告 第八册 中国近海浮游生物的研究.1964.

仲崇峻,曾晓起,任一平,等.莱州湾、黄河口水域毛虾渔业生物学特征的研究.海洋湖沼通报,2001,1:31 - 36.

Tang Q S, Jin X S, Wang J, et al. Decadal – scale variations of ecosystem productivity and control mechanisms in the Bohai Sea. Fisheries Oceanography, 2003, 12:223 - 233.

Xiu Peng, Liu Yuguang. Study on the correlation between chlorophyll maximum and remote sensing data. Journal of Ocean University of China, 2006, 15 (1):213 - 218.

附　表

附表 1.2－1　渤海水体海洋生物调查站位

序　号	站　号	纬度（N）	经度（E）	项　目
1	JC－BH001	39°54′27″	121°07′21″	生物Ⅰ
2	JC－BH002	39°51′45″	121°13′56″	生物Ⅰ、生物Ⅱ、生物Ⅲ
3	JC－BH004	39°46′44″	121°24′42″	生物Ⅰ
4	JC－BH005	39°42′00″	121°16′00″	生物Ⅰ
5	JC－BH006	39°42′00″	121°06′03″	生物Ⅰ
6	JC－BH008	39°42′00″	120°42′14″	生物Ⅰ、生物Ⅱ
7	JC－BH009	39°30′00″	120°39′00″	生物Ⅰ
8	JC－BH010	39°30′00″	120°50′58″	生物Ⅰ
9	JC－BH011	39°30′00″	121°02′58″	生物Ⅰ、生物Ⅱ
10	JC－BH014	39°15′00″	121°15′00″	生物Ⅰ、生物Ⅱ、生物Ⅲ
11	JC－BH015	39°15′00″	121°00′00″	生物Ⅰ
12	JC－BH017	39°15′00″	120°30′00″	生物Ⅰ、生物Ⅱ
13	JC－BH018	39°00′00″	120°15′00″	生物Ⅰ、生物Ⅱ
14	JC－BH020	39°00′00″	120°45′00″	生物Ⅰ、生物Ⅱ、生物Ⅲ
15	JC－BH021	39°00′00″	121°00′00″	生物Ⅰ
16	JC－BH024	38°45′00″	120°45′00″	生物Ⅰ
17	JC－BH026	38°45′00″	120°15′00″	生物Ⅰ、生物Ⅱ、生物Ⅲ、生物Ⅵ
18	JC－BH027	38°45′00″	120°00′00″	生物Ⅰ
19	JC－BH029	38°30′00″	119°45′00″	生物Ⅰ、生物Ⅱ
20	JC－BH030	38°30′00″	120°00′00″	生物Ⅰ
21	JC－BH032	38°30′00″	120°30′00″	生物Ⅰ、生物Ⅱ
22	JC－BH034	38°30′00″	121°00′00″	生物Ⅰ、生物Ⅱ
23	JC－BH035	38°15′48″	120°41′30″	生物Ⅰ
24	JC－BH037	38°15′54″	120°15′00″	生物Ⅰ、生物Ⅱ
25	JC－BH039	38°15′54″	119°45′00″	生物Ⅰ
26	JC－BH040	37°59′33″	119°45′03″	生物Ⅰ
27	JC－BH041	38°00′00″	120°00′00″	生物Ⅰ、生物Ⅱ、生物Ⅲ
28	JC－BH043	38°00′00″	120°30′00″	生物Ⅰ、生物Ⅱ
29	ZD－BDH042	40°08′03″	120°37′27″	生物Ⅰ

序 号	站 号	纬度（N）	经度（E）	项 目
30	ZD – BDH044	40°01′25″	120°51′55″	生物Ⅰ
31	ZD – BDH047	39°53′57″	120°37′34″	生物Ⅰ
32	ZD – BDH049	40°02′38″	120°25′14″	生物Ⅰ、生物Ⅱ、生物Ⅲ
33	ZD – BDH053	39°52′40″	119°58′00″	生物Ⅰ
34	ZD – BDH054	39°47′18″	120°04′40″	生物Ⅰ、生物Ⅱ
35	ZD – BDH055	39°42′25″	120°12′06″	生物Ⅰ
36	ZD – BDH056	39°36′00″	120°20′20″	生物Ⅰ
37	ZD – BDH057	39°30′00″	120°30′00″	生物Ⅰ
38	ZD – BDH058	39°15′00″	120°15′00″	生物Ⅰ、生物Ⅲ
39	ZD – BDH059	39°21′31″	120°05′24″	生物Ⅰ、生物Ⅱ
40	ZD – BDH060	39°26′48″	119°57′46″	生物Ⅰ
41	ZD – BDH061	39°31′30″	119°50′10″	生物Ⅰ、生物Ⅱ
42	ZD – BDH062	39°36′42″	119°42′31″	生物Ⅰ
43	ZD – BDH063	39°41′27″	119°35′51″	生物Ⅰ、生物Ⅱ、生物Ⅲ、生物Ⅵ
44	ZD – BDH066	39°21′31″	119°26′47″	生物Ⅰ、生物Ⅱ
45	ZD – BDH067	39°15′59″	119°34′20″	生物Ⅰ
46	ZD – BDH068	39°10′50″	119°42′02″	生物Ⅰ
47	ZD – BDH069	39°05′08″	119°50′25″	生物Ⅰ
48	ZD – BDH070	39°00′00″	120°00′00″	生物Ⅰ
49	ZD – BDH071	38°45′00″	119°45′42″	生物Ⅰ
50	ZD – BDH073	38°57′51″	119°25′29″	生物Ⅰ、生物Ⅱ、生物Ⅲ
51	ZD – BDH075	39°08′16″	119°09′35″	生物Ⅰ
52	ZD – HHK100	38°17′04″	118°00′56″	生物Ⅰ
53	ZD – HHK101	38°22′04″	118°04′44″	生物Ⅰ、生物Ⅱ
54	ZD – HHK102	38°26′30″	118°08′06″	生物Ⅰ
55	ZD – HHK103	38°31′36″	118°11′38″	生物Ⅰ、生物Ⅱ、生物Ⅲ
56	ZD – HHK104	38°28′09″	118°31′20″	生物Ⅰ
57	ZD – HHK105	38°22′01″	118°27′09″	生物Ⅰ、生物Ⅱ
58	ZD – HHK106	38°15′03″	118°23′01″	物Ⅰ、生物Ⅱ
59	ZD – HHK107	38°16′18″	118°46′36″	生物Ⅰ、生物Ⅱ
60	ZD – HHK108	38°20′16″	118°48′28″	生物Ⅰ、生物Ⅱ
61	ZD – HHK109	38°26′20″	118°51′24″	生物Ⅰ、生物Ⅱ、生物Ⅲ
62	ZD – HHK110	38°33′32″	118°55′22″	生物Ⅰ、生物Ⅱ
63	ZD – HHK111	38°24′10″	119°25′36″	生物Ⅰ、生物Ⅱ
64	ZD – HHK112	38°18′17″	119°19′58″	生物Ⅰ、生物Ⅱ
65	ZD – HHK113	38°13′00″	119°16′00″	生物Ⅰ、生物Ⅱ、生物Ⅲ

序　号	站　号	纬度（N）	经度（E）	项　　目
66	ZD－HHK114	38°07′42″	119°09′25″	生物Ⅰ、生物Ⅱ
67	ZD－HHK115	38°03′05″	119°05′18″	生物Ⅰ、生物Ⅱ
68	ZD－HHK116	37°55′27″	119°09′21″	生物Ⅰ、生物Ⅱ
69	ZD－HHK117	37°56′30″	119°14′17″	生物Ⅰ、生物Ⅱ
70	ZD－HHK118	37°57′43″	119°19′05″	生物Ⅰ、生物Ⅱ、生物Ⅲ、生物Ⅵ
71	ZD－HHK119	37°59′53″	119°24′39″	生物Ⅰ、生物Ⅱ
72	ZD－HHK120	38°02′20″	119°33′01″	生物Ⅰ、生物Ⅱ
73	ZD－HHK121	37°46′04″	119°09′19″	生物Ⅰ
74	ZD－HHK122	37°45′39″	119°09′19″	生物Ⅰ、生物Ⅱ、生物Ⅴ
75	ZD－HHK123	37°45′17″	119°09′19″	生物Ⅰ
76	ZD－LDW005	40°34′18″	121°01′08″	生物Ⅰ
77	ZD－LDW007	40°23′44″	121°05′48″	生物Ⅰ
78	ZD－LDW017	40°27′14″	121°27′00″	生物Ⅰ
79	ZD－LDW018	40°20′26″	121°20′38″	生物Ⅰ、生物Ⅱ
80	ZD－LDW020	40°15′24″	121°32′42″	生物Ⅰ
81	ZD－LDW031	40°17′02″	121°51′46″	生物Ⅰ
82	ZD－LDW032	40°10′26″	121°42′10″	生物Ⅰ、生物Ⅱ、生物Ⅲ
83	ZD－LDW035	40°00′38″	121°28′40″	生物Ⅰ、生物Ⅱ
84	ZD－LDW036	40°06′14″	121°16′22″	生物Ⅰ、生物Ⅱ
85	ZD－LDW037	40°09′18″	121°08′52″	生物Ⅰ
86	ZD－LDW038	40°15′10″	120°55′32″	生物Ⅰ、生物Ⅱ、生物Ⅵ
87	ZD－LDW039	40°19′30″	120°45′56″	生物Ⅰ、生物Ⅱ、生物Ⅲ
88	ZD－LZW124	37°44′24″	119°17′52″	生物Ⅰ、生物Ⅱ
89	ZD－LZW125	37°44′24″	119°30′00″	生物Ⅰ、生物Ⅱ
90	ZD－LZW126	37°44′24″	119°48′32″	生物Ⅰ
91	ZD－LZW127	37°44′24″	120°09′34″	生物Ⅰ
92	ZD－LZW128	37°36′00″	120°09′20″	生物Ⅰ、生物Ⅱ
93	ZD－LZW129	37°36′00″	120°00′00″	生物Ⅰ、生物Ⅲ
94	ZD－LZW130	37°36′00″	119°50′08″	生物Ⅰ、生物Ⅱ
95	ZD－LZW131	37°36′00″	119°40′22″	生物Ⅰ
96	ZD－LZW132	37°36′00″	119°30′20″	生物Ⅰ
97	ZD－LZW133	37°35′07″	119°25′03″	生物Ⅰ、生物Ⅱ、生物Ⅲ
98	ZD－LZW134	37°34′00″	119°04′59″	生物Ⅰ
99	ZD－LZW135	37°17′30″	119°10′59″	生物Ⅰ、生物Ⅱ
100	ZD－LZW136	37°22′30″	119°15′00″	生物Ⅰ
101	ZD－LZW137	37°30′00″	119°17′59″	生物Ⅰ、生物Ⅱ

序 号	站 号	纬度（N）	经度（E）	项 目
102	ZD – LZW138	37°28′25″	119°30′08″	生物Ⅰ
103	ZD – LZW139	37°22′30″	119°30′00″	生物Ⅰ、生物Ⅱ、生物Ⅲ、生物Ⅵ
104	ZD – LZW140	37°16′00″	119°29′08″	生物Ⅰ
105	ZD – LZW141	37°10′59″	119°30′43″	生物Ⅰ
106	ZD – LZW142	37°13′59″	119°46′59″	生物Ⅰ、生物Ⅱ
107	ZD – LZW143	37°24′00″	119°40′03″	生物Ⅰ、生物Ⅱ
108	ZD – LZW144	37°30′00″	119°41′22″	生物Ⅰ
109	ZD – TJ078	39°00′54″	118°48′50″	生物Ⅰ
110	ZD – TJ080	38°49′12″	119°04′00″	生物Ⅰ、生物Ⅱ、生物Ⅲ
111	ZD – TJ082	38°37′22″	119°19′30″	生物Ⅰ、生物Ⅱ
112	ZD – TJ083	38°39′28″	118°48′02″	生物Ⅰ
113	ZD – TJ084	38°45′14″	118°41′12″	生物Ⅰ
114	ZD – TJ086	38°55′30″	118°25′30″	生物Ⅰ、生物Ⅱ
115	ZD – TJ088	39°01′00″	118°02′52″	生物Ⅰ、生物Ⅱ、生物Ⅲ、生物Ⅵ
116	ZD – TJ090	38°51′46″	118°11′38″	生物Ⅰ
117	ZD – TJ091	38°46′48″	118°20′08″	生物Ⅰ
118	ZD – TJ092	38°38′58″	118°29′20″	生物Ⅰ、生物Ⅱ
119	ZD – TJ095	38°37′04″	118°05′44″	生物Ⅰ
120	ZD – TJ098	38°51′00″	117°58′51″	生物Ⅰ
121	ZD – TJ099	38°44′49″	118°08′02″	生物Ⅰ

附表 1.2 – 2　潮间带生物调查断面

序号	断面号	纬度（N）	经度（E）	项 目
1	HHC01	38°15′50″	117°52′04″	生物Ⅳ
2	HHC02	38°08′07″	118°13′06″	生物Ⅳ
3	HHC03	38°08′37″	118°48′08″	生物Ⅳ
4	HHC04	38°07′08″	118°54′45″	生物Ⅳ
5	HHC05	37°59′53″	118°58′33″	生物Ⅳ
6	HHC06	37°50′22″	119°05′09″	生物Ⅳ
7	HHC07	37°48′40″	119°08′03″	生物Ⅳ
8	LZC01	37°34′47″	118°56′44″	生物Ⅳ
9	LZC02	37°28′12″	118°55′33″	生物Ⅳ
10	LZC03	37°16′04″	119°00′59″	生物Ⅳ
11	LZC04	37°10′04″	119°10′44″	生物Ⅳ
12	LZC05	37°07′02	119°33′04″	生物Ⅳ

序号	断面号	纬度（N）	经度（E）	项 目
13	LZC06	37°13′34″	119°51′58″	生物Ⅳ
14	LZC07	37°23′27″	119°56′25″	生物Ⅳ
15	LZC08	37°33′42″	120°15′52″	生物Ⅳ
16	LZC09	37°45′18″	120°34′09″	生物Ⅳ

附表 1.2 – 3　游泳生物实际调查站位

站位	春季		夏季		秋季		冬季	
	纬度（N）	经度（E）	纬度（N）	经度（E）	纬度（N）	经度（E）	纬度（N）	经度（E）
JC – BH002	39°45.343′	121°01.354′	39°42.985′	121°01.236′	39°44.235′	121°02.843′	39°45.637′	121°02.432′
JC – BH014	39°20.875′	121°06.446′	39°22.674′	121°05.248′	39°22.367′	120°15.857′	39°21.437′	121°06.479′
JC – BH020	39°01.621′	120°59.479′	39°01.023′	121°03.767′	39°00.490′	121°02.178′	39°01.156′	120°58.962′
JC – BH026	38°45.526′	121°02.112′	38°44.595′	121°03.817′	38°45.429′	121°01.622′	38°46.472′	121°06.843′
JC – BH041	38°00.735′	120°10.364′	37°58.500′	120°16.467′	37°59.346′	120°15.857′	37°59.450′	120°10.382′
ZD – BDH049	39°30.032′	120°24.977′	39°27.050′	120°26.510′	39°28.100′	120°27.743′	39°29.460′	120°25.712′
ZD – BDH058	39°03.736′	120°04.379′	39°02.597′	119°53.497′	39°01.467′	119°54.254′	39°02.854′	119°59.735′
ZD – BDH063	39°15.956′	120°02.326′	39°15.738′	120°10.800′	39°14.228′	120°10.732′	39°16.478′	120°03.478′
ZD – BDH073	38°54.145′	119°27.763′	38°51.350′	119°28.600′	38°52.476′	119°28.902′	38°53.476′	119°27.836′
ZD – HHK103	38°32.523′	118°35.732′	38°32.212′	118°37.095′	38°31.421′	118°36.485′	38°31.860′	118°35.126′
ZD – HHK109	38°28.136′	118°44.835′	38°28.860′	118°44.900′	38°28.268′	118°45.520′	38°28.745′	118°45.730′
ZD – HHK113	38°15.025′	119°12.465′	38°14.524′	119°11.308′	38°15.409′	119°10.960′	38°14.652′	119°12.368′
ZD – HHK118	37°59.145′	119°27.329′	37°58.100′	119°29.180′	37°59.632′	119°29.529′	37°58.230′	119°28.375′
ZD – LDW032	40°04.258′	121°07.362′	40°00.201′	121°02.180′	40°01.426′	121°03.885′	40°05.328′	121°08.468′
ZD – LDW039	39°47.574′	120°47.478′	39°45.490′	120°47.930′	39°44.463′	120°48.020′	39°46.128′	120°48.860′
ZD – LZW129	37°41.573′	120°01.677′	37°46.890′	120°00.415′	37°45.253′	120°01.653′	37°42.764′	120°01.345′
ZD – LZW133	37°42.884′	119°29.269′	37°43.404′	119°31.538′	37°42.516′	119°30.417′	37°43.634′	119°29.670′
ZD – LZW139	37°33.307′	119°31.253′	37°33.500′	119°29.600′	37°33.489′	119°28.470′	37°32.260′	119°30.487′
ZD – TJ080	38°51.285′	118°57.835	38°50.474′	118°57.408′	38°50.660′	118°58.365′	38°50.637′	118°56.530′
ZD – TJ088	38°49.026′	118°29.141′	38°47.200′	118°32.600′	38°49.364′	118°33.585′	38°48.974′	118°29.460′

附表 1.2 – 4　水样采集层次

测站水深范围（m）	标准层次	底层与相邻标准层的最小距离（m）
< 10	表层、中层、底层	2
< 15	表层、5、10、底层	2
15 ~ 50	表层、10、30、底层	2
> 50	表层、10、30、底层	> 2.5

注：1）表层系指海面下不足 0.5 m 深度的水层；

　　2）水深小于 50 m 时，底层系指距海底不足 2 m 的水层；

　　3）水深在 > 50 m 时，底层系指距海底不足水深 5% 的水层；

　　4）确定温跃层后，在跃层区增加 1 个水层。

附表 1.2 – 5　海洋生物生态调查项目采用的采样和分析方法

序号	调查项目	采样方法	分析方法
1	叶绿素 a	分层采水	荧光测定法
2	初级生产力	分层采水	^{14}C 示踪法
3	微微型浮游生物	分层采水	细胞计数法
4	微型浮游生物	分层采水	细胞计数法
5	小型浮游生物	分层采水	细胞计数法
6	大型浮游生物	拖网	个体计数法
7	中型浮游生物	拖网	个体计数法
8	微生物	分层采水	培养计数法
9	大型底栖生物	采泥	个体计数法
10	小型底栖生物	采泥	个体计数法
11	底栖生物拖网	拖网	个体计数法
12	潮间带生物	现场采样	个体计数法
13	连续观测站	分层采水	个体计数法
14	微生物种类鉴定	分层采水，采泥	分子生物学方法
15	游泳生物	拖网	个体计数法

附表 12.2-1　潮间带生物优势种分布特征统计表

断面	潮区	出现种数	优势种	春季		夏季		秋季		冬季	
				密度 (个/m²)	生物量 (g/m²)	密度 (个/m²)	生物量 (g/m²)	密度 (个/m²)	生物量 (g/m²)	密度 (个/m²)	生物量 (g/m²)
HHC01	高潮区	7	日本大眼蟹	24	3.80			8	16.32		
			天津厚蟹			24	26.80	32	10.68		
	中潮上区	21	泥螺	52	23.52	28	15.16				
			光滑河蓝蛤	280	16.52	420	20.96				
			日本大眼蟹			12	24.20	16	30.44		
			秀丽织纹螺	4	1.12					20	4.64
			彩虹明樱蛤	44	4.52	4	1.56			16	4.00
	中潮中区	31	光滑河蓝蛤	4	4.80	288	26.24	16	0.64		
			泥螺			52	26.04	80	41.24	8	2.76
			四角蛤蜊	24	116.92	4	0.08	8	19.32	44	123.92
			彩虹明樱蛤	4	1.12	28	7.28			24	5.88
	中潮下区	38	四角蛤蜊	8	50.76	148	16.40	28	219.32	12	31.36
			彩虹明樱蛤	36	9.04	8	1.84	16	4.64	112	18.08
			文蛤	8	56.16			12	81.88		
			泥螺	12	3.68	24	24.40	140	157.72	40	16.08
	低潮区	43	秀丽织纹螺	28	5.56			52	86.88		
			泥螺	12	6.24	8	16.48	84	631.76	28	13.00
			文蛤			12	38.60	12	120.00		
			日本大眼蟹			12	5.92	16	7.60	8	19.72
HHC02	高潮区	5	日本大眼蟹	12	38.20						
			天津厚蟹			24	38.40	36	20.72		
	中潮上区	20	泥螺	12	5.00	28	21.28	16	55.24	120	40.08
			四角蛤蜊	12	134.44			8	102.64	8	13.24
	中潮中区	28	四角蛤蜊	8	57.56			16	223.36	8	13.04
			泥螺			28	21.28	16	63.72	84	29.04
			文蛤					48	28.68		
	中潮下区	33	丝异须虫			12	0.48	28	63.72		
			文蛤					52	27.12		
			四角蛤蜊			80	385.24	4	47.52	12	23.28
			泥螺			32	66.40			60	19.68
	低潮区	38	四角蛤蜊	20	128.08	32	197.12	16	80.12	12	60.40
			文蛤	4	30.60			8	10.96		
			泥螺							60	20.60
			秀丽织纹螺	4	0.64			128	14.44		

断面	潮区	出现种数	优势种	春季 密度 (个/m²)	春季 生物量 (g/m²)	夏季 密度 (个/m²)	夏季 生物量 (g/m²)	秋季 密度 (个/m²)	秋季 生物量 (g/m²)	冬季 密度 (个/m²)	冬季 生物量 (g/m²)
HHC03	高潮区	4	日本大眼蟹	16	92.24	16	53.72				
	中潮上区	7	日本大眼蟹	16	16.28	12	27.92				
			天津厚蟹			16	5.12	16	37.76		
	中潮中区	27	泥螺	16	25.56	40	21.84				
			日本大眼蟹	36	13.92	32	1.44	24	164.80		
			薄壳绿螂			236	9.08			8	23.68
	中潮下区	27	泥螺	16	23.80	20	17.20	16	19.08		
			彩虹明樱蛤	24	2.44	44	11.32	16	3.68	16	0.04
			红明樱蛤	56	2.60	100	13.44	136	3.12		
			日本大眼蟹	8	2.12	36	7.00	28	31.60	8	1.96
	低潮区	31	红明樱蛤	60	27.12	248	32.40	44	3.64	68	2.72
			青蛤	4	68.12	8	77.40	16	143.72	4	6.08
			日本大眼蟹	12	12.56	36	3.76	20	45.16	36	9.24
			秀丽织纹螺			4	1.68	40	7.48		
HHC04	高潮区	10	寇氏小节贝	64	44.64						
			短滨螺	8	1.20	500	137.00	1 000	404.00	400	22.00
			绒螯近方蟹	16	28.08	200	285.00	250	829.50		
	中潮区	7	短滨螺	64	44.16	500	153.00	1450	521.50	200	8.00
			近江牡蛎			100	362.00	300	405.00	100	502.50
			绒螯近方蟹	24	64.56	100	170.00	150	648.50		
	低潮区	3	绒螯近方蟹	48	105.28			350	175.00		
			短滨螺			300	79.50	1 100	417.50		
			近江牡蛎			50	237.50	350	422.50		
HHC05	中潮上区	29	泥螺	8	41.88	20	28.12			12	9.08
			四角蛤蜊	4	56.72	8	0.56	8	77.64	12	43.00
	中潮中区	24	托氏蜎螺	64	39.36			40	70.56	4	3.60
			红明樱蛤	120	16.36	288	22.12	180	26.12		
			四角蛤蜊	16	53.40	36	70.40	20	205.92		
	中潮下区	27	托氏蜎螺	92	86.28	64	56.00	68	60.64	8	4.60
			红明樱蛤	20	3.52	72	3.72	28	53.28		
			文蛤	4	13.12	4	12.16	12	88.84	4	44.60
			四角蛤蜊	4	5.08	36	180.00	24	289.72	24	134.40
			青蛤	4	3.32	4	8.20	24	190.40	8	87.04
	低潮区	28	托氏蜎螺	104	85.20					4	2.48
			四角蛤蜊	8	67.48	8	124.80	40	285.64	64	208.48
			文蛤	4	29.44	8	110.20			4	31.72
			微黄镰玉螺			4	31.32	16	76.96	4	44.48
			青蛤			8	10.12	4	36.92	8	106.88

续表

断面	潮区	出现种数	优势种	春季 密度 (个/m²)	春季 生物量 (g/m²)	夏季 密度 (个/m²)	夏季 生物量 (g/m²)	秋季 密度 (个/m²)	秋季 生物量 (g/m²)	冬季 密度 (个/m²)	冬季 生物量 (g/m²)
HHC06	高潮区	8	粗糙短滨螺	20	5.08	350	131.75	350	82.50	100	46.88
	中潮上区	12	日本大眼蟹	20	11.64	44	115.12				
			近江牡蛎					250	1 482.00	50	635.25
			泥螺	4	9.56						
	中潮中区	10	日本大眼蟹	36	11.96	24	38.52	20	42.68		
			光滑河蓝蛤			992	66.72			176	9.16
	中潮下区	18	日本大眼蟹	16	10.68	16	34.64	32	57.36		
			光滑河蓝蛤	8	0.28	976	56.12			1612	89.36
	低潮区	17	光滑河蓝蛤	432	22.88	8 320	212.88				
			日本大眼蟹	12	21.00	4	5.84	16	29.28		
			泥螺	4	2.28					4	1.20
			四角蛤蜊							4	10.84
HHC07	中潮上区	17	日本大眼蟹	12	98.24	32	56.72	24	83.56	8	8.72
			天津厚蟹	8	94.56	16	3.44	4	109.60		
	中潮中区	23	四角蛤蜊	16	189.76					16	49.84
			日本大眼蟹	8	3.48	176	6.24	24	83.56		
	中潮下区	38	四角蛤蜊	12	59.70					20	137.96
			光滑河蓝蛤	8	0.56	72	1.36	4 992	617.60	160	10.76
	低潮区	32	四角蛤蜊	8	63.84					16	76.48
			豆形拳蟹	4	36.80	8	52.16	4	0.48	8	58.12
			彩虹明樱蛤	16	2.48	112	9.04	160	23.08		
			光滑河蓝蛤	20	1.72	8 960	889.60	1 740	233.00	1 120	62.40
LZC01	高潮区	4	天津厚蟹	12	60.12	36	22.84	32	93.08		
	中潮上区	8	天津厚蟹			32	44.56	12	10.32		
	中潮中区	22	泥螺	28	5.28			4	6.00	8	10.60
			日本大眼蟹	20	12.16			16	16.24	20	1.96
			光滑河蓝蛤	60	1.44					1240	117.12
	中潮下区	51	四角蛤蜊	24	117.52	4	36.12	64	376.68	48	294.36
			彩虹明樱蛤	132	25.28	44	9.04	64	13.68	48	8.72
			光滑河蓝蛤	388	39.84	432	49.72	156	17.04	12	0.92
			泥螺	36	8.40	16	20.08	8	10.24	8	6.00
			日本大眼蟹	4	3.04	20	18.36	12	25.28		
	低潮区	40	四角蛤蜊	124	503.32	44	330.16	12	2.00	32	92.56
			光滑河蓝蛤	276	46.72	1344	166.60	12	2.32	304	66.52
			宽身大眼蟹	4	3.72	4	0.16	4	4.80		

断面	潮区	出现种数	优势种	春 季 密度 (个/m²)	春 季 生物量 (g/m²)	夏 季 密度 (个/m²)	夏 季 生物量 (g/m²)	秋 季 密度 (个/m²)	秋 季 生物量 (g/m²)	冬 季 密度 (个/m²)	冬 季 生物量 (g/m²)
LZC02	高潮区	5	日本大眼蟹	16	39.04					4	3.92
			天津厚蟹			32	103.28				
	中潮上区	22	泥螺	4	5.68	24	18.72	96	98.00	20	19.08
	中潮中区	36	托氏蜎螺	84	127.10	4	5.60	44	42.96	8	8.80
			秀丽织纹螺	24	7.36			12	4.04	48	12.68
			四角蛤蜊			8	40.40	36	261.44	16	32.36
			日本大眼蟹			20	4.12	32	44.84	4	4.00
	中潮下区	41	宽身大眼蟹	8	3.36	24	4.40	8	12.92		
			托氏蜎螺					32	31.44	8	9.64
			秀丽织纹螺			32	13.60	24	6.80	60	18.84
			四角蛤蜊			156	244.04	90	932.00	424	738.12
	低潮区	32	宽身大眼蟹	4	16.40	24	5.36	12	28.60	4	0.60
			四角蛤蜊			916	111.44	152	513.52		
			豆形拳蟹			8	26.64	8	40.88		
			泥螺			8	2.20			16	15.04
			日本美人虾							12	12.92
LZC03	高潮区	5	天津厚蟹	20	11.52	12	23.36				
			绒螯近方蟹			20	19.40	92	57.56		
	中潮上区	12	双齿围沙蚕	140	29.28	128	30.08	12	11.20	4	4.20
			薄壳绿螂	236	17.48	4 112	200.96	5 472	447.72		
			长趾股窗蟹	8	0.12	220	51.28	212	31.52	16	6.04
	中潮中区	37	薄壳绿螂	552	16.76	6 528	119.36	2 980	248.00	8	4.28
			泥螺	16	37.84	16	16.48	116	107.00	8	10.60
			宽身大眼蟹			80	14.68	28	12.68	4	1.12
	中潮下区	41	泥螺	36	17.52	8	1.04	76	91.68	48	44.32
			光滑河蓝蛤	8	0.20	364	30.56	328	35.80	4	0.48
			宽身大眼蟹			28	3.84	28	14.32		
	低潮区	37	泥螺	8	8.32	12	19.00	44	73.60	28	19.08
			蟛蜞	4	12.68	4	13.12			4	5.04
			光滑河蓝蛤			204	17.84	160	21.52	32	2.68

续表

断面	潮区	出现种数	优势种	春季		夏季		秋季		冬季	
				密度 (个/m²)	生物量 (g/m²)	密度 (个/m²)	生物量 (g/m²)	密度 (个/m²)	生物量 (g/m²)	密度 (个/m²)	生物量 (g/m²)
LZC04	高潮区	10	长趾股窗蟹	108	17.32	4	0.04	60	17.56		
			双齿围沙蚕	8	3.88	16	3.88	28	7.20	28	12.68
			绒螯近方蟹			24	31.40	12	14.72		
	中潮上区	23	红明樱蛤	200	34.64	216	16.68	88	20.72		
			宽身大眼蟹	4	1.24	48	0.96	16	22.92		
			长趾股窗蟹			140	2.88	160	26.80		
			泥螺					4	7.96	12	5.08
	中潮中区	34	红明樱蛤	132	3.44	128	30.56	140	31.28		
			托氏鲳螺	32	16.92	44	10.40	64	31.64		
			日本大眼蟹	36	8.64	124	1.92				
			泥螺					16	43.60	16	7.16
	中潮下区	37	托氏鲳螺	20	12.20			680	212.48	4	2.44
			红明樱蛤	276	45.96	376	39.56	140	31.28	20	1.72
			日本美人虾	148	48.92	28	1.20	13	4.04	20	8.00
			泥螺			4	26.52	12	28.84	20	5.88
			四角蛤蜊					144	1 106.50	20	41.32
	低潮区	40	托氏鲳螺	12	6.56			144	17.64		
			红明樱蛤	224	36.92	312	44.80	172	22.80	40	6.28
			秀丽织纹螺	20	5.48	16	4.04	160	34.76		
			四角蛤蜊	4	8.88	8	17.84	280	1 129.80		
			日本美人虾	60	9.32	32	2.80	60	24.08	12	9.72
LZC05	高潮区	16	日本大眼蟹	16	40.20	16	18.84	4	15.60		
			短滨螺					48	23.57	500	217.50
			古氏滩栖螺	8	0.80			32	41.64		
			绒螯近方蟹			16	17.24	56	93.88		
	中潮上区	25	红明樱蛤	144	18.20					176	31.72
			薄壳绿螂	476	9.12			4 800	854.72	80	5.68
			长趾股窗蟹			68	12.16	60	25.56	4	0.12
	中潮中区	27	红明樱蛤	104	12.00	136	21.68	124	27.24	32	3.60
			托氏鲳螺			116	37.12	56	29.44		
			泥螺			8	29.72	28	93.20		
			薄壳绿螂							432	14.68
	中潮下区	37	红明樱蛤	124	16.52	648	49.00	752	70.32	180	21.00
			日本美人虾	24	8.44	16	2.52	4	0.96	4	3.92
			托氏鲳螺			12	4.40	68	33.08		
			泥螺			8	29.72	12	41.08		
			四角蛤蜊			4	19.00	12	66.20		
	低潮区	45	红明樱蛤	280	23.04	340	31.44	216	32.32	200	13.48
			青蛤	44	56.00			12	15.28		
			四角蛤蜊			24	47.56	104	503.84		
			长竹蛏			64	23.52	64	91.04		

断面	潮区	出现种数	优势种	春季		夏季		秋季		冬季	
				密度 (个/m²)	生物量 (g/m²)	密度 (个/m²)	生物量 (g/m²)	密度 (个/m²)	生物量 (g/m²)	密度 (个/m²)	生物量 (g/m²)
LZC06	高潮区	5	绒螯近方蟹	20	3.12			60	45.68	4	8.24
			长趾股窗蟹					24	5.60	8	2.68
	中潮上区	22	红角沙蚕	52	4.24	16	1.20			40	2.52
			多齿围沙蚕			8	0.44	24	18.12		
			长趾股窗蟹			40	7.16	56	14.72		
			绒螯近方蟹					36	75.16	4	1.36
	中潮中区	32	红角沙蚕	20	1.84	16	16.64	72	24.04	4	1.44
			托氏蜎螺	40	19.04	80	21.48	12	2.28		
			菲律宾蛤	4	10.28	4	24.12	36	164.60	4	31.72
			秀丽织纹螺					68	23.24	12	2.80
			日本美人虾	12	1.92	40	7.08	20	21.76	8	8.60
	中潮下区	34	日本美人虾	24	5.68	12	11.00	20	25.88	8	4.92
			日本镜蛤			4	4.68	16	219.44		
			菲律宾蛤	4	4.04	8	1.12	4	87.36	4	29.88
	低潮区	48	秀丽织纹螺	24	4.64			88	26.64		
			菲律宾蛤	8	22.72			8	169.48	16	234.80
			日本美人虾	28	13.08			28	37.12	8	12.36
			日本镜蛤					12	169.68		
LZC07	高潮区	12	短滨螺	72	6.24	136	9.12				
			东方小藤壶	176	15.00	136	17.04				
	中潮区	28	哈氏圆柱水虱	28	0.52			64	1.44		
			白色吻沙蚕					124	1.64		
			东方小藤壶			152	35.36			1 500	158.50
			日本美人虾					168	32.52		
	低潮区	22	贻贝	8	9.88						
			中国蛤蜊					40	36.00		
			紫彩血蛤					12	32.16		
			日本美人虾					296	35.72		

断面	潮区	出现种数	优势种	春季		夏季		秋季		冬季	
				密度（个/m²）	生物量（g/m²）	密度（个/m²）	生物量（g/m²）	密度（个/m²）	生物量（g/m²）	密度（个/m²）	生物量（g/m²）
LZC08	高潮区	18	贻贝	144	226.04						
			多齿沙蚕					28	6.88		
			绒螯近方蟹					44	2.12		
	中潮区	12	半突半足沙蚕	52	2.80						
			多齿沙蚕					36	3.20		
			绒螯近方蟹					36	2.00		
			紫贻贝							20	17.72
			哈氏圆柱水虱	8	0.36	8	0.28				
			长趾股窗蟹			8	1.52				
	低潮区	10	半突半足沙蚕	36	3.44	24	0.64				
			多齿沙蚕					24	5.96		
			绒螯近方蟹					52	4.72		
			紫贻贝							20	22.60
			长趾股窗蟹			4	1.08				
LZC09	中潮区	5	哈氏圆柱水虱			32	1.68	40	0.84		
			扁玉螺							8	14.08
			中国蛤蜊			20	89.56				
	低潮区	3	半突半足沙蚕	52	5.40						
			中国蛤蜊			16	49.68	4	9.04	8	20.40
			哈氏圆柱水虱			12	0.44	48	10.36		

附　图

1　概述附图

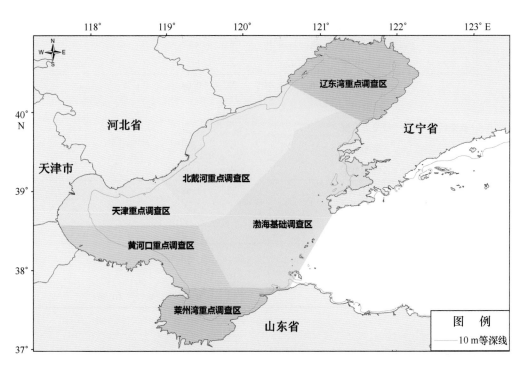

附图 1.1　调查站位分区图

附图1.2　生物Ⅰ调查站位分布图

附图1.3　生物Ⅱ调查站位分布图

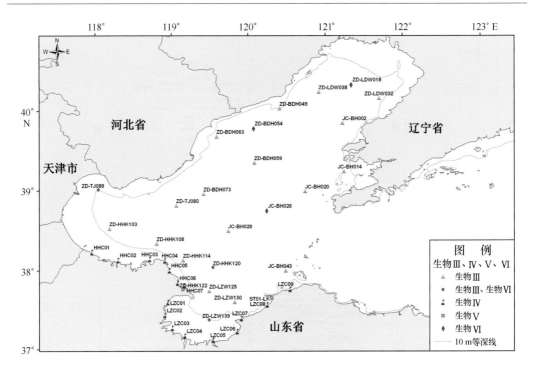

附图1.4　生物Ⅲ、Ⅳ、Ⅴ、Ⅵ调查站位分布图

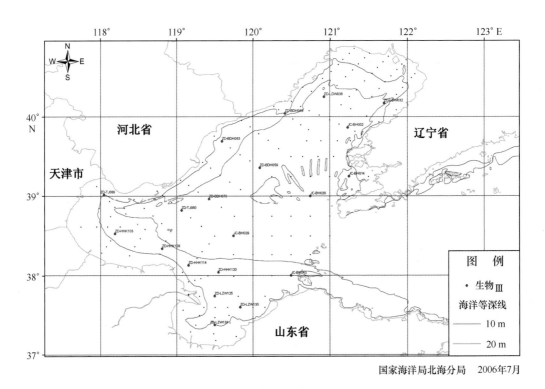

国家海洋局北海分局　2006年7月

附图1.5　游泳生物实际调查与研究站位示意图

2　渤海营养物质分布概况附图

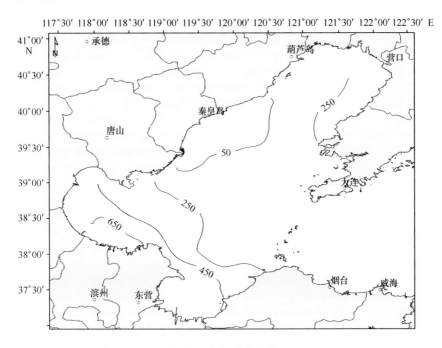

附图 2.1　春季渤海无机氮浓度分布（单位：μg/L）

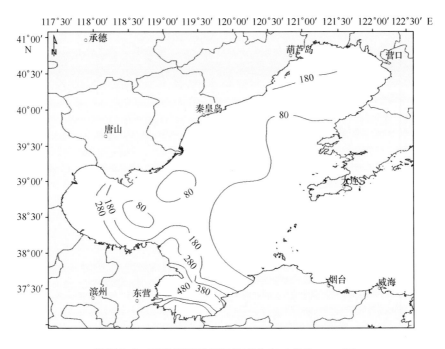

附图 2.2　夏季渤海无机氮浓度分布（单位：μg/L）

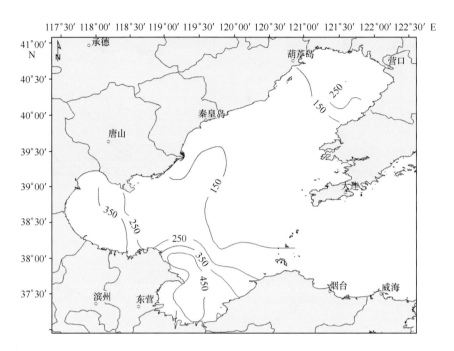

附图 2.3　秋季渤海无机氮浓度分布（单位：μg/L）

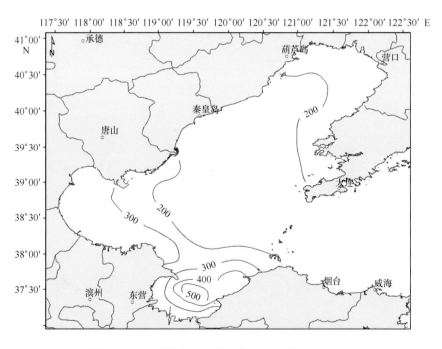

附图 2.4　冬季渤海无机氮浓度分布（单位：μg/L）

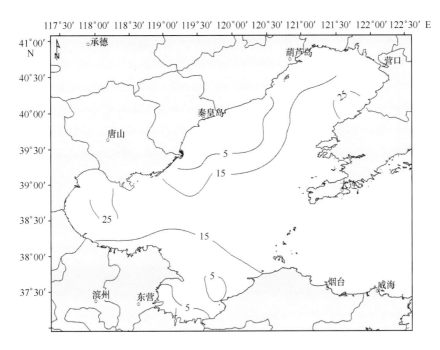

附图 2.5　春季渤海活性磷酸盐浓度分布（单位：μg/L）

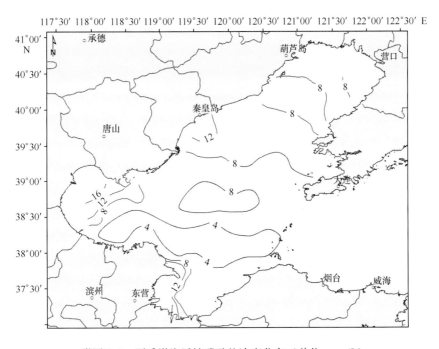

附图 2.6　夏季渤海活性磷酸盐浓度分布（单位：μg/L）

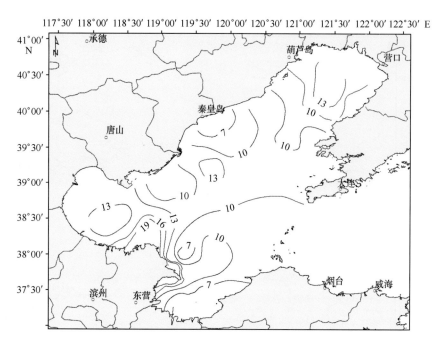

附图 2.7　秋季渤海活性磷酸盐浓度分布（单位：μg/L）

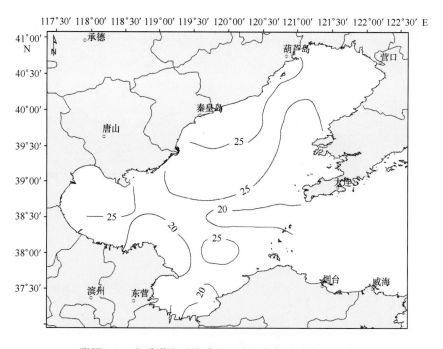

附图 2.8　冬季渤海活性磷酸盐浓度分布（单位：μg/L）

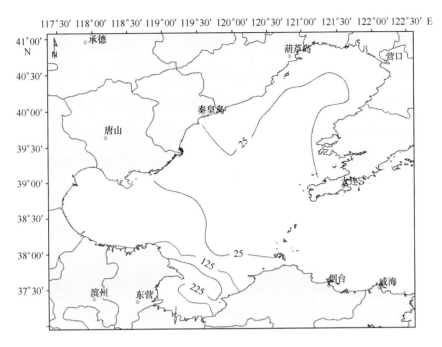

附图 2.9　春季渤海 N/P 平面分布

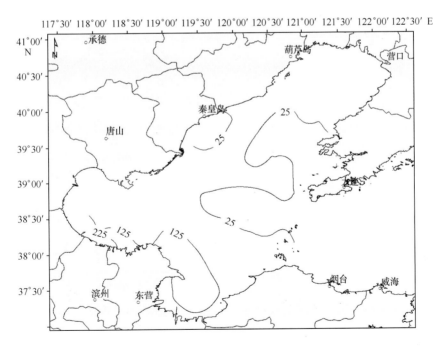

附图 2.10　夏季渤海 N/P 平面分布

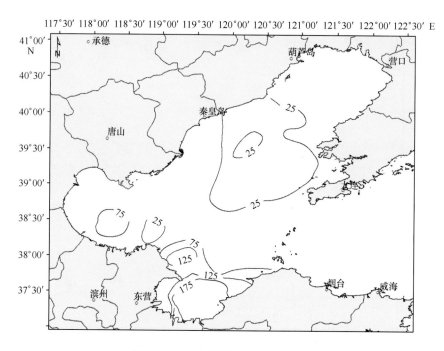

附图 2.11　秋季渤海 N/P 平面分布

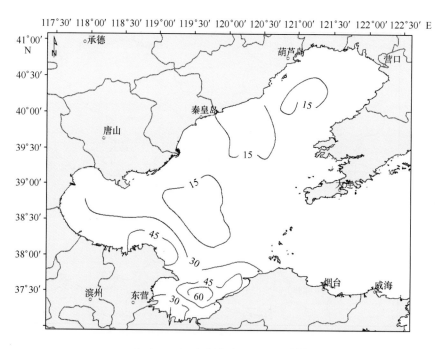

附图 2.12　冬季渤海 N/P 平面分布

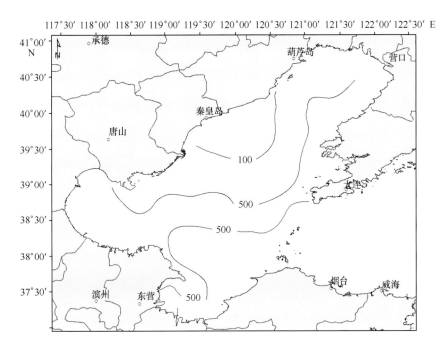

附图 2.13 春季渤海活性硅酸盐浓度分布（单位：μg/L）

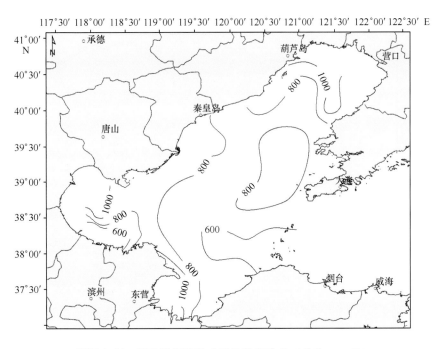

附图 2.14 夏季渤海活性硅酸盐浓度分布（单位：μg/L）

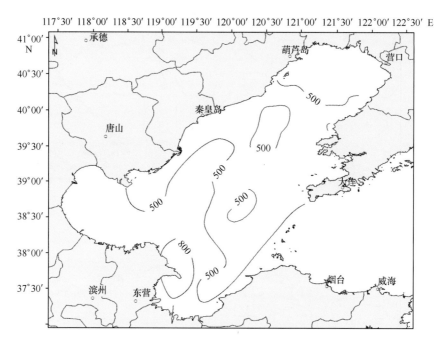

附图 2.15　秋季渤海活性硅酸盐浓度分布（单位：μg/L）

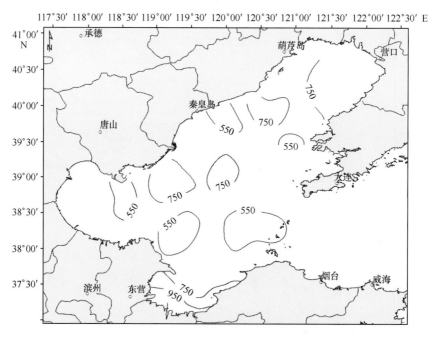

附图 2.16　冬季渤海活性硅酸盐浓度分布（单位：μg/L）

3　叶绿素 a 与初级生产力附图

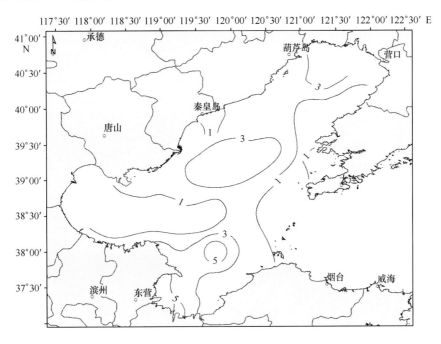

附图 3.1　春季渤海叶绿素 a 平均含量分布（单位：mg/m³）

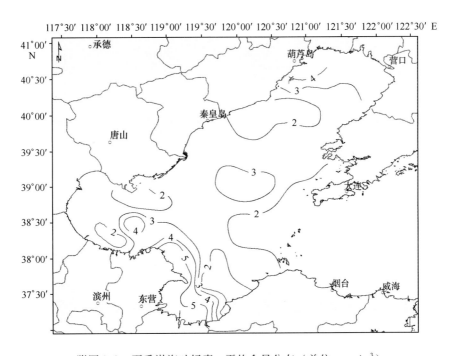

附图 3.2　夏季渤海叶绿素 a 平均含量分布（单位：mg/m³）

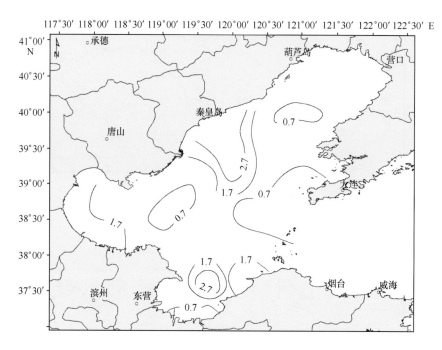

附图 3.3　秋季渤海叶绿素 a 平均含量分布（单位：mg/m³）

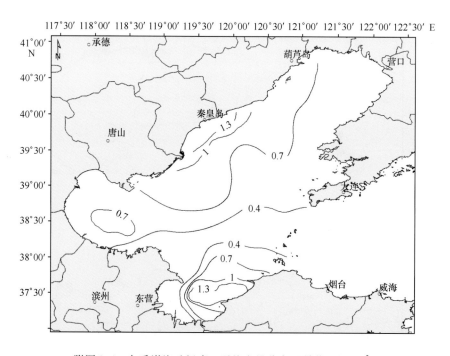

附图 3.4　冬季渤海叶绿素 a 平均含量分布（单位：mg/m³）

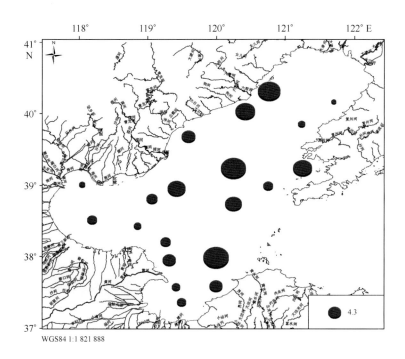

附图 3.5　春季渤海初级生产力平面分布图（单位：mg/m² · h）

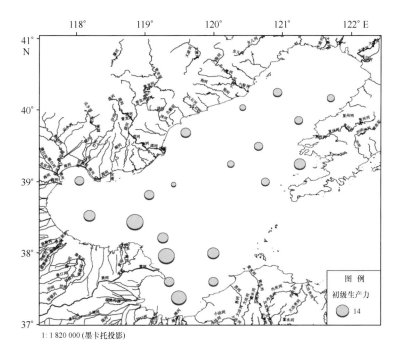

附图 3.6　夏季渤海初级生产力平面分布图（单位：mg/m² · h）

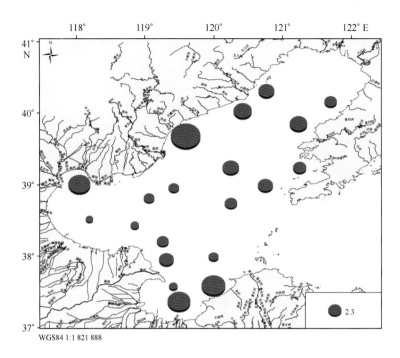

附图 3.7　秋季渤海初级生产力平面分布（单位：mg/m² · h）

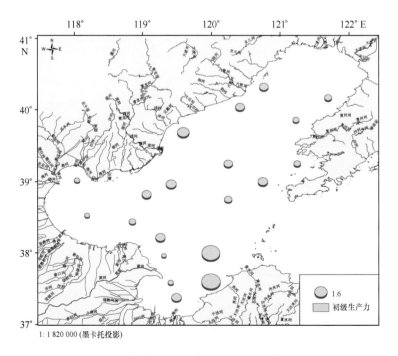

附图 3.8　冬季渤海初级生产力平面分布（单位：mg/m² · h）

4　微生物附图

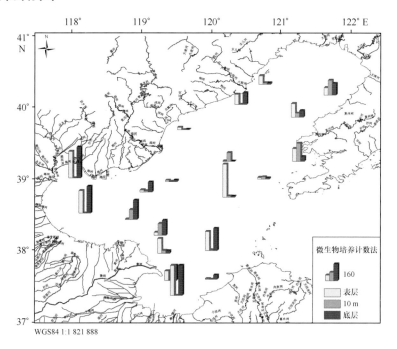

附图 4.1　春季渤海海水细菌总数平面分布柱形图（培养法，单位：CFU/cm³）

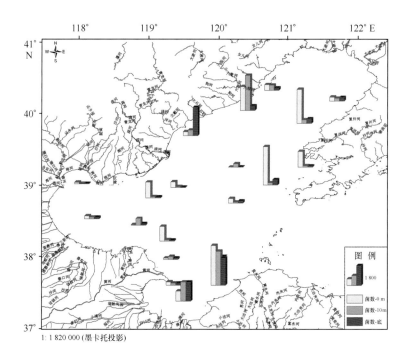

附图 4.2　夏季渤海海水细菌总数平面分布柱形图（培养法，单位：CFU/cm³）

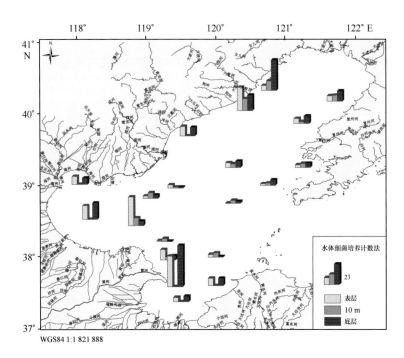

附图 4.3　秋季渤海海水细菌总数平面分布柱形图（培养法，单位：×10^4 CFU/L）

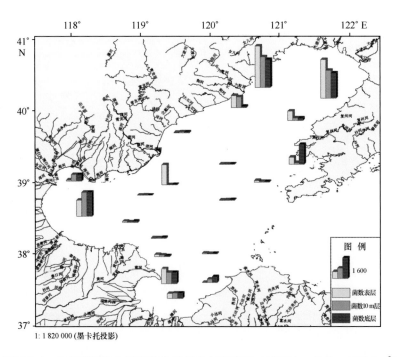

附图 4.4　冬季渤海海水细菌总数平面分布柱形图（培养法，单位：CFU/cm^3）

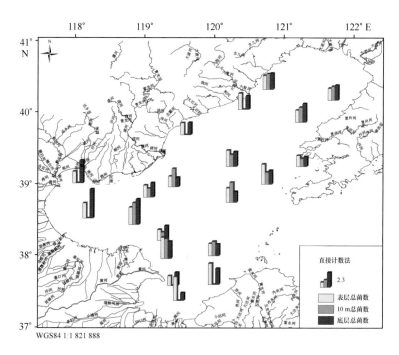

附图 4.5　春季渤海海水细菌总数平面分布柱形图（直接计数法，单位：×10⁸ cells/L）

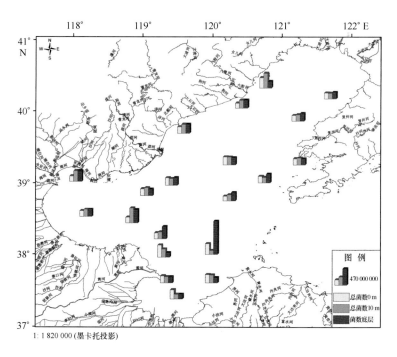

附图 4.6　夏季渤海海水细菌总数平面分布柱形图（直接计数法，单位：×10⁸ cells/L）

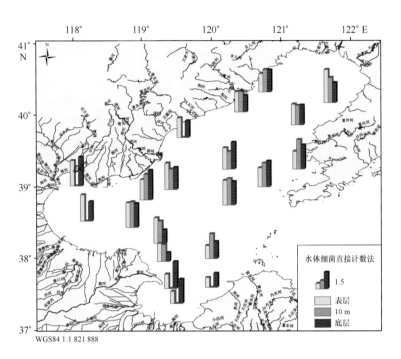

附图 4.7　秋季渤海海水细菌总数平面分布柱形图（直接计数法，单位：×10⁸ cells/L）

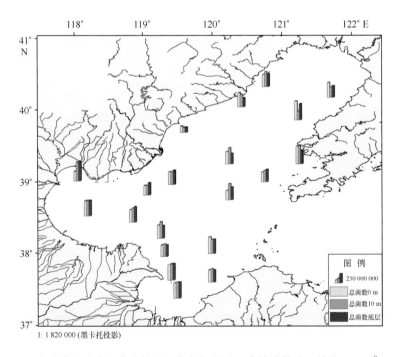

附图 4.8　冬季渤海海水细菌总数平面分布柱形图（直接计数法，单位：×10⁸ cells/L）

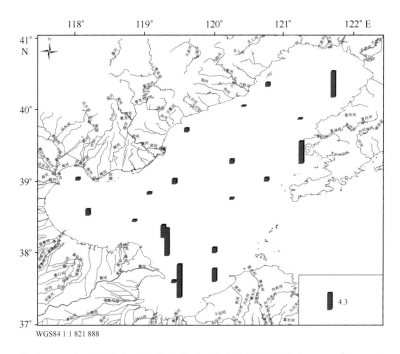

附图 4.9　春季渤海底质细菌总数平面分布柱形图（单位：×10^4 CFU/g）

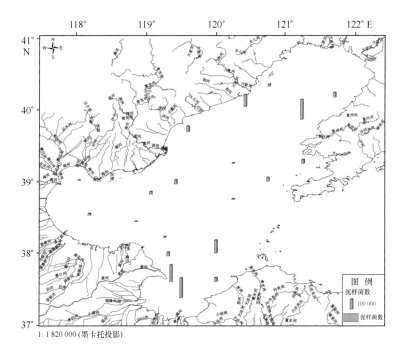

附图 4.10　夏季渤海底质细菌总数平面分布柱形图（单位：×10^4 CFU/g）

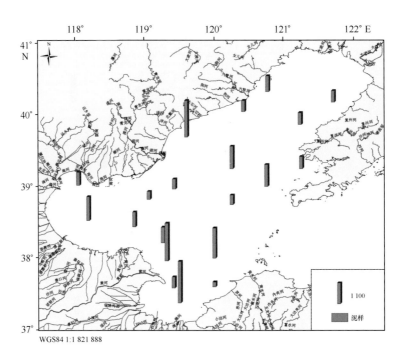

附图4.11 秋季渤海底质细菌总数平面分布柱形图（单位：×10⁴ CFU/g）

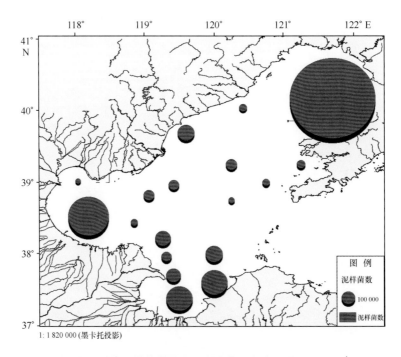

附图4.12 冬季渤海底质细菌总数平面分布柱形图（单位：×10⁴ CFU/g）

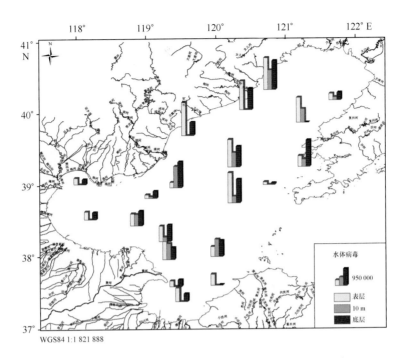

附图4.13　春季渤海海水病毒平面分布柱形图（单位：×10^8 个/L）

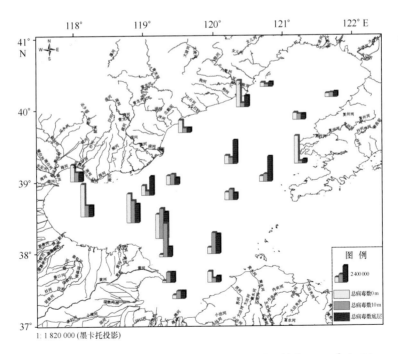

附图4.14　夏季渤海海水病毒平面分布柱形图（单位：×10^8 个/L）

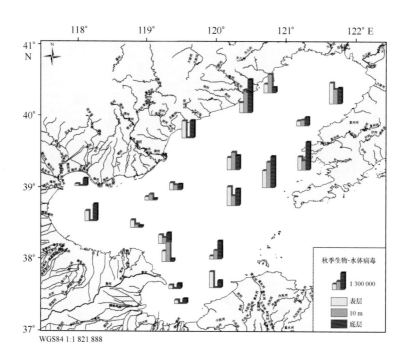

附图 4.15　秋季渤海海水病毒平面分布柱形图（单位：×10⁸ 个/L）

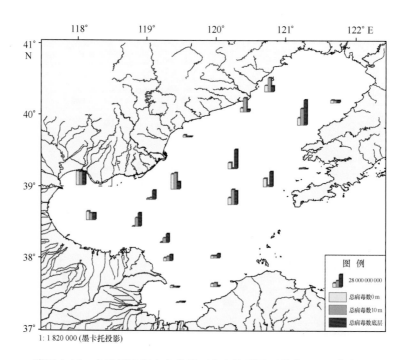

附图 4.16　冬季渤海海水病毒平面分布柱形图（单位：×10⁸ 个/L）

5　微微型浮游生物附图

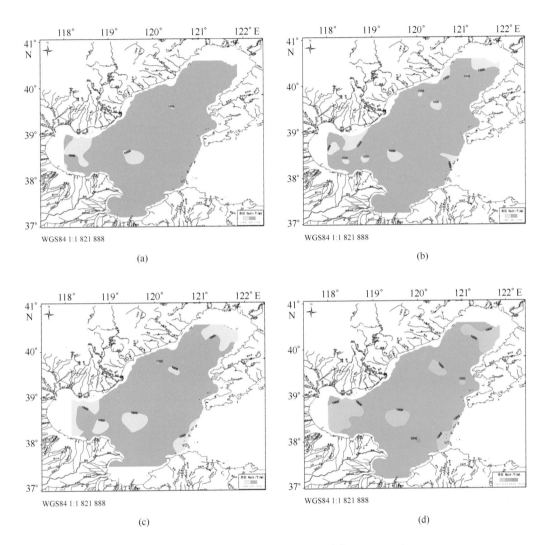

(a)　　　　　　　　　　　　　　　　　(b)

(c)　　　　　　　　　　　　　　　　　(d)

附图5.1　春季聚球藻平面分布（单位：ind./mL）
(a) 表层；(b) 次表层；(c) 中层；(d) 底层

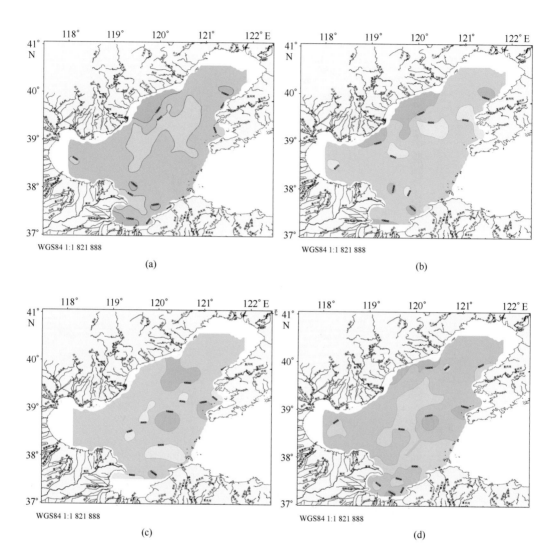

附图 5.2　夏季聚球藻平面分布（单位：ind./mL）

（a）表层；（b）次表层；（c）中层；（d）底层

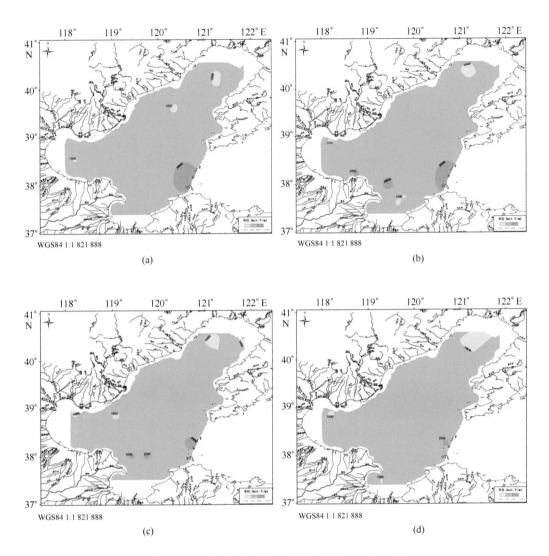

附图 5.3　秋季聚球藻平面分布（单位：ind. /mL）

（a）表层；（b）次表层；（c）中层；（d）底层

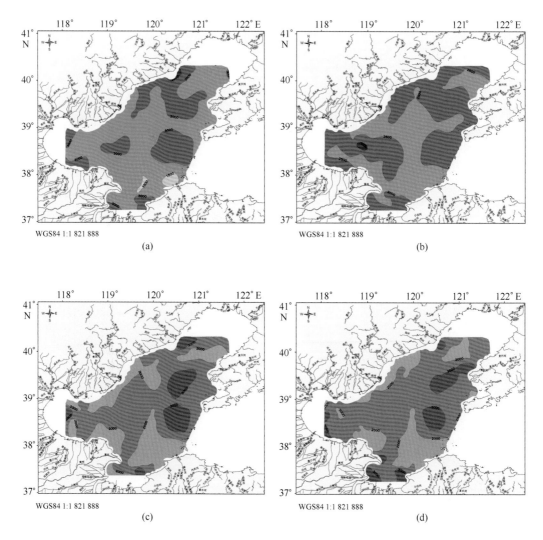

附图 5.4　冬季聚球藻平面分布（单位：ind./mL）

（a）表层；（b）次表层；（c）中层；（d）底层

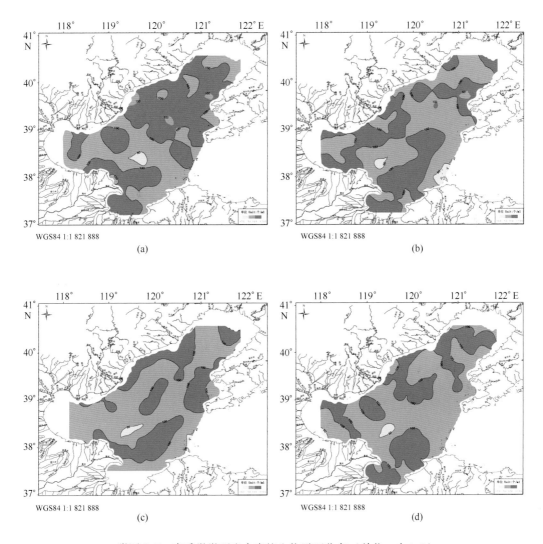

附图 5.5　春季微微型光合真核生物平面分布（单位：个/mL）
（a）表层；（b）次表层；（c）中层；（d）底层

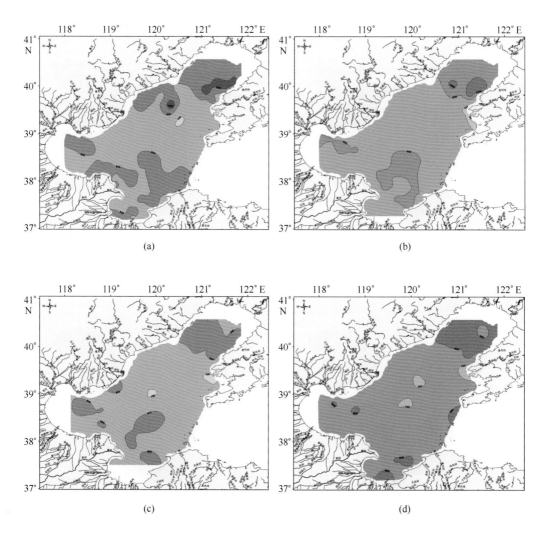

附图 5.6　夏季微微型光合真核生物平面分布（单位：个/mL）

（a）表层；（b）次表层；（c）中层；（d）底层

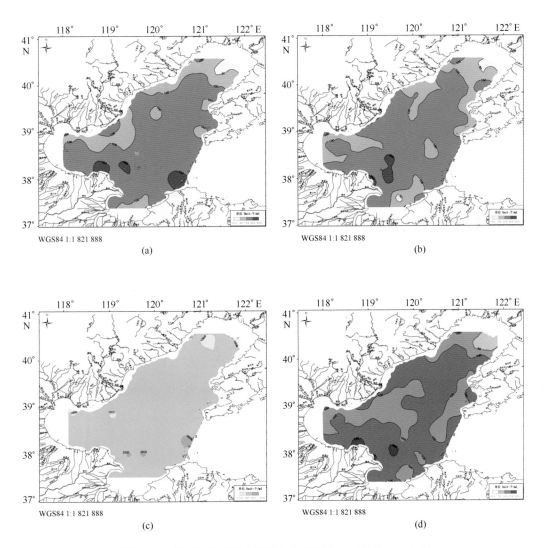

附图 5.7　秋季微微型光合真核生物平面分布（单位：个/mL）

（a）表层；（b）次表层；（c）中层；（d）底层

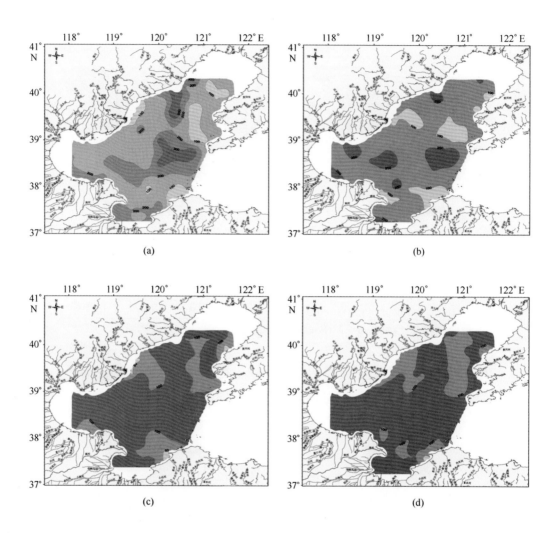

附图 5.8 冬季微微型光合真核生物平面分布（单位：个/mL）

（a）表层；（b）次表层；（c）中层；（d）底层

6　微型浮游生物附图

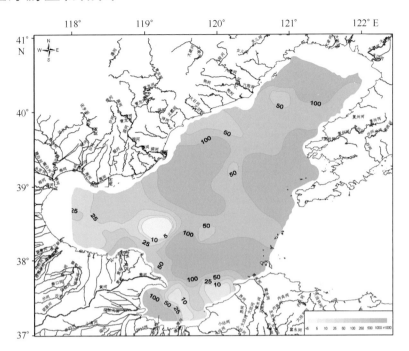

附图 6.1　春季表层微型浮游植物平面分布图（单位：$\times 10^2$ ind. /L）

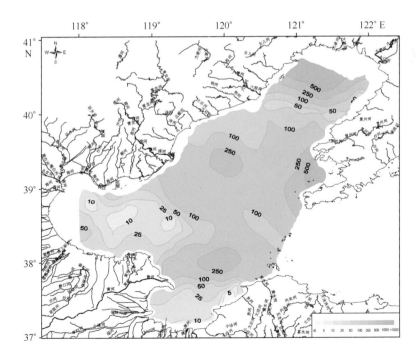

附图 6.2　春季次表层微型浮游植物平面分布图（单位：$\times 10^2$ ind. /L）

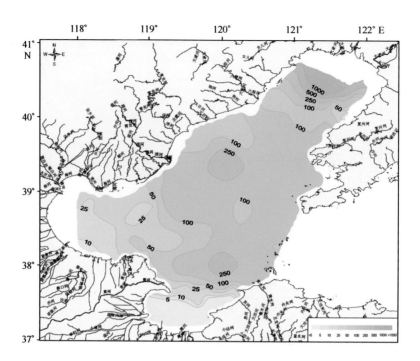

附图6.3　春季中层微型浮游植物平面分布图（单位：×10² ind./L）

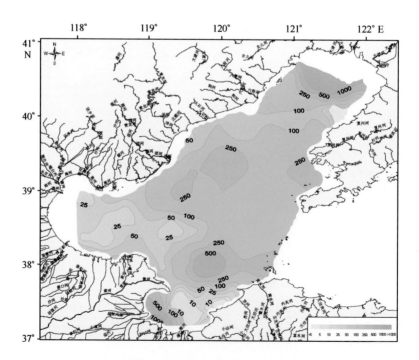

附图6.4　春季底层微型浮游植物平面分布图（单位：×10² ind./L）

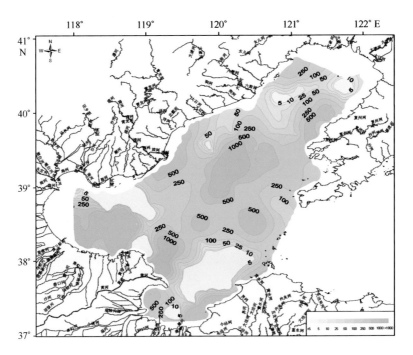

附图 6.5　夏季表层微型浮游植物平面分布图（单位：$\times 10^2$ ind. /L）

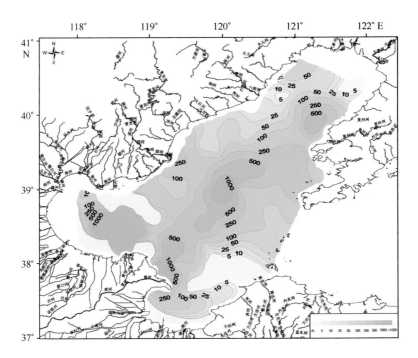

附图 6.6　夏季次表层微型浮游植物平面分布图（单位：$\times 10^2$ ind. /L）

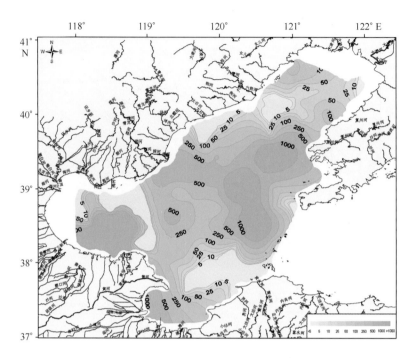

附图6.7　夏季中层微型浮游植物平面分布图（单位：×10² ind. /L）

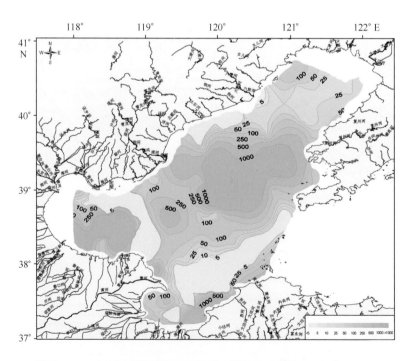

附图6.8　夏季底层微型浮游植物平面分布图（单位：×10² ind. /L）

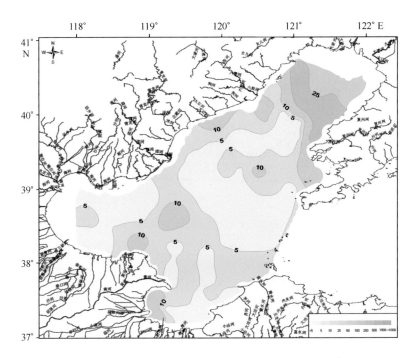

附图 6.9　秋季表层微型浮游植物平面分布图（单位：$\times 10^2$ ind. /L）

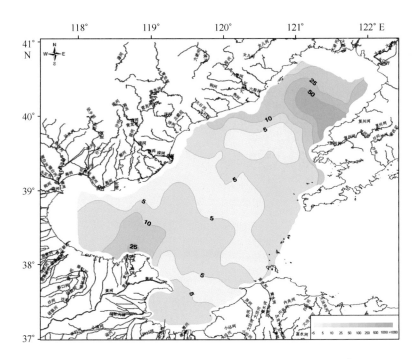

附图 6.10　秋季次表层微型浮游植物平面分布图（单位：$\times 10^2$ ind. /L）

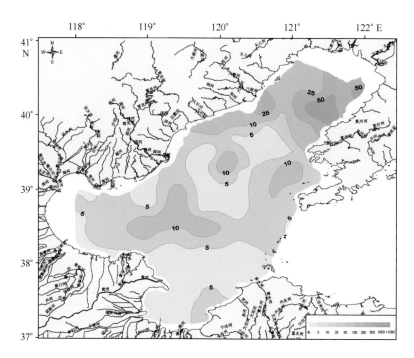

附图 6.11　秋季中层微型浮游植物平面分布图（单位：$\times 10^2$ ind./L）

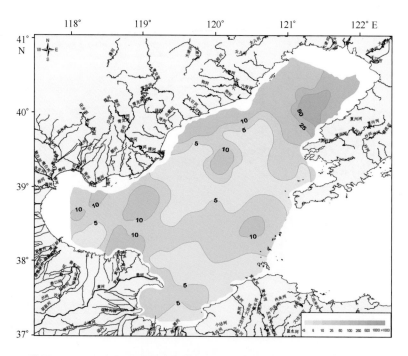

附图 6.12　秋季底层微型浮游植物平面分布图（单位：$\times 10^2$ ind./L）

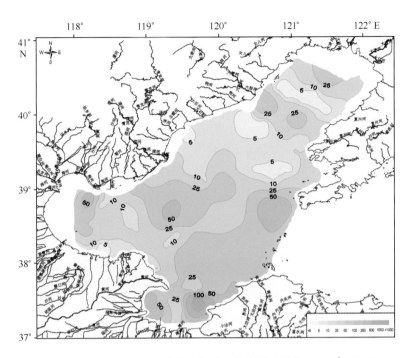

附图 6.13 冬季表层微型浮游植物平面分布图（单位：$\times 10^2$ ind. /L）

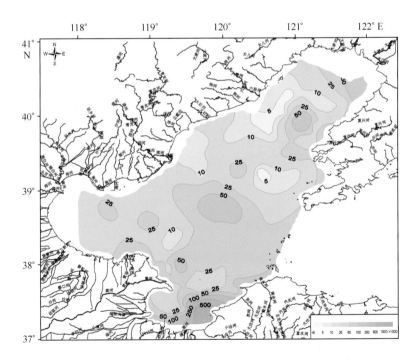

附图 6.14 冬季次表层微型浮游植物平面分布图（单位：$\times 10^2$ ind. /L）

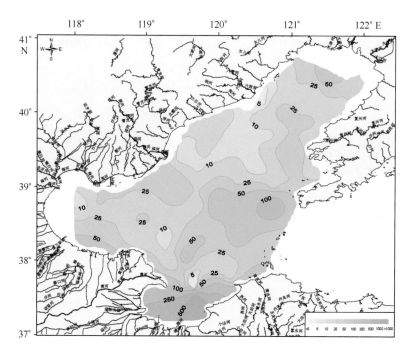

附图 6.15　冬季中层微型浮游植物平面分布图（单位：×10² ind. ／L）

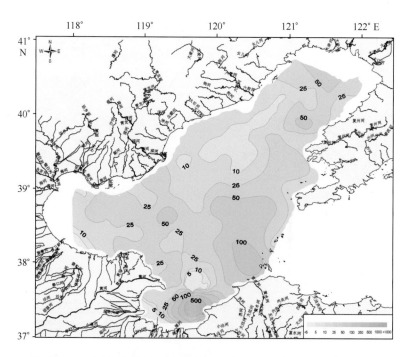

附图 6.16　冬季底层微型浮游植物平面分布图（单位：×10² ind. ／L）

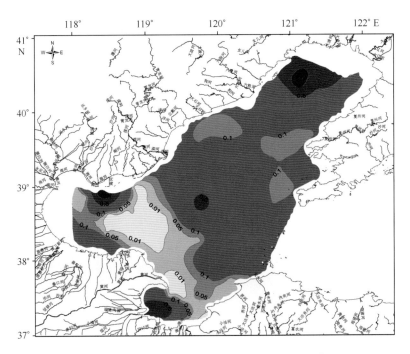

附图 6.17　春季新月柱鞘藻平面分布图（单位：×10^4 ind./L）

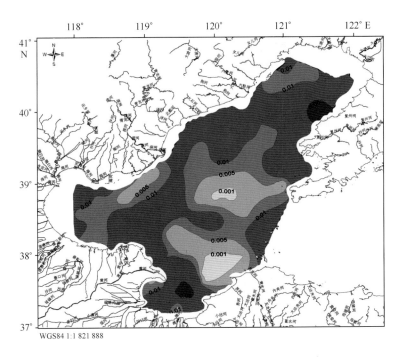

附图 6.18　秋季新月柱鞘藻平面分布图（单位：×10^4 ind./L）

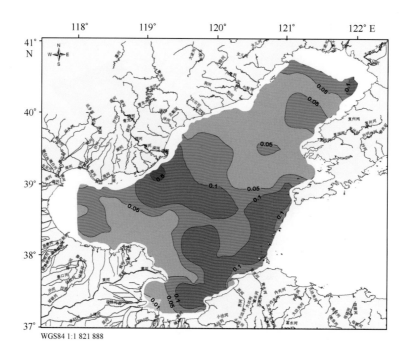

附图6.19　冬季新月柱鞘藻平面分布图（单位：×10⁴ ind. ∕L）

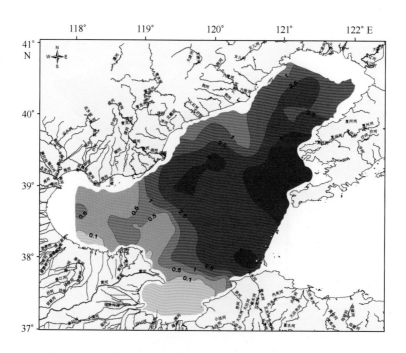

附图6.20　春季具槽直链藻平面分布图（单位：×10⁴ ind. ∕L）

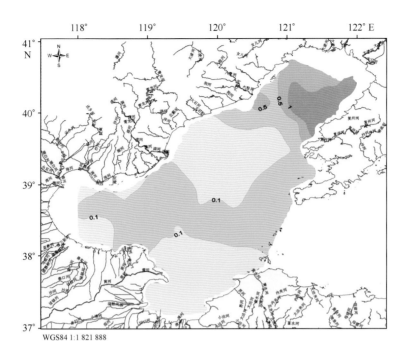

附图 6.21　秋季具槽直链藻平面分布图（单位：$\times 10^4$ ind. /L）

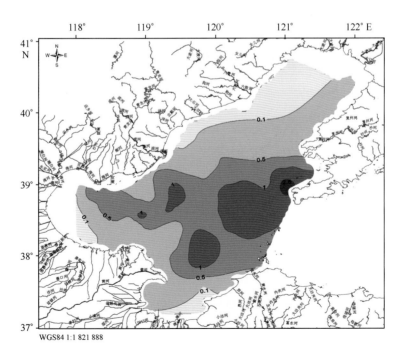

附图 6.22　冬季具槽直链藻平面分布图（单位：$\times 10^4$ ind. /L）

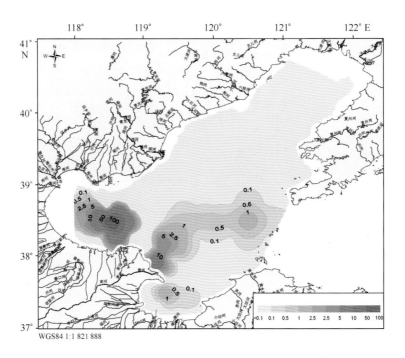

附图 6.23　夏季柔弱伪菱形藻平面分布图（单位：×10^4 ind. /L）

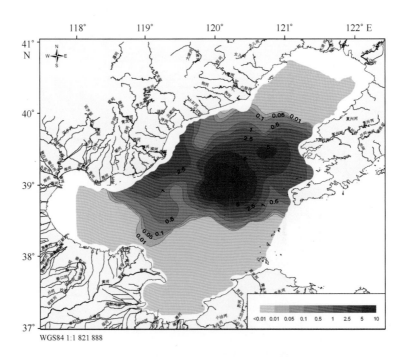

附图 6.24　夏季新月菱形藻平面分布图（单位：×10^4 ind. /L）

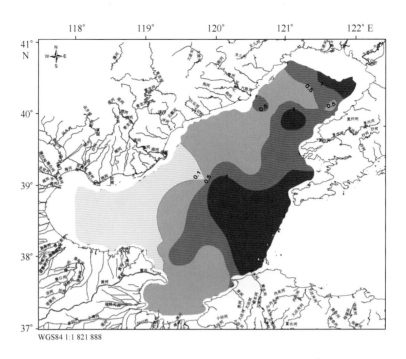

附图 6.25　冬季中华盒形藻平面分布图（单位：$\times 10^4$ ind. /L）

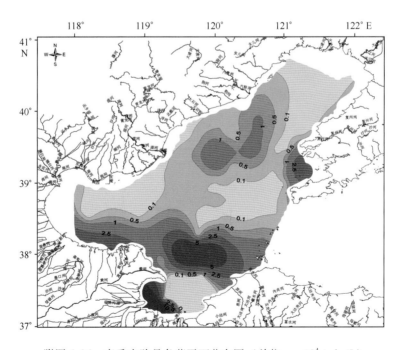

附图 6.26　春季中肋骨条藻平面分布图（单位：$\times 10^4$ ind. /L）

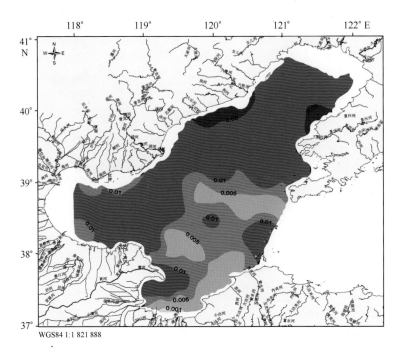

附图 6.27　秋季曲舟藻平面分布图（单位：$\times 10^4$ ind. /L）

7　小型浮游生物附图

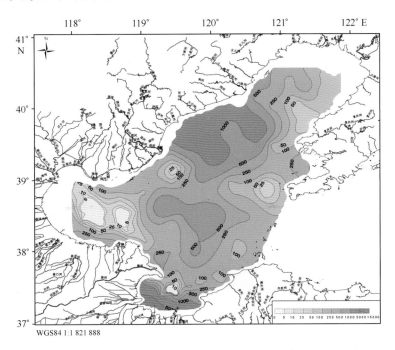

附图 7.1　春季调查海区小型浮游生物密度平面分布（单位：×10⁴ ind./m³）

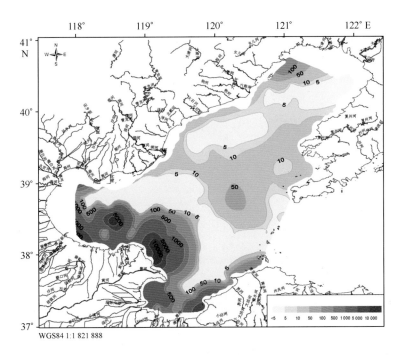

附图 7.2　夏季调查海区小型浮游生物密度平面分布（单位：×10⁴ ind./m³）

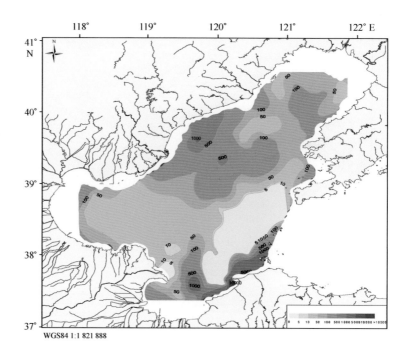

附图 7.3　秋季调查海区小型浮游生物密度平面分布（单位：×10^4 ind./m^3）

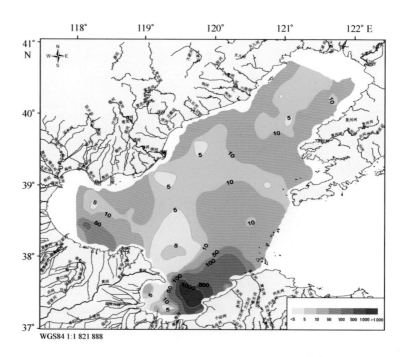

附图 7.4　冬季调查海区小型浮游生物密度平面分布（单位：×10^4 ind./m^3）

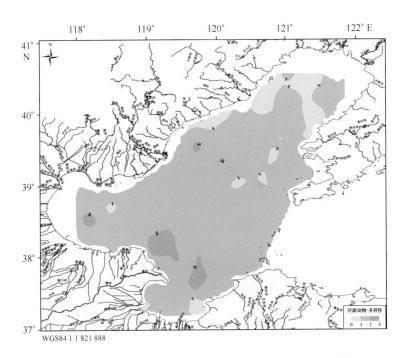

附图 7.5　春季调查海区小型浮游生物多样性指数平面分布

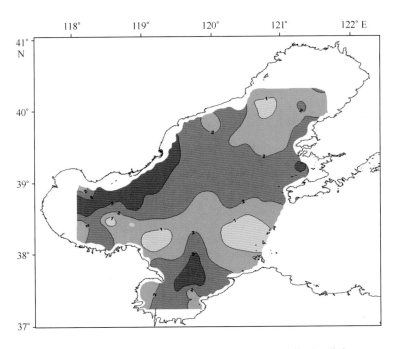

附图 7.6　夏季调查海区小型浮游生物多样性指数平面分布

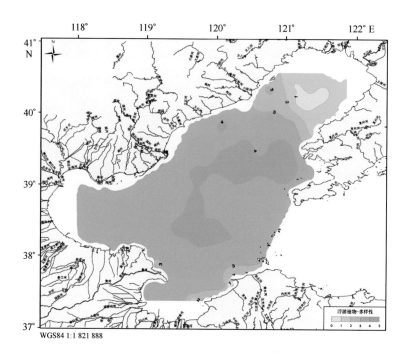

附图 7.7　秋季调查海区小型浮游生物多样性指数平面分布

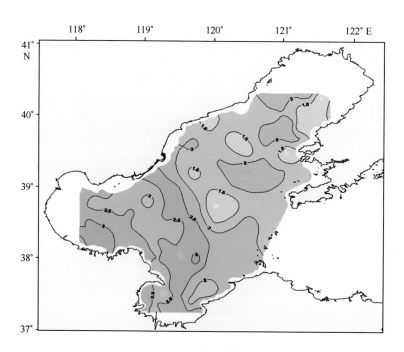

附图 7.8　冬季调查海区小型浮游生物多样性指数平面分布

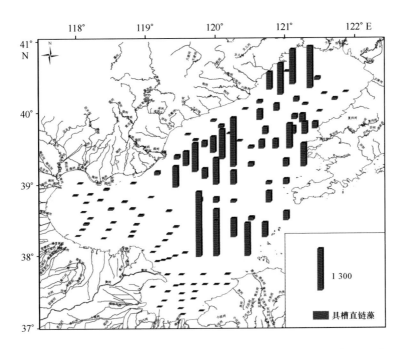

附图 7.9　春季调查海区具槽直链藻密度平面分布（单位：×10⁴ ind./m³）

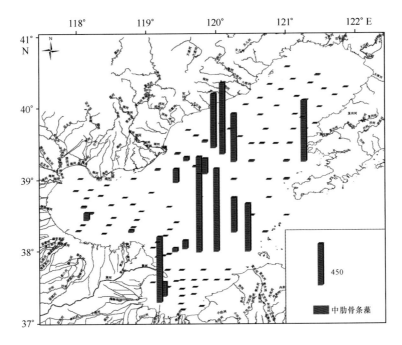

附图 7.10　春季调查海区中肋骨条藻密度平面分布（单位：×10⁴ ind./m³）

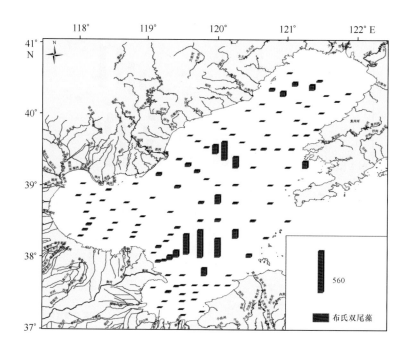

附图 7.11 春季调查海区布氏双尾藻密度平面分布（单位：$\times 10^4$ ind. /m^3）

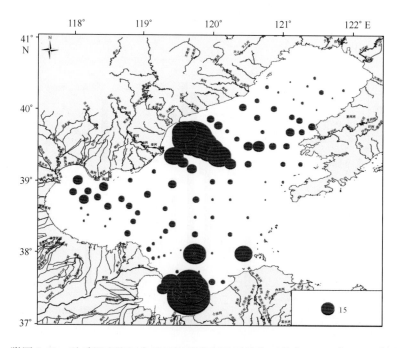

附图 7.12 秋季调查海区布氏双尾藻密度平面分布（单位：$\times 10^4$ ind. /m^3）

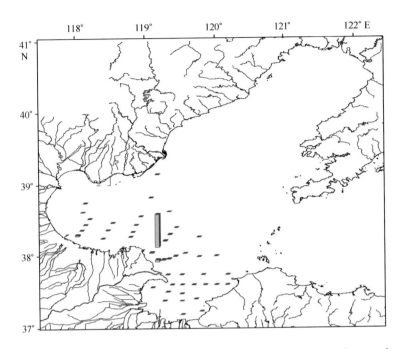

附图 7.13　夏季调查海区垂缘角毛藻密度平面分布（单位：×10^4 ind./m^3）

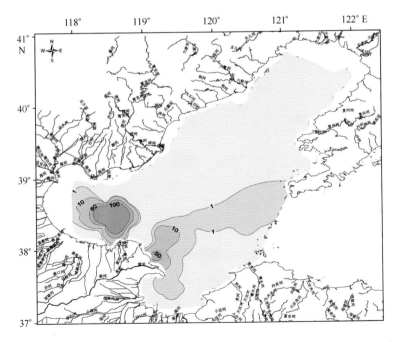

附图 7.14　夏季调查海区柔弱伪菱形藻密度平面分布（单位：×10^4 ind./m^3）

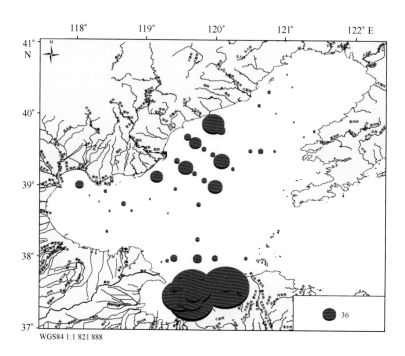

附图 7.15　秋季调查海区旋链角毛藻密度平面分布（单位：×10⁴ ind./m³）

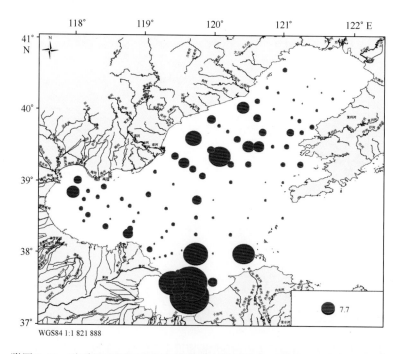

附图 7.16　秋季调查海区中华盒形藻密度平面分布（单位：×10⁴ ind./m³）

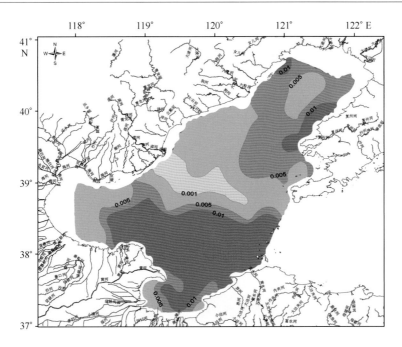

附图7.17 冬季调查海区诺氏海链藻密度平面分布（单位：$\times 10^4$ ind. /m³）

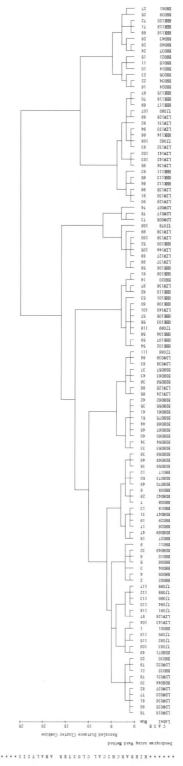

附图 7.18　春季调查海域浮游植物聚类分析

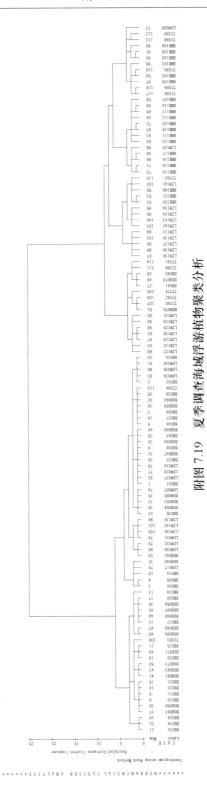

附图 7.19　夏季调查海域浮游植物聚类分析

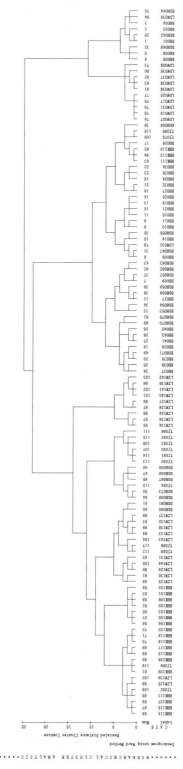

附图 7.20　秋季调查海域浮游植物聚类分析

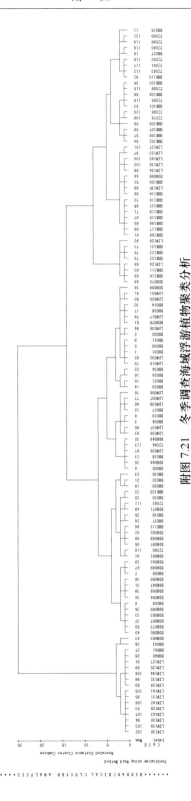

附图 7.21　冬季调查海域浮游植物聚类分析

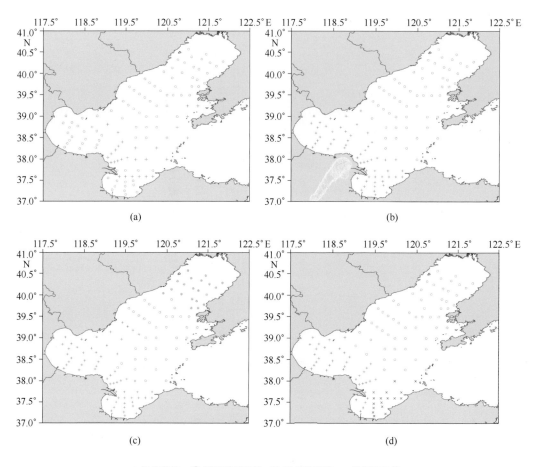

＋近岸群落　○渤海基础群落　⊕辽东湾群落　×莱州湾群落

附图 7.22　调查海域浮游植物群落划分

（a）春季；（b）夏季；（c）秋季；（d）冬季

8　大中型浮游生物附图

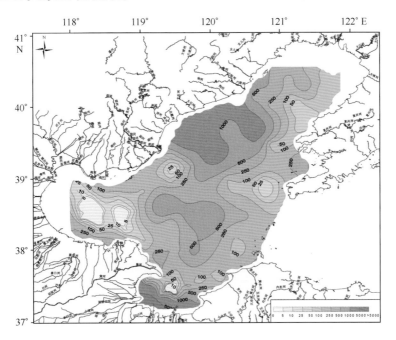

附图 8.1　春季调查海区大型浮游生物密度平面分布（单位：ind. ／m³）

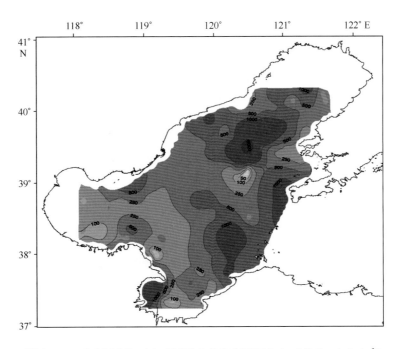

附图 8.2　夏季调查海区大型浮游生物密度平面分布（单位：ind. ／m³）

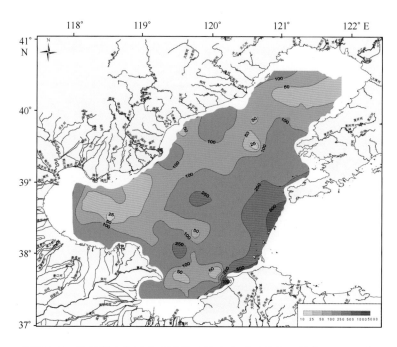

附图 8.3　秋季调查海区大型浮游生物密度平面分布（单位：ind./m³）

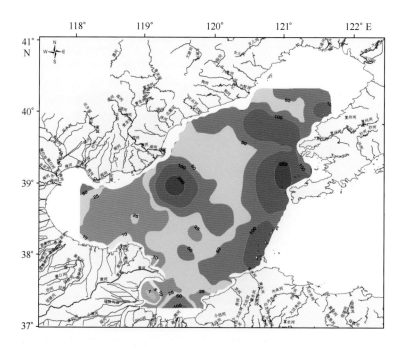

附图 8.4　冬季调查海区大型浮游生物密度平面分布（单位：ind./m³）

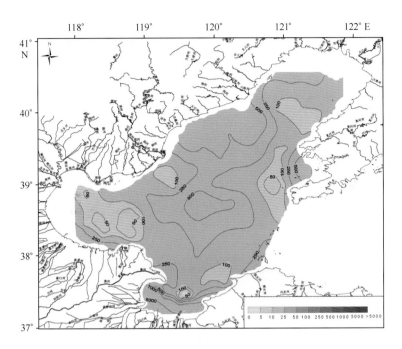

附图 8.5　春季调查海区大型浮游生物生物量平面分布（单位：mg/m³）

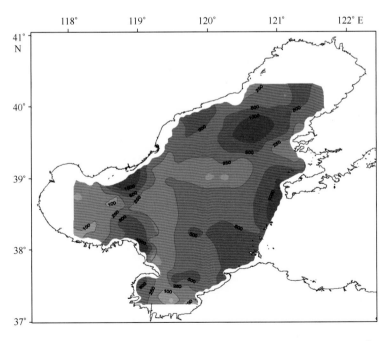

附图 8.6　夏季调查海区大型浮游生物生物量平面分布（单位：mg/m³）

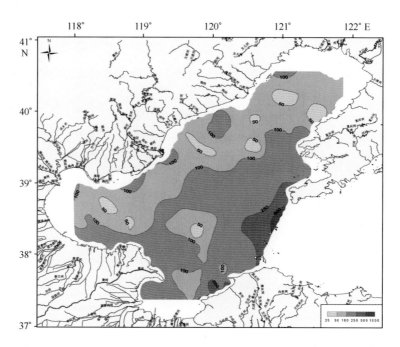

附图 8.7　秋季调查海区大型浮游生物生物量平面分布（单位：mg/m³）

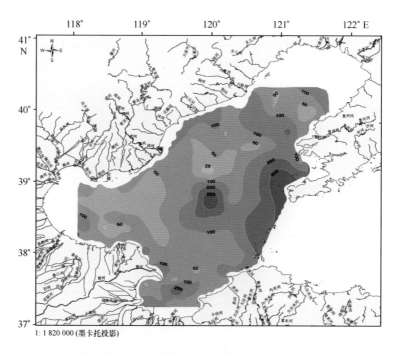

附图 8.8　冬季调查海区大型浮游生物生物量平面分布（单位：mg/m³）

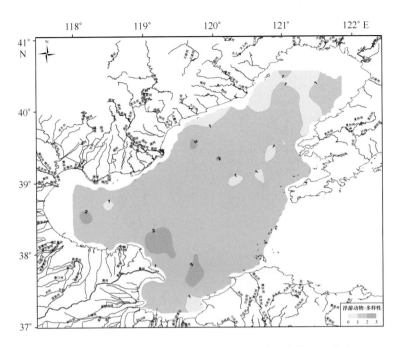

附图 8.9　春季调查海区大型浮游生物多样性指数平面分布

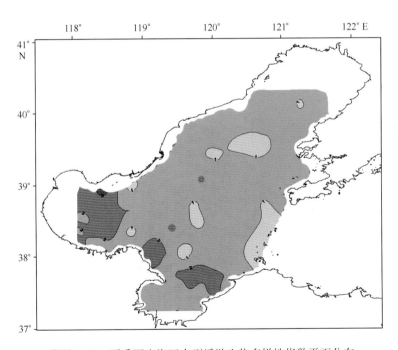

附图 8.10　夏季调查海区大型浮游生物多样性指数平面分布

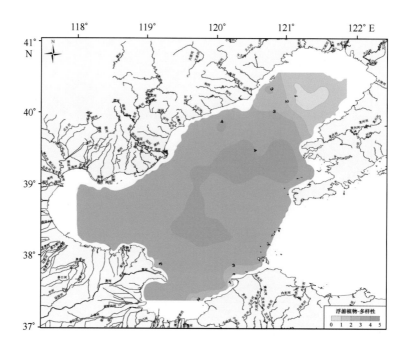

附图8.11 秋季调查海区大型浮游生物多样性指数平面分布

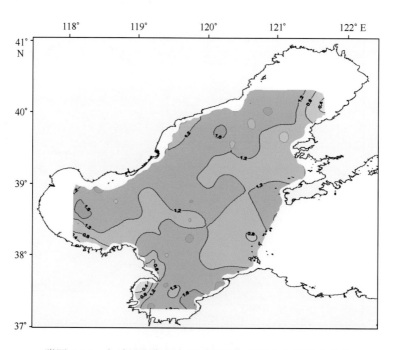

附图8.12 冬季调查海区大型浮游生物多样性指数平面分布

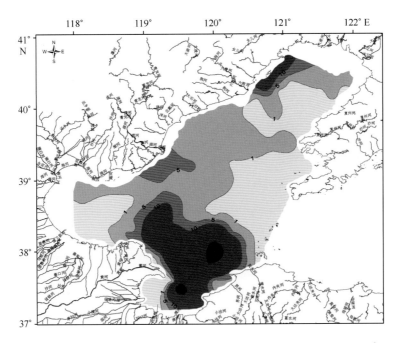

附图 8.13　秋季调查海区球型侧腕水母密度平面分布（单位：ind. /m^3）

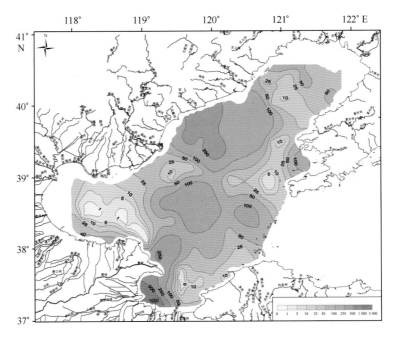

附图 8.14　春季调查海区中华哲水蚤密度平面分布（单位：ind. /m^3）

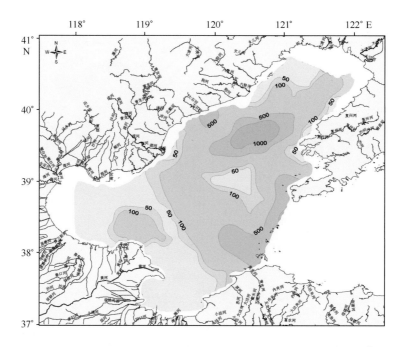

附图 8.15　夏季调查海区中华哲水蚤密度平面分布（单位：ind./m³）

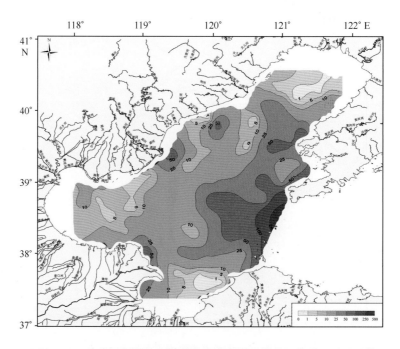

附图 8.16　秋季调查海区中华哲水蚤密度平面分布（单位：ind./m³）

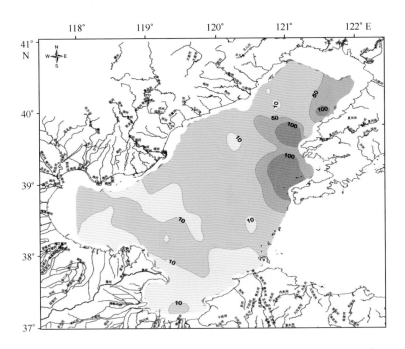

附图 8.17　冬季调查海区中华哲水蚤密度平面分布（单位：ind./m³）

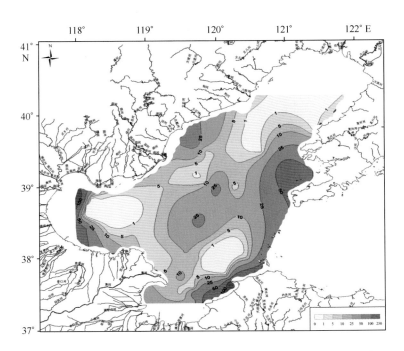

附图 8.18　秋季调查海区小拟哲水蚤密度平面分布（单位：ind./m³）

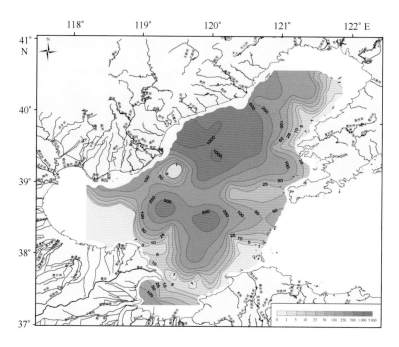

附图 8.19　春季调查海区腹针胸刺水蚤密度平面分布（单位：ind./m³）

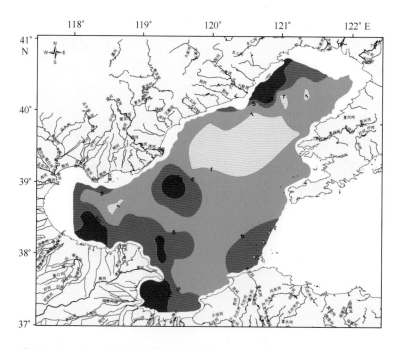

附图 8.20　秋季调查海区真刺唇角水蚤密度平面分布（单位：ind./m³）

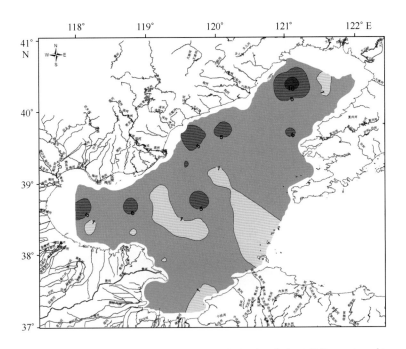

附图 8.21　冬季调查海区真刺唇角水蚤密度平面分布（单位：ind./m³）

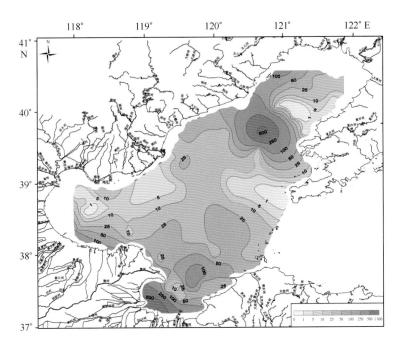

附图 8.22　春季调查海区双毛纺锤水蚤密度平面分布（单位：ind./m³）

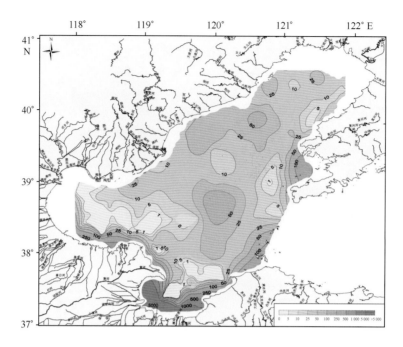

附图 8.23　春季调查海区强壮箭虫密度平面分布（单位：ind. /m³）

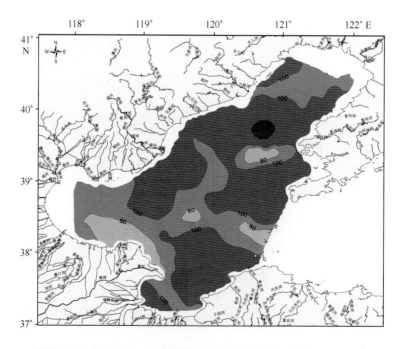

附图 8.24　夏季调查海区强壮箭虫密度平面分布（单位：ind. /m³）

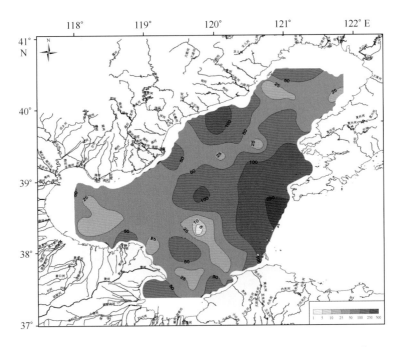

附图8.25　秋季调查海区强壮箭虫密度平面分布（单位：ind. /m³）

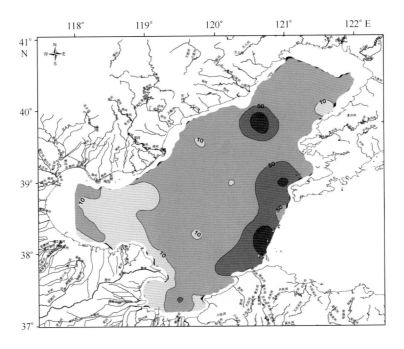

附图8.26　冬季调查海区强壮箭虫密度平面分布（单位：ind. /m³）

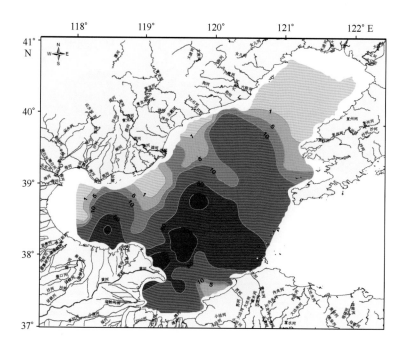

附图 8.27　秋季调查海区双壳类幼体密度平面分布（单位：ind./m³）

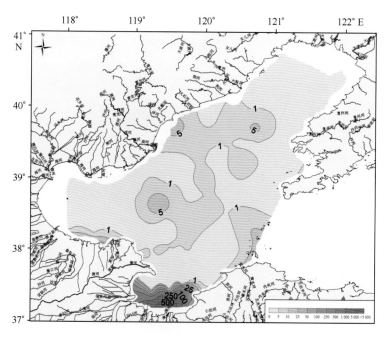

附图 8.28　春季调查海区长尾类幼体密度平面分布（单位：ind./m³）

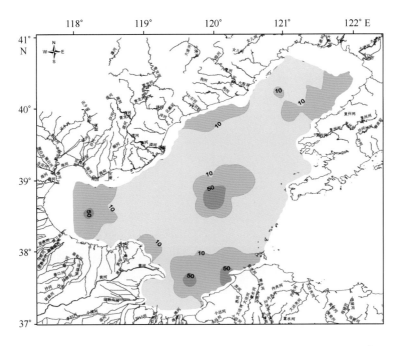

附图 8.29　夏季调查海区长尾类幼体密度平面分布（单位：ind./m^3）

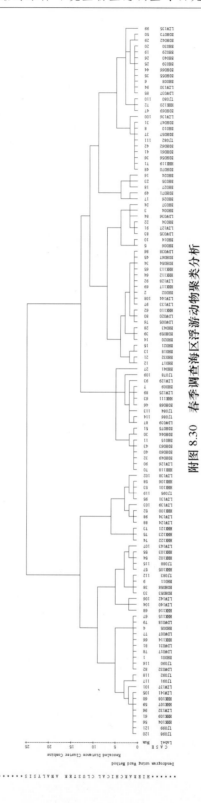

附图 8.30　春季调查海区浮游动物聚类分析

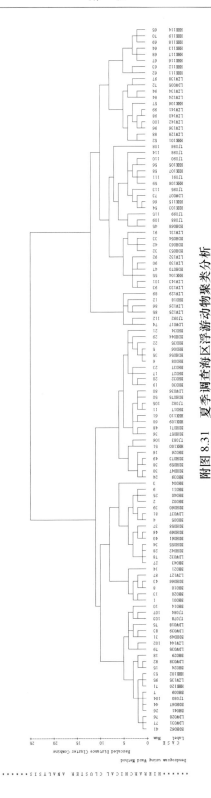

附图 8.31　夏季调查海区浮游动物聚类分析

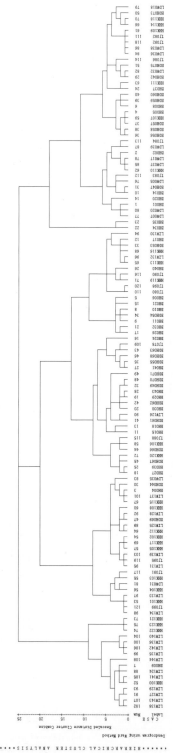

附图 8.32 秋季调查海区浮游动物聚类分析

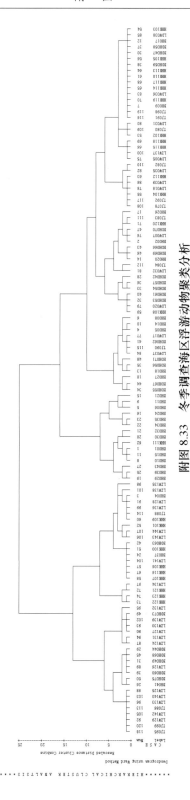

附图 8.33　冬季调查海区浮游动物聚类分析

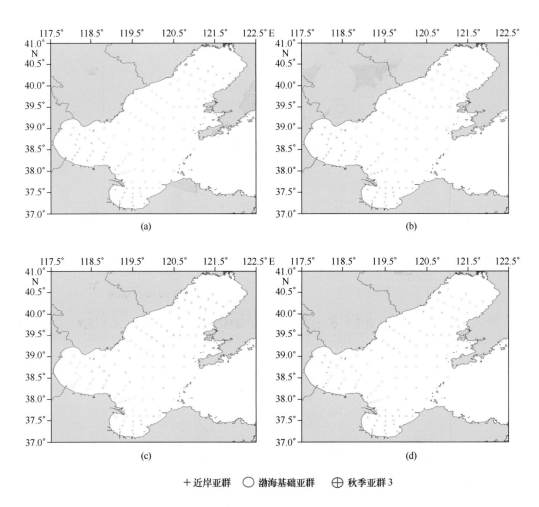

＋近岸亚群　　○ 渤海基础亚群　　⊕ 秋季亚群3

附图8.34　调查海域浮游动物群落划分

（a）春季；（b）夏季；（c）秋季；（d）冬季

9　鱼类浮游生物附图

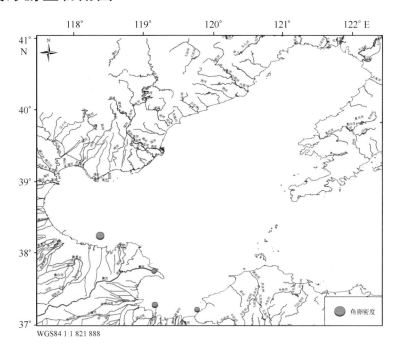

附图 9.1　春季调查海域鱼卵密度平面分布（单位：ind./m³）

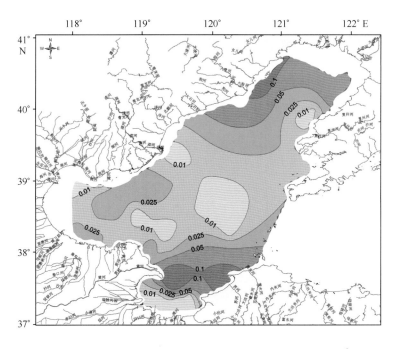

附图 9.2　夏季调查海域鱼卵密度平面分布（单位：ind./m³）

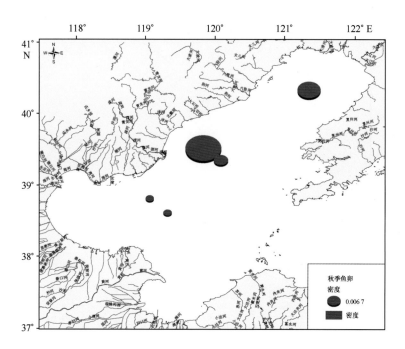

附图 9.3　秋季调查海域鱼卵密度平面分布（单位：ind./m³）

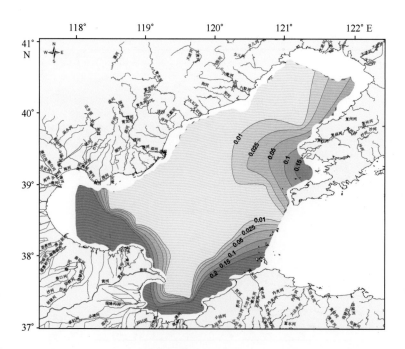

附图 9.4　春季调查海域仔稚鱼密度平面分布（单位：ind./m³）

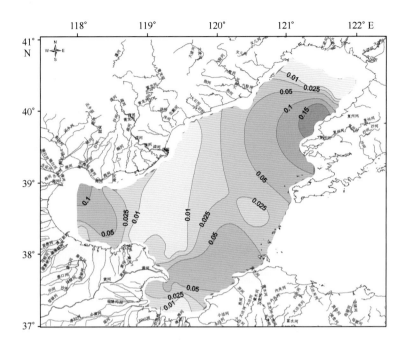

附图 9.5　夏季调查海域仔稚鱼密度平面分布（单位：ind./m³）

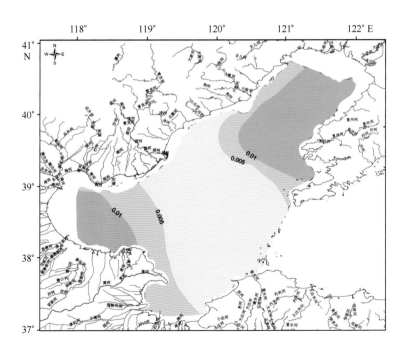

附图 9.6　秋季调查海域仔稚鱼密度平面分布（单位：ind./m³）

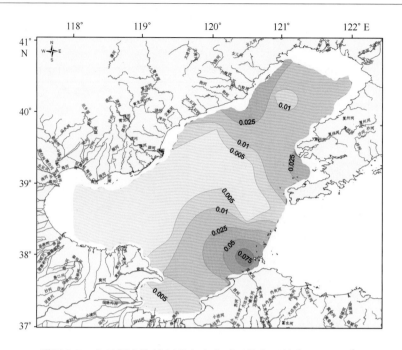

附图 9.7　冬季调查海域仔稚鱼密度平面分布（单位：ind./m³）

10　小型底栖生物附图

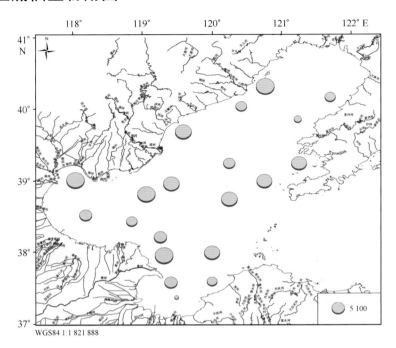

附图 10.1　春季小型底栖生物平面分布

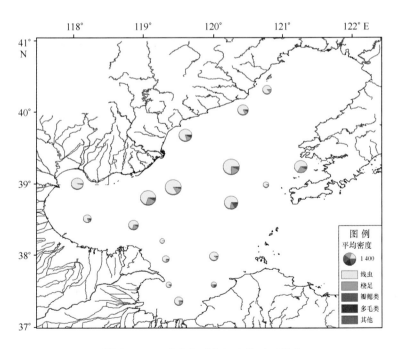

附图 10.2　夏季小型底栖生物平面分布

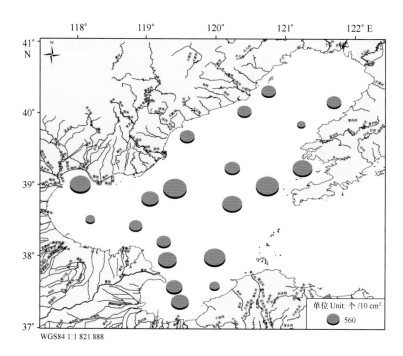

附图 10.3　秋季小型底栖生物平面分布

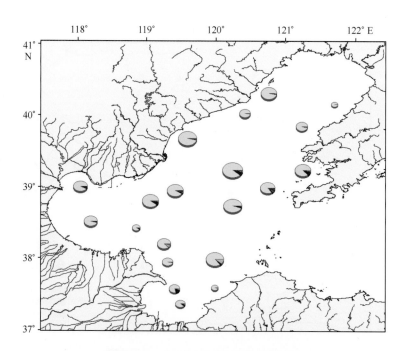

附图 10.4　冬季小型底栖生物平面分布

11　大型底栖生物附图

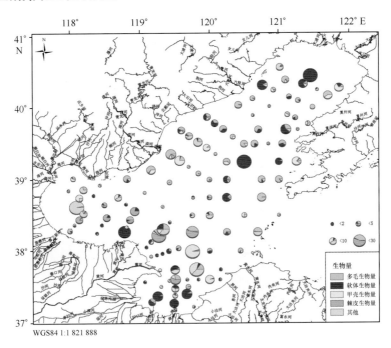

附图 11.1　春季大型底栖生物生物量平面分布（单位：g/cm²）

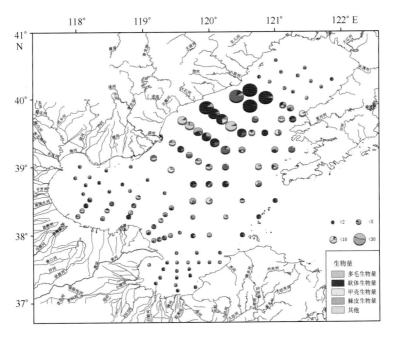

附图 11.2　夏季大型底栖生物生物量平面分布（单位：g/cm²）

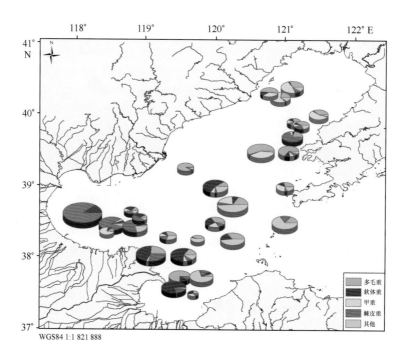

附图 11.3　秋季大型底栖生物生物量平面分布（单位：g/m²）

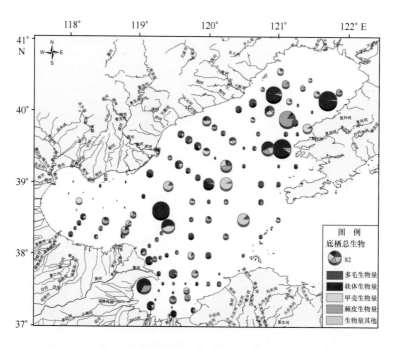

附图 11.4　冬季大型底栖生物生物量平面分布（单位：g/m²）

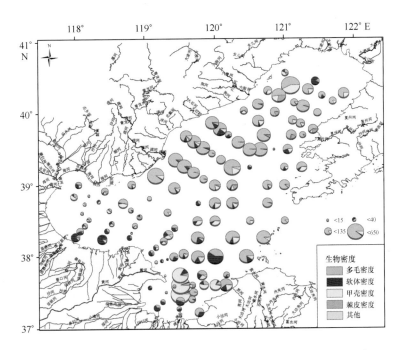

附图 11.5　春季大型底栖生物栖息密度平面分布（单位：ind./m²）

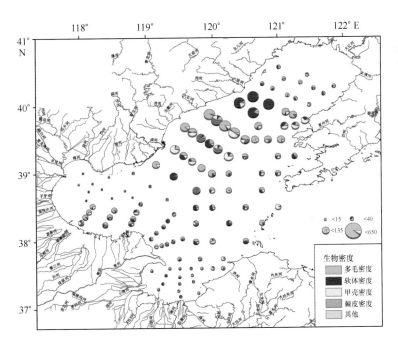

附图 11.6　夏季大型底栖生物栖息密度平面分布（单位：ind./m²）

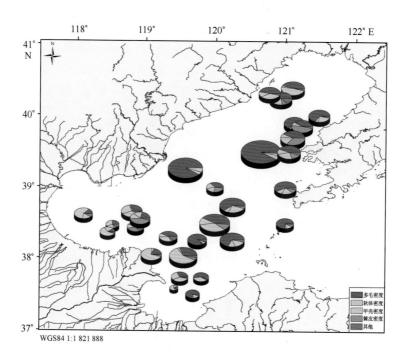

附图 11.7　秋季大型底栖生物栖息密度平面分布（单位：ind./m²）

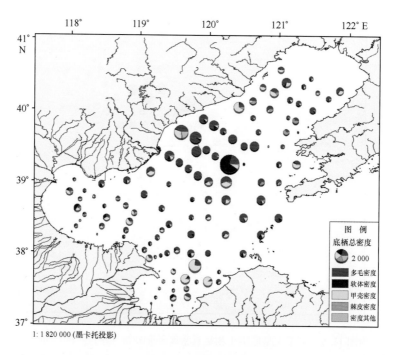

附图 11.8　冬季大型底栖生物栖息密度平面分布（单位：ind./m²）

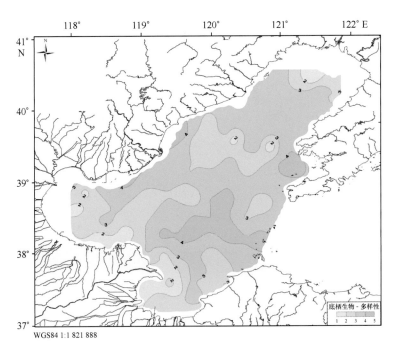

WGS84 1:1 821 888

附图 11.9　春季大型底栖生物样品多样性指数平面分布

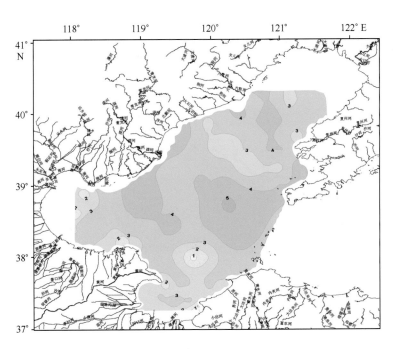

附图 11.10　夏季大型底栖生物样品多样性指数平面分布

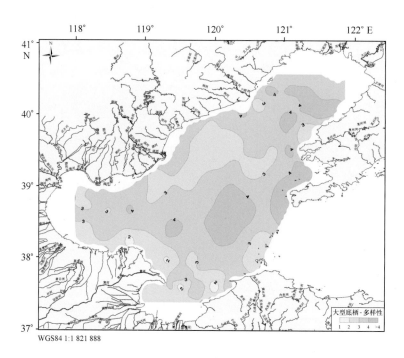

附图 11.11 秋季大型底栖生物样品多样性指数平面分布

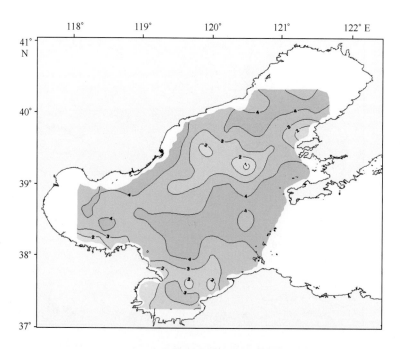

附图 11.12 冬季大型底栖生物样品多样性指数平面分布

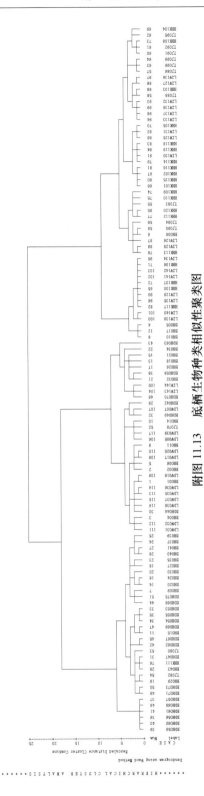

附图 11.13　底栖生物种类相似性聚类图

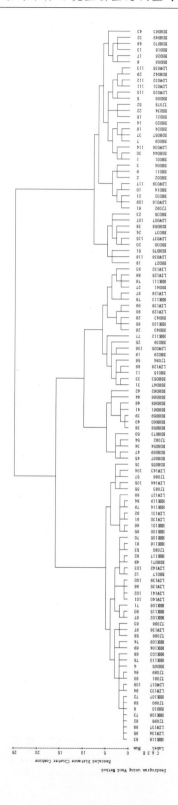

附图 11.14　春季底栖生物种类相似性聚类图

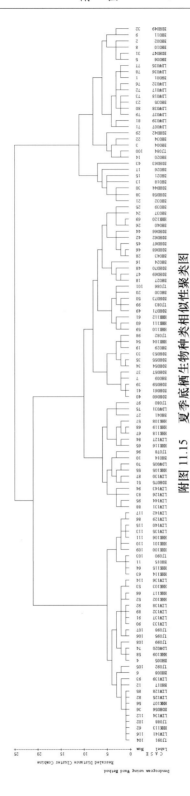

附图 11.15　夏季底栖生物种类相似性聚类图

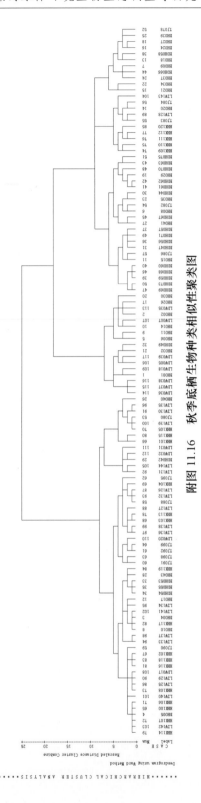

附图 11.16　秋季底栖生物种类相似性聚类图

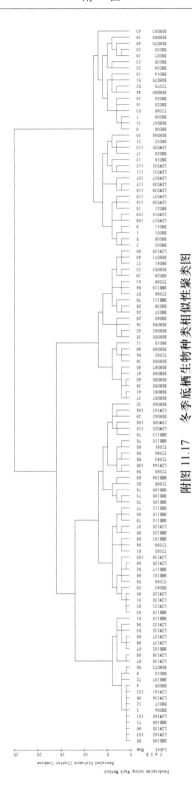

附图 11.17　冬季底栖生物种类相似性聚类图

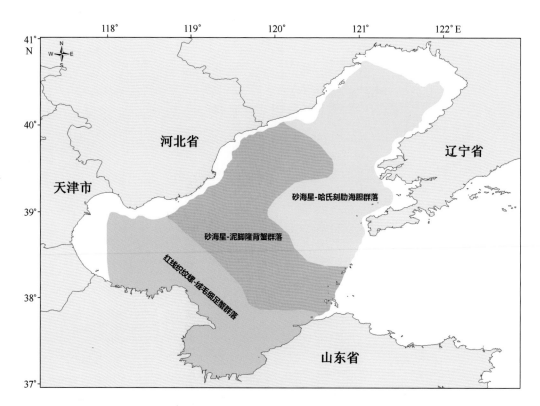

附图 11.18　底栖生物种群落分布图

12　潮间带生物附图

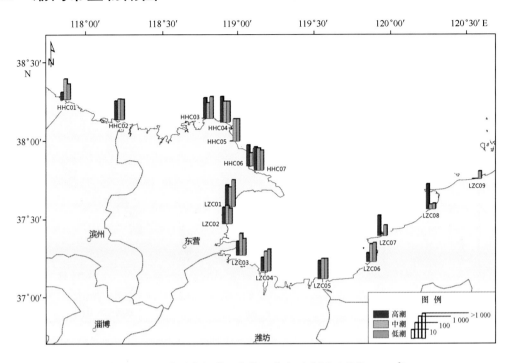

附图 12.1　春季潮间带生物资源分布示意图（单位：g/m²）

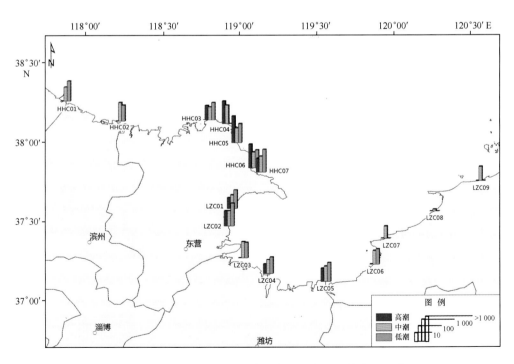

附图 12.2　夏季潮间带生物资源分布示意图（单位：g/m²）

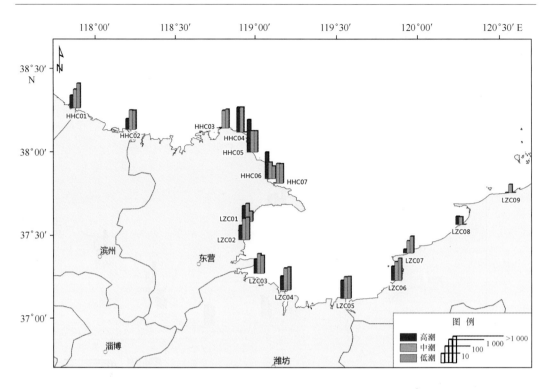

附图 12.3 秋季潮间带生物资源分布示意图（单位：g/m²）

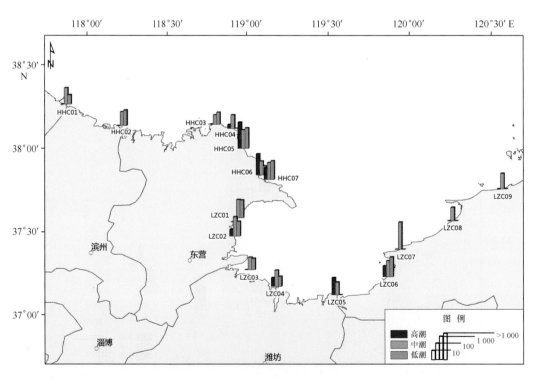

附图 12.4 冬季潮间带生物资源分布示意图（单位：g/m²）

13　污损生物附图

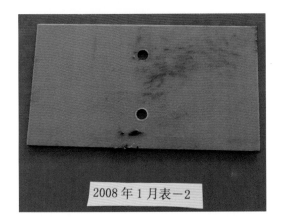

附图 13.1　表层月板（1 月）

附图 13.2　中层月板（1 月）

附图 13.3　表层月板（2 月）

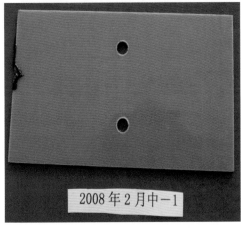

附图 13.4　中层月板（2 月）

附图 13.5　表层月板（3 月）

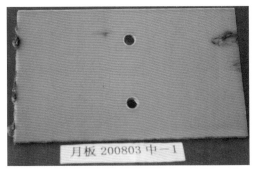

附图 13.6　中层月板（3 月）

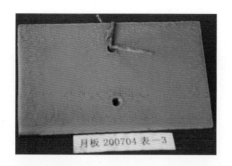

附图 13.7　表层月板（4 月）

附图 13.8　中层月板（4 月）

附图 13.9　表层月板（5 月）

附图 13.10　中层月板（5 月）

附图 13.11　表层月板（6 月）

附图 13.12　中层月板（6 月）

附图 13.13　表层月板（7 月）

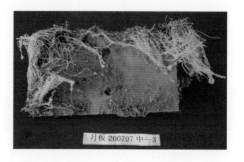

附图 13.14　中层月板（7 月）

附图 13.15　表层月板（8 月）

附图 13.16　中层月板（8 月）

附图 13.17　表层月板（9 月）

附图 13.18　中层月板（9 月）

附图 13.19　表层月板（10 月）

附图 13.20　中层月板（10 月）

附图 13.21　表层月板（11 月）

附图 13.22　中层月板（11 月）

附图 13.23　表层月板（12 月）

附图 13.24　中层月板（12 月）

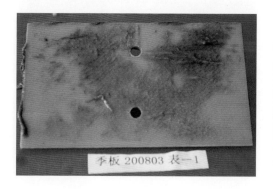

附图 13.25　表层季板（冬季）

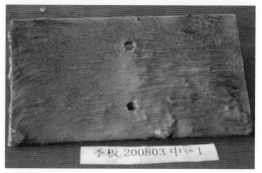

附图 13.26　中层季板（冬季）

附图 13.27　表层季板（春季）

附图 13.28　中层季板（春季）

附图 13.29　表层半年板

附图 13.30　中层半年板

附图 13.31　表层年板

附图 13.32　中层年板

14 游泳动物附图

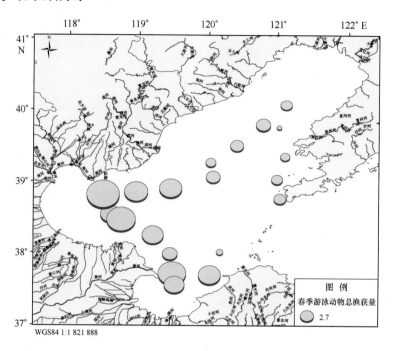

附图 14.1   春季渤海渔业资源渤海总生物量平面分布（单位：kg/h）

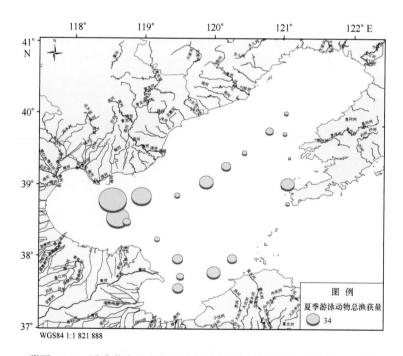

附图 14.2   夏季渤海渔业资源渤海总生物量平面分布（单位：kg/h）

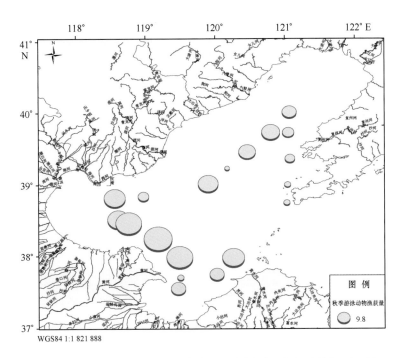

附图 14.3　秋季渤海渔业资源渤海总生物量平面分布（单位：kg/h）

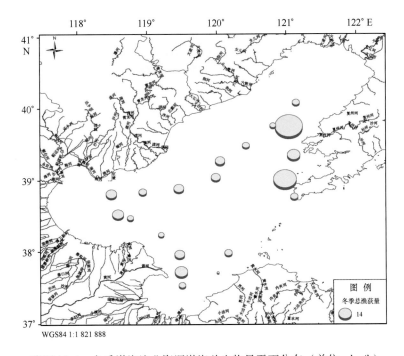

附图 14.4　冬季渤海渔业资源渤海总生物量平面分布（单位：kg/h）

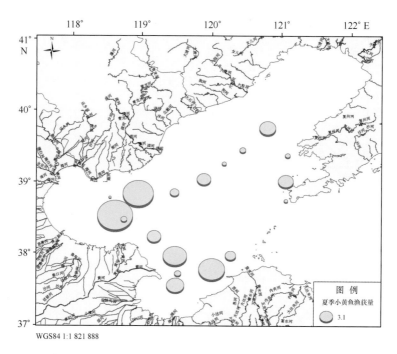

附图 14.5　夏季渤海小黄鱼总生物量平面分布（单位：kg/h）

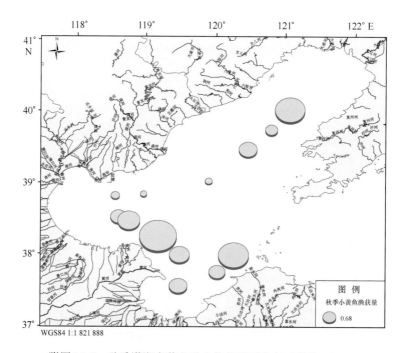

附图 14.6　秋季渤海小黄鱼总生物量平面分布（单位：kg/h）

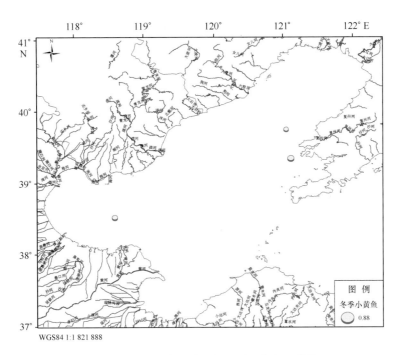

附图 14.7　冬季渤海小黄鱼总生物量平面分布（单位：kg/h）

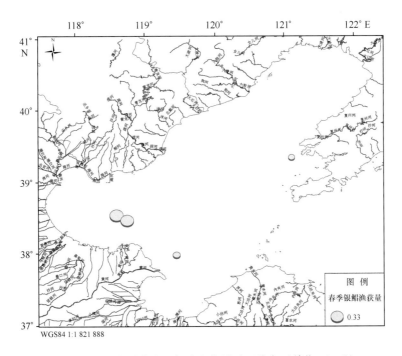

附图 14.8　春季渤海银鲳总生物量平面分布（单位：kg/h）

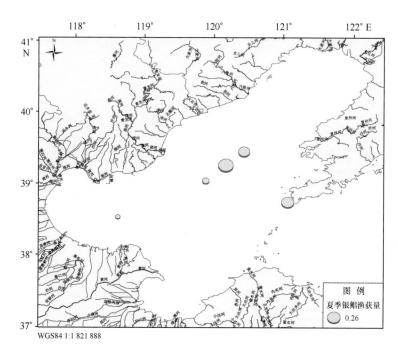

附图 14.9　夏季渤海银鲳总生物量平面分布（单位：kg/h）

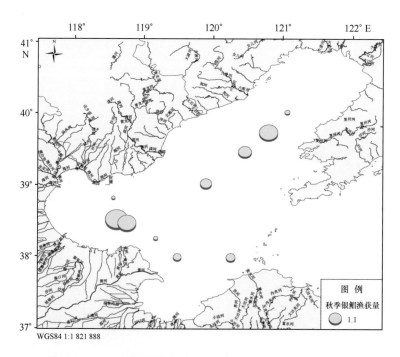

附图 14.10　秋季渤海银鲳总生物量平面分布（单位：kg/h）

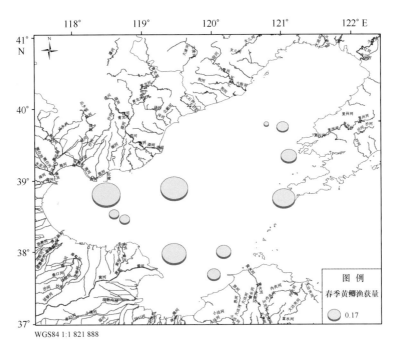

附图 14.11　春季渤海黄鲫总生物量平面分布（单位：kg/h）

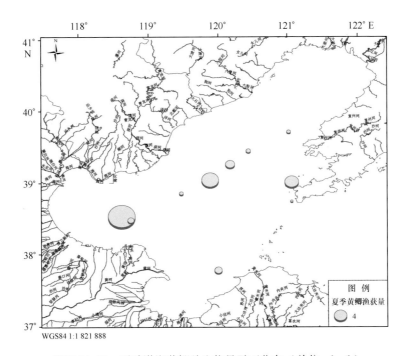

附图 14.12　夏季渤海黄鲫总生物量平面分布（单位：kg/h）

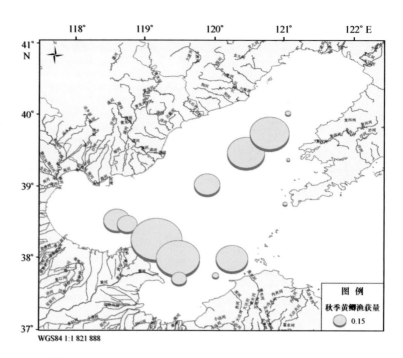

附图 14.13　秋季渤海黄鲫总生物量平面分布（单位：kg/h）

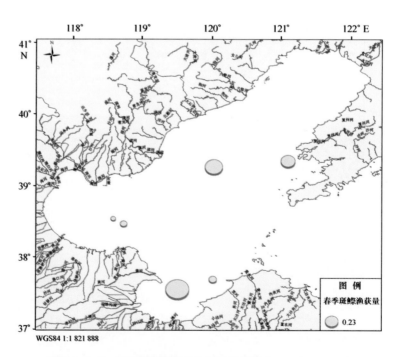

附图 14.14　春季渤海斑鰶总生物量平面分布（单位：kg/h）

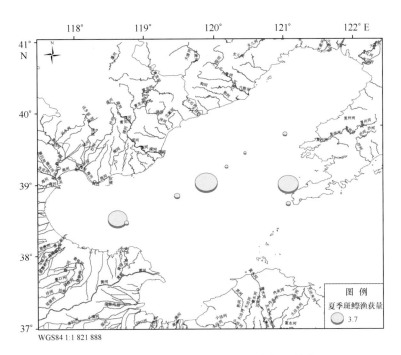

附图 14.15　夏季渤海斑鰶总生物量平面分布（单位：kg/h）

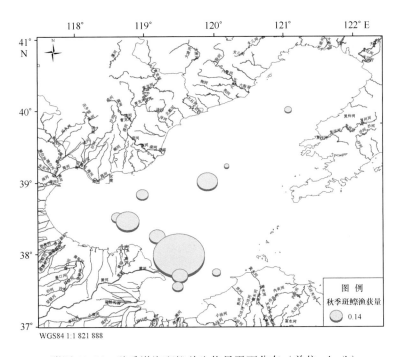

附图 14.16　秋季渤海斑鰶总生物量平面分布（单位：kg/h）

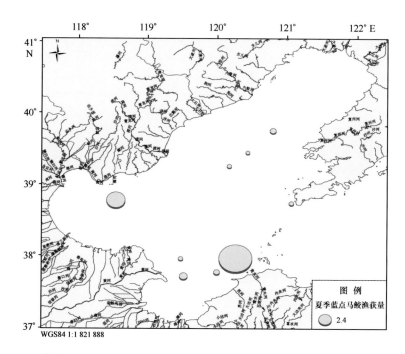

附图 14.17　夏季渤海蓝点马鲛总生物量平面分布（单位：kg/h）

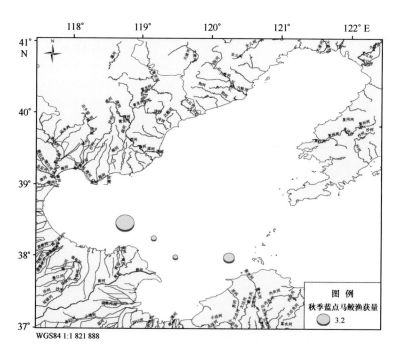

附图 14.18　秋季渤海蓝点马鲛总生物量平面分布（单位：kg/h）

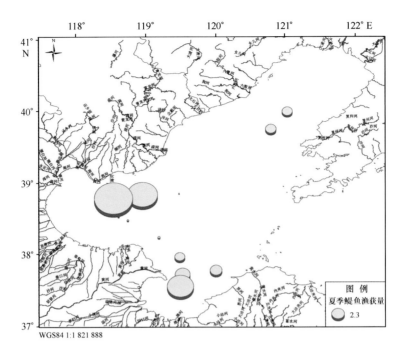

附图 14.19　夏季渤海鲲鱼总生物量平面分布（单位：kg/h）

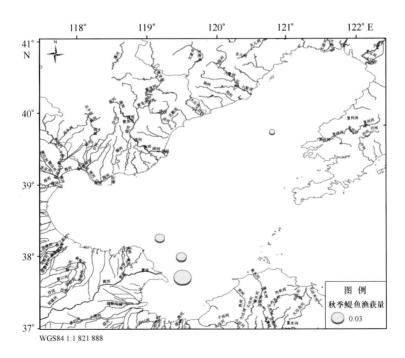

附图 14.20　秋季渤海鲲鱼总生物量平面分布（单位：kg/h）

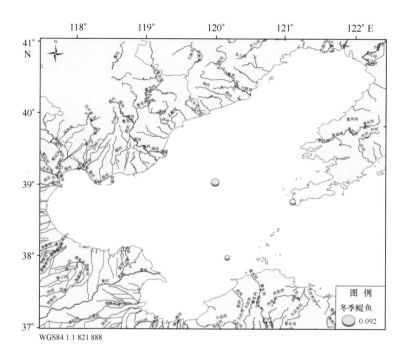

附图 14.21　冬季渤海鳀鱼总生物量平面分布（单位：kg/h）

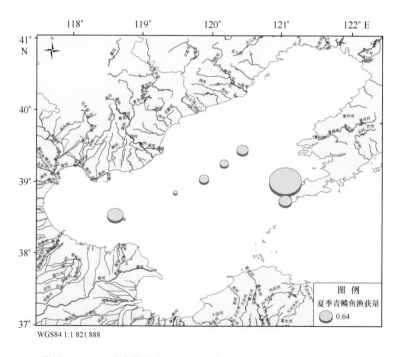

附图 14.22　夏季渤海青鳞鱼总生物量平面分布（单位：kg/h）

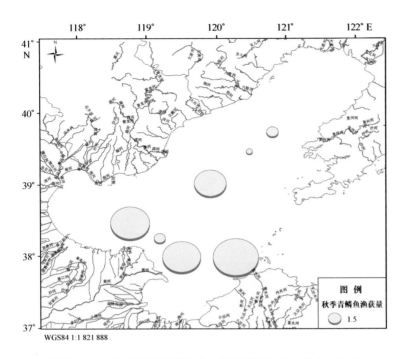

附图 14.23 秋季渤海青鳞鱼总生物量平面分布（单位：kg/h）

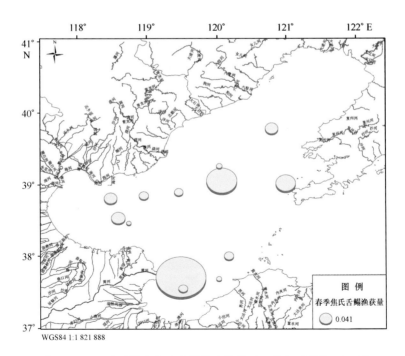

附图 14.24 春季渤海焦氏舌鳎总生物量平面分布（单位：kg/h）

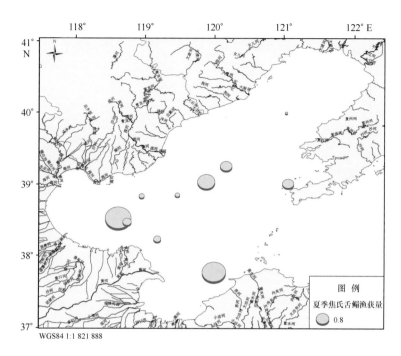

附图 14.25　夏季渤海焦氏舌鳎总生物量平面分布（单位：kg/h）

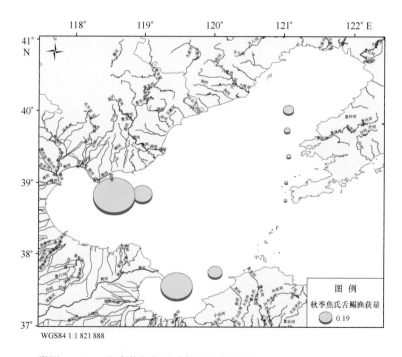

附图 14.26　秋季渤海焦氏舌鳎总生物量平面分布（单位：kg/h）

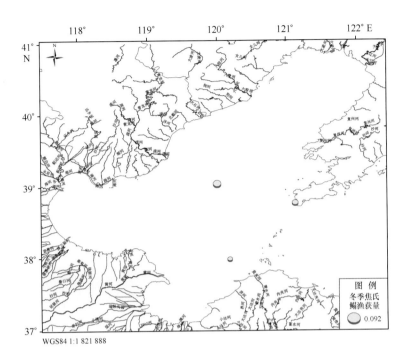

附图 14.27　冬季渤海焦氏舌鳎总生物量平面分布（单位：kg/h）

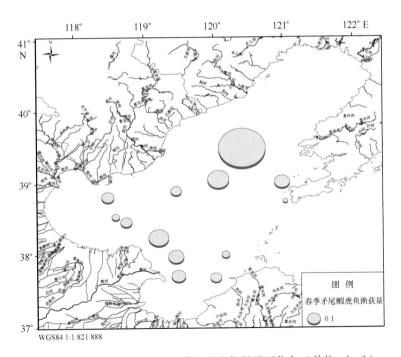

附图 14.28　春季渤海矛尾鰕虎鱼总生物量平面分布（单位：kg/h）

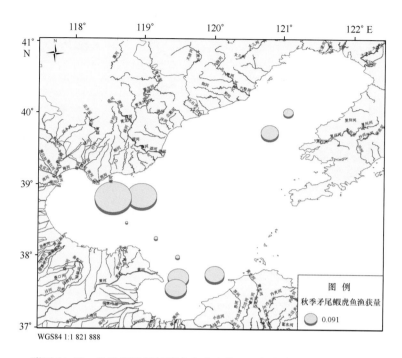

附图 14.29　秋季渤海矛尾鰕虎鱼总生物量平面分布（单位：kg/h）

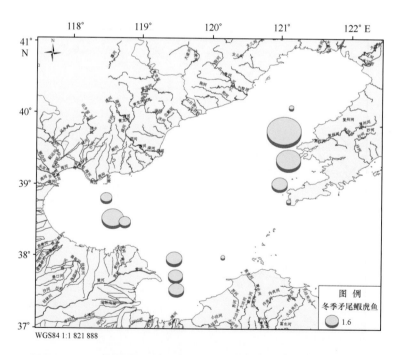

附图 14.30　冬季渤海矛尾鰕虎鱼总生物量平面分布（单位：kg/h）

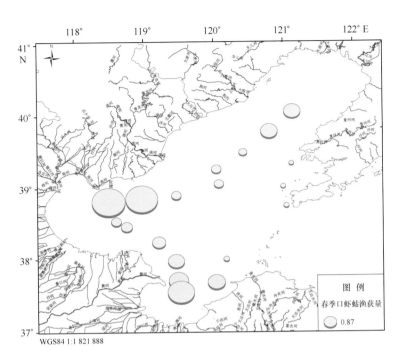

附图 14.31　春季渤海口虾蛄总生物量平面分布（单位：kg/h）

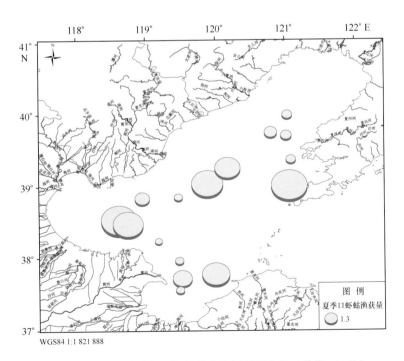

附图 14.32　夏季渤海口虾蛄总生物量平面分布（单位：kg/h）

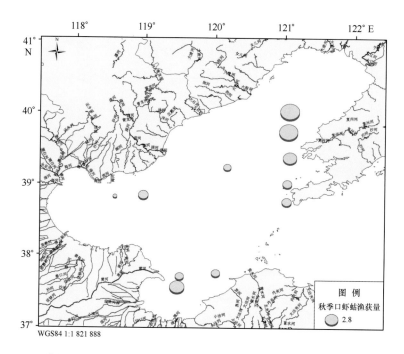

附图 14.33　秋季渤海口虾蛄总生物量平面分布（单位：kg/h）

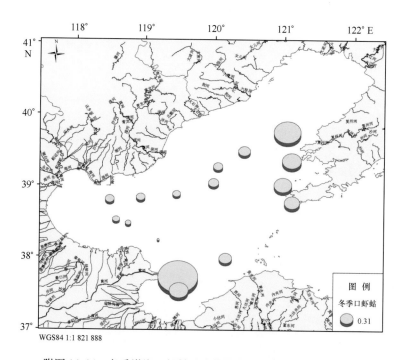

附图 14.34　冬季渤海口虾蛄总生物量平面分布（单位：kg/h）

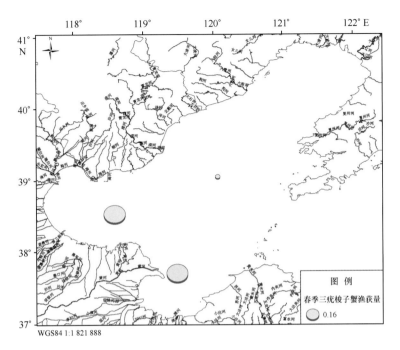

附图 14.35　春季渤海三疣梭子蟹总生物量平面分布（单位：kg/h）

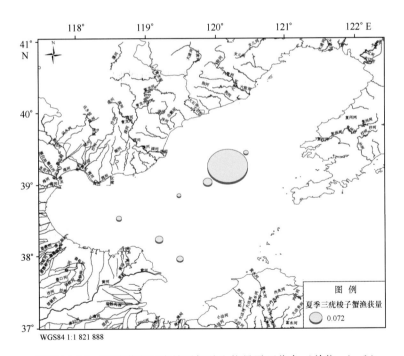

附图 14.36　夏季渤海三疣梭子蟹总生物量平面分布（单位：kg/h）

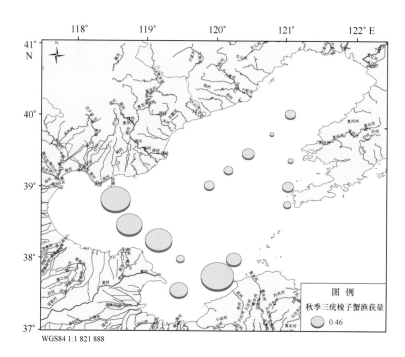

附图 14.37　秋季渤海三疣梭子蟹总生物量平面分布（单位：kg/h）

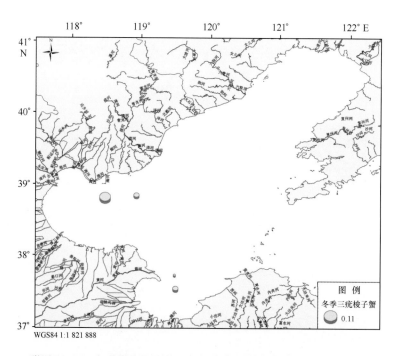

附图 14.38　冬季渤海三疣梭子蟹总生物量平面分布（单位：kg/h）

附 录 生物种类名录

附录1 海水微生物分子鉴定名录

序号	种类名称
1	Actinobacteridae
2	Actinobacteria
3	Bacteroidetes
4	Chlorobi
5	Cyanobacteria
6	Prochlorococcus
7	Firmicutes
8	Alkaliphilus
9	Planctomycetes
10	Proteobacteria
11	α – proteobacteria
12	δ – proteobacteria
13	δ/ε – proteobacterium
14	ε – proteobacteria
15	γ – proteobacteria
16	Pseudoalteromonas
17	Pseudomonas
18	Chlamydiae/Verrucomicrobia
19	unclassified proteobacteria

附录 2　沉积物微生物分子鉴定名录

序号	种类名称
1	Actinobacteridae
2	Acidothermus
3	Actinobacteria
4	Bacteroidetes
5	Chlorobi
6	Cyanobacteria
7	Prochlorococcus
8	Firmicutes
9	Alkaliphilus
10	Lentisphaerae
11	Planctomycetes
12	Proteobacteria
13	α – proteobacteria
14	δ – proteobacteria
15	δ/ε – proteobacterium
16	ε – proteobacteria
17	Campylobacter
18	γ – proteobacteria
19	Pseudoalteromonas
20	Alkalilimnicola
21	Pseudomonas
22	CandidatedivisionTM7
23	Chlamydiae/Verrucomicrobia
24	unclassified proteobacteria

附录3　微型浮游生物种类名录

序号	中文名	拉丁文名	春季	夏季	秋季	冬季
1	范氏圆箱藻	*Pyxidicula weyprechtii* Grunow	+			
2	颗粒直链藻	*Melosira granulata*（Ehr.）Ralfs				+
3	狭长型颗粒直链藻	*Melosira granulata var. angustissima* Müller	+	+		+
4	念珠直链藻	*Melosira moniliformis*（Müller）Agardh		+	+	
5	具槽直链藻	*Melosira sulcata*（Ehr.）Kützing	+	+	+	+
6	直链藻属	*Melosira* sp.	+		+	
7	掌状冠盖藻	*Stephanopyxis palmeriana*（Grev.）Grunow			+	
8	豪猪棘冠藻	*Corethron hystrix* Hensen	+		+	
9	中肋骨条藻	*Skeletonema costatum*（Grev.）Cleve	+	+	+	+
10	优美辐杆藻	*Bacteriastrum delicatulum* Cleve		+		
11	透明辐杆藻	*Bacteriastrum hyalinum* v. princeps		+		
12	辐杆藻属	*Bacteriastrum* sp.		+		
13	角海链藻	*Thalassiosira angulata*（Gregory）Hasle	+			
14	并基海链藻	*Thalassiosira decipiens*（Grunow）Jørgensen				+
15	离心列海链藻	*Thalassiosira eccentrica*（Ehrenberg）Cleve		+		+
16	鼓胀海链藻	*Thalassiosira gravida* Cleve				+
17	细弱海链藻	*Thalassiosira subtilis*（Ostenfeld）Gran	+	+	+	+
18	诺登海链藻	*Thalassiosira nordenskioldii* Cleve		+	+	+
19	太平洋海链藻	*Thalassiosira pacifica* Gran et Angst.	+	+	+	+
20	圆海链藻	*Thalassiosira rotula* Meunier	+	+	+	+
21	海链藻属	*Thalassiosira* sp.	+	+	+	+
22	脆指管藻	*Dactyliosolen fragilissimus*（Bergon）	+			+
23	柏氏角管藻	*Cerataulina bergonii* Peragallo		+		
24	海洋角管藻	*Cerataulina pelagica*（Cleve）Hendey			+	
25	膜状缪氏藻	*Meuniera membranacea*（Cleve）Silva	+	+	+	+
26	丹麦细柱藻	*Leptocylindrus danicus* Cleve	+	+	+	+
27	细筒藻	*Leptocylindrus minimus* Gran		+	+	+
28	有翼圆筛藻	*Coscinodiscus bipartitus* Rattray		+		
29	蛇目圆筛藻	*Coscinodiscus argus* Ehrenberg			+	
30	星脐圆筛藻	*Coscinodiscus asteromphalus* Ehrenberg			+	
31	中心圆筛藻	*Coscinodiscus centralis* Ehrenberg			+	
32	离心圆筛藻	*Coscinodiscus excentricus* Ehrenberg	+		+	
33	格氏圆筛藻	*Coscinodiscus granii* Gough			+	
34	线形圆筛藻	*Coscinodiscus lineatus* Ehrenberg	+			
35	具边圆筛藻	*Coscinodiscus marginatus* Ehrenberg		+		

序号	中文名	拉丁文名	春季	夏季	秋季	冬季
36	结节圆筛藻	*Coscinodiscus nodulifer* A. Schmidt		+		
37	辐射圆筛藻	*Coscinodiscus radiatus* Ehrenberg	+	+	+	+
38	弓束圆筛藻	*Coscinodiscus curvatulus* Grunow		+	+	+
39	巨圆筛藻	*Coscinodiscus gigas* Ehrenberg	+		+	+
40	琼氏圆筛藻	*Coscinodiscus jonesianus* (Grev.) Ostenfeld	+			
41	虹彩圆筛藻	*Coscinodiscus oculus – iridis* Ehrenberg	+	+	+	+
42	小眼圆筛藻	*Coscinodiscus oculatus* (Fauv.) Petit	+	+	+	+
43	圆筛藻属	*Coscinodiscus* spp.	+	+	+	+
44	洛氏辐环藻	*Actinocyclus roperi* (Bréb.) Grunow	+			
45	辐环藻属	*Actinocyclus* sp.			+	
46	六辐辐裥藻	*Actinoptychus octonarius* Ehrenberg			+	+
47	三舌辐裥藻	*Actinoptychus trilingulatus* (Brightw.) Ralfs		+		+
48	波状辐裥藻	*Actinoptychus undulatus* (Bailey) Ralfs			+	
49	辐裥藻属	*Actinoptychus* sp.			+	+
50	广卵罗氏藻	*Roperia latiovala* Chen et Qian		+		
51	布氏双尾藻	*Ditylum brightwellii* (West) Grunow	+	+	+	+
52	太阳双尾藻	*Ditylum sol* Grunow	+	+	+	+
53	锤状中鼓藻	*Bellerochea malleus* (Brightwell) van Heurck	+	+	+	
54	蜂窝三角藻	*Triceratium favus* Ehrenberg		+	+	
55	长角盒形藻	*Biddulphia longicruris* Greville		+		+
56	活动盒形藻	*Biddulphia mobiliensis* (Bailey) Grunow				+
57	钝头盒形藻	*Biddulphia obtusa* (Kütz.) Ralfs	+			
58	美丽盒形藻	*Biddulphia pulchella* Gray	+			
59	高盒形藻	*Biddulphia regia* (Schultze) Simonsen	+	+		+
60	网状盒形藻	*Biddulphia retiformis* Mann	+			
61	中华盒形藻	*Biddulphia sinensis* Greville		+	+	+
62	盒形藻属	*Biddulphia* sp.			+	
63	长耳齿状藻	*Odontella aurita* (Lyngbye) Agardh	+			
64	长角齿状藻	*Odontella longicruris* (Greville) Grunow	+		+	
65	霍氏半管藻	*Hemiaulus hauckii* Grunow		+	+	
66	薄壁半管藻	*Hemiaulus membranaceus* Cleve	+			
67	中华半管藻	*Hemiaulus sinensis* Greville	+	+		
68	长角弯角藻	*Eucampia cornuta* (Cleve) Grunow	+	+	+	
69	短角弯角藻	*Eucampia zoodiacus* Ehrenberg	+	+	+	+

续表

序号	中文名	拉丁文名	春季	夏季	秋季	冬季
70	扭鞘藻	*Streptotheca thamesis* Shrubsole		+		
71	须状角毛藻	*Chaetoceros crinitus* Schutt		+		
72	密连角毛藻	*Chaetoceros densus*（Cleve）Cleve			+	
73	洛氏角毛藻	Chaetoceros lorenzianus Grunow		+		+
74	冕孢角毛藻	*Chaetoceros subsecundus*（Grunow）Hustedt		+		
75	窄隙角毛藻	*Chaetoceros affinis* Lauder	+	+	+	
76	卡氏角毛藻	*Chaetoceros castracanei* Karsten	+	+	+	+
77	扁面角毛藻	*Chaetoceros compressus* Lauder		+		
78	柔弱角毛藻	*Chaetoceros debilis* Cleve		+		
79	异角角毛藻	*Chaetoceros diversus* Cleve		+		
80	爱氏角毛藻	*Chaetoceros eibenii* Grunow	+	+	+	+
81	旋链角毛藻	*Chaetoceros curvisetus* Cleve	+	+		+
82	垂缘角毛藻	*Chaetoceros laciniosus* Schuett		+		
83	平滑角毛藻	*Chaetoceros laevis* Leuduger – Fortmorel		+		
84	聚生角毛藻	*Chaetoceros socialis* Lauder		+		
85	角毛藻属	*Chaetoceros* spp.	+	+	+	+
86	双凹梯形藻	*Climacodium biconcavum* Cleve			+	
87	线状双眉藻	*Amphora lineolata* Ehrenberg	+	+	+	+
88	双眉藻属	*Amphora* sp.		+		
89	翼根管藻印度变型	*Rhizosolenia alata f. indica*（Perag.）Hustedt		+		
90	距端根管藻	*Rhizosolenia calcaravis* Schultz		+		+
91	卡氏根管藻	*Rhizosolenia castracanei* Peragallo			+	
92	粗刺根管藻	*Rhizosolenia crassispina* Schroeder			+	
93	柔弱根管藻	*Rhizosolenia delicatula* Cleve		+	+	
94	脆根管藻	*Rhizosolenia fragilissima* Bergon		+	+	
95	覆瓦根管藻	*Rhizosolenia imbricata* Brightwell			+	
96	钝棘根管藻半刺变型	*Rhizosolenia hebetata f. semispina* Gran				+
97	刚毛根管藻	*Rhizosolenia setigera* Brightwell	+	+	+	+
98	笔尖形根管藻	*Rhizosolenia styliformis* Brightwell			+	+
99	斯氏根管藻	*Rhizosolenia stolterforthii* Peragallo		+		
100	根管藻属	*Rhizosolenia* sp.	+			+
101	翼茧形藻	*Amphiprora alata* Kutzing		+		
102	茧形藻属	*Amphiprora* sp.		+		
103	环纹劳德藻	*Lauderia annulata* Cleve	+	+	+	

序号	中文名	拉丁文名	春季	夏季	秋季	冬季
104	锯齿几内亚藻	*Guinardia blavyana* Peragallo			+	
105	柔弱几内亚藻	*Guinardia delicatula* （Cleve）Hasle	+	+	+	+
106	萎软几内亚藻	*Guinardia flaccida* （Castracane）Peragallo	+	+	+	+
107	斯氏几内亚藻	*Guinardia striata* （Stolterfoth）Hasle	+	+	+	+
108	脆杆藻属	*Fragilaria* sp.			+	
109	扭曲小环藻	*Cyclotella comta* （Ehrenberg）Kutzing			+	
110	柱状小环藻	*Cyclotella stylorum* （Brightwell）	+		+	+
111	小环藻属	*Cyclotella* sp.		+	+	+
112	新月筒柱藻	*Cylindrotheca closterium* Reimann et Levin	+	+	+	+
113	矮小短棘藻	*Detonula pumila* （Castracane）Gran	+	+	+	+
114	翼内茧藻	*Entomoneis alata* Ehrenberg	+	+	+	+
115	柔弱井字藻	*Eunotogramma debile* Grunow		+	+	+
116	龙骨藻属	*Tropidoneis* sp.		+		
117	拟脆杆藻属	*Fragilariopsis* sp.	+	+		+
118	海洋斜纹藻	*Pleurosigma pelagicum* （Peragallo）Cleve	+	+	+	+
119	诺马斜纹藻	*Pleurosigma normanii* Ralfs（P. affine Grunow）	+	+	+	+
120	粗毛斜纹藻	*Pleurosigma strigosum* W. Smith	+	+		+
121	美丽斜纹藻	*Pleurosigma formosum* W. Smith	+		+	
122	斜纹藻属	*Pleurosigma* sp.	+	+	+	+
123	波罗的海布纹藻	*Gyrosigma balticum* （Ehrenberg）Rabenhorst			+	+
124	布纹藻属	*Gyrosigma* sp.	+	+		+
125	胸隔藻属	*Mastogloia* sp.		+		
126	蜂腰双壁藻	*Diploneis bombus* Ehrenberg	+	+	+	+
127	史氏双壁藻	*Diploneis smithii* （Bréb.）Cleve	+			
128	华丽双壁藻	*Diploneis splendida* （Gregory）Cleve	+	+	+	
129	双壁藻属	*Diploneis* sp.		+		
130	蛇形美壁藻	*Caloneis amphisbaena* （Schum.）		+		
131	粗纹藻属	*Trachyneis* sp.	+	+		+
132	柔软舟形藻	*Navicula mollis* （W. Smith）Cleve		+		
133	舟形藻属	*Navicula* sp.	+	+	+	+
134	日本星杆藻	*Asterionella japonica* Cleve		+		
135	冰河星杆藻	*Asterionellopsis glacialis* Castracane	+	+		
136	加拉星杆藻	*Asterionella kariana* Grunow	+			
137	星杆藻属	*Asterionella* sp.	+		+	

续表

序号	中文名	拉丁文名	春季	夏季	秋季	冬季
138	伏氏海毛藻	*Thalassiothrix frauenfeldii*（Grun.）Grunow		+		
139	长海毛藻	*Thalassiothrix longissima* Cleve & Grunow			+	+
140	伏氏海线藻	*Thalassionema frauenfeldii* Hallegraeff	+	+	+	+
141	菱形海线藻	*Thalassionema nitzschioides*（Grun.）Van Heurck	+	+	+	+
142	肘状针杆藻	*Synedra ulna*（Nitz.）Ehrenberg	+			
143	针杆藻属	*Synedra* sp.	+	+	+	+
144	波状斑条藻	*Grammatophora undulata* Ehrenberg			+	
145	鞍形藻	*Campylonis grevillei*（W. Smith）Grunow				+
146	短纹楔形藻	*Licmophora abbreviata* Agardh	+		+	+
147	楔形藻属	*Licmophora* sp.		+		
148	串珠梯楔形藻	*Climacosphenia moniligera* Ehrenberg				+
149	泰晤士旋鞘藻	*Helicotheca tamesis*（Shrubsole）Ricard		+	+	+
150	唐氏藻属	*Donkinia* sp.			+	
151	羽纹藻属	*Pinnularia* sp.	+		+	+
152	具翼漂流藻	*Planktoniella blanda* Syvertsen & Hasle	+	+	+	+
153	桥弯藻属	*Cymbella* sp.				+
154	翼鼻状藻	*Proboscia alata*（Brightwell）Sundström				+
155	印度翼鼻状藻	*Proboscia alata* f. *Indica*（H. Peragallo）	+			
156	曲壳藻属	*Achnanthes* sp.	+			
157	杂菱形藻	*Nitzschia hybrida* Grunow		+		
158	长菱形藻	*Nitzschia longissima*（Breb.）Ralfs		+	+	+
159	长菱形藻弯端变种	*Nitzschia longissima* var. *reversa* Grunow		+	+	
160	洛伦菱形藻	*Nitzschia lorenziana* Grunow	+			+
161	琴式菱形藻	*Nitzschia panduriformis* Gregory		+	+	
162	具点菱形藻	*Nitzschia punctata*（W. Smith）Grunow	+			
163	曲菱形藻	*Nitzschia sigma* Smith	+	+		+
164	奇异菱形藻	*Nitzschia paradoxa*（Gmelin）Grunow		+	+	
165	菱形藻属	*Nitzschia* sp.	+	+	+	+
166	优美伪菱形藻	*Pseudonitzschia delicatissima*（Cleve）Heiden	+	+	+	+
167	尖刺伪菱形藻	*Pseudonitzschia pungens* Hasle	+	+	+	+
168	派格棍形藻	*Bacillaria paxillifera*（Müller）Hendey	+	+	+	
169	华壮双菱藻	*Surirella fastuosa* Ehrenberg	+		+	
170	双菱藻属	*Surirella* sp.		+	+	+
171	卵形折盘藻	*Tryblioptychus cocconeiformis*（Cleve）Hendey				+

序号	中文名	拉丁文名	春季	夏季	秋季	冬季
172	三裂醉藻	*Ebria tripartita*（Schumann）Lemmermann	+	+	+	
173	密原甲藻	*Prorocentrum dentatum* Stein		+	+	+
174	尖叶原甲藻	*Prorocentrum triestinum* Schiller			+	+
175	纤细原甲藻	*Prorocentrum gracile* Schütt	+	+		+
176	小原甲藻	*Prorocentrum minimum* Schiller	+	+		
177	闪光原甲藻	*Prorocentrum micans* Ehernberg	+	+		
178	原甲藻属	*Prorocentrum* sp.		+	+	
179	夜光藻	*Noctiluca scintillans*（Macartney）Kofoid et Swezy	+	+	+	+
180	螺旋环沟藻	*Gyrodinium spirale*（Bergh）Kofoid & Swezy	+		+	
181	环沟藻属	*Gyrodinium* sp.	+			
182	米氏凯伦藻	*Karenia mikimotoi*（Miyake et Kominami et Oda）G. Hansen et Moestrup		+	+	+
183	米金裸甲藻	*Gymnodinium mikiomotoi* Miyake & Kominami			+	
184	渐绿裸甲藻	*Gymnodinium viridescens* Kofoid			+	
185	斯裸甲藻	*Gymnodinium splendens* Lebour		+		+
186	灰白下沟藻	*Katodinium glaucum*（Lebour）Loeblich III		+		
187	塔玛亚历山大藻	*Alexandrium tamarense* Balech	+	+		+
188	亚历山大藻	*Alexandrium* sp.	+	+	+	+
189	渐尖鳍藻	*Dinophysis acuminata* Claparede et Lachmann		+		
190	具尾鳍藻	*Dinophysis caudata* Saville				+
191	倒卵形鳍藻	*Dinophysis fortii* Pavillard		+		
192	卵尖鳍藻	*Dinophysis ovum* Schutt	+		+	
193	如吉鳍藻	*Dinophysis rudgei* Murray & Whitting		+		
194	椭圆鳍藻	*Dinophysis sphaerica* Stein		+		
195	鳍藻属	*Dinophysis* sp.		+		
196	夜光梨甲藻	*pyrocystis noctiluca*		+		
197	短角角藻	*Ceratium breve* Ostenfeld & Schmidt		+	+	
198	叉角藻	*Ceratium furca*（Ehr.）Claparéde et Lachmann	+	+	+	+
199	线形角藻	*Ceratium lineatum*（Ehrenberg）Cleve		+	+	
200	美丽角藻	*Ceratium pulchellum* Schr－der			+	
201	科氏角藻	*Ceratium kofoidii* Jörgensen		+	+	
202	低顶角藻	*Ceratium humile* Jörgensen		+	+	
203	角藻属	*Ceratium* sp.			+	
204	三角角藻	*Ceratium tripos*（O. F. Muller）Nitzsch		+	+	+

序号	中文名	拉丁文名	春季	夏季	秋季	冬季
205	双刺膝沟藻	*Gonyaulax diegensis* Kofoid		+		
206	粗刺膝沟藻	*Gonyaulax digitale*（Pouchet）Kofoid		+		
207	多纹膝沟藻	*Gonyaulax polyramma* Stein		+		
208	多边膝沟藻	*Gonyaulax polyedra* Stein		+		
209	底刺膝沟藻	*Gonyaulax spinifera*（Claparede et Lachmann）Diesing		+		
210	春膝沟藻	*Gonyaulax verior* Sournia		+		
211	多面异沟藻	*Heteraulacus polyedricus*（Pouchet）Drugg et Loeblich		+	+	
212	双刺多甲藻	*Peridinium bipes* F. Stein		+		+
213	扁平多甲藻	*Peridinium depressum* Baileg		+		
214	叉分多甲藻	*Peridinium divergens* Ehrenberg		+		
215	里昂多甲藻	*Peridinium leonis* Pavillard		+		
216	海洋多甲藻	*Peridinium oceanicum* Vanhoffen			+	
217	光甲多甲藻	*Peridinium pallidum* Ostenfeld		+		
218	灰甲多甲藻	*Peridinium pellucidum*（Bergh）Schütt		+	+	+
219	斯氏扁甲藻	*Pyrophacus steinii*（Schiller）Wall & Dale		+	+	+
220	角原多甲藻	*Protoperidinium cerasus* Paulsen		+		
221	双刺原多甲藻	*Protoperidinium conicoides* Paulsen	+			
222	双曲原多甲藻	*Protoperidinium conicum*（Gran）Balech	+	+		+
223	拟锥形原多甲藻	*Protoperidinium depressnm*（Bailey）Balech			+	
224	扁平原多甲藻	*Protoperidinium divergens*（Ehrenberg）		+	+	
225	长椭圆原多甲藻	*Protoperidinium oblongum*（Aurivillius）		+	+	
226	长角原多甲藻	*Protoperidinium ovum*（Schiller）Balech				+
227	点刺原多甲藻	*Protoperidinium punctulatum*（Paulsen）		+		
228	椭圆原多角藻	*Protoperidinium* oblongum Parke & Dodge	+		+	
229	二角原多甲藻	*Protoperidinium bipes*（Pauls）Balech		+	+	
230	五角原多甲藻	*Protoperidinium pentagonum*（Gran）Balech		+		
231	原多甲藻属	*Protoperidinium* sp.		+	+	+
232	血红阿卡藻	*Akashiwo sanguinea* Hansen et Moestrup		+		
233	新月球甲藻	*Dissodinium lunula*（Schutt）Pascher	+		+	
234	长小囊甲藻	*Dissodinium elegans*（Pavillard）Matzenauer		+		
235	米尼尖甲藻	*Oxytoxum milneri* Murray & Whitting			+	
236	刺尖甲藻	*Oxytoxum scolopax* Stein			+	
237	尖甲藻属	*Oxytoxum* sp.		+		+

序号	中文名	拉丁文名	春季	夏季	秋季	冬季
238	锥状施克里普藻	*Scrippsiella trochoidea* Balech *ex* Loeblich （Ehrenberg）Jögrensen		+		+
239	长前沟藻	*Amphidinium longum* Lohmann		+		
240	小等刺硅鞭藻	*Dictyocha fibula* Ehrenberg	+	+	+	+
241	六等刺硅鞭藻	*Dictyocha speculum* Ehrenberg		+		
242	硅鞭藻属	*Dictyocha* sp.	+			
243	六异刺硅鞭藻八角变种	*Distephanus speculum* var. *octonarius*		+	+	+
244	贺胥黎艾氏颗石藻	*Emiliania huxleyi* （Lohmann）Hay et Mohler			+	+
245	大洋桥石藻	*Gephyrocapsa oceanica* Kamptner				+
246	双角盘星藻	*Pediastrum duplex* Meyen	+	+		
247	单角盘星藻	*Pediastrum simplex* Meyen		+	+	+
248	四棘栅藻	*Scenedesmus quadricauda* （Turpin）Brébisson	+	+	+	+
249	集星藻属	*Actinastrum* sp.			+	
250	微囊藻属	*Microcystis* sp.				+
251	铁氏束毛藻	*Trichodesmium thiebautii* Gomont		+		
252	海洋卡盾藻	*Chattonella marina* （Subrahamanyan）hara et Chihara		+		

附录 4 小型浮游生物种类名录

序号	中文名	拉丁文名	春季	夏季	秋季	冬季
	黄藻门	Xanthophyta				
	针胞藻纲	Raphidophyceae				
1	海洋卡盾藻	*Chattonella marina* Hara & Chihara	+	+		
	硅藻门	Bacillariophyta				
	中心纲	Centricae				
	圆筛藻目	Coscinodiscales				
	圆筛藻科	Coscinodiscaceae				
2	具槽直链藻	*Melosira sulcata*（Ehr.）Kützing	+	+	+	+
3	掌状冠盖藻	*Stephanopyxis palmeriana*（Grev.）Grunow			+	
4	塔形冠盖藻	*Stephanopyxis turris*（Grev. et Arndt）Ralfs		+	+	+
5	小环毛藻	*Corethron hystrix* Hansen	+	+	+	+
6	中肋骨条藻	*Skeletonema costatum*（Grev.）Cleve	+	+	+	+
7	透明辐杆藻	*Bacteriastrum hyalinum* v. princeps		+	+	
8	辐杆藻属	*Bacteriastrum* sp.	+	+	+	+
9	密联海链藻	*Thalassiosira condensata*（Cleve）Lebour	+	+	+	+
10	诺登海链藻	*Thalassiosira nordenskioldii* Cleve	+	+	+	+
11	太平洋海链藻	*Thalassiosira pacifica* Gran et Angst.	+	+		
12	圆海链藻	*Thalassiosira rotula* Meunier	+		+	+
13	细弱海链藻	*Thalassiosira subtilis*（Ostenfeld）Gran	+	+	+	+
14	海链藻属	*Thalassiosira* sp.			+	+
15	地中海指管藻	*Dactyliosolen mediterraneus*（Perag.）Peragallo		+	+	
16	丹麦细柱藻	*Leptocylindrus danicus* Cleve	+	+	+	
17	柏氏角管藻	*Cerataulina bergonii* Peragallo		+	+	
18	蛇目圆筛藻	*Coscinodiscus argus* Ehrenberg				+
19	星脐圆筛藻	*Coscinodiscus asteromphalus* Ehrenberg		+	+	+
20	有翼圆筛藻	*Coscinodiscus bipartitus* Rattray			+	
21	中心圆筛藻	*Coscinodiscus centralis* Ehrenberg		+		+
22	弓束圆筛藻	*Coscinodiscus curvatulus* Grunow	+			+
23	明壁圆筛藻	*Coscinodiscus debilis* Grove		+	+	
24	格氏圆筛藻	*Coscinodiscus granii* Gough	+	+	+	+
25	强氏圆筛藻	*Coscinodiscus janischii* A. Schmidt		+		+
26	具边圆筛藻	*Coscinodiscus marginatus* Ehrenberg	+	+	+	
27	小眼圆筛藻	*Coscinodiscus oculatus*（Fauv.）Petit	+	+		+
28	虹彩圆筛藻	*Coscinodiscus oculus - iridis* Ehrenberg	+	+	+	+
29	孔圆筛藻	*Coscinodiscus perforatus* Ehrenberg				+

序号	中文名	拉丁文名	春季	夏季	秋季	冬季
30	辐射圆筛藻	*Coscinodiscus radiatus* Ehrenberg	+	+	+	+
31	有棘圆筛藻	*Coscinodiscus spinosus* Chin	+	+	+	+
32	威氏圆筛藻	*Coscinodiscus wailesii* Gran & Angst	+	+	+	+
33	圆筛藻属	*Coscinodiscus* sp.	+	+	+	+
	眼纹藻科	**Eupodiscaceae**				
34	爱氏辐环藻	*Actinocyclus ehrenbergii* Ralfs		+		+
	辐盘藻科	**Actinodiscaceae**				
35	三舌辐裥藻	*Actinoptychus trilingulatus* (Brightw.) Ralfs	+	+	+	+
	盒形藻目	**Biddulphiales**				
	盒形藻科	**Biddulphiaceae**				
36	布氏双尾藻	*Ditylum brightwellii* (West) Grunow	+	+	+	+
37	太阳双尾藻	*Ditylum sol* Grunow			+	
38	锤状中鼓藻	*Bellerochea malleus* (Brightwell) van Heurck	+	+	+	+
39	蜂窝三角藻	*Triceratium favus* Ehrenbrg	+	+	+	+
40	三角藻属	*Triceratium* sp.	+			
41	长角盒形藻	*Biddulphia longicruris* Greville	+	+	+	+
42	活动盒形藻	*Biddulphia mobiliensis* (Bailey) Grunow	+	+	+	+
43	钝头盒形藻	*Biddulphia obtusa* (Kuetz.) Ralfs	+			+
44	美丽盒形藻	*Biddulphia pulchella* Gray			+	+
45	中华盒形藻	*Biddulphia sinensis* Greville	+	+	+	+
46	中华半管藻	*Hemiaulus chinensis* Greville		+	+	
47	短角弯角藻	*Eucampia zoodiacus* Ehrenberg	+	+	+	+
48	扭鞘藻	*Streptotheca thamesis* Schrubsole	+		+	+
	角毛藻科	**Chaetoceraceae**				
49	异常角毛藻	*Chaetoceros abnormis* Proschkina-Lavrenko		+	+	
50	窄隙角毛藻	*Chaetoceros affinis* Lauder		+	+	+
51	北方角毛藻	*Chaetoceros borealis* Bailey			+	
52	卡氏角毛藻	*Chaetoceros castracanei* Karsten	+	+	+	+
53	扁面角毛藻	*Chaetoceros compressus* Lauder		+	+	
54	缢缩角毛藻	*Chaetoceros constrictus* Gran		+		
55	扭角毛藻	*Chaetoceros convolutus* Castracane		+		
56	旋链角毛藻	*Chaetoceros curvisetus* Cleve	+	+	+	+
57	柔弱角毛藻	*Chaetoceros debilis* Cleve		+	+	+
58	密连角毛藻	*Chaetoceros densus* (Cleve) Cleve	+	+	+	+
59	双突角毛藻	*Chaetoceros didymus* Ehrenberg	+	+	+	
60	远距角毛藻	*Chaetoceros distans* Cleve		+		

续表

序号	中文名	拉丁文名	春季	夏季	秋季	冬季
61	爱氏角毛藻	*Chaetoceros eibenii* Grunow			+	
62	垂缘角毛藻	*Chaetoceros laciniosus* Schuett		+		
63	洛氏角毛藻	*Chaetoceros lorenzianus* Grunow	+	+	+	+
64	奇异角毛藻	*Chaetoceros paradox* Cleve		+		
65	拟弯角毛藻	*Chaetoceros pseudocurvisetus* Margin	+	+	+	
66	秘鲁角毛藻	*Chaetoceros pseuvianus* Brightwell	+			
67	嘴状角毛藻	*Chaetoceros rostratus* Lauder			+	
68	暹罗角毛藻	*Chaetoceros siamense* Ostenfeld			+	+
69	相似角毛藻	*Chaetoceros similis* Cleve	+			
70	冕孢角毛藻	*Chaetoceros subsecundus*（Grun.）Hustedt	+	+	+	+
71	圆柱角毛藻	*Chaetoceros teres* Cleve	+	+	+	+
72	扭链角毛藻	*Chaetoceros tortissimus* Gran	+			
73	范氏角毛藻	*Chaetoceros vanheurcki* Gran		+		
74	角毛藻属	*Chaetoceros* spp.	+	+	+	+
	根管藻目	**Rhizosoleniales**				
	根管藻科	**Rhizosoleniaceae**				
75	翼根管藻印度变型	*Rhizosolenia alata* f. *indica* Hustedt	+	+	+	+
76	翼根管藻纤细变型	*Rhizosolenia alata* f. *gracillima* Grunow		+		
77	距端根管藻	*Rhizosolenia calcaravis* Schultz			+	
78	柔弱根管藻	*Rhizosolenia delicatula* Cleve	+	+	+	+
79	脆根管藻	*Rhizosolenia fragilissima* Bergon		+	+	
80	粗根管藻	*Rhizosolenia robusta* Norman et Ralfs			+	
81	刚毛根管藻	*Rhizosolenia setigera* Brightwell	+	+	+	+
82	斯氏根管藻	*Rhizosolenia stolterforthii* Peragallo	+	+	+	+
83	笔尖型根管藻	*Rhizosolenia styliformis* Brightwell	+	+	+	
84	笔尖型根管藻长棘变种	*Rhizosolenia styliformis* var. *longisipina* Hustedt			+	
	舟形目	**Naviculales**				
	舟形科	**Naviculaceae**				
85	翼茧形藻	*Amphiprora alata*（Ehr.）Kutzing	+	+	+	+
86	龙骨藻属	*Tropidoneis* sp.	+	+	+	+
87	诺马斜纹藻	*Pleurosigma normanii* Ralfs	+	+	+	+
88	美丽斜纹藻	*Pleurosigma formosum* W. Smith				+
89	海洋斜纹藻	*Pleurosigma pelagicum*（Perag.）Cleve	+	+	+	+
90	斜纹藻属	*Pleurosigma* sp.	+	+	+	+
91	波罗的海布纹藻	*Gyrosigma balticum*（Ehrenberg）Cleve	+	+		+
92	布纹藻属	*Gyrosigma* sp.	+	+	+	+

序号	中文名	拉丁文名	春季	夏季	秋季	冬季
93	双壁藻属	*Diploneis* sp.		+		+
94	粗纹藻属	*Trachyneis* sp.	+		+	+
95	膜状舟形藻	*Navicula membranacea* Cleve	+		+	+
96	舟形藻属	*Navicula* sp.	+	+	+	+
	等片藻目	Diatomales				
	等片藻科	Diatomaceae				
97	日本星杆藻	*Asterionella japonica* Cleve	+	+	+	+
98	加拉星杆藻	*Asterionella kariana* Grunow	+			+
99	伏氏海毛藻	*Thalassiothrix frauenfeldii*（Grun.）Grunow	+	+	+	+
100	菱形海线藻	*Thalassionema nitzschioides*（Grun.）Van Heurck	+	+	+	+
101	针杆藻属	*Synedra* sp.		+		
102	波状斑条藻	*Grammatophora undulata* Ehrenberg		+		
103	短纹楔形藻	*Licmophora abbreviata* Agardh	+	+		+
	双菱藻目	Surirellales				
	菱形藻科	Nitzschiaceae				
104	新月筒柱藻	*Cylindrotheca closterium*（Ehr.）Reimann et Lewin	+			
105	柔弱菱形藻	*Nitzschia delicatissima* Cleve	+	+	+	
106	杂菱形藻	*Nitzschia hybrida* Grunow	+	+	+	
107	长菱形藻	*Nitzschia longissima*（Breb.）Ralfs	+	+	+	+
108	长菱形藻弯端变种	*Nitzschia longissima* v. *reversa* Grunow		+		
109	洛氏菱形藻	*Nitzschia lorenziana* Grunow	+	+	+	+
110	尖刺菱形藻	*Nitzschia pungens* Grunow	+	+	+	+
111	弯菱形藻	*Nitzschia sigma*（Kuetz.）W. Smith	+	+		+
112	奇异棍形藻	*Bacillaria paradoxa* Gmelin	+	+	+	+
113	菱形藻属	*Nitzschia* sp.	+	+		+
	双菱藻科	Surirellaceae				
114	沃氏双菱藻	*Surirella voigtii* Skvortzow				+
	金藻门	Chrysophyta				
	金藻纲	Chrysophyceae				
	硅鞭藻目	Silicoflagellatales				
	硅鞭藻科	Dictyochaceae				
115	小等刺硅鞭藻	*Dictyocha fibula* Ehrenberg	+	+	+	+
	甲藻门	Pyrrophyta				
	纵裂甲藻纲	Desmophyceae				
	原甲藻目	Prorocentrates				
	原甲藻科	Prorocentraceae				

序号	中文名	拉丁文名	春季	夏季	秋季	冬季
116	闪光原甲藻	*Prorocentrum micans* Ehernberg	+	+		
117	小原甲藻	*Prorocentrum minimum* Schiller		+		
	甲藻纲	**Dinophyceae**				
	裸甲藻目	**Gymnodiniales**				
	裸甲藻科	**Gymnodiniaceae**				
118	米氏凯伦藻	*Karenia mikimotoi* Hasen Stein		+		
	夜光藻科	**Noctilucaceae**				
119	夜光藻	*Noctiluca scintillans*（Macartney）Kofoid et Swezy	+	+	+	+
	鳍藻科	**Dinophysiaceae**				
120	渐尖鳍藻	*Dinophysis acuminata* Claparede et Lachmann		+		
121	倒卵形鳍藻	*Dinophysis fortii* Pavillard	+	+		
122	具尾鳍藻	*Dinophysis caudata* Saville – Kent			+	
	多甲藻目	**Peridiniales**				
	膝沟藻科	**Gonyaulaceae**				
123	塔玛亚历山大藻	*Alexandrium tamarense* Balech		+	+	+
124	锥形斯克里普藻	*Scrippsiella faeroense*		+		
	角藻科	**Ceratiaceae**				
125	科氏角藻	*Ceratium kofoidii* Jorgensen		+	+	
126	叉角藻	*Ceratium furca*（Ehr.）Claparéde et Lachmann		+	+	+
127	纺锤角藻	*Ceratium fusus*（Ehr.）Dujardin	+	+	+	+
128	中型角藻	*Ceratium intermodium* Jorensen	+	+	+	+
129	大角角藻	*Ceratium macroceros*（Ehr.）Cleve		+	+	
130	纤细角藻	*Ceratium tenue*（Ostenfeld et Schmidt）Jorgensen			+	+
131	三角角藻	*Ceratium tripos*（O. F. Muller）Nitzsch	+	+	+	+
	膝沟藻科	**Gonyaulaceae**				
132	双刺膝沟藻	*Gonyaulax diegensis* Kofoid	+	+		
133	粗刺膝沟藻	*Gonyaulax digitale*（Pouchet）Kofoid		+		
134	底刺膝沟藻	*Gonyaulax spinifera*（Claparede et Lachmann）Diesing	+	+		
	多甲藻科	**Peridiniaceae**				
135	双刺多甲藻	*Peridinium bipes* Stein			+	
136	扁平多甲藻	*Peridinium depressum* Bailey		+	+	
137	叉分多甲藻	*Peridinium divergens* Ehrenberg		+	+	
138	宽阔多甲藻	*Peridinium latissimum* Kofoid			+	+
139	里昂多甲藻	*Peridinium leonis* Pavillard	+	+	+	+
140	灰甲多甲藻	*Peridinium pellucidum*（Bergh）Schutt	+	+		
141	五角多甲藻	*Peridinium pentagonum* Gran		+	+	+

序号	中文名	拉丁文名	春季	夏季	秋季	冬季
142	多甲藻属	*Peridinium* sp.	+	+	+	
	扁甲藻科	**Pyrophacaceae**				
143	钟扁甲藻斯氏变种	*Pyrophacus horologicum* v. *steinii* Schiller	+	+	+	+

附录5　大型浮游生物种类名录

序号	中文名	拉丁文名	春季	夏季	秋季	冬季
	刺胞动物门	Cnidaria				
	水螅水母亚纲	Hydroidomedusae				
1	不列颠高手水母	*Bougainvillia britannica* Forbes			+	
2	扁胃高手水母	*Bougainvillia platygaster* (Hackel)		+		
3	鳞茎高手水母	*Bougainvillia muscus* (Allman)		+	+	
4	灯塔水母	*Turritopsis nutricula* McCrady		+		
5	灯塔水母属	*Turritopsis* sp.		+		
6	小介螅水母	*Hydractinia minima* (Trinci)		+		
7	皱口双手水母	*Amphinema rugosum* (Mayer)			+	
8	八斑芮氏水母	*Rathkeae octopunctata* (M. Sars)	+			
9	梅氏枝手水母	*Cladonema mayeri* Perking	+			
10	真囊水母	*Euphysora bigelowi* Maas		+		
11	耳状囊水母	*Euphysa aurata* Forbes		+	+	
12	杜氏外肋水母	*Ectopleura dumontieri* (Van Beneden)		+		
13	双手外肋水母	*Ectopleura minerva* Mayer			+	
14	崎状镰螅水母	*Zanclea costata* Gegenbaur			+	
15	卡玛拉水母	*Malagazzia carolinae* (Mayer)	+	+		
16	玛拉水母属	*Malagazzia* sp.		+		
17	嵘山秀氏水母	*Sugiura chengshanense* (Ling)		+	+	
18	锡兰和平水母	*Eirene ceylonensis* Browne		+	+	
19	细颈和平水母	*Eirene menoni* Kramp		+		
20	和平水母属	*Eirene* sp.		+	+	
21	八蕊真瘤水母	*Eutima gegenbauri* (Haeckel)		+		
22	黑球真唇水母	*Eucheilota menoni* Kramp		+		
23	四手触丝水母	*Lovenella assimilis* (Browne)		+	+	
24	盘形美螅水母	*Clytia discoida* (Mayer)		+		
25	半球美螅水母	*Clytia hemisphaerica* (Linne)		+	+	
26	美螅水母属	*Clytia* sp.		+	+	
27	薮枝螅水母属	*Obelia* spp.	+	+	+	
28	四枝管水母	*Proboscidactyla flavicirrata* Brandt	+	+	+	+
29	芽口枝管水母	*Proboscidactyla ornata* (McCrady)		+		
30	枝管水母属	*Proboscidactyla* sp.		+		
31	烟台异手水母	*Varitentaculata yantaisis* He		+	+	
32	水螅水母类	Hydroidomedusae		+		+

序号	中文名	拉丁文名	春季	夏季	秋季	冬季
	管水母亚纲	**Siphonophorae**				
33	五角水母	*Muggiaea atlantica* Cunningharm			+	
	钵水母纲	**Scyphomedusae**				
34	钵水母	Scyphomedusae		+		
	栉水母动物门	**Ctenophora**				
35	球形侧腕水母	*Pleurobrachia globosa* Moser			+	
36	瓜水母	*Beroe cucumis* Fabricius			+	+
	软体动物门	**Mollusca**				
37	帚毛虫属	*Sabellaria* sp.			+	
	节肢动物门	**Arthropoda**				
	甲壳纲	**Crustacea**				
	枝角目	**Cladocera**				
38	鸟喙尖头水蚤	*Penilia avirostris* Dana		+		
	桡足亚纲	**Copepoda**				
39	中华哲水蚤	*Calanus sinicus* Brodsky	+	+	+	+
40	小拟哲水蚤	*Paracalanus parvus* (Claus)	+	+	+	+
41	太平洋真宽水蚤	*Eurytemora pacifica* Sato				+
42	腹针胸刺水蚤	*Centropages abdominalis* Sato	+	+		
43	背针胸刺水蚤	*Centropages dorsispinatus* Thompson & Scott				+
44	海洋伪镖水蚤	*Pseudodiaptomus marinus* Sato		+		+
45	汤氏长足水蚤	*Calanopia thompsoni* A. Scott		+	+	
46	双刺唇角水蚤	*Labidocera bipinnata* Tanaka	+	+	+	
47	真刺唇角水蚤	*Labidocera euchaeta* Giesbrecht	+	+	+	+
48	刺尾角水蚤	*Pontella spinicauda* Mori		+		
49	钝简角水蚤	*Pontellopsis yamadae* Mori		+		
50	双毛纺锤水蚤	*Acartia bifilosa* Giesbrecht	+	+	+	+
51	太平洋纺锤水蚤	*Acartia pacifica* Steuer		+		
52	钳形歪水蚤	*Tortanus forcipatus* (Giesbrecht)		+	+	
53	刺尾歪水蚤	*Tortanus spinicaudatus* Shen et Bai		+		
54	拟长腹剑水蚤	*Oithona similis* Claus		+		
55	近缘大眼剑水蚤	*Corycaeus affinis* Mcmurrichi		+	+	+
56	大眼剑水蚤属	*Corycaeus* sp.		+		
57	巨大怪水蚤	*Monstrilla grandis* Giesbrecht		+		
	糠虾目	**Mysidacea**				
58	漂浮小井伊糠虾	*Iiella pelagicus* Ii	+	+	+	+
59	小红糠虾	*Erythrops minuta* Hansen		+		

序号	中文名	拉丁文名	春季	夏季	秋季	冬季
60	黑褐新糠虾	*Neomysis awatschensis*（Brandt）		+		+
61	新糠虾属	*Neomysis* sp.	+	+	+	
62	长额刺糠虾	*Acanthomysis longirosis* Ii				+
63	黄海刺糠虾	*Acanthomysis hwanghaiensis* Ii	+	+		+
64	刺糠虾属	*Acanthomysis* sp.	+	+	+	+
	涟虫目	**Cumacea**				
65	针尾涟虫属	*Diastylis* sp.	+	+	+	+
	端足目	**Amphipoda**				
66	蜾蠃蜚属	*Corophium* sp.		+		+
67	钩虾	Gammaridea	+	+	+	+
68	细足法蛾	*Themisto gracilipes* Norman	+	+	+	+
	磷虾目	**Euphausiacea**				
69	太平洋磷虾	*Euphausia pacifica* Hansen	+	+	+	+
	十足目	**Decapoda**				
70	中国毛虾	*Acetes chinensis* Hansen	+	+		+
71	日本毛虾	*Acetes japonicus* Kishinouye	+	+	+	+
72	毛虾属	*Acetes* sp.		+		
73	螯虾属	*Leptochela* sp.				+
	毛颚动物门	**Chaetognaths**				
74	强壮箭虫	*Sagitta crassa* Tokioka	+	+	+	+
75	箭虫属	*Sagitta* sp.		+	+	+
	尾索动物门	**Urochordata**				
	有尾纲	**Appendiculata**				
76	长尾住囊虫	*Oikopleura longicauda*（Vogt）	+	+		
77	异体住囊虫	*Oikopleura dioica* Fol		+	+	
78	住囊虫属	*Oikopleura* sp.		+		
	海樽纲	**Thaliacea**				
79	软拟海樽	*Dolioletta gegenbauri* Vljanin			+	
80	小齿海樽	*Doliolum denticulatum* Quoy et Gaimard			+	
	浮游幼虫	**Pelagic larva**				
81	辐轮幼虫	Actinotrocha larva		+		
82	多毛类幼体	Polychaeta larva		+	+	
83	双壳类幼体	Bivalvia larva	+	+	+	+
84	腹足类幼体	Gastropoda larva		+	+	
85	头足类幼体	Cephalopoda larva		+		
86	腺介幼虫	Cypris larva		+		

续表

序号	中文名	拉丁文名	春季	夏季	秋季	冬季
87	磷虾幼体	Euphausia larva		+	+	
88	毛虾拟幼体	Acetes larva		+		
89	长尾类幼虫	Macrura larva	+	+	+	+
90	磁蟹蚤状幼虫	Porcellana larva		+		
91	短尾类蚤状幼虫	Brachyura zoea larva	+	+	+	
92	短尾类大眼幼虫	Brachyura megalopa larva		+	+	
93	口足类幼虫	Alima larva		+		
94	舌贝幼虫	Lingula larva		+	+	
95	海星羽腕幼虫	Astropecten larva		+	+	
96	柱头虫幼虫	Balanoglossus larva		+		
97	海蛇尾长腕幼虫	Ophiopluteus larva	+	+	+	+
98	鱼卵	Fish eggs	+	+	+	
99	仔鱼	Fish larva	+	+	+	+

附录6　鱼类浮游生物（鱼卵）种类名录

序号	中文名	拉丁文名	春季	夏季	秋季	冬季
	硬骨鱼纲	Osteichthyes				
	鲱形目	Clupeiformes				
	鲱科	Clupeidae				
1	鲱*	Clupeidae	+			
2	青鳞小沙丁鱼	*Sardinella zunasi* (Bleeker)	+	+		
	鳀科	Engraulidae				
3	斑鲦	*Clupanodon punctatus* (Temminck et Schlegel)	+			
4	日本鳀	*Engraulis japonicus* Temminck et Schlegel		+	+	
	鲻形目	Mugiliformes				
	鲻科	Mugilidae				
5	鲻鱼	*Mugil cephalus* Linnaeus	+			
	鲈形目	Perciformes				
	鱚科	Sillaginidae				
6	少鳞鱚	*Sillago japonica* (Temminck et Schlegel)			+	
	鲷科	Sparidae				
7	黑鲷	*Sparus macrocephalus* (Basilewsky)			+	
	带鱼科	Trichiuridae				
8	带鱼	*Trichiurs haumela* (ForskaL)		+		
	鰕虎鱼科	Gobiidae				
9	钟馗鰕虎鱼	*Triaenopogon barbatus* (Gunther)		+		
	鲽形目	Pleuronectiforme				
	鲽科	Pleuronectidae				
10	鲽	Pleuronectidae		+		
	舌鳎科	Cynoglossidae				
11	宽体舌鳎	*Cynoglossus robustus* Gunther		+		
12	半滑舌鳎	*Cynoglossus semilaevis* Gunther		+		
13	未知卵	Unknown fish eggs		+		

注："＊"表示该鱼卵为死卵。

附录 7　　鱼类浮游生物（仔稚鱼）种类名录

序号	中文名	拉丁文名	春季	夏季	秋季	冬季
	硬骨鱼纲	Osteichthyes				
	鲱形目	Clupeiformes				
	鲱科	Clupeidae				
1	青鳞小沙丁鱼	*Sardinella zunasi*（Bleeker）		+		
	鳀科	Engraulidae				
2	斑鰶	*Clupanodon punctatus*（Temminck et Schlegel）		+		
3	日本鳀	*Engraulis japonicus* Temminck et Schlegel		+	+	
4	康氏棱鳀	*Thrissa commersonii*（Lacépède）		+	+	
5	赤鼻棱鳀	*Thrissa kammalensis*（Bleeker）		+	+	
6	中颌棱鳀	*Thrissa mystax*（Bloch et Schneider）			+	
	银鱼科	Salangidae				
7	大银鱼	*Protosalanx hyalocranius*（Abbott）			+	
	银汉鱼目	Atheriniformes				
	银汉鱼科	Atherinidae				
8	白氏银汉鱼	*Allanetta bleekeri*（Gunther）		+		
	颌针鱼目	Beloniformes				
	鱵科	Hemiramphidae				
9	日本鱵	*Hemiramphus sajori* Temminck et Schlegel		+		
	鲻形目	Mugiliformes				
	魣科	Sphyraenidae				
10	油魣	*Sphyraena pinguis* Günther			+	
	鲻科	Mugilidae				
11	鲻鱼	*Mugil cephalus* Linnaeus	+			+
	鲈形目	Perciformes				
	鮨科	Serranidae				
12	鲈鱼	*Lateolabrax japonicus*（Cuvier et Valenciennes）				+
	鳚科	Blenniidae				
13	矶鳚	*Blennius yatabei* Jordan et Snyder	+			
	线鳚科	Stichaeidae				
14	六线鳚	*Ernogrammus hexagrammus*（Temminck et Schlegel）	+			
15	鸡冠鳚	*Alectrias benjamini* Jordan et Snyder				+
	绵鳚科	Zoarcidae				
16	长绵鳚	*Enchelyopus elongatus* Kner		+		
	玉筋鱼科	Ammodytidae				
17	玉筋鱼	*Ammodyte personatus*（Girard）	+			+

续表

序号	中文名	拉丁文名	春季	夏季	秋季	冬季
	鮣科	**Callionymidae**				
18	单鳍鮣	*Draculo mirabilis* Snyder		+		
	带鱼科	**Trichiuridae**				
19	带鱼	*Trichiurs haumela*（ForskaL）		+		
	鰕虎鱼科	**Gobiidae**				
20	纹缟鰕虎鱼	*Tridentiger trigonocephalus*（Gill）		+		
21	钟馗鰕虎鱼	*Triaenopogon barbatus*（Gunther）		+		
22	竿鰕虎鱼	*Luciogobius guttatus* Gill		+		
23	阿部鲻鰕虎鱼	*Mugilogobius abei*（Jordan & Snyder）		+		
24	裸头鰕虎鱼	*Chaenogobius* sp.	+	+	+	
25	裸项栉鰕虎鱼	*Ctenogobius gymnauechen*（Bleeker）	+		+	
26	栉鰕虎鱼	*Rhinogobius* sp.			+	
27	子陵鰕虎鱼	*Rhinogobius giurinus*（Rutter）			+	
28	黄鳍刺鰕虎鱼	*Acanthogobius flavimanus*（Temminck et Schlegel）				+
29	刺鰕虎鱼	*Acanthogobius* sp.		+		
30	矛尾复鰕虎鱼	*Synechogobius hasta*（Temminck et Schlegel）	+			
31	叉牙鰕虎鱼	*Apocryptodon* sp.		+		
	弹涂鱼科	**Periophthalmidae**				
32	大弹涂鱼	*Boleophthalmus pectinirostris*（Linnaeus）		+		
	鳗鰕虎鱼科	**Taenioididae**				
33	红狼牙鰕虎鱼	*Odontamblyopus rubicundus*（Hamilton–Buchanan）		+		
34	小头栉孔鰕虎鱼	*Ctenotrypauchen microcephalus*（Bleeker）		+		
	鲉形目	**Scorpaeniformes**				
	鲉科	**Scorpaenidae**				
35	褐菖鲉	*Sebastiscus marmoratus*（Cuvier et Valenciennes）	+			
36	菖鲉	*Sebasticus* sp.	+			+
	六线鱼科	**Hexagrammidae**				
37	长线六线鱼	*Hexagrammos lagocephalus*（Pallas）			+	+
38	大泷六线鱼	*Hexagrammos otakii* Jordan et Starks				+
	鲽形目	**Pleuronectiforme**				
	鲽科	**Pleuronectidae**				
39	鲽	Pleuronectidae		+		
	舌鳎科	**Cynoglossidae**				
40	半滑舌鳎	*Cynoglossus semilaevis* Gunther		+		
41	舌鳎	*Cynoglossus* sp.		+		

附录8 大型底栖生物种类名录

序号	中文名	拉丁文名	春季	夏季	秋季	冬季
	海绵动物门	Porifera				
	寻常海绵纲	Demospongilae				
	韧海绵目	Hadromerida				
	皮海绵科	Suberitidae				
1	寄居蟹海绵	*Suberites domuncula* (Olivi)		+		+
	腔肠动物门	Coelenterata				
	珊瑚虫纲	Anthozoa				
	海葵目	Actiniaria				
	爱氏海葵科	Edwardsidae				
2	爱氏海葵	*Edwardsia* sp.	+	+	+	+
	链索海葵科	Hormathiidae				
3	玫瑰美丽海葵	*Calliactis rosea* (Hand)	+		+	
	海葵科	Actiniidae				
4	黄侧花海葵	*Anthopleura xanthogrammia* (Berkly)				+
	绿海葵科	Sagartiidae				
5	曲道喜石海葵	*Phellia gausapata* Gossa	+	+		+
	泞花海葵科	Ilyanthidae				
6	米卡泞花海葵	*Ilyanthus mitchellii* Gosse	+			
	海鳃目	Pennatulacea				
	沙箸科	Veretillidae				
7	海仙人掌	*Cavernularia obesa* Milne Edwards et Hailme	+	+	+	+
	白沙箸科	Virgulariidae				
8	白沙箸	*Virgularia* sp.	+	+		
	扁形动物门	Plathyhelminthes				
	涡虫纲	Turbellaria				
	多肠目	Polycladida				
	平角科	Planoceridae				
9	平角涡虫	*Paraplanocera reticulata* (Stimpso)	+	+		+
	纽形动物门	Nemertinea				
	无针纲	Anopl				
	异纽虫目	Heteronemertea				
	纵沟科	Lineidae				
10	纵沟纽虫属	*Lineus* sp.	+	+	+	+
	有针纲	Enopla				
	针纽虫目	Hoplonemertea				

序号	中文名	拉丁文名	春季	夏季	秋季	冬季
	圈曲科	**Emplectonemertidae**				
11	光纽虫属	*Emplectonema* sp.		+	+	
	两孔科	**Amphiporidae**				
12	孔纽虫属	*Amphiporus* sp.				+
	环节动物门	**Annelida**				
	多毛纲	**Polychaeta**				
	叶须虫目	**Phyllodocida**				
	叶须虫科	**Phyllodocidae**				
13	乳突半突虫	*Phyllodoce*（Anaitides）*papillosa*（Uschakov et Wu）	+	+	+	+
14	围巧言虫	*Eumida sanguinea*（Oersted）	+	+		+
15	叶须虫属	*Phyllodoce* sp.		+		
16	神须虫属	*Eteone* sp.			+	+
	特须虫科	**Lacydoniidae**				
17	拟特须虫	*Paralacydonia paradoxa* Fauvel	+	+	+	+
	鳞沙蚕科	**Aphroditidae**				
18	澳洲鳞沙蚕	*Aphrodita australis* Baird	+		+	+
	多鳞虫科	**Polynoidae**				
19	斑目脆鳞虫	*Lepidasthenia ocellata*（Marenzeller）	+			
20	饭氏脆鳞虫	*Lepidasthenia izukai* Imajima et Hartman			+	+
21	脆鳞虫属	*Lepidasthenia* sp.		+		
22	短毛海鳞虫	*Halosydna brevisetosa* Kinberg	+	+		+
23	非拟海鳞虫	*Nonparahalosydna pleiolepis*（Marenzeller）		+		+
24	软背鳞虫	*Lepidonotus helotypus*（Grube）			+	+
25	背鳞虫属	*Lepidonotus* sp.	+	+	+	+
26	渤海格鳞虫	*Gattyana pohaiensis* Uschakov et Wu	+			
27	覆瓦哈鳞虫	*Harmothoe imbricata*（Linnaeus）	+	+	+	+
28	哈鳞虫属	*Harmothoe* sp.		+		+
	蠕鳞虫科	**Acoetidae**				
29	黑斑蠕鳞虫	*Acoetes melanonota*（Grube）				+
30	日本强鳞虫	*Sthenolepis japonica*（McIntosh）	+	+	+	
31	中健足虫属	*Neopodarke* sp.		+		
	海女虫科	**Hesionedae**				
32	狭细蛇潜虫	*Ophiodromus angustifrons*（Grube）	+	+	+	+
	白毛虫科	**Pilargiidae**				
33	华岗钩毛虫	*Sigambra hamaokai* Kitamoni	+	+	+	+
34	钩毛虫属	*Sigambra* sp.			+	

序号	中文名	拉丁文名	春季	夏季	秋季	冬季
35	钩虫	*Cabira incerta* Webster		+		
	裂虫科	Syllidae				
36	粗毛自裂虫	*Autolytus robustisetus* Wu et Sun		+		
37	模裂虫属	*Typosyllis* sp.	+	+	+	+
	沙蚕科	NereidaeNereidae				
38	背褶沙蚕	*Tambalagamia fauveli* Pillai	+	+	+	+
39	软疣沙蚕	*Tylonereis bogoyawleskyi* Fauvel			+	
40	光突齿沙蚕	*Leonnates persica* Wesenberg（Lund）			+	
41	环带沙蚕	*Nereis zonata* Malmgren		+		
42	长须沙蚕	*Nereis longior* Chlebovitsch et Wu	+	+	+	+
43	琥珀刺沙蚕	*Neanthes succinea*（Frey et leuckart）	+	+		
44	黄色刺沙蚕	*Neanthes flava* Wu. Sun et Yang	+		+	+
45	饭岛全刺沙蚕	*Nectoneanthes ijimai*（Izuka）		+		
46	多齿全刺沙蚕	*Nereis multignatha* Wu et Sun	+		+	
47	全刺沙蚕	*Nereis oxypoda*（Marenzeller）	+	+	+	+
48	红角沙蚕	*Ceratonereis erythraeensis* Fauvel	+			
	吻沙蚕科	Glyceridae				
49	白色吻沙蚕	*Glycera alba*（Muller）	+	+		+
50	长吻吻沙蚕	*Glycera chirori* Izuka	+	+	+	+
51	锥唇吻沙蚕	*Glycera onomichiensis* Izuka	+	+	+	+
52	细弱吻沙蚕	*Glycera tenuis* Hartman	+			+
53	倦旋吻沙蚕	*Glycera convoluta* Keferstein			+	
54	浅古铜吻沙蚕	*Glycera subaenea* Grube	+	+	+	
	角吻沙蚕科	Goniadidae				
55	寡节甘吻沙蚕	*Glycinde gurjanovae* Uschakov et Wu	+	+	+	+
56	日本角吻沙蚕	*Goniada japonica* Izuka	+	+	+	+
	齿吻沙蚕科	Nephtyidae				
57	中华内卷齿蚕	*Aglaophamus sinensis*（Fauvel）		+		
58	无疣吻卷齿沙蚕	*Inermonephtys* cf. *inermis*（Ehlers）	+		+	+
59	囊叶卷齿吻沙蚕	*Nephthys caeca*（Fabricius）	+	+	+	+
60	寡鳃卷吻齿沙蚕	*Nephthys oligobranchia* Southern	+	+	+	+
	锥头虫目	Orbiniida				
	锥头虫科	Orbiniidae				
61	长锥虫	*Haploscoloplos elongatus*（Johnson）	+	+	+	+
62	叉毛矛毛虫	*Phylo ornatus*（Verill）		+		
63	矛毛虫	*Phylo felix* Kinberg				+

序号	中文名	拉丁文名	春季	夏季	秋季	冬季
64	红刺尖锥虫	*Scoloplos* (*Leodamas*) *rubra* (Webster)	+	+		+
65	尖锥虫属	*Scoloplos* sp.		+		
	异毛虫科	**Paraonidae**				
66	独指虫	*Aricidea fragilis* Webster	+	+	+	+
67	独指虫属	*Aricidea* sp.		+		
	海稚虫目	**Spionida**				
	海稚虫科	**Spionidae**				
68	短鳃才女虫	*Pseudopolydora paucibranchiata* (Okuda)	+	+	+	
69	锥稚虫	*Aonides oxycephala* (Sars)	+			+
70	后指虫	*Laonice cirrata* (Sars)	+	+	+	+
71	后指虫属	*Laonice* sp.	+	+	+	
72	海稚虫属	*Spio* sp.			+	+
73	光稚虫属	*Spiophanes* sp.	+	+	+	+
74	鳞腹沟虫	*Scolelepis squamata* (Muller)	+			+
75	腹沟虫属	*Scolelepis* sp.	+	+	+	
76	细稚虫属	*Minuspio* sp.				+
77	奇异稚齿虫	*Paraprionospio pinnata* (Ehlers)	+	+	+	+
78	矮小稚齿虫	*Prionospio* (Apoprionospio) *pygmaea* (Hartman)	+			
79	昆士兰稚齿虫	*Prionospio queenslandica* Blake et Kudenov			+	
	长手沙蚕科	**Magelonidae**				
80	日本长手沙蚕	*Magelona japonica* Okuda	+	+	+	+
	杂毛虫科	**Poecilochaetidae**				
81	蛇杂毛虫	*Poecilochetus serpens* Allen	+	+	+	+
	异稚虫科	**Heterospionidae**				
82	中华异稚虫	*Heterospio sinica* Wu et Chen		+	+	+
	丝鳃虫科	**Cirratulidae**				
83	多丝独毛虫	*Tharyx multifilis* Moore	+	+	+	+
84	独毛虫属	*Tharyx* sp.		+		
	小头虫目	**Capitellida**				
	小头虫科	**Capitellidae**				
85	小头虫	*Cepitella capitata* (Fabricius)	+	+	+	+
86	背蚓虫	*Notomastus latericeus* Sars	+	+	+	+
87	异蚓虫	*Heteromastus filiformis* (Claparede)	+	+	+	+
88	背蚓虫属	*Notomastus* sp.	+	+	+	+
89	新中蚓虫属	*Neomediomastus* sp.	+	+	+	+
	节节虫科	**Maldanidae**				

序号	中文名	拉丁文名	春季	夏季	秋季	冬季
90	持真节虫	*Euclymene annandalei* Schmarda		+		
91	曲强真节虫	*Euclymene lombricoides*（Quatrefages）	+	+	+	+
92	相拟节虫	*Praxillella* cf. *affinis*（Sara）		+		
93	拟节虫	*Praxillella praetermissa*（Malmgren）			+	
94	拟节虫属	*Praxillella* sp.				+
95	五岛短脊虫	*Asychis gotoi*（Izuka）	+	+	+	+
	海蛹目	**Opheliida**				
	海蛹科	**Opheliidae**				
96	中阿曼吉虫	*Armandia intermedia* Fauvel				+
97	角海蛹	*Ophelina acuminata* Oersted	+	+	+	+
	梯额虫科	**Scalibregmidae**				
98	梯毛虫	*Scalibregma inflatum* Rathke	+			
	仙女虫目	**Amphinomida**				
	仙女虫科	**Amphinomidae**				
99	含糊拟刺虫	*Linopherus ambigua*（Monro）	+	+	+	+
100	边鳃拟刺虫	*Linopherus pancibranchiata*（Fauvel）		+		
	矶沙蚕目	**Eunicida**				
	欧努菲虫科	**Onuphidae**				
101	智利巢沙蚕	*Diopatra chiliensis* Quatrefages	+	+	+	+
102	欧努菲虫	*Onuphis eremita* Audouin et Milne Edwards	+	+	+	+
	矶沙蚕科	**Eunicidae**				
103	岩虫	*Marphysa sanguinea*（Montagu）	+			
	索沙蚕科	**Lumbrineridae**				
104	异足索沙蚕	*Lumbrineris heteropoda*（Marenzeller）	+	+	+	
105	四索沙蚕	*Lumbrineris tetraura*（Schmarda）		+		+
106	双唇索沙蚕	*Lumbrineris cruzensis* Hartman	+	+	+	+
	花索沙蚕科	**Arabellidae**				
107	线沙蚕	*Drilonereis filum*（Claparede）	+	+	+	+
	豆维虫科	**Dorvilleidae**				
108	日本叉毛豆维虫	*Schistomeringos japonica*（Annenkova）				+
	不倒翁虫目	**Sternaspida**				
	不倒翁虫科	**Sternaspidae**				
109	不倒翁虫	*Sternaspis sculata*（Rennier）	+	+	+	+
	欧文虫目	**Oweniida**				
	欧文虫科	**Oweniidae**				
110	欧文虫	*Owenia fusformis* Delle Chiaje	+	+		+

序号	中文名	拉丁文名	春季	夏季	秋季	冬季
	扇毛虫目	Flabelligerida				
	扇毛虫科	Flabelligeridae				
111	孟加拉海扇虫	*Pherusa* cf. *Bengalensis* (Fauvel)	+	+	+	+
	蛰龙介虫目	Terebellida				
	帚毛虫科	Sabellaridae				
112	帚毛虫属	*Sabellaria* sp.		+		
	笔帽虫科	Pectinaridae				
113	壳砂笔帽虫	*Pectinaria conchilega* Grube				+
114	笔帽虫属	*Pectinaria* sp.	+	+	+	
115	膜帽虫属	*Lagis* sp.	+			
	双栉虫科	Ampharetidae				
116	双栉虫	*Ampharete acutifrons* (Grube)			+	+
117	双栉虫属	*Ampharete* sp.	+	+	+	+
118	扁鳃扇栉虫	*Amphicteis scophrobranchiata* Moore	+	+		+
119	米列虫	*Melinna cristata* (Sars)	+	+	+	+
120	羽鳃栉虫属	*Schistocomus* sp.		+		
121	付栉虫属	*Paramphicteis* sp.	+	+	+	+
	毛鳃虫科	Trichobrachidae				
122	梳鳃虫	*Terebellides stroemii* Sars	+	+	+	+
123	双毛鳃虫	*Trichobranchus bibranchiatus* Moore	+	+	+	+
	蛰龙介科	Terebllidae				
124	西方似蛰虫	*Amaeana occidentalis* (Hartman)	+	+	+	+
125	扁蛰虫	*Longicarpus medusa* (Savigny)	+	+	+	+
126	树蛰虫	*Pista cristata* (Muller)	+	+	+	+
127	树蛰虫属	*Pista* sp.		+		+
128	侧口乳蛰虫	*Thelepus plagiostoma* (Schmardo)				+
129	乳蛰虫属	*Thelepus* sp.		+		
	缨鳃虫目	Sabellida				
	缨鳃虫科	Sabellidae				
130	管缨虫	*Chone infundibuliformis* Kroyer	+	+	+	+
131	胶管虫	*Myxicola infundibulum* (Renier)		+		
132	尖刺缨虫	*Potamilla* cf. *acuminata* (Moore)	+			+
133	肾刺缨虫	*Potamilla reniformis* (Muller)			+	+
134	刺缨虫属	*Potamilla* sp.		+		
	龙介虫科	Serpulidae				
135	旋鳃虫属	*Serpula* sp.		+		

序号	中文名	拉丁文名	春季	夏季	秋季	冬季
	螠虫动物门	Echiura				
	螠纲	Echiurida				
	螠目	Echiuroinea				
	螠科	Echiuridae				
136	多皱无吻螠	*Arhynchite rugosum* Chen et Yeh	+	+	+	
137	短吻铲荚螠	*Listriolobus brevirostris* Chen et Yeh				+
	无管螠目	Xenopneusta				
	棘螠科	Urechidae				
138	单环棘螠	*Urechis unicinctus*（Von Drasche）	+			
	软体动物门	Mollusca				
	双壳纲	BivalviaBivalvia				
	胡桃蛤目	Nuculoida				
	胡桃蛤科	Nuculidae				
139	小胡桃蛤	*Nucula*（*Nucula*）*paulula* A. Adams	+	+	+	
140	橄榄胡桃蛤	*Nucula*（Lamellihucula）*tenuis*（Montagu）	+	+	+	+
141	胡桃蛤属	*Nucula* sp.			+	
	吻状蛤科	Nuculanidae				
142	醒目云母蛤	*Yoldia notabilis* Yokoyama				+
143	薄云母蛤	*Yoldia similis* Kuroda et Habe	+	+	+	+
	蚶目	Arcoida				
	蚶科	Arcoidae				
144	布氏蚶	*Arca boucardi* Jousseaume		+	+	+
145	对称拟蚶	*Arcopsis symmetrica*（Reeve）	+	+	+	+
146	魁蚶	*Scapharca broughtonii*（Schrenck）		+		+
147	毛蚶	*Scapharca subcrenata*（Lischke）	+			
	贻贝目	Mytiloida				
	贻贝科	Mytilidae				
148	紫贻贝	*Myilus galloprovincialis* Lamarck				+
149	长偏顶蛤	*Modiolus elongatus*（Swainson）	+	+	+	+
150	凸壳肌蛤	*Musculista senhausia*（Benson）		+	+	+
	拟日月贝目	Propeamussiidae				
	不等蛤科	Anomiidae				
151	盾形单筋蛤	*Monia umbonata*（Gould）		+		
	牡蛎科	Ostreidae				
152	长牡蛎	*Crassostrea gigas*（Thunberg）				+
	帘蛤目	Veneroida				

序号	中文名	拉丁文名	春季	夏季	秋季	冬季
	索足蛤科	**Thyasiridae**				
153	薄索足蛤	*Thyasira tokunagaii* Kuroda et Habe		+	+	+
	蹄蛤科	**Ungulinidae**				
154	古明圆蛤	*Cycladicama cumingi*（Hanley）	+	+	+	+
155	托氏圆蛤	*Cycladicama tsuchii* Yamamoto et Habe	+	+	+	+
156	灰双齿蛤	*Felaniella usta*（Gould）		+		
	拉沙蛤科	**Lasaeidae**				
157	粟色拉沙蛤	*Lasaea nipponica* Keen	+	+		+
158	绒蛤	*Borniopsis tsurumaru* Habe	+	+	+	+
	孟达蛤科	**Montacutidae**				
159	孟达蛤属	*Montacutona* sp.	+	+	+	+
160	拟斧蛤	*Nipponomysella oblongata*（Yokoyama）	+			
	鼬眼蛤科	**Galeommatidae**				
161	鼬眼蛤属	*Galeommatidae* sp.		+		+
	蛤蜊科	**Mactridae**				
162	中国蛤蜊	*Mactra chinensis* Philippi	+	+	+	+
163	鸟喙小脆蛤	*Raetellops pulchella*（Adams & Reeve）	+	+	+	+
	樱蛤科	**Tellinidae**				
164	被角樱蛤	*Angulu vestalioides*（Yokoyama）	+	+	+	
165	扁角樱蛤	*Angulu compressissimus*（Reeve）	+	+		+
166	江户明樱蛤	*Moerella jedoensis*（Lischke）	+	+	+	+
167	小亮樱蛤	*Nitidotellisa minuta*（Lischke）	+	+	+	+
	双带蛤科	**Semelidae**				
168	微形小海螂	*Leptomya minuta* Habe	+	+		
169	小月阿布蛤	*Abrina lunella*（Gould）	+	+	+	+
170	脆壳理蛤	*Theora fragilis*（A. Adams）	+	+	+	+
	竹蛏科	**Solenidae**				
171	大竹蛏	*Solen grendis* Dunker				+
172	蛏幼体	*Solen* laver				+
173	短竹蛏	*Solen dunkerianus* Clessin	+	+	+	+
174	长竹蛏	*Solen strictus* Gould	+	+		
	刀蛏科	**Cultellidae**				
175	小刀蛏	*Cultellus attenuatus* Dunker	+	+	+	+
176	薄荚蛏	*Siliqua pulchella*（Dunker）	+	+	+	
	饰贝科	**Dreissenidae**				
177	大岛恋蛤	*Peregrinamor obshimai* Shojivar		+		

序号	中文名	拉丁文名	春季	夏季	秋季	冬季
	小凯利蛤科	Kielliellidae				
178	紫壳阿文蛤	*Alvenius ojianus* (Yokoyama)		+	+	+
	棱蛤科	Trapeziidae				
179	纹斑棱蛤	*Trapezium* (*Neotrapezium*) *liratum* Reeve		+		
	帘蛤科	Veneridae				
180	日本镜蛤	*Dosinia* (*Phacosoma*) *japonica* (Reeve)		+	+	+
181	凸镜蛤	*Dosinia* (*Phacosoma*) *derupta* (Romer)		+		+
182	薄壳和平蛤	*Clementia vatheleti* Mabille	+		+	+
	海螂目	Myoida				
	蓝蛤科	Corbulidae				
183	雅异蓝蛤	*Anisocorbula venusta* (Gould)		+		+
184	光滑河篮蛤	*Potamocorbula laevis* (Hinds)				+
	里昂司蛤科	Lyonsiidae				
185	沙壳里昂司蛤	*Lyonsia ventricosa* Gould	+			+
186	球形里昂司蛤	*Lyonsia kawamurai* Habe	+			
	色雷西蛤科	Thraciidae				
187	金星蝶铰蛤	*Thracia jinxingae* Xu	+	+	+	+
	掘足纲	Scaphopoda				
	角贝科	Dentaliidae				
188	胶州湾角贝	*Episiphon kiaochowwanensis* (Tchang et Tsi)	+	+		
	管角贝科	Siphonodentaliidae				
189	日本管角贝	*Siphonodentalium japonica* Habe		+		+
	腹足纲	Gastropoda				
	前鳃亚纲	Prosobranchia				
	马蹄螺科	Trochidae				
190	丽口螺	*Calliostoma unicum* (Dunker)	+			
191	托氏蜎螺	*Umbonium thomasi* (Crosse)			+	
	中腹足目	Mesogastropoda				
	麂眼螺总科	Rissoacea				
	麂眼螺科	Rissoidae				
192	文雅罕愚螺	*Onoba elegantula* A. Adams		+		
	梯螺科	Epitoniidae				
193	横山薄梯螺	*Papyriscala yoroyamai* (Suzuki et Ichikawa)		+		
194	宽带梯螺	*Papyriscala latifasciata* (Sowerby)				+
	光螺科	Melanellidae				
195	马丽瓷光螺	*Eulima maria* (A. Adams)	+	+		+

序号	中文名	拉丁文名	春季	夏季	秋季	冬季
	玉螺科	**Naticidae**				
196	扁玉螺	*Neverita didyma*（Roding）		+		+
197	乳头真玉螺	*Eunaticina papilla*（Gmelin）			+	
198	斑玉螺	*Natica tigrina*（Roding）		+	+	
199	广大扁玉螺	*Neverita ampla*（Philippi）	+	+	+	+
200	拟紫口玉螺	*Natica janthostomoides* Kuroda & Habe	+	+		+
	冠螺科	**Cassididae**				
201	短沟纹鬈螺	*Phalium strigatum breviculum* Tsi & Ma		+		
	狭舌目	**Stenoglossa**				
	核螺科	**Pyrenidae**				
202	丽核螺	*Mitrella bella*（Reeve）	+			+
203	布尔小核螺	*Mitrella burchardi*（Dunker）		+		
	蛾螺科	**Buccinidae**				
204	香螺	*Neptunea arthritica cumingii* Crosse	+			+
	织纹螺科	**Nassariidae**				
205	纵肋织纹螺	*Nassarius*（*Varicinassa*）*variciferus*（A. Adams）	+	+	+	+
206	秀丽织纹螺	*Nassarius*（*Reticunassa*）*festivus*（Powys）	+	+		+
207	红带织纹螺	*Nassarius*（*Zeuxis*）*succinctus*（A. Adams）	+	+	+	+
	衲螺科	**Cancellariidae**				
208	金刚螺	Sydaphera *spengleriana*（Deshayes）	+	+	+	+
209	白带三角口螺	*Trigonaphera bocageana*（Crosse et Debeaux）	+			
	塔螺科	**Turridae**				
210	黄短口螺	*Inquistor flavidula*（Lamarck）		+	+	
211	假主棒螺	*Crassispira pseudoprinciplis*（Yokoyama）	+	+	+	
	笋螺科	**Terebridae**				
212	朝鲜笋螺	*Terebra*（*Diplomeriza*）*koreana*（Yoo）	+		+	+
213	环沟笋螺	*Terebra bellanodosa* Gralau et King	+		+	
	后鳃亚纲	**Opisthobranchia**				
	肠纽目	**Entomotaeniata**				
	小塔螺科	**Pyramidellidae**				
214	微角齿口螺	*Odostomia subangulata* A. Adams				+
215	高塔捻塔螺	*Actaeopyramis eximia*（Lischke）			+	+
	头楯目	**Cephalaspidea**				
	露齿螺科	**Ringiculidae**				
216	耳口露齿螺	*Ringicula*（*Ringiculina*）*doliaris* Gould	+	+	+	+
	阿地螺科	**Atyidae**				

序号	中文名	拉丁文名	春季	夏季	秋季	冬季
217	泥螺	*Bullacta exarata* (Philippi)		+	+	
	三叉螺科	Triclidae				
218	圆筒原盒螺	*Eocylichna braunsi* (Yokoyama)	+	+	+	+
	拟捻螺科	Acteocinidae				
219	纵肋饰孔螺	*Decorifera matusimana* (Nomura)		+		+
	壳蛞蝓科	Philinidae				
220	经氏壳蛞蝓	*Philine kinglipini* Tchang	+	+	+	+
221	银白齿缘壳蛞蝓	*Yokoyamaia argentata* (Gould)	+	+	+	
	拟海牛科	Aglajidae				
222	肉食拟海牛	*Philinopsis gigliolii* (Tapparone Canefri)	+			+
	背楯目	Notaspidea				
	侧鳃科	Pleurobranchidae				
223	蓝无壳侧鳃	*Pleurobranchaea novaezealandiae* Cheeseman	+	+	+	+
	裸鳃目	Nudibnanchia				
	三岐海牛科	Triophidae				
224	多枝卷发海牛	*Caloplocamus ramusus* (Cantraine)		+		
	片鳃科	Arminidae				
225	东方半侧片鳃	*Pleurophyllidiopsis orientalis* Lin		+		
	蓑海牛科	Aeolidiidae				
226	浅虫阔足海牛	*Cerberilla asamusiensis* Baba		+		
227	海牛	*Cerberilla* sp.		+		
	头足纲	Cephalopoda				
	枪形目	Teuthoidea				
	枪乌贼科	Loliginidae				
228	日本枪乌贼	*Loligo japonica* Hoyle	+	+	+	
	乌贼目	Sepioidea				
	耳乌贼科	Sepiolidae				
229	双喙耳乌贼	*Sepiola birostrat* Sasaki	+	+		+
	八腕目	Octopoda				
	蛸科	Octopodidae				
230	短蛸	*Octopus occellatus* Gray	+	+	+	+
231	长蛸	*Octopus variabilis* (Sasaki)				+
232	双壳类幼体	*Bivalvia* larva	+	+	+	
	腕足动物门	Brachiopoda				
	无关节纲	Inarticulata				
	无穴目	Atremata				

序号	中文名	拉丁文名	春季	夏季	秋季	冬季
	海豆芽科	Lingulidae				
233	鸭嘴海豆芽	*Lingula anatine* Lamark	+	+	+	+
	终穴目	Telotremata				
	贯壳贝科	Terebrataliidae				
234	酸浆贝	*Terebratalia coreanica*（Adams et Reeve）	+			
	节肢动物门	Arthropoda				
	海蜘蛛纲	Pycnogonida				
	皆足目	Pantopoda				
235	希氏瓶吻海蜘蛛	*Lecythorhynchus hilgendorfi*（Bohm）	+	+	+	+
	甲壳纲	Crustacea				
	蔓足亚纲	Cirripedia				
	围胸目	Thoracica				
	藤壶科	Balanidae				
236	纹藤壶	*Balanus amphitrite amphitrite* Darwin			+	+
	软甲亚纲	Malacostraca				
	糠虾目	Mysidacea				
	糠虾科	Mysidae				
237	漂浮小井伊糠虾	*Iiella pelagicus*（Ii）	+			
238	小红糠虾	*Erythrops minuta* Hansen		+		
239	东方新糠虾	*Neomysis orientalis* Ii		+		+
240	粗糙刺糠虾	*Acanthomysis aspera* Ii	+			
	涟虫目	Cumacea				
	涟虫科	Bodotriidae				
241	中国涟虫	*Bodotria chinensis* Lomakina		+	+	+
242	卵圆涟虫	*Bodotria ovalis* Gamo				+
243	宽甲古涟虫	*Eocuma lata* Calman	+	+	+	+
244	细长涟虫	*Iphinoe tenera* Lomakina	+	+	+	+
	针尾涟虫科	Diastylidae				
245	三叶针尾涟虫	*Diastylis tricincta*（Zimmer）	+	+	+	
246	亚洲异针尾涟虫	*Dimorphostylis asiatica* Zimmer		+		+
	女针涟虫科	Gynodiastylidae				
247	蛇头女真涟虫	*Gynodiastylis anguicephala* Harada		+		
	丽涟虫科	Lampropidae				
248	六刺丽涟虫	*Lamprops hexaspinula* Liu & Liu	+			+
	尖额涟虫科	Leuconidae				
249	太平洋方甲涟虫	*Eudorella pacifica* Hart	+	+		+

序号	中文名	拉丁文名	春季	夏季	秋季	冬季
	小涟虫科	Nannastacidae				
250	梭形驼背涟虫	*Campylaspis fusiformis* Gamo		+		+
	原足目	Tanaidacea				
	长尾虫科	Aspeudidae				
251	日本长尾虫	*Apseudes nipponicus* Shiino	+	+	+	+
	等足目	IsopodaIsopoda				
	圆柱水虱科	Cirolanidae				
252	日本圆柱水虱	*Cirolana japonensis*（Richardson）	+	+	+	+
	团水虱科	Sphaeromidae				
253	团水虱属	*Sphaeroma* sp.		+		
	盖鳃水虱科	Idotheidae				
254	拟棒鞭水虱	*Cleantiella isopus*（Grube）	+	+	+	+
255	平尾棒鞭水虱	*Cleantis planicauda* Benedict		+		
256	光背节鞭水虱	*Synidotea laevidorsalis* Miers	+			+
	端足目	Amphipoda				
	钩虾亚目	Gammaridean				
	双眼钩虾科	Ampeliscidae				
257	短角双眼钩虾	*Ampelisca brevicornis*（Costa）	+	+	+	+
258	轮双眼钩虾	*Ampelisca cyclops* Walker	+	+	+	+
259	姜原双眼钩虾	*Ampelisca miharaensis* Nagata	+	+	+	+
260	兰崎双眼钩虾	*Ampelisca misakensis* Dahl	+	+	+	+
261	日本沙钩虾	*Byblis japonicus* Dahl	+	+	+	+
	藻钩虾科	Amphithoidae				
262	强壮藻钩虾	*Ampithoe valida* Smith		+		
	螺赢蜚科	Corophiidae				
263	河螺赢蜚	*Corophium acherusicum* Costa	+	+	+	+
264	大螺赢蜚	*Corophium majer* Ren	+	+	+	+
265	螺赢蜚属	*Corophium* sp.		+		+
266	拟钩虾属	*Gammaropsis* sp.		+		
267	长尾亮钩虾	*Photis longicaudata*（Bate et Westwood）		+	+	+
	壮角钩虾科	Ischyroceridae				
268	细管栖蜚	*Cerapus tubularis* Say	+	+		
269	理石叶钩虾	*Jassa marmorata* Holmes		+		
	利尔钩虾科	Liljeborgiidae				
270	利尔钩虾属	*Liljeborgia* sp.	+	+	+	+
271	弯指铲钩虾	*Listriella curvidactyla*（Nagata）	+	+	+	+

序号	中文名	拉丁文名	春季	夏季	秋季	冬季
	光洁钩虾科	Lysianassidae				
272	小头弹钩虾	*Orchomene breviceps* Hirayama	+	+	+	+
273	弹钩虾属	*Orchomene* sp.		+		
	马耳他钩虾科	**Melitidae**				
274	塞切尔泥钩虾属	*Eriopisella sechellensis*（Chevreux）	+	+	+	+
275	细身钩虾属	*Maera* sp.		+	+	+
	合眼钩虾科	Oedicerotidae				
276	极地蚤钩虾	*Pontocrates altamarimus*（Bate et Westwood）	+	+	+	+
277	同掌华眼钩虾	*Sinoediceros homopalmulus* Shen	+	+	+	+
	尖头钩虾科	**Phoxocephalidae**				
278	滩拟猛钩虾	*Harpiniopsis vadiculus* Hirayama	+	+	+	+
	尾钩虾科	**Urothoidae**				
279	尾钩虾属	*Sinurothoe* sp.	+	+	+	+
	麦秆虫亚目	Caprellidea				
	麦秆虫科	Caprellidae				
280	长腮麦秆虫	*Caprella equilibra* Say		+		
281	麦秆虫属	*Caprella* sp.	+	+	+	
	英高虫亚目	Ingolfiellidea				
	英高虫科	Ingolfiellidae				
282	日本拟背尾水虱	*Paranthura japonica* Richardson	+	+	+	+
	十足目	Decapoda				
	枝鳃亚目	Dendrobranchiata				
	对虾总科	Penaeoidea				
	对虾科	**Penaeidae**				
283	细巧仿对虾	*Parapenaeopsis tenella*（Bate）			+	
284	鹰爪虾	*Trachypenaeus curvirostris*（Stimpson）			+	
	樱虾总科	Sergestoidea				
	樱虾科	**Sergestidae**				
285	中国毛虾	*Acetes chinensis* Hansen	+	+	+	+
286	日本毛虾	*Acetes japonicus* Kishinouye		+		
	腹胚亚目	Pleocyamata				
	真虾次目	Caridea				
	玻璃虾总科	Pasiphaeoidea				
	玻璃虾科	**Pasiphaeidae**				
287	细螯虾	*Leptochela gracilis* Stimpson		+	+	+
	长臂虾总科	**Palaemonoidea**				

序号	中文名	拉丁文名	春季	夏季	秋季	冬季
	长臂虾科	Palaemonidae				
288	脊尾白虾	*Exopalaemon carinicauda*（Holthuis）				+
289	秀丽白虾	*Exopalaemon modestus*（Heller）				+
290	葛氏长臂虾	*Palaemon gravieri*（Yu）	+	+	+	+
291	巨指长臂虾	*Palaemon macrodacttylus* Rathbun		+		+
292	锯齿长臂虾	*Palaemon serrifer*（Stimpson）	+	+	+	+
	鼓虾总科	Alpheoidea				
	鼓虾科	Alpheidae				
293	短脊鼓虾	*Alpheus brevicristatus* De Hann	+	+	+	
294	鲜明鼓虾	*Alpheus distinguendus* De Man	+	+	+	+
295	日本鼓虾	*Alpheus japonicus* Miers	+	+	+	
296	日本角鼓虾	*Athanas japonicus* Kubo		+	+	
	长眼虾科	Ogyrididae				
297	东方长眼虾	*Ogyrides orientalis*（Stimpson）	+	+	+	
	藻虾科	Hippolytidae				
298	长足七腕虾	*Heptacarpus futilirostris*（Bate）	+			+
299	疣背宽额虾	*Latreutes planirostris*（De Haan）	+	+	+	
300	刀形宽额虾	*Latreutes laminirostris* Ortmann		+	+	
301	鞭腕虾	*Lysmata vittata*（Stimpson）			+	
	褐虾总科	Crangdonoidea				
	褐虾科	Crangonidae				
302	脊腹褐虾	*Crangon affinis* De Haan	+	+	+	+
303	圆腹褐虾	*Crangon cassiope* De Man	+			+
	蝼蛄虾次目	Thalassinidea				
	蝼蛄虾总科	Thalassinoidea				
	美人虾科	Callianassidae				
304	日本美人虾	*Callianassa japonica* Ortmann	+			
305	美人虾属	*Callianassa* sp.	+	+	+	+
	蝼蛄虾科	Upogebiidae				
306	大蝼蛄虾	*Upogebia major*（De Haan）	+	+	+	+
307	脊尾蝼蛄虾	*Upogebia carinicauda*（Stimpson）			+	
308	伍氏蝼蛄虾	*Upogebia wubsienweni* Yu		+	+	
	歪尾次目	Anomura				
	陆寄居蟹总科	Coenobitoidea				
	活额寄居蟹科	Diogenidae				
309	艾氏活额寄居蟹	*Diogenes edwardsii*（De Haan）	+	+	+	+

序号	中文名	拉丁文名	春季	夏季	秋季	冬季
	瓷蟹科	Porcellanidae				
310	美丽瓷蟹	*Porcellana pulchra* Stimpson		+	+	+
311	瓷蟹属	*Porcellana* sp.			+	
312	绒毛细足蟹	*Raphidopus ciliatus* Stimpson	+	+	+	+
	短尾次目	Brachyura				
	关公蟹科	Dorippidae				
313	端正关公蟹	*Dorippides*（*Paradorippe*）*cathayana* Manning et Holthuis	+	+		
314	颗粒关公蟹	*Paradorippe granulata*（De Haan）	+	+	+	+
315	日本关公蟹	*Heikea japonica* von Siebold	+	+		+
	玉蟹科	Leucosiidae				
316	小五角蟹	*Nursia minor*（Miers）		+		
317	斜方五角蟹	*Nursia rhomboidalis*（Miers）		+		
318	中华仿五角蟹	*Nursilia sinica* Chen	+	+	+	
319	隆线拳蟹	*Philyra carinata* Bell				+
320	巨形拳蟹	*Philyra pisum* De Haan	+	+	+	+
	蜘蛛蟹科	Majidae				
321	枯瘦突眼蟹	*Oregonia gracilis* Dana		+		
322	四齿矶蟹	*Pugettia quadridens*（De Haan）		+		+
323	慈母互敬蟹	*Hyastenus pleione*（Herbst）		+		
	菱蟹科	Parthenopidae				
324	强壮菱蟹	*Parthenope validus* De Haan		+		
	扇蟹科	Xanthidae				
325	特异大权蟹	*Macromedaeus distinguendus*（De Haan）		+		
	黄道蟹科	Cancridae				
326	隆背黄道蟹	*Cancer gibbosulus*（De Haan）		+		
	梭子蟹科	Portunidae				
327	三疣梭子蟹	*Portunus trituberculatus*（Miers）			+	
328	日本蟳	*Charybdis japonica*（A. Milne‐Edwards）	+	+	+	+
	长脚蟹科	Goneplacidae				
329	泥脚隆背蟹	*Carcinoplax vestita*（De Haan）	+	+	+	+
330	隆线强蟹	*Eucrate crenata* De Haan	+	+	+	+
331	毛盲蟹	*Typhlocarcinus villosus* Stimpson	+			
332	裸盲蟹	*Typhlocarcinus nudus* Stimpson		+	+	+
333	沟纹拟盲蟹	*Typhlocarcinops canaliculata* Rathbun	+	+	+	+
334	颗粒六足蟹	*Hexapus granuliferus* Campbell et Stephenson			+	+
	豆蟹科	Pinnotheridae				

序号	中文名	拉丁文名	春季	夏季	秋季	冬季
335	中型三强蟹	*Tritodynamia intermedia* Shen	+	+	+	+
336	霍氏三强蟹	*Tritodynamia horvathi* Nobili	+	+	+	+
337	兰氏三强蟹	*Tritodynamia rathbunae* Shen	+	+	+	+
338	豆形短眼蟹	*Xenophthalmus pinnotheroides* White	+	+	+	+
	方蟹科	**Grapsidae**				
339	巴氏无齿蟹	*Acmaeopleura balssi* Shen	+			
340	绒螯近方蟹	*Hemigrapsus peniciillatus* (De Haan)		+		
	口足目	**Stomatopoda**				
	虾蛄总科	**Squilloidea**				
	虾蛄科	**Squillidae**				
341	口虾蛄	*Oratosquilla oratoria* (De Haan)	+	+	+	+
	棘皮动物门	**Echinodermata**				
	海参纲	**Holothuroidea**				
	枝手目	**Dendrochirotia**				
	瓜参科	**Cucumariidae**				
342	正环沙鸡子	*Phyllophorus ordinatus* Chang				+
	棒参科	**Caddinidae**				
343	海地瓜	*Acaudina molpadioides* (Semper)			+	+
	无足目	**Apoda**				
	锚参科	**Synaptidae**				
344	棘刺锚参	*Protankyra bidentata* (Woodward et Barrett)	+	+	+	+
	海星纲	**Asteroidea**				
	显带目	**Phanerozonia**				
	砂海星科	**Luidiidae**				
345	砂海星	*Luidia quinaria* Von Martens	+	+	+	+
	钳棘目	**Forcipulata**				
	海盘车科	**Asteriidae**				
346	罗氏海盘车	*Asterias rollestoni* Bell	+	+	+	+
	海胆纲	**Echinoidea**				
	拱齿目	**Camarodonta**				
	刻肋海胆科	**Temnopleuridae**				
347	细雕刻肋海胆	*Temnopleurus toreumaticus* (Leske)	+	+	+	+
348	哈氏刻肋海胆	*Temnopleurus hardwickii* (Gray)	+	+		+
	球海胆科	**Strongylocentrotidae**				
349	马粪海胆	*Hemicentrotus puicherrimus* (A. Agassiz)				+
	猬团目	**Spatangoida**				

序号	中文名	拉丁文名	春季	夏季	秋季	冬季
	拉文海胆科	Loveniidae				
350	心形海胆	*Echinocardium cordatum*（Pennant）			+	+
	蛇尾纲	Ophiuroidea				
	真蛇尾目	Ophiurida				
	鄂蛇尾亚目	Gnathophiurina				
	阳遂足科	Amphiuridae				
351	朝鲜阳遂足	*Amphiura koreae* Duncan			+	+
352	滩栖阳遂足	*Amphiura vadicola* Matsumoto	+	+	+	+
353	柯氏双鳞蛇尾	*Amphipholis kochii* Lütken			+	+
354	钩倍棘蛇尾	*Amphioplus ancistrotus*（H. L. Calrk）	+	+	+	+
355	日本倍棘蛇尾	*Amphioplus japonicus* Matsumoto.	+	+	+	+
356	倍棘蛇尾属	*Amphioplus* sp.			+	
	辐蛇尾科	Ophiactidae				
357	近辐蛇尾	*Ophiactis affinis* Duncan			+	
358	紫蛇尾	*Ophiopholis mirabilis* Duncan		+		+
	刺蛇尾科	Ophiotrichidae				
359	马氏刺蛇尾	*Ophiopholis marenzelleri* Koehler				+
	真蛇尾科	Ophiuridae				
360	金氏真蛇尾	*Ophiura kinbergi* Ljungman	+	+	+	+
361	司氏盖蛇尾	*Stegophiura sladeni*（Duncan）	+	+	+	+
	半索动物门	Hemichordata				
	殖翼柱头虫科	Ptychoderidae				
362	多鳃孔舌形虫	*Glossobalanus Polybranchioporus*（Tchang et Liang）	+	+	+	+
	尾索动物门	Urochordata				
	海鞘纲	Ascidiacea				
	侧性目	Pieurogona				
	瘤海鞘科	Styelidae				
363	柄海鞘	*Styela clava* Herdman	+			
	脊索动物门	Chordata				
	头索动物亚门	Cephalochordata				
	文昌鱼纲	Amphioxi				
	文昌鱼目	Amphioxiformes				
	文昌鱼科	Amphioxidae				
364	青岛文昌鱼	*Branchiostoma belcheri tsingtauense* Tchang et Kuo	+	+		+
	脊椎动物亚门	Vertebrata				
	硬骨鱼纲	Osteichthyes				

序号	中文名	拉丁文名	春季	夏季	秋季	冬季
	鲱形目	Clupeiformes				
	鳀科	Engraulidae				
365	日本鳀	*Engraulis japonicus* Temmincks et Schlegel		+		
366	中颌棱鳀	*Thrissa mystax*（Bloch et Schneider）		+	+	
367	黄鲫	*Setipinna taty*（Valenciennes）			+	
	鲑形目	Salmoniformes				
	银鱼科	Salangidae				
368	大银鱼	*Protosalanx hyalocranius*（Abbott）	+			
369	前颌间银鱼	*Hemisalanx prognathus* Regan		+		
	管口鱼科	Aulostomidae				
	海龙科	Syngnathidae				
370	尖海龙	*Syngnathus acus* Linnaeus	+	+	+	
371	管海马	*Hippocampus kuda* Bleeker	+	+		
	鲻形目	Mugiliformes				
	鲻科	Mugilidae				
372	鲻	*Mugil cephalus* Linnaeu				+
	鲈形目	Perciformes				
	石首鱼科	Sciaenidae				
373	白姑鱼	*Argyrosomus argentatus*（Houttuyn）		+	+	
374	小黄鱼	*Pseudosciaena polyactis* Bleeker			+	
375	黑鳃棘鲳鱼	*Collichthys niveatus* Jordan et Starks		+		
	锦鳚科	Pholidae				
376	云鳚	*Enedrias nebulosus*（Temminck et Schlegel）	+	+		
	线鳚科	Stichaeidae				
377	六线鳚	*Ernogrammus hexagrammus*（Temminck et Schlegel）			+	+
	玉筋鱼科	Ammodytidae				
378	玉筋鱼	*Ammodytes personatus* Girard				+
	鰕虎鱼科	Gobiidae				
379	裸项栉鰕虎鱼	*Ctenogobius gymnauehen*（Bleeker）		+		
380	普氏栉鰕虎鱼	*Ctenogobius pflaumi*（Bleeker）	+	+	+	+
381	矛尾复鰕虎鱼	*Synechogobius hasta*（temminck et Schlegel）				+
382	斑尾复鰕虎鱼	*Synechogobius ommaturus*（Richardson）	+	+		+
383	睛尾蝌蚪鰕虎鱼	*Lophiogobius ocellicauda* Günther			+	+
384	矛尾鰕虎鱼	*Chaeturichthys stigmatias*（Richardson）			+	+
385	六丝矛尾鰕虎鱼	*Chaeturichthys hexanema*（Bleeker）	+	+		+
	鳗鰕虎鱼科	Taenioididae				

序号	中文名	拉丁文名	春季	夏季	秋季	冬季
386	红狼牙鰕虎鱼	*Odontamblyopus rubicundus*（Hamilton – Buchanan）	+	+		
387	小头栉孔鰕虎鱼	*Ctenotrypauchen microcephalus*（Bleeker）	+	+	+	+
	鲉形目	Scorpaeniformes				
	鲉科	Scorpaenidae				
388	无备平鲉	*Sebastes inermis* Cuvier et Valenciennes		+		
389	许氏平鲉	*Sebastes schlegeli*（Hilgendorf）	+	+	+	+
	六线鱼科	Hexagrammidae				
390	大泷六线鱼	*Hexagrammos otakii* Jordan et Starks				+
	鲬科	Platycephalidae				
391	鲬	*Platycephalus indicus*（Lnnaeus）	+	+	+	
	狮子鱼科	Liparidae				
392	赵氏狮子鱼	*Liparis choanus* Wu et Wang				+
	鲽形目	Pleuronectiforme				
	舌鳎科	Cynoglossidae				
393	短吻舌鳎	*Cynoglossus joyneri* Günther	+	+	+	+
394	长吻舌鳎	*Cynoglossus lighti* Norman	+	+	+	+
395	半滑舌鳎	*Cynoglossus semilaevis* Gunther			+	
	鮟鱇目	Lophiiorme				
	鮟鱇科	Lophiidae				
396	黄鮟鱇	*Lophius litulon*（Jordan）		+	+	

附录9　潮间带生物种名录

序号	中文名	拉丁文名	春季	夏季	秋季	冬季
	腔肠动物门	**Coelenterata**				
	珊瑚虫纲	**Anthozoa**				
	海葵目	**Actiniaria**				
1	黄侧花海葵	*Anthopleura xanthogrammia*（Brandt）	+			
2	海葵	*Actiniaria*		+	+	+
	扁形动物门	**Plathyhelminthes**				
	涡虫纲	**Turbellaria**				
	多肠目	**Polycladida**				
	平角科	**Planoceridae**				
3	平角涡虫	*Paraplanocera reticulata*（Stimpso）	+	+	+	+
	纽形动物门	**Nemertinea**				
	无针纲	**Anopl**				
	异纽虫目	**Heteronemertea**				
	纵沟科	**Lineidae**				
4	纵沟纽虫属	*Lineus* sp.	+	+	+	+
	环节动物门	**Annelida**				
	多毛纲	**Polychaeta**				
	叶须虫目	**Phyllodocida**				
	叶须虫科	**Phyllodocidae**				
5	乳突半突虫	*Phyllodoce papillosa*（Uschakov et Wu）	+	+	+	+
6	围巧言虫	*Eumida sanguinea*（Oersted）	+		+	
	特须虫科	**Lacydoniidae**				
7	拟特须虫	*Paralacydonia paradoxa* Fauvel			+	+
	多鳞虫科	**Polynoidae**				
8	短毛海鳞虫	*Halosydna brevisetosa* Kinberg			+	
9	软背鳞虫	*Lepidonotus helotypus*（Grube）	+			
10	非拟海鳞虫	*Nonparahalosydna pleiolepis*（Marenzeller）			+	
	蠕鳞虫科	**Acoetidae**				
11	覆瓦哈鳞虫	*Harmothoe imbricata*（Linnaeus）	+			
12	哈鳞虫属	*Harmothoe* sp.		+		
	锡鳞虫科	**Sigalionidae**				
13	日本强鳞虫	*Sthenolepis japonica*（McIntosh）			+	
	白毛虫科	**Pilargiidae**				
14	华岗钩毛虫	*Sigambra hamaokai* Kitamoni	+	+		
	裂虫科	**Syllidae**				

续表

序号	中文名	拉丁文名	春季	夏季	秋季	冬季
15	模裂虫属	*Typosyllis* sp.	+	+	+	
	沙蚕科	**Nereidae** Nereidae				
16	背褶沙蚕	*Tambalagamia fauveli* Pillai		+		
17	软疣沙蚕	*Tylonereis bogoyawleskyi* Fauvel			+	
18	多齿沙蚕	*Nereis multignatha* Imajima et Hartman			+	
19	宽叶沙蚕	*Nereis grubei* (Kinberg)			+	
20	长须沙蚕	*Nereis longior* Chlebovitsch et Wu	+			+
21	琥珀刺沙蚕	*Neanthes succinea* (Frey et leuckart)				+
22	多齿全刺沙蚕	*Nereis multignatha* Wu et Sun			+	
23	全刺沙蚕	*Nereis oxypoda* (Marenzeller)	+			+
24	日本刺沙蚕	*Neanthes japonica* (Izuka)	+			
25	红角沙蚕	*Ceratonereis erythraeensis* Fauvel	+	+	+	+
26	独齿围沙蚕	*Perinereis cultrifera* Grube			+	
27	双齿围沙蚕	*Perinereis aibuhitensis* Grube	+	+	+	+
28	多齿围沙蚕	*Perinereis nuntia* (Savigny)	+	+	+	+
29	长突半足沙蚕	*Hemipodus yenourensis* Izuka	+	+		
30	沙蚕属	*Nereis* sp.				+
31	刺沙蚕属	*Neanthes* sp.	+			
	吻沙蚕科	**Glyceridae**				
32	白色吻沙蚕	*Glycera alba* (Müller)			+	
33	长吻吻沙蚕	*Glycera chirori* Izuka	+	+	+	+
34	细弱吻沙蚕	*Glycera tenuis* Hartman	+			
35	浅古铜吻沙蚕	*Glycera subaenea* Grube	+	+	+	+
	角吻沙蚕科	**Goniadidae**				
36	寡节甘吻沙蚕	*Glycinde gurjanovae* Uschakov et Wu	+	+	+	+
37	日本角吻沙蚕	*Goniada japonica* Izuka			+	
	齿吻沙蚕科	**Nephtyidae**				
38	囊叶卷吻齿沙蚕	*Nephthys caeca* (Fabricius)	+		+	
39	毛齿卷吻齿沙蚕	*Nephthys ciliata* (Müller)		+		+
40	寡鳃卷吻齿沙蚕	*Nephthys oligobranchia* Southern	+	+	+	+
	锥头虫目	**Orbiniida**				
	锥头虫科	**Orbiniidae**				
41	长锥虫	*Haploscoloplos elongatus* (Johnson)	+	+	+	+
42	尖锥虫属	*Scoloplos* sp.				+
	异毛虫科	**Paraonidae**				
43	独指虫	*Aricidea fragilis* Webster	+	+	+	

序号	中文名	拉丁文名	春季	夏季	秋季	冬季
	海稚虫目	Spionida				
	海稚虫科	Spionidae				
44	短鳃才女虫	*Pseudopolydora paucibranchiata*（Okuda）	+	+	+	
45	后指虫	*Laonice cirrata*（Sars）			+	
46	奇异稚齿虫	*Paraprionospio pinnata*（Ehlers）	+	+	+	+
47	昆士兰稚齿虫	*Prionospio queenslandica* Blake et Kudenov	+		+	
48	腹沟虫属	*Scolelepis* sp.			+	
49	海稚虫属	*Spio* sp.				
50	后指虫属	*Laonice* sp.				
	长手沙蚕科	Magelonidae				
51	日本长手沙蚕	*Magelona japonica* Okuda	+	+	+	
	丝鳃虫科	Cirratulidae				
52	须鳃虫	*Cirriformia tentaculata*（Montaau）		+	+	+
53	多丝独毛虫	*Tharyx multifilis* Moore		+	+	+
54	须鳃虫属	*Cirriformia* sp.	+	+		+
	小头虫目	Capitellida				
	小头虫科	Capitellidae				
55	小头虫	*Cepitella capitata*（Fabricius）	+	+		
56	异蚓虫	*Heteromastus filiformis*（Claparede）	+	+	+	+
57	背蚓虫	*Notomastus latericeus* Sars	+	+	+	+
58	背蚓虫属	*Notomastus* sp.	+	+	+	
	沙蠋科	Arenicolidae				
59	巴西沙蠋	*Arenicola brasiliensis* Monato		+		
	海蛹目	Opheliida				
	海蛹科	Opheliidae				
60	中阿曼吉虫	*Armandia intermedia* Fauvel		+		+
61	角海蛹	*Ophelina acuminata* Oersted	+		+	
	矶沙蚕目	Eunicida				
	欧努菲虫科	Onuphidae				
62	智利巢沙蚕	*Diopatra chiliensis* Quatrefages	+	+	+	+
	矶沙蚕科	Eunicidae				
63	岩虫	*Marphysa sanguinea*（Montagu）	+		+	
	索沙蚕科	Lumbrineridae				
64	圆头索沙蚕	*Lumbrineris inflata*（Moore）		+		
65	异足索沙蚕	*Lumbrineris heteropoda*（Marenzeller）	+	+	+	+
66	四索沙蚕	*Lumbrineris tetraura*（Schmarda）	+		+	

序号	中文名	拉丁文名	春季	夏季	秋季	冬季
67	双唇索沙蚕	*Lumbrineris cruzensis* Hartman	+	+	+	+
	欧文虫目	**Oweniida**				
	欧文虫科	**Oweniidae**				
68	欧文虫	*Owenia fusformis* Delle Chiaje	+			
	蛰龙介虫目	**Terebellida**				
	笔帽虫科	**Pectinaridae**				
69	笔帽虫属	*Pectinaria* sp.				+
	蛰龙介科	**Terebllidae**				
70	西方似蛰虫	*Amaeana occidentalis*（Hartman）		+	+	
71	扁蛰虫	*Longicarpus medusa*（Savigny）	+	+	+	+
	缨鳃虫目	**Sabellida**				
	缨鳃虫科	**Sabellidae**				
72	管缨虫	*Chone infundibuliformis* Kroyer		+		
73	尖刺缨虫	*Potamilla* cf. *acuminata*（Moore）			+	
74	结节刺缨虫	*Potamilla torelli* Malmgren		+		
75	刺缨虫属	*Potamilla* sp.				+
	螠虫动物门	**Echiura**				
	螠纲	**Echiurida**				
	螠目	**Echiuroinea**				
	螠科	**Echiuridae**				
76	雅丽池体螠	*Ikedosoma elegans*（Ikeda）	+			
	软体动物门	**Mollusca**				
	双壳纲	**BivalviaBivalvia**				
	蚶目	**Arcoida**				
	蚶科	**Arcoidae**				
77	毛蚶	*Scapharca subcrenata*（Lischke）	+			+
	贻贝目	**Mytiloida**				
	贻贝科	**Mytilidae**				
78	紫贻贝	*Myilus galloprovincialis* Lamarck	+			+
79	黑荞麦蛤	*Xenostrobus atratus*（Lischke）				+
	拟日月贝目	**Propeamussiidae**				
	扇贝科	**Pectinidae**				
80	海湾扇贝	*Argopecten innadians*（Lamarck）	+	+	+	+
	牡蛎科	**Ostreidae**				
81	长牡蛎	*Crassostrea gigas*（Thunberg）	+	+	+	+
82	近江牡蛎	*Crassostrea rivularis*（Gould）		+		

序号	中文名	拉丁文名	春季	夏季	秋季	冬季
	帘蛤目	Veneroida				
	蹄蛤科	Ungulinidae				
83	古明圆蛤	*Cycladicama cumingi*（Hanley）			+	
84	托氏圆蛤	*Cycladicama tsuchii* Yamamoto et Habe	+	+		
	孟达蛤科	Montacutidae				
85	孟达蛤属	*Montacutona* sp.		+	+	+
	蛤蜊科	Mactridae				
86	中国蛤蜊	*Mactra chinensis* Philippi	+	+	+	+
87	四角蛤蜊	*Mactra veneriformis* Reeve	+	+	+	+
	樱蛤科	Tellinidae				
88	红明樱蛤	*Moerella rutila*（Dunker）	+	+	+	+
89	彩虹明樱蛤	*Moerella iridescens*（Benson）			+	+
	双带蛤科	Semelidae				
90	脆壳理蛤	*Theora fragilis*（A. Adams）	+			
	紫云蛤科	Psammobiidae				
91	紫彩血蛤	*Nuttallia olivacea*（Jay）		+	+	+
	竹蛏科	Solenidae				
92	短竹蛏	*Solen dunkerianus* Clessin	+	+	+	+
93	长竹蛏	*Solen strictus* Gould	+	+		+
	蛏科	Pharellidae				
94	缢蛏	*Sinonovacula constricta*（Lamarck）			+	
	棱蛤科	Trapeziidae				
95	纹斑棱蛤	*Trapezium*（*Neotrapezium*）*liratum* Reeve		+		
	帘蛤科	Veneridae				
96	日本镜蛤	*Dosinia*（*Phacosoma*）*japonica*（Reeve）	+			
97	凸镜蛤	*Dosinia*（*Phacosoma*）*derupta*（Romer）	+	+	+	+
98	薄壳镜蛤	*Dosinia*（*Dosinella*）*corrugata*（Reeve）	+	+	+	
99	文蛤	*Meretrix meretrix*（Linnaeus）	+	+	+	+
100	青蛤	*Cyclina sinensis*（Gmelin）	+	+	+	+
101	菲律宾蛤仔	*Ruditapes philippinarum*（Adams et Reeve）	+	+	+	+
	绿螂科	Glauconomidae				
102	薄壳绿螂	*Glauconme primeana* Crosse et Debeaux			+	
	海螂目	Myoida				
	海螂科	Myidae				
103	砂海螂	*Mya arenaria* Linnaeus	+	+	+	+
104	截尾脉海螂	*Venatomya truncata*（Gould）	+	+	+	+

续表

序号	中文名	拉丁文名	春季	夏季	秋季	冬季
	篮蛤科	Corbulidae				
105	光滑河篮蛤	*Potamocorbula laevis*（Hinds）				+
	笋螂目	Pholadomyoida				
	鸭嘴蛤科	Laternulidae				
106	渤海鸭嘴蛤	*Laternula*（*Exolaternula*）*marilina*（Reeve）	+			+
107	鸭嘴蛤	*Laternula anatina*（Linnaeus）	+	+		
108	剖刀鸭嘴蛤	*Laternula boschasina*（Reeve）	+	+	+	+
	腹足纲	Gastropoda				
	前鳃亚纲	Prosobranchia				
	原始腹足目	Archaeogastropoda				
	帽贝科	Patellidae				
109	嫁蝛	*Cellana toreuma*（Reeve）	+	+		
110	白笠贝	*Acmaea pallida*（Gould）	+			
111	寇氏小节贝	*Collisella kolarovai*（Grabau & King）		+		
	马蹄螺科	Trochidae				
112	锈凹螺	*Chlorostoma rustica*（Gmelin）	+	+	+	+
113	托氏蜎螺	*Umbonium thomasi*（Crosse）	+	+	+	+
	中腹足目	Mesogastropoda				
	滨螺科	Littorinidae				
114	粗糙滨螺	*Littoraria*（*Palustorina*）*articulata*（Philippi）		+	+	+
115	短滨螺	*Littorina*（*Littorinopsis*）*brevicula*（Philippi）	+	+	+	+
	麂眼螺总科	Rissoacea				
	麂眼螺科	Rissoidae				
116	布类麂眼螺	*Rissoina bureri* Grabau et King	+			
117	文雅罕愚螺	*Onoba elegantula* A. Adams	+			
118	褶鲁舍螺	*Rissolina plicatula*（Gould）	+	+	+	+
119	麂眼螺属	*Rissoina* sp.	+			
	狭口螺科	Stenothyridae				
120	光滑狭口螺	*Stenothyra glabar* A. Adams	+	+	+	+
	汇螺科	Potamididae				
121	纵带滩栖螺	*Batillaria zonalis*（Bruguiere）	+	+	+	+
122	古氏滩栖螺	*Batillaria cumingi*（Crosse）			+	
	玉螺科	Naticidae				
123	微黄镰玉螺	*Lunatica gilva*（Philippi）	+	+	+	+
124	扁玉螺	*Neverita didyma*（Roding）			+	
125	乳头真玉螺	*Eunaticina papilla*（Gmelin）	+		+	+

序号	中文名	拉丁文名	春季	夏季	秋季	冬季
	狭舌目	Stenoglossa				
	核螺科	Pyrenidae				
126	丽核螺	*Mitrella bella*（Reeve）			+	+
	蛾螺科	Buccinidae				
127	香螺	*Neptunea arthritica cumingii* Crosse				+
128	蛾螺属	*Buccinium* sp.		+	+	+
	织纹螺科	Nassariidae				
129	纵肋织纹螺	*Nassarius variciferus*（A. Adams）	+	+	+	+
130	秀丽织纹螺	*Nassarius*（*Reticunassa*）*festivus*（Powys）			+	
131	红带织纹螺	*Nassarius*（*Zeuxis*）*succinctus*（A. Adams）	+	+	+	+
	笋螺科	Terebridae				
132	朝鲜笋螺	*Terebra*（*Diplomeriza*）*koreana*（Yoo）	+		+	
	后鳃亚纲	Opisthobranchia				
	肠纽目	Entomotaeniata				
	小塔螺科	Pyramidellidae				
133	高塔捻塔螺	*Actaeopyramis eximia*（Lischke）	+	+	+	+
	头楯目	Cephalaspidea				
	捻螺科	Acteonidae				
134	黑纹斑捻螺	*Punctacteon yamamurae* Habe			+	
	阿地螺科	Atyidae				
135	泥螺	*Bullacta exarata*（Philippi）	+			
	拟捻螺科	Acteocinidae				
136	纵肋饰孔螺	*Decorifera matusimana*（Nomura）				+
	腕足动物门	Brachiopoda				
	无关节纲	Inarticulata				
	无穴目	Atremata				
	海豆芽科	Lingulidae				
137	鸭嘴海豆芽	*Lingula anatine* Lamark	+			+
	节肢动物门	Arthropoda				
	甲壳纲	Crustacea				
	蔓足亚纲	Cirripedia				
	围胸目	Thoracica				
	小藤壶科	Chthamalidae				
138	东方小藤壶	*Chthamalus challengeri* Hoek	+		+	+
	藤壶科	Balanidae				
139	纹藤壶	*Balanus amphitrite amphitrite* Darwin	+	+		+

序号	中文名	拉丁文名	春季	夏季	秋季	冬季
140	白脊藤壶	*Balanus albicastatus* Pilsbry	+			
141	糊斑藤壶	*Balanus cirratus* Darwin	+			
	软甲亚纲	**Malacostraca**				
	糠虾目	**Mysidacea**				
	糠虾科	**Mysidae**				
142	黑褐新糠虾	*Neomysis awatschensis*（Brandt）			+	
143	黄海刺糠虾	*Acanthomysis hwanghaiensis* Ii	+		+	
	涟虫目	**Cumacea**				
	针尾涟虫科	**Diastylidae**				
144	三叶针尾涟虫	*Diastylis tricincta*（Zimmer）	+			+
145	亚洲异针尾涟虫	*Dimorphostylis asiatica*（Zimmer）	+		+	
	等足目	**IsopodaIsopoda**				
	圆柱水虱科	**Cirolanidae**				
146	哈氏圆柱水虱	*Cirolana harfordi japonica* Thielemann			+	
147	日本圆柱水虱	*Cirolana japonensis*（Richardson）			+	
	团水虱科	**Sphaeromidae**				
148	俄勒冈外团水虱	*Exosphaeroma oregonensis*（Dana）	+	+	+	+
	海蟑螂科	**Ligiidae**				
149	海蟑螂	*Ligia exotica*（Roux）				+
	英高虫亚目	**Ingolfiellidea**				
	英高虫科	**Ingolfiellidae**				
150	日本拟背尾水虱	*Paranthura japonica* Richardson	+	+	+	
	端足目	**Amphipoda**				
	钩虾亚目	**Gammaridean**				
	蜾蠃蜚科	**Corophiidae**				
151	河蜾蠃蜚	*Corophium acherusicum* Costa	+			
152	大蜾蠃蜚	*Corophium majer* Ren		+	+	
153	蜾蠃蜚属	*Corophium* sp.	+	+		
154	长尾亮钩虾	*Photis longicaudata*（Bate et Westwood）	+		+	
	利尔钩虾科	**Liljeborgiidae**				
155	利尔钩虾属	*Liljeborgia* sp.	+		+	+
156	弯指铲钩虾	*Listriella curvidactyla*（Nagata）				+
	光洁钩虾科	**Lysianassidae**				
157	弹钩虾属	*Orchomene* sp.	+			
	马耳他钩虾科	**Melitidae**				
158	细身钩虾属	*Maera* sp.	+	+	+	+

序号	中文名	拉丁文名	春季	夏季	秋季	冬季
	合眼钩虾科	Oedicerotidae				
159	极地蚤钩虾	*Pontocrates altamarimus*（Bate et Westwood）		+		
160	同掌华眼钩虾	*Sinoediceros homopalmulus* Shen		+	+	
	尾钩虾科	Urothoidae				
161	尾钩虾属	*Sinurothoe* sp.	+	+	+	
	十足目	Decapoda				
	腹胚亚目	Pleocyamata				
	真虾次目	Caridea				
	长臂虾总科	Palaemonoidea				
	长臂虾科	Palaemonidae				
162	葛氏长臂虾	*Palaemon gravieri*（Yu）			+	
	鼓虾总科	Alpheoidea				
	鼓虾科	Alpheidae				
163	短脊鼓虾	*Alpheus brevicristatus* De Hann			+	
164	鲜明鼓虾	*Alpheus distinguendus* De Man	+	+	+	
165	刺螯鼓虾	*Alpheus hoplocheles* Coutiere	+		+	
166	日本鼓虾	*Alpheus japonicus* Miers	+	+	+	+
	长眼虾科	Ogyrididae				
167	东方长眼虾	*Ogyrides orientalis*（Stimpson）			+	
	褐虾总科	Crangdonoidea				
	褐虾科	Crangonidae				
168	脊腹褐虾	*Crangon affinis* De Haan	+	+	+	+
	蝼蛄虾次目	Thalassinidea				
	蝼蛄虾总科	Thalassinoidea				
	美人虾科	Callianassidae				
169	日本美人虾	*Callianassa japonica* Ortmann	+	+	+	+
	歪尾次目	Anomura				
	陆寄居蟹总科	Coenobitoidea				
	活额寄居蟹科	Diogenidae				
170	艾氏活额寄居蟹	*Diogenes edwardsii*（De Haan）				
	瓷蟹科	Porcellanidae				
171	美丽瓷蟹	*Porcellana pulchra* Stimpson	+		+	
172	绒毛细足蟹	*Raphidopus ciliatus* Stimpson	+			
	短尾次目	Brachyura				
	关公蟹科	Dorippidae				
173	颗粒关公蟹	*Paradorippe granulata*（De Haan）			+	+

序号	中文名	拉丁文名	春季	夏季	秋季	冬季
174	日本关公蟹	*Heikea japonica* von Siebold				+
	玉蟹科	**Leucosiidae**				
175	十一刺栗壳蟹	*Arcania undecimspinosa* De Haan	+	+	+	+
176	巨形拳蟹	*Philyra pisum* De Haan		+		
	馒头蟹科	**Calappidae**				
177	红线黎明蟹	*Matuta planipes* Fabricius				+
	蜘蛛蟹科	**Majidae**				
178	四齿矶蟹	*Pugettia quadridens*（De Haan）			+	
	梭子蟹科	**Portunidae**				
179	三疣梭子蟹	*Portunus trituberculatus*（Miers）	+		+	
180	日本蟳	*Charybdis japonica*（A. Milne – Edwards）				+
	长脚蟹科	**Goneplacidae**				
181	隆线强蟹	*Eucrate crenata* De Haan		+		
182	沟纹拟盲蟹	*Typhlocarcinops canaliculata* Rathbun		+		
	豆蟹科	**Pinnotheridae**				
183	中型三强蟹	*Tritodynamia intermedia* Shen	+	+	+	+
184	兰氏三强蟹	*Tritodynamia rathbunae* Shen	+	+	+	+
	沙蟹科	**Ocypodidae**				
185	宽身大眼蟹	*Macrophthalmus dilatum*（De Haan）	+	+	+	+
186	日本大眼蟹	*Macrophthalmus japonicus* De Haan	+	+	+	+
187	长趾股窗蟹	*Scopunera longidactyla* Shen	+			
	方蟹科	**Grapsidae**				
188	中华绒螯蟹	*Eriocheir sinensis* H. Milne – Edwards			+	
189	肉球近方蟹	*Hemigrapsus sanguineus*（De Haan）	+	+	+	+
190	绒螯近方蟹	*Hemigrapsus peniciillatus*（De Haan）	+	+	+	+
191	天津厚蟹	*Helice tientsinensis* Rathbun	+	+	+	+
	口足目	**Stomatopoda**				
	虾蛄总科	**Squilloidea**				
	虾蛄科	**Squillidae**				
192	口虾蛄	*Oratosquilla oratoria*（De Haan）	+		+	+
	棘皮动物门	**Echinodermata**				
	海参纲	**Holothuroidea**				
	无足目	**Apoda**				
	锚参科	**Synaptidae**				
193	棘刺锚参	*Protankyra bidentata*（Woodward et Barrett）			+	
	海星纲	**Asteroidea**				

序号	中文名	拉丁文名	春季	夏季	秋季	冬季
	显带目	Phanerozonia				
	砂海星科	Luidiidae				
194	砂海星	*Luidia quinaria* Von Martens				+
	海胆纲	Echinoidea				
	拱齿目	Camarodonta				
	刻肋海胆科	Temnopleuridae				
195	细雕刻肋海胆	*Temnopleurus toreumaticus*（Leske）				+
	尾索动物门	Urochordata				
	海鞘纲	Ascidiacea				
	侧性目	Pieurogona				
	玻璃海鞘科	Cionidae				
196	玻璃海鞘	*Ciona intestinalis* Linnaeus	+		+	+
	脊索动物门	Chordata				
	脊椎动物亚门	Vertebrata				
	硬骨鱼纲	Osteichthyes				
	鲈形目	Perciformes				
	鰕虎鱼科	Gobiidae				
197	纹缟鰕虎鱼	*Tridentiger trigonocephalus*（Gill）	+	+	+	+
198	裸项栉鰕虎鱼	*Ctenogobius gymnauehen*（Bleeker）			+	
199	普氏栉鰕虎鱼	*Ctenogobius pflaumi*（Bleeker）		+		
	鲉形目	Scorpaeniformes				
	鲬科	Platycephalidae				
200	鲬	*Platycephalus indicus*（Lnnaeus）		+		

附录10　污损生物种名录

序号	中文名	拉丁文名
1	舌状蜈蚣藻	*Grateloupia divaricata* Okam
2	内枝多管藻	*Polysiphonia morrowii* Harv
3	水云	*Ectocarpus arctus* Kütz
4	软丝藻	*Ulothrix flacca* (Dillw.) Thur. in Le Jolis
5	肠浒苔	*Entermorpha intestinalis* (L.) Link
6	条浒苔	*Entermorpha clathrata* (Roth) Grev. emend Bliding
7	缘管浒苔	*Entermorpha linza* (L.) J. Ag
8	浒苔	*Entermorpha prolifera* (Müller) J. Ag
9	孔石莼	*Ulva pertusa* Kjellm
10	隐居穿贝海绵	*Cliona celata* Grant
11	中胚花筒螅	*Tubularia mesembryanthemum* Hargitt
12	曲膝薮枝螅	*Obelia geniculara* (Linne)
13	太平洋侧花海葵	*Anthopleura nigrescens* (Verrill)
14	双齿围沙蚕	*Perinereis aibuhitensis* Grube
15	叶须虫属	*Phyllodoce* sp.
16	岩虫	*Marphysa sanguinea* (Montagu)
17	紫贻贝	*Mytilus galloprovincialis* Gould
18	长牡蛎	Crassostrea gigas (Thunberg)
19	纹藤壶	*Balanus amphitrite amphitrite* Darwin
20	上野蜾蠃蜚	*Corophium uenoi* Stephensen
21	镰形叶钩虾	*Jassa falcata* (Montagu)
22	尾钩虾属	*Urothoe* sp.
23	小头弹钩虾	*Orchomene breviceps* Hirayama
24	长鳃麦秆虫	*Caprella equilibra* Say
25	麦秆虫属	*Caprella* sp.
26	藻钩虾属	*Ampithoe* sp.
27	疣背宽额虾	*Latreutes planirostris* (de Haan)
28	近方蟹属	*Hemigrapsus* sp.
29	大室膜孔苔虫	*Membranipora grandicella* (Canu et Bassler)
30	西方三胞胎虫	*Tricellaria occidentalis* (Trask)
31	玻璃海鞘	*Ciona intestinalis* Linne
32	柄海鞘	*Styela clava* Herdman

附录11 游泳动物种名录

序号	中文名	拉丁文名	春季	夏季	秋季	冬季
	鱼类					
1	日本鳀	*Engraulis japonicus* Temminck et Schlegel		+	+	+
2	黄鲫	*Setipinna taty* (Valeinciennes)	+	+	+	
3	斑鰶	*Clupanodon punctatus* (Temminck et Schlegel)	+	+	+	
4	青鳞小沙丁鱼	*Sardinella zunasi* (Bleeker)	+	+	+	
5	赤鼻棱鳀	*Thrissa kammalensis* (Bleeker)	+	+	+	
6	长颌棱鳀	*Thrissa setirostris* (Broussonet)	+		+	
7	刀鲚	*Coilia ectenes* Jordan et Seale	+			
8	长蛇鲻	*Saurida elongata* (Temminck et Schlegel)			+	
9	鲻鱼	*Mugil cephalus* Linnaeus			+	
10	鮻	*Liza haematocheila* (Temminck et Schlegel)				+
11	大银鱼	*Protosalanx hyalocranius* (Abbott)	+	+	+	+
12	日本鱵	*Hemiramphus sajori* Temminck et Schlegel	+	+	+	
13	尖海龙	*Syngnathus acus* Linnaeus	+			+
14	鲈鱼	*Lateolabrax japonicus* (Cuvier et Valenciennes)			+	
15	真鲷	*Pagrosomus major* (Temminck et Schlegel)			+	
16	小黄鱼	*Pseudosciaena polyactis* Bleeker	+	+	+	+
17	黑鳃梅童鱼	*Collichthys niveatus* Jordan et Starks			+	
18	皮氏叫姑鱼	*Johnius belengeri* (Cuvier et Valenciennes)	+	+	+	
19	白姑鱼	*Argyrosomus argentatus* (Houttuyn)			+	
20	黄姑鱼	*Nibea albiflora* (Richardson)		+		
21	大头鳕	*Gadus macrocephalus* Tilesius				+
22	银鲳	*Pampus argenteus* (Euphrasen)	+	+	+	
23	鲐鱼	*Pneumatophorus japonicus* (Houttuyn)		+		
24	蓝点马鲛	*Scombermorus niphonius* (Cuvier et Valeciennes)		+	+	+
25	带鱼	*Trichiurus haumela* (Forskal)			+	
26	小带鱼	*Euplerogrammus muticus* (Gray)	+	+	+	+
27	横带高鳍虾虎鱼	*Pterogobius zacalles* Jordan et Snyder			+	+
28	红狼牙虾虎鱼	*Odontamblyopus rubicundus* (Hamilton – Buchanan)	+	+	+	+
29	矛尾虾虎鱼	*Chaeturichths stigmatias* Richardson	+		+	+
30	小头栉孔虾虎鱼	*Ctenotrypauchen microcephalus* (Bleeker)	+		+	+
31	中华栉孔虾虎鱼	*Ctenotrypauchen chinensis* Steindachner			+	+
32	六丝矛尾虾虎鱼	*Chaeturichths hexanema* Bleeker	+	+	+	+
33	斑尾复虾虎鱼	*Synechogobius ommaturus* (Richardson)	+		+	+
34	长丝虾虎鱼	*Callogobius filifer* (Cuvier et Valenciennes)	+			

序号	中文名	拉丁文名	春季	夏季	秋季	冬季
35	钟馗鰕虎鱼	*Triaenopogon barbatus*（Günther）	+			+
36	乳色阿匍鰕虎鱼	*Aboma lactipes*（Hilgendorf）				+
37	裸项栉鰕虎鱼	*Ctenogobius gymnauehen*（Bleeker）				+
38	长绵鳚	*Enchelyopus elongatus* Kner	+	+		+
39	方氏云鳚	*Enedrias fangi* Wang et Wang	+	+	+	+
40	细纹狮子鱼	*Liparis tanakae*（Gilbert et Burke）	+	+	+	+
41	赵氏狮子鱼	*Liparis choanus* Wu et Wang	+			
42	斑纹狮子鱼	*Liparis maculatus* Malm				+
43	绿鳍鱼	*Chelidonichthys kumu*（Lesson et Garnot）			+	
44	大泷六线鱼	*Hexagrammos otakii* Jordan et Starks	+	+	+	+
45	许氏平鲉	*Sebastes schlegeli*（Hilgendorf）	+		+	+
46	褐菖鲉	*Sebastiscus marmoratus*（Cuvier et Valenciennes）		+		
47	鲬	*Platycephalus indicus*（Lnnaeus）	+	+	+	+
48	绯鲔	*Callionymus beniteguri* Jordon et Snyder		+		
49	李氏鲔	*Callionymus richardsoni* Bleeker				+
50	假睛东方鲀	*Fugu pseudommus*（Chu）		+	+	
51	绿鳍马面鲀	*Navodon septentrionalis*（Günther）		+	+	+
52	钝吻黄盖鲽	*Pseudopleuronectes yokohamae*（Günther）			+	
53	褐牙鲆	*Paralichthys olivaceus*（Temminck et Schlegel）		+	+	
54	短吻舌鳎	*Cynoglossus joyneri* Günther	+	+	+	+
55	半滑舌鳎	*Cynoglossus semilaevis* Günther				+
56	黄鮟鱇	*Lophius litulon*（Jordan）	+	+	+	+
	头足类					
57	日本枪乌贼	*Loligo japonica* Hoyle	+	+	+	+
58	火枪乌贼	*Loligo beka* Sasaki	+	+	+	+
59	长蛸	*Octopus variabilis*（Sasaki）	+	+	+	+
60	短蛸	*Octopus ocellatus* Gray	+	+	+	+
61	双喙耳乌贼	*Sepiola birostrat* Sasaki	+	+		
	甲壳类					
62	口虾蛄	*Oratosquilla oratoria*（De Haan）	+	+	+	+
63	中国明对虾	*Fenneropenaeus chinensis*（Osbeck）		+	+	
64	日本囊对虾	*Marsupenaeus japonicus* Bate			+	
65	鹰爪虾	*Trachypenaeus curvirostris*（Stimpson）		+		
66	葛氏长臂虾	*Palaemon gravieri*（Yu）	+	+	+	+
67	脊腹褐虾	*Crangon affinis* De Haan	+	+		+
68	脊尾白虾	*Exopalaemon carinicauda*（Holthuis）	+		+	+

序号	中文名	拉丁文名	春季	夏季	秋季	冬季
69	日本鼓虾	*Alpheus japonicus* Miers	+	+	+	+
70	鲜明鼓虾	*Alpheus distinguendus* De Man	+	+	+	+
71	细螯虾	*Leptochela gracilis* Stimpson	+			
72	大蝼蛄虾	*Upogebia major*（De Haan）	+			
73	水母虾	*Latreutes anoplonyx* Kemp		+		
74	中国毛虾	*Acetes chinensis* Hansen		+		+
75	三疣梭子蟹	*Portunus trituberculatus*（Miers）	+	+	+	+
76	日本蟳	*Charybdis japonica*（H. Milne – Edwards）	+	+	+	+
77	隆线强蟹	*Eucrate crenata* De Haan	+	+	+	+
78	隆背黄道蟹	*Cancer gibbosulus*（De Haan）		+	+	+
79	泥脚隆背蟹	*Carcinoplax vestita*（De Haan）	+		+	+
80	枯瘦突眼蟹	*Oregonia gracilis* Dana	+			
81	海绵寄居蟹	*Parapagurus pectinatus*（Stimpson）	+			
82	方腕寄居蟹	*Parapagurus ochotensis* Brandt	+			
83	日本关公蟹	*Heikea japonica* Siebold	+	+		+
84	绒螯近方蟹	*Hemigrapsus peniciillatus*（De Haan）				+

附件 1 两种微生物分析方法的比较

渤海海域海水微生物状况的调查与分析采用了两种方法，分别是培养计数法和荧光染色直接计数法。

通过 4 个季节的样品采集与分析工作，两种分析方法得到了两套结果。经过对比，发现两种方法所得结果差别比较大，现将两种方法所得主要结果做以下比较。

1 两种方法各区域的分别比较

1.1 各调查区的结果

1.1.1 渤海基础调查区

两种方法 4 个季节的结果比较见图 1。通过分析可知，培养法 4 个季节所得海水细菌总数夏季最高，秋季最低；而直接计数法所得结果冬季最高，秋季最低。两方法结果差别较大，直接计数法所得结果比培养法升高了最少 20 万倍，最多 540 万倍。

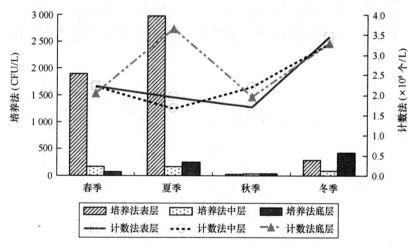

图 1 渤海基础调查区海水细菌总数两种方法结果比较

1.1.2 辽东湾重点调查区

两种方法 4 个季节的结果比较见图 2。通过分析可知，培养法 4 个季节所得海水细菌总数冬季最高，春季最低；而直接计数法所得结果冬季最高，秋季最低。两方法结果差别较大，直接计数法所得结果比培养法升高了最少 100 倍（由于种种原因，辽东湾重点区两个站位培养法所得结果冬季航次明显偏高，造成这一比值明显降低），最多 319 万倍。

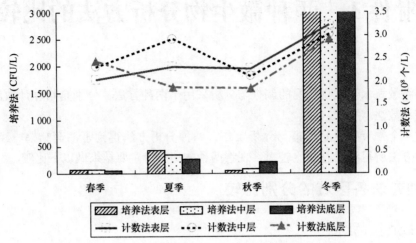

图 2   辽东湾重点调查区海水细菌总数两种方法结果比较

1.1.3   北戴河重点调查区

两种方法 4 个季节的结果比较见图 3。通过分析可知，培养法 4 个季节所得海水细菌总数夏季最高，春季最低；而直接计数法所得结果冬季最高，秋季最低。两方法结果差别较大，直接计数法所得结果比培养法升高了最少 20 万倍，最多 725 万倍。

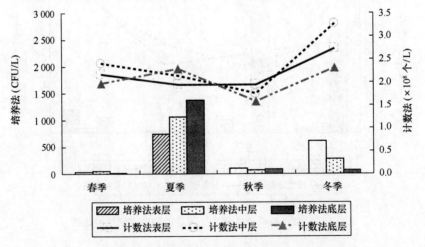

图 3   北戴河重点调查区海水细菌总数两种方法结果比较

1.1.4   天津重点调查区

两种方法 4 个季节的结果比较见图 4。通过分析可知，培养法 4 个季节所得海水细菌总数夏季最高，秋季最低；而直接计数法所得结果冬季最高，春季最低。

两方法结果差别较大，直接计数法所得结果比培养法升高了最少 67 万倍，最多 429 万倍。

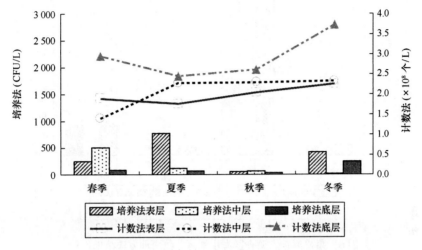

图 4　天津重点调查区海水细菌总数两种方法结果比较

1.1.5　黄河口重点调查区

两种方法 4 个季节的结果比较见图 5。通过分析可知，培养法 4 个季节所得海水细菌总数夏季最高，秋季最低；而直接计数法所得结果冬季最高，秋季最低。两方法结果差别较大，直接计数法所得结果比培养法升高了最少 86 万倍，最多 240 万倍。

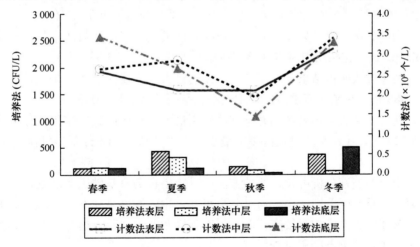

图 5　黄河口重点调查区海水细菌总数两种方法结果比较

1.1.6　莱州湾重点调查区

两种方法 4 个季节的结果比较见图 6。通过分析可知，培养法 4 个季节所得海水细菌总数夏季最高，秋季最低；而直接计数法所得结果冬季最高，秋季最低。两方法结果差别较大，直接计数法所得结果比培养法升高了最少7万倍，最多130万倍。

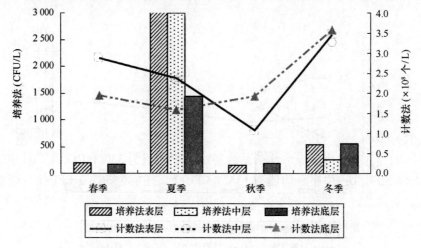

图6　莱州湾重点调查区海水细菌总数两种方法结果比较

1.2　各区域比较

6个区域相比，两种方法所得结果在北戴河重点区差别最大，直接计数法结果比培养法平均升高了2 583 426倍。在莱州湾重点区差别最小，平均升高了745 332倍。

春季，两种方法所得结果在北戴河重点区差别最大，直接计数法结果比培养法平均升高了7 257 617倍。在莱州湾重点区差别最小，平均升高了303 597倍。

夏季，两种方法所得结果在黄河口重点区差别最大，直接计数法结果比培养法平均升高了862 662倍。在莱州湾重点区差别最小，平均升高了73 970倍。

秋季，两种方法所得结果在渤海基础区差别最大，直接计数法结果比培养法平均升高了5 474 588倍。在莱州湾重点区差别最小，平均升高了851 083倍。

冬季，两种方法所得结果在渤海基础区差别最大，直接计数法结果比培养法平均升高了1 255 323倍。在辽东湾重点区差别最小，平均升高了94倍，在莱州湾重点区差别次低。

由4个季节的差别分析可知，两种方法所得结果在渤海基础区和北戴河重点区差别较大；在莱州湾重点区差别较小。通过分析可知，主要原因是在6个区域中，培养法所得结果中，莱州湾重点区相对较高，而渤海基础区和北戴河重点区相对较低；而直接计数法结果中，莱州湾重点区相对较低。

2　两种方法各站位平均值的比较

春季，培养计数法所得海水细菌总数各站位平均值为292.1 CFU/L，其中，表层平均值为566.7 CFU/L，中层平均值为161.7 CFU/L，底层为70.2 CFU/L。而直接计数法所得海水细菌总数各站位平均值为2.36×10^{8}个/L，其中，表层平均值为2.33×10^{8}

个/L，中层平均值为 2.29×10^8 个/L，底层为 2.42×10^8 个/L。

夏季，培养计数法所得海水细菌总数各站位平均值为 1 003.3 CFU/L，其中，表层平均值为 1 709.8 CFU/L，中层平均值为 588.1 CFU/L，底层为 608.1 CFU/L。而直接计数法所得海水细菌总数各站位平均值为 2.30×10^8 个/L，其中，表层平均值为 2.06×10^8 个/L，中层平均值为 2.25×10^8 个/L，底层为 2.57×10^8 个/L。

秋季，培养计数法所得海水细菌总数各站位平均值为 85.1 CFU/L，其中，表层平均值为 93.1 CFU/L，中层平均值为 84.1 CFU/L，底层为 75.2 CFU/L。而直接计数法所得海水细菌总数各站位平均值为 1.88×10^8 个/L，其中，表层平均值为 1.82×10^8 个/L，中层平均值为 2.04×10^8 个/L，底层为 1.83×10^8 个/L。

冬季，培养计数法所得海水细菌总数各站位平均值为 330.1 CFU/L，其中，表层平均值为 436.5 CFU/L，中层平均值为 134.1 CFU/L，底层为 365.3 CFU/L。而直接计数法所得海水细菌总数各站位平均值为 3.15×10^8 个/L，其中，表层平均值为 3.10×10^8 个/L，中层平均值为 3.20×10^8 个/L，底层为 3.15×10^8 个/L。

从两种方法所得主要结果的比较可以看出，两种方法的结果有以下差别：

（1）直接计数法所得的结果普遍比培养法所得的结果高，直接计数法所得结果基本为 10^8 数量级，而培养法所得结果主要为 10^3 数量级，直接计数法比培养法平均高 10^5 数量级。

（2）直接计数法所得的结果垂直分布表层较低，底层较高。而培养计数法所得结果表层最高。

（3）直接计数法各层间差别较小，不超过 2 倍；而培养法所得结果各层间差别较大，接近 10 倍。

造成这种差别的原因主要是两种方法本身的特点决定的。

其中直接计数法是对荧光显微镜下细菌形态显亮绿色的细胞进行计数，因此，有些非细菌的可被荧光染料染色的其他颗粒会造成阳性误差，此外，计数人员的计数习惯或偏好（对细菌与非细菌的判断）也会对结果带来影响。

直接计数法所得的结果垂直分布表层较低，底层较高可能就是底层海水相对混浊，其他可被染色的颗粒物质偏多，阳性误差较大造成的影响。

而培养法主要是对培养出来的细菌菌落进行计数，相对直接计数法，该方法仅是对存活状态的细菌而且是可培养出来的少部分进行了计数，因此，培养法所得结果相对直接计数法普遍偏低。

此外，由于使用特点的单一配方培养基，而海水环境本身有一定的差别，各种类细菌所需的营养成分差别较大，所以，会造成各种细菌在特定的某一培养基上生长状况差别较大，也会造成培养法结果相对直接计数法结果偏低。

附件 2　流式细胞术、荧光显微技术在微微型浮游植物计数中的应用比较

中国近代第一次多学科海洋调查始于 20 世纪 30 年代。80 多年来，渤海区进行了多次海洋调查，并开展过许多局部和专题性的调查，但针对渤海微微型浮游植物的大面积生态调查还是首次。本次大面调查涵盖渤海水域 6 个调查区共计 121 个站点。

本调查利用流式细胞术（Flow cytometry，FCM）和荧光显微法（Epifluorescence microscopy，EFM），对"908"夏季渤海微微型浮游植物分别进行了检测，分析了 6 个调查区各类群微微型浮游植物细胞丰度，比较两种方法的优缺点，以期为微微型浮游植物的分析、统计和鉴定提供一种准确、迅速、便捷的方法。

1　调查与方法

1.1　水样采集和保存

2006 年 7—8 月，在渤海（36.5°~40.0° N，120.5°~125.0° E）进行了现场采样，共采集了 121 个站位。在水深小于 30 m 的站位，采集了表层、5 m 水深、10 m 水深和底层（底层以上 2 m 深处，简称底层，下同）的水样；在水深大于 30 m 的站位，采集了表层、10 m 水深、30 m 水深和底层的水样。每个水样采集 100 mL，现场加终浓度为 1% 的戊二醛进行固定，用液氮冷冻，再放于 −40℃ 低温冰箱保存至室内分析。

1.2　仪器工作原理

1.2.1　荧光显微镜

用荧光显微镜蓝光（450~490 nm）和绿光（510~560 nm）激发，在某一视野内进行激发光滤片的切换，含藻红素的聚球藻（简称 PE 细胞）被激发出橙色荧光，藻蓝素的聚球藻（简称 PC 细胞）发出深红色荧光，真核球藻（简称 Euk）发出砖红色荧光。依据细胞荧光和细胞大小来分辨微微型浮游植物中 PE 细胞、PC 细胞及以叶绿素为主色素的 Euk。Pro 被激发后也呈红色，较 Euk 和 PC 细胞小，荧光很弱，从而可区分 Pro。根据过滤样品的体积、滤膜面积、视野面积、计算视野数换算样品中微微型浮游植物各类群的丰度。

1.2.2　流式细胞仪

流式细胞仪（Flow Cytometry，简称 FCM）是将样品细胞悬浮于液体中，并在流动过

程中逐个地经过测量区进行快速测量。它的最大特点是同时测定每个细胞的多个参数，根据这些特征参数对细胞群体进行分类分选，进而对各亚群体进行研究。

流式细胞仪包括液流系统、光学系统和电子系统 3 个部分。

（1）液流系统：流动室与液流驱动系统

流动室（Flow Chamber）是仪器核心部件，被测样品在此与激光相交。流动室一般由石英玻璃制成，并在石英玻璃中央开一个孔径为 $430~\mu m \times 180~\mu m$ 的长方形孔，供细胞单个流过，检测区在该孔的中心。流动室内充满了鞘液，鞘液的作用是将样品流环包。鞘液流是稳定的，由真空泵产生压缩空气通过鞘流压力调节器加压，其在整个系统运行中流速是不变的。改变样品分析速度是通过选择进样速率开关来进行的，一般 FCM 分高、中、低三档，当在检测分辨率要求高的实验时应选用低速。

（2）光学系统：光源、透镜、滤光片等

常用光源是弧光灯或激光，多使用氩离子激光器或氪离子激光器，能发出多种波长的荧光。激光光束在到达流动室前，先经过透镜，将其聚焦。滤片可以调节激光的波长选择器选择波长，将不同波长的荧光信号送入到不同的电子探测器。

当细胞携带荧光素标记物，通过激光照射区时，受激光激发，产生代表细胞内不同物质、不同波长的荧光信号，这些信号以细胞为中心，向空间 360° 立体角发射，产生散射光和荧光信号。

散射光信号：散射光分为前向角散射（FSC，Forward Scatter）和侧向角散射（SSC，Side Scatter），散射光不依赖任何细胞样品的制备技术（如染色），因此被称为细胞的物理参数（或称固有参数）。

前向角散射：前向角散射与被测细胞的大小有关，确切说与细胞直径的平方密切相关，通常在 FCM 应用中，选取 FSC 作阈值，来排除样品中的各种碎片及鞘液中的小颗粒，以避免对被测细胞的干扰。

侧向角散射：侧向角散射是指与激光束正交 90° 方向的散射光信号，侧向散射光对细胞膜、胞质、核膜的折射率更为敏感，可提供有关细胞内精细结构和颗粒性质的信息。

荧光信号：当激光光束与细胞正交时，一般会产生两种荧光信号：一种是细胞自身在激光照射下发出微弱的荧光信号，称为细胞自发荧光；另一种是经过特异荧光素标记细胞后，受激发照射得到的荧光信号，通过对这类荧光信号的检测和定量分析就能了解所研究细胞参数的存在与定量。

（3）电子系统：电子电路和计算机系统

整个仪器由电子电路和计算机系统控制，用以收集、显示、分析和储藏被测定的各种信号及控制细胞的分选收集。

从流式细胞仪上进行数据获取和分析是通过计算机上 CellQuest Pro 软件，该软件提供了在计算机平台控制仪器参数与获取数据、分析数据、结果输出的强大功能。数据文件可存储于计算机硬盘，允许在不连接主机的情况下，单独在计算机平台进行文件分析。其数据分析统计功能可在同一窗口进行单参数、多参数分析，不同参数的散点图观察可区别出不同类群，单参数的直方图可观察特定参数的分布，软件统计分析功能可得到各类群、参数的统计值。

1.3 微微型浮游植物的计数

1.3.1 荧光显微技术

抽滤：量取 10~50 mL 样品通过直径为 25 mm、孔径为 0.2 μm 的黑色核孔滤膜（Whatman 公司生产）抽滤（抽滤负压不超过 50 kPa）。

制片：将抽滤好的滤膜放在载玻片上，在滤膜上加一滴水样，盖上盖玻片（滤膜两面均不能有气泡）。

分析：在荧光显微镜下用蓝光（450~490 nm）和绿光（510~560 nm）激发，使用 40 倍物镜观察，随机取至少 20 个视野。分别计数具有光亮橘黄色荧光的含藻红蛋白的聚球藻细胞和呈砖红色荧光的含叶绿素的微微型光合真核生物细胞。

1.3.2 流式细胞术

（1）冻存样品在 37℃ 恒温箱里解冻（防止低温解冻产生冰晶），取 1 mL 加入到 FCM 进样管中。

（2）加入 10 μL 约 105 beads/mL 的 1 μm 荧光微球（2 μm 也可，但需红、橙双色荧光）作为内参。

（3）加入 3 L Millipore 超纯水（已经 0.22 μm 滤膜过滤）作为鞘液。

（4）阈值设在 FL3 上（红色荧光），放大模式选择 Log 形式，调整各参数电压值（Voltage）。

（5）上样，运行 15 s 使流速稳定后开始获取数据。微微型浮游植物样品一般需要高速下获取 2~4 min。

（6）记录每个样品获取时间 t。

（7）计算获取类群的细胞丰度，公式如下：

$$Cpop = 1\,000 \times Npop/(R \times t \times Vsample\%)$$

其中 Cpop 指获得类群的浓度（cells/mL）；Npop 为 FCM 获得细胞数量（cells）；R 为流速（μL/s）；t 为测量时间（s）；Vsample% 为样品的真实体积比值含量即真实样品体积占固定剂或微球加入后的总体积的比重。

1.3.3 FCM 数据文件的获取与分析

以 FACSCalibur 型 FCM 数据分析的 CellQuest Pro 软件为例简单说明。

（1）模板的建立

模板有三种，即获取、分析、获取并分析。获取模板只能获取数据，必须连接 FCM 使用，不能分析数据；分析模板与前者相反，可以脱离 FCM 单独分析数据；获取并分析则兼有前两种模板的功能。功能不一样，但建立方法一致：选择点图（或直方图，或等值线图）工具，在窗口拖出大小合适的方框，点击图形边缘，Inspector 窗口依次选择模板类型、坐标轴参数、Regions 和 Gating 等。模板设置完毕保存后，打开即可使用，无需新建。

（2）连接流式细胞仪，出现 Acquisition Control 窗口。数据获取前的设定：获取细胞数（或获取时间）、存储文件夹与文件名等，打开计数器。

（3）实验获取条件的调整。包括电压、阈值（减少碎片）以及 Gate 的划定。

（4）顺序上样，获取数据文件，获取足够细胞数（或规定时间）后，自动保存数据文件，待以后分析。

2　测定结果

2.1　EFM 测定结果

2.1.1　EFM 测定聚球藻（Syn）

图 1 是采用 EFM 对夏季 6 个调查区域 Syn 平均细胞数量的统计结果。由图中可以看出，6 个调查区的夏季航次细胞数量在 $0.64 \times 10^4 \sim 0.83 \times 10^4$ ind./mL 之间，该季节北戴河重点调查区细胞数量居多，辽东湾略低，其余 4 个区域低于前两个区域，但细胞数量相差不大。细胞数量从大到小依次为北戴河重点调查区、辽东湾重点调查区、莱州湾重点调查区、黄河口重点调查区、渤海基础调查区、天津调查区。

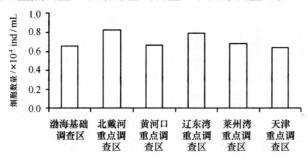

图 1　EFM 检测 6 个调查区 Syn 平均细胞数量

2.1.2　EFM 测定真核生物（Euk）

图 2 是采用 EFM 对夏季 6 个调查区域 Euk 平均细胞数量的统计结果。由图中可以看出，6 个调查区的夏季航次细胞数量在 $0.31 \times 10^3 \sim 0.75 \times 10^3$ ind./mL 之间，该季节辽东湾重点调查区明显高于其余 5 个调查区的细胞数量，大约高出 1 倍，天津次之，其他几个调查区细胞数量基本在 $0.31 \times 10^3 \sim 0.45 \times 10^3$ ind./mL 之间。细胞数量从大到小依次为辽东湾重点调查区、天津重点调查区、莱州湾重点调查区、黄河口重点调查区、渤海基础调查区、北戴河调查区。

2.2　FCM 法测定结果

2.2.1　FCM 测定聚球藻（Syn）

图 3 是采用 FCM 对夏季 6 个调查区域 Syn 平均细胞数量的统计结果。由图中可以看出，6 个调查区的夏季航次细胞数量在 $1.29 \times 10^4 \sim 4.70 \times 10^4$ ind./mL 之间，且各个调

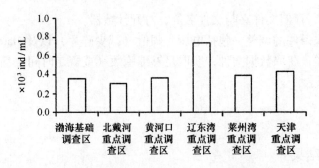

图2　EFM检测6个调查区Euk平均细胞数量

查区Syn细胞数量差异显著。该季节北戴河重点调查区细胞数量最多，辽东湾略低，黄河口细胞数量最低，平均细胞数量仅为北戴河的1/4。细胞数量从大到小依次为北戴河重点调查区、辽东湾重点调查区、渤海基础调查区、莱州湾重点调查区、天津重点调查区、黄河口重点调查区。

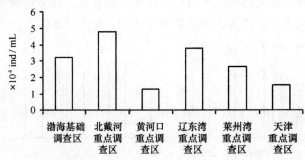

图3　FCM检测6个调查区Syn平均细胞数量

2.2.2　FCM测定真核生物（Euk）

图4是采用FCM对夏季6个调查区域Euk平均细胞数量的统计结果。由图中可以看出，6个调查区的细胞数量在$0.48 \times 10^3 \sim 2.07 \times 10^3$ ind./mL之间，采用此方法测得各个调查区Euk细胞数量差异显著。该季节辽东湾重点调查区细胞数量最多，北戴河略低，莱州湾细胞数量最低，平均细胞数量仅为辽东湾的1/4。细胞数量从大到小依次为辽东湾重点调查区、北戴河重点调查区、天津重点调查区、渤海基础调查区、黄河口重点调查区、莱州湾重点调查区。

3　分析与讨论

3.1　EFM检测Syn和Euk结果分析

利用荧光显微镜技术，在渤海夏季检测到Syn和Euk两种类型的微微型浮游植物，未检测到Pro，见图2、图3。这可能是由于Pro细胞较小，荧光较弱且较易褪色，不易用荧光显微镜技术检测出。Syn以富含藻红素（Phycoerythrin, PE）的细胞占优势，富含

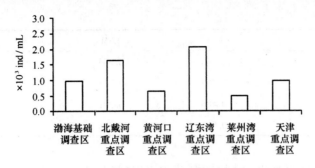

图 4　FCM 检测 6 个调查区 Euk 平均细胞数量

藻蓝素（Phycocyanin，PC）的细胞未检出，这与 PC 细胞的特性有关。PC 细胞主要分布于淡水水体和近岸的半淡水水体中，而在海水中分布较少。Syn 和 Euk 在 6 个调查区数量规律不尽相同，但总体来看，Syn 的数量要比 Euk 高一个数量级。

3.2　FCM 检测 Syn 和 Euk 结果分析

使用灵敏性较高的流式细胞仪检测水样，仍未检测到 Pro，与 EFM 法检测结果一致，说明水样中不含 Pro。此次在渤海水体中未检测到 Pro，可能由于渤海较为封闭，受养殖区污水排放的影响，营养盐浓度较高，影响到 Pro 的分布。PC 细胞也未检测出。通过 FCM 检测各调查区 Syn 和 Euk 的细胞数量发现，二者规律相同，即 Syn 高的区域 Euk 也相应较高。Syn 的数量要比 Euk 高一个数量级，这与 EFM 法检测的结果类似。

3.3　EFM 和 FCM 检测各调查区 Syn 和 Euk 的对比分析

利用流式细胞术和荧光显微法，对"908"夏季渤海微微型浮游植物分别进行了检测，检测结果见表 1、表 2。

表 1　FCM 和 EFM 分别检测各调查区 Syn 的平均值及其差值

单位：$\times 10^4$ ind./mL

调查区	FCM	EFM	差值
渤海	3.209	0.655	2.554
北戴河	4.795	0.828	3.967
黄河口	1.293	0.661	0.632
辽东湾	3.78	0.789	2.991
莱州湾	2.661	0.68	1.981
天津	1.542	0.64	0.902

表 2　FCM 和 EFM 分别检测各调查区 Euk 的平均值及其差值　单位：$\times 10^3$ ind./mL

调查区	FCM	EFM	差值
渤海	0.975	0.359	0.616
北戴河	1.629	0.306	1.323

续表

调查区	FCM	EFM	差值
黄河口	0.643	0.363	0.28
辽东湾	2.065	0.743	1.322
莱州湾	0.486	0.391	0.095
天津	0.982	0.438	0.544

由表 1 可知，采用两种方法检测各调查区聚球藻（Syn）的规律基本一致，细胞数量从大到小依次为：北戴河、辽东湾、莱州湾（渤海基础）、天津。但 FCM 法测得 6 个调查区 Syn 数量平均值均远远大于 EFM 法所测值，二者差值范围在 $0.632 \times 10^4 \sim 3.967 \times 10^4$ ind./mL 之间，且细胞数量越多的调查区两种方法所测结果差值越大，FCM 法所得 Syn 细胞数是 EFM 法的 2~6 倍。由于 EFM 法在检测细胞时，通过观察不同细胞特征荧光和细胞大小来鉴定细胞种类和细胞数量，细胞被激发的荧光在较短时间内衰减较为明显，导致肉眼所能观察到的细胞数量比实际数量少很多，且水样细胞数量越多，需要观察计数时间越长，荧光衰减就会越严重。而 FCM 法根据细胞大小判别细胞种类，同时计算通过的细胞数量，并不需要激发细胞产生特定荧光。因此 EFM 法所测 Syn 细胞数量远小于 FCM 法，且样品细胞数越多，二者差值越大。

由表 2 可知，EFM 和 FCM 检测各调查区 Euk 细胞数量发现，两种方法均测得辽东湾调查区 Euk 细胞数量最多，且各调查区 Euk 细胞数量通过两种方法测得结果无较大差异，均在同一数量级上。FCM 法所测 Euk 数量略大于 EFM 法，二者差值范围在 $0.095 \times 10^3 \sim 1.323 \times 10^3$ ind./mL 之间。可见，用 EFM 法测定 Euk 数量时仍受到荧光衰减的影响，但由于水样中 Euk 实际数量很少，采用 EFM 法计数时间短，荧光衰减相对减少，统计数量接近真实值。例如采用 FCM 和 EFM 两种方法所测莱州湾重点调查区 Euk 数量基本一致，二者差值仅为 0.095×10^3 ind./mL。

观察表 1、表 2 数据发现，6 个调查区采用两种方法统计 Syn 和 Euk 细胞数量，以黄河口重点调查区的相对差值最小，即两种方法所测结果最为接近，这可能是由于黄河口处水质质量较差，含有许多杂质造成。水样流经流式细胞仪时，如果混有大量杂质，则相同体积水样中目标细胞的数量就会减少，造成测定结果偏小。

4　结论

（1）FCM 法检测速度快且检出细胞数量远远大于 EFM 法，而 EFM 法在检测细胞数量时，会因荧光衰减而导致检测数目偏低，且水样细胞数量越多误差越大。故在样品水质清澈，细胞种类较为单一的情况下，FCM 法优于 EFM 法。

（2）当样品水质混浊，杂质含量多且细胞种类复杂的情况下，FCM 法测定结果与实际值相差较大，此时当优先选用 EFM 法测定样品。

（3）尽管 FCM 法和 EFM 法检测水样所得结果差值较大，但二者所得规律基本一致，所以采用这两种方法共同检测微微型浮游生物可以互为参考、校正。

5　参考文献

［1］　宁修仁，蔡昱明，李国为，等 . 南海北部微微型光合浮游生物的丰度及环境调控 . 海洋学报，2003，25（3）：83 - 97.

［2］　宁修仁，史君贤，刘子琳，等 . 南大洋蓝细菌和微微型光合真核生物的丰度与分布 . 中国科学（C 辑），1996，26（2）：164 - 171.

［3］　宁修仁，沃格 D. 长江口及其毗邻东海水域蓝细菌的分布和细胞特性及其环境调节 . 海洋学报，1991，113（4）：552 - 559.

［4］　晁敏，张利华，张经 . 流式细胞计分析海洋微型浮游生物：样品固定及贮存方法 . 应用与环境生物学报，2005，11（4）：448 - 452.

［5］　晁敏 . 应用流式细胞计研究超微型浮游植物在中国东、黄海典型水域的分布 . 上海：华东师范大学，2002.

附件 3 大型底栖生物采样效应分析

生物生态调查在严格按照《我国近海海洋综合调查与评价专项海洋生物生态调查技术规程》要求进行的同时，根据底栖生物在不同的底质环境中，其群落结构及生物种类分布存在一定差异的特点，选择调查区内三种主要底质类型（即粉砂、黏土质粉砂、砂质黏土），进行了同一测站连续采集 15 次（1.5 m²）泥样并分别淘洗底栖生物，用以分析按照《海洋生物生态调查技术规程》中规定的每站最少采集 0.2 m² 的样品中，在调查区内底栖生物的实际代表性。此项工作的实施增强了本次底栖生物调查的科学性，为客观的反映渤海区底栖生物资源，进一步探讨底栖生物种类分布奠定了基础。

1 砂质黏土底质底栖生物分布特点

样品采集于辽东湾近岸，该底质类型主要位于辽东湾重点调查区和北戴河重点调查区。连续采集 16 次（1.6 m²）泥样并分别淘洗后，获得底栖生物 65 种（详见种名录）。

各分样出现的底栖生物种类数在 14~32 种之间，平均获得 23 种，分样间的种类相似程度较高（图1）。依照分样间种类相似程度值自小到大，从而得到分样面积累计获取种数最大值的顺序进行统计可知，采集 1.2 m² 即有可能获得全部的 65 种底栖生物，采集 0.2 m² 最多可获取 65% 的种类数。依据各分样累计面积平均获取的种类进行统计可知（见图2），0.2 m² 可获取 51.6% 的种类数，若获取 80% 的种类数需要采集 0.7 m²。

各分样获取的底栖生物生物量在 2.50~28.70 g/m² 之间，平均为 9.31 g/m²，分样间生物量差异较小。

各分样获取的底栖生物栖息密度在 260~1 300 个/m² 之间，平均为 619 个/m²。

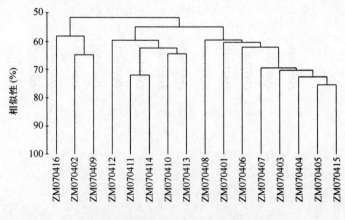

图 1 砂质黏土底质底栖生物分样相似性聚类

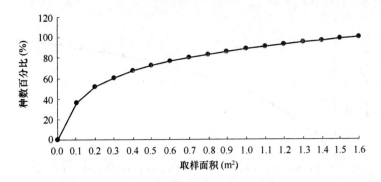

图2　砂质黏土底质底栖生物采集面积 – 平均获取种数统计结果

2　粉砂底质底栖生物分布特点

样品采集于莱州湾近岸，代表着莱州湾重点调查区和黄河口重点调查区。连续采集15次（1.5 m²）泥样并分别淘洗后，获得底栖生物38种（详见种名录）。

各分样出现的底栖生物种类数较少，仅在5~12种之间，平均获得8种，分样间的种类相似程度较低（图3）。依照分样间种类相似程度值自小到大，从而得到分样面积累计获取种数最大值的顺序进行统计可知，采集1.0 m²即有可能获得全部的38种底栖生物，采集0.2 m²最多可获取55%的种类数。依据各分样累计面积平均获取的种类进行统计可知（见图4），0.2 m²可获取34.8%的种类数，若获取80%的种类数需要采集0.9 m²。

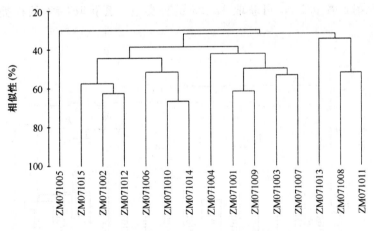

图3　粉砂底质底栖生物分样相似性聚类

各分样获取的底栖生物生物量在12.80~518.40 g/m²之间，平均为205.56 g/m²，因该区域出现了较大个体的小刀蛏（*Cultellus attenuatus*），其出现的数量明显的影响着分样获取的底栖生物重量，因此分样间生物量差异较大。

各分样获取的底栖生物栖息密度在160~420个/m²之间，平均为236个/m²。

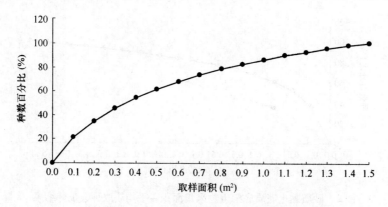

图4 粉砂底质底栖生物采集面积－平均获取种数统计结果

3 黏土质粉砂底质底栖生物分布特点

样品采集于渤海中部，代表区主要为渤海基础调查区、天津重点调查区以西和北戴河重点调查区以南部分海域。连续采集 15 次（1.5 m²）泥样并分别淘洗后，获得底栖生物 38 种（详见种名录）。

各分样出现的底栖生物种类数较少，仅在 5～14 种之间，平均获得 9 种，分样间的种类相似程度较低（图5）。依照分样间种类相似程度值自小到大，从而得到分样面积累计获取种数最大值的顺序进行统计可知，采集 1.0 m² 即有可能获得全部的 38 种底栖生物，采集 0.2 m² 最多可获取 53% 的种类数。依据各分样累计面积平均获取的种类进行统计可知（见图6），0.2 m² 可获取 37.2% 的种类数，若获取 80% 的种类数需要采集 1.0 m²。

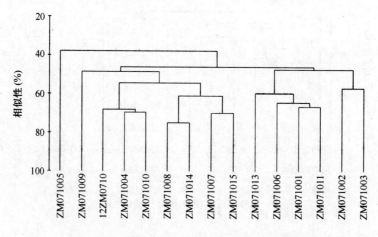

图5 黏土质粉砂底质底栖生物分样相似性聚类

各分样获取的底栖生物生物量在 0.30～13.10 g/m² 之间，平均为 2.37 g/m²，分样间生物量差异较小。

各分样获取的底栖生物栖息密度在 50～280 个/m² 之间，平均为 157 个/m²。

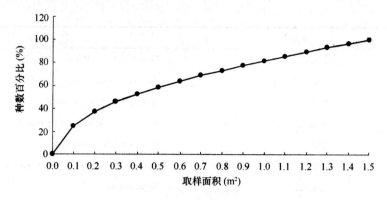

图6　黏土质粉砂底质底栖生物采集面积 – 平均获取种数统计结果

4　底栖生物采样效应分析种名录

4.1　砂质黏土底质底栖生物种名录

序号	中文名	拉丁文名
1	海葵	*Actiniaria*
2	纵沟纽虫 K 属	*Lineus* sp.
3	锐足全刺沙蚕	*Nectoneanthes oxypoda*（Marenzellerz）
4	狭细蛇潜虫	*Ophiodromus angustifrons*（Rube）
5	华岗钩裂虫	*Ancistrosyllis hanaokai* Kitamori
6	寡节甘吻沙蚕	*Glycinde gurjanovae* Uschakov et Wu
7	钩虫属	*Cabira* sp.
8	长吻沙蚕	*Glycera chirori* Izuka
9	寡鳃齿吻沙蚕	*Nephtys oligobranchia* Southern
10	无疣齿蚕	*Inermonephtys* cf. *inermis*（Ehlers）
11	拟特须虫	*Paralacydonia paradoza* Fauvel
12	乳突半突虫	*Anaitides papillosa* Uschakov et Wu
13	围巧言虫	*Eumida sanguinea*（Oersted）
14	短毛海鳞虫	*Halosydna brevisetosa* Kinberg
15	强鳞虫	*Sthenolepis japonica*（McIntosh）
16	双唇索沙蚕	*Lumbrineris cruzensis* Hartman
17	异足索沙蚕	*Lumbrineris heteropoda*（Marenzeller）
18	光稚虫属	*Spiophanes* sp.
19	后指虫属	*Laonice* sp.
20	蛇杂毛虫	*Poecilochetus serpens* All
21	日本长手虫	*Magelona japonica* Okuda
22	独指虫	*Aricidea fragilis* Webster

序号	中文名	拉丁文名
23	多丝独毛虫	*Tharyx multifilis* Moore
24	孟加拉海扇虫	*Pherusa* cf. *Bengalensis*（Fauvel）
25	不倒翁虫	*Sternaspis sculata*（Rennier）
26	丝异须虫	*Heteromastus filiforms*（Claparede）
27	背蚓虫	*Notomastus latericeus* Sars
28	曲强真节虫	*Euclymene lombricoides*（Quatrefages）
29	笔帽虫属	*Pectinaria* sp.
30	副栉虫属	*Paramphicteis* sp.
31	双栉虫属	*Ampharete* sp.
32	梳鳃虫	*Terebellides stroemii* Sars
33	双毛毛鳃虫	*Trichobranchus bibranchiatus* Moore
34	西方似蛰虫	*Amaeana occidentalis*（Hartman）
35	经氏壳蛞蝓	*Philine kinglipini* Tchang
36	银白壳蛞蝓	*Philine argentata*（Gould）
37	豆形胡桃蛤	*Nucula*（*Leionucula*）*kawamurai* Kuroda
38	薄云母蛤	*Yoldia similis* Kuroda et Habe
39	托氏圆蛤	*Cycladicama tsuchii* Yamamoto et Habe
40	江户明樱蛤	*Moerella jedoensis*（Lischke）
41	脆壳理蛤	*Theora fragilis*（A. Adams）
42	日本镜蛤	*Dosinia*（*Phacosoma*）*japonica*（Reeve）
43	中国涟虫	*Bodotria chinesis* Gamo
44	细长涟虫	*Iphinoe tenera* Lomakina
45	太平洋方甲涟虫	*Eudorella pacificia* Hart
46	日本长尾虫	*Aspeudes nipponicus* Shiino
47	日本拟脊尾水虱	*Paranthura japonica* Richardson
48	日本圆柱水虱	*Cirolana japonensis* Richardson
49	短角双眼钩虾	*Ampelisca brevicornis*（Costa）
50	轮双眼钩虾	*Ampelisca cyclops* Walker
51	伊予双眼钩虾	*Ampelisca iyoensis* Nagata
52	姜原双眼钩虾	*Ampelisca miharaensis* Nagata
53	大蝶蠃蜚	*Corophium major* Ren
54	弯指伊氏钩虾	*Idunella curvidactyla* Nagata
55	塞切尔泥钩虾	*Eriopisella sechellensis*（Chevreux）
56	极地蚤钩虾	*Pontocrates altamarimus*（Bata et Westwoo）
57	细身钩虾属	*Maera* sp.
58	小头弹钩虾	*Orchomene breviceps* Hirayama

序号	中文名	拉丁文名
59	滩拟猛钩虾	*Harpiniopsis vadiculus* Hirayama
60	粗糙刺糠虾	*Acanthomysis aspera* Ii
61	细螯虾	*Leptochela gracilis* Stimpson
62	大蝼蛄虾	*Upogebia major* (de Haan)
63	沟纹拟盲蟹	*Typhlocarcinops canaliculata* Rathbun
64	口虾蛄	*Oratosquilla oratoria* (de Haan)
65	日本倍棘蛇尾	*Amphioplus japonicus* Matsumoto

4.2　粉砂底质底栖生物种名录

序号	中文名	拉丁文名
1	纵沟纽虫属	*Lineus* sp.
2	华岗钩裂虫	*Ancistrosyllis hanaokai* Kitamori
3	长吻沙蚕	*Glycera chirori* Izuka
4	短毛海鳞虫	*Halosydna brevisetosa* Kinberg
5	强鳞虫	*Sthenolepis japonica* (McIntosh)
6	含糊拟刺虫	*Linopherus ambigua* (Monro)
7	双唇索沙蚕	*Lumbrineris cruzensis* Hartman
8	后指虫属	*Laonice* sp.
9	多丝独毛虫	*Tharyx multifilis* Moore
10	不倒翁虫	*Sternaspis sculata* (Rennier)
11	丝异须虫	*Heteromastus filiforms* (Claparede)
12	双栉虫属	*Ampharete* sp.
13	梳鳃虫	*Terebellides stroemii* Sars
14	扁蛰虫	*Loimia medusa* (Savigny)
15	文雅罕愚螺	*Onoba elegantula* A. Adams
16	广大扁玉螺	*Neverita ampla* (Philippi)
17	圆筒原盒螺	*Eocylichna cylindrella* (A. Adams)
18	高塔捻塔螺	*Actaeopyramis eximia* (Lischke)
19	经氏壳蛞蝓	*Philine kinglipini* Tchang
20	豆形胡桃蛤	*Nucula (Leionucula) kawamurai* Kuroda
21	对称拟蚶	*Arcopsis symmetrica* (Reeve)
22	江户明樱蛤	*Moerella jedoensis* (Lischke)
23	小刀蛏	*Cultellus attenuatus* Dunker
24	薄壳和平蛤	*Clementia vatheleti* Mabille

序号	中文名	拉丁文名
25	金星蝶铰蛤	*Trigonothracia jinxingae* Xu
26	细长涟虫	*Iphinoe tenera* Lomakina
27	日本长尾虫	*Aspeudes nipponicus* Shiino
28	短角双眼钩虾	*Ampelisca brevicornis*（Costa）
29	轮双眼钩虾	*Ampelisca cyclops* Walker
30	姜原双眼钩虾	*Ampelisca miharaensis* Nagata
31	大蝛蠃蜚	*Corophium major* Ren
32	弯指伊氏钩虾	*Idunella curvidactyla* Nagata
33	塞切尔泥钩虾	*Eriopisella sechellensis*（Chevreux）
34	绒毛细足蟹	*Raphidopus ciliatus* Stimpson
35	中型三强蟹	*Tritodynamia intermedia* Shen
36	棘刺锚参	*Protankyra bidentata*（Woodward et Barrett）
37	日本倍棘蛇尾	*Amphioplus japonicus* Matsumoto.
38	小头栉孔鰕虎鱼	*Ctenotrypauchen microcephalus*（Bleeker）

4.3 黏土质粉砂底质底栖生物种名录

序号	中文名	拉丁文名
1	纵沟纽虫属	*Lineus* sp.
2	狭细蛇潜虫	*Ophiodromus angustifrons*（Rube）
3	寡节甘吻沙蚕	*Glycinde gurjanovae* Uschakov et Wu
4	长吻沙蚕	*Glycera chirori* Izuka
5	卷旋吻沙蚕	*Glycera convoluta* Keferstein
6	寡鳃齿吻沙蚕	*Nephtys oligobranchia* Southern
7	拟特须虫	*Paralacydonia paradoza* Fauvel
8	乳突半突虫	*Anaitides papillosa* Uschakov et Wu
9	短毛海鳞虫	*Halosydna brevisetosa* Kinberg
10	强鳞虫	*Sthenolepis japonica*（McIntosh）
11	双唇索沙蚕	*Lumbrineris cruzensis* Hartman
12	丝线索沙蚕	*Drilonereis filum*（Claparede）
13	长锥虫	*Haploscoloplos elongatus*（Johnson）
14	独指虫	*Aricidea fragilis* Webster
15	多丝独毛虫	*Tharyx multifilis* Moore
16	不倒翁虫	*Sternaspis sculata*（Rennier）
17	丝异须虫	*Heteromastus filiforms*（Claparede）

序号	中文名	拉丁文名
18	背蚓虫	*Notomastus latericeus* Sars
19	梳鳃虫	*Terebellides stroemii* Sars
20	广大扁玉螺	*Neverita ampla* (Philippi)
21	丽核螺	*Pyrene bella* (Reeve)
22	假主棒螺	*Crassispira pseudoprinciplis* (Yokoyama)
23	耳口露齿螺	*Ringicula* (*Ringiculina*) *doliaris* Gould
24	经氏壳蛞蝓	*Philine kinglipini* Tchang
25	豆形胡桃蛤	*Nucula* (*Leionucula*) *kawamurai* Kuroda
26	秀丽波纹蛤	*Raetellops pulchella* (Adams & Reeve)
27	江户明樱蛤	*Moerella jedoensis* (Lischke)
28	小亮樱蛤	*Nitidotellisa minuta* (Lischke)
29	金星蝶铰蛤	*Trigonothracia jinxingae* Xu
30	日本长尾虫	*Aspeudes nipponicus* Shiino
31	日本拟脊尾水虱	*Paranthura japonica* Richardson
32	短角双眼钩虾	*Ampelisca brevicornis* (Costa)
33	极地蚤钩虾	*Pontocrates altamarimus* (Bata et Westwoo)
34	麦秆虫属	*Caprella* sp.
35	细螯虾	*Leptochela gracilis* Stimpson
36	伍氏蝼蛄虾	*Upogebia wubsienweni* Yu
37	隆线强蟹	*Eucrata crenata* de Haan
38	小头栉孔鰕虎鱼	*Ctenotrypauchen microcephalus* (Bleeker)